国家科学技术学术著作出版基金资助出版

落叶果树种质资源——理论与实践

陈学森　毛志泉 等　著

科学出版社

北　京

内 容 简 介

本书以苹果研究成果为主线和主题，对新疆野苹果和库尔勒香梨等落叶果树种质资源进行评价挖掘与创新利用。全书共九章，分为上篇、中篇、下篇。上篇包括第一至五章，介绍了资源与性状发育机理研究的关键技术、栽培苹果起源演化和驯化机理、几种落叶果树的遗传多样性、苹果芽变与果实质地品质发育机理、苹果类黄酮代谢机理；中篇包括第六和第七章，概述了落叶果树优质高效育种技术体系创建与新品种创制；下篇包括第八和第九章，阐明了落叶果树新品种配套栽培与贮藏加工技术。

本书内容丰富、案例典型、应用面广、实用性强，可供从事果树种质资源与遗传育种工作的高校教师、科研人员及研究生参考，同时也可作为基层果业科技人员技术培训的参考资料。

图书在版编目（CIP）数据

落叶果树种质资源：理论与实践/陈学森等著. —北京：科学出版社，2022.10

ISBN 978-7-03-067493-7

Ⅰ. ①落… Ⅱ. ①陈… Ⅲ. ①落叶果树–种质资源 Ⅳ. ①S66

中国版本图书馆 CIP 数据核字（2020）第 256649 号

责任编辑：李 迪 田明霞 / 责任校对：严 娜
责任印制：肖 兴 / 封面设计：无极书装

科学出版社 出版
北京东黄城根北街 16 号
邮政编码：100717
http://www.sciencep.com
北京汇瑞嘉合文化发展有限公司 印刷
科学出版社发行 各地新华书店经销
*
2022 年 10 月第 一 版 开本：787×1092 1/16
2022 年 10 月第一次印刷 印张：22 3/4
字数：580 000
定价：358.00 元
（如有印装质量问题，我社负责调换）

主要作者简介

陈学森 男，1958 年 10 月出生。1982 年获山东农学院果树学学士学位，1997 年获华中农业大学果树学博士学位，2000 年从山东农业大学园艺学博士后流动站出站。现任山东农业大学果树学二级教授、博士生导师，泰山学者攀登计划专家，享受国务院政府特殊津贴；果树学国家重点学科学术带头人，国家苹果工程技术研究中心主任，作物生物学国家重点实验室副主任，中国园艺学会李杏分会副理事长，山东省林木良种审定委员会主任委员，《植物遗传资源学报》《果树学报》《山东农业大学学报》等编委；山东省农业农村专家顾问团林果分团团长，山东省"十强"产业智库专家，山东省人大农业和农村委员会专家顾问。

40 年来，始终坚持落叶果树种质资源与遗传育种这一稳定的研究方向，矢志不渝。坚持"理论与技术创新并重及良种良法配套"的科研思路，先后主持国家高技术研究发展计划（863 计划）、国家自然科学基金重点项目及公益性行业（农业）科研专项等科研项目 30 余项；以第一或通讯作者在 *Nature Communications*、*Plant Biotechnology Journal*、*Plant Physiology*、*Plant Journal* 及《中国农业科学》等国内外主流学术刊物上发表学术论文 412 篇，其中 SCI 收录 128 篇；获得专利授权 62 项，其中国际发明专利 2 项，国家发明专利 46 项；自主选育"幸福美满"红肉苹果和'山农酥'梨等新品种 20 个，获国家及省良种审定证书 17 项、植物新品种权证书 11 项；培养博士和硕士研究生共 86 名；作为第一完成人，获国家技术发明奖二等奖、国家科技进步奖二等奖、山东省科技进步奖一等奖和二等奖各 1 项，为提高苹果种质资源与遗传育种科技水平、促进我国落叶果树产业高质量发展及脱贫攻坚做出了重要贡献。2018 年被评为山东省先进工作者，2019 年获山东省扶贫攻坚创新奖先进个人，2020 年获山东省扶贫攻坚记大功奖励，2021 年获全国脱贫攻坚先进个人、山东省科技兴农先进个人、第十届山东省优秀科技工作者和齐鲁最美科技工作者等荣誉称号，2022 年获山东省优秀发明家奖。

毛志泉 男，1963 年 2 月出生。山东农业大学二级教授、博士生导师，泰山学者特聘专家，享受国务院政府特殊津贴，国家苹果产业技术体系岗位专家，中国园艺学会理事、苹果分会常务理事，山东省科技特派员，长期从事果树栽培的教学和科研工作。

近年来，主持国家自然科学基金项目、国家重点研发计划项目子课题、山东省农业重大技术创新项目等国家级、省级科研项目 5 项。获 2020 年度国家技术发明奖二等奖（排名第二）、2015 年度国家科技进步奖二等奖（排名第三）、2018 年度山东省科技进步奖一等奖（排名第一）。在 Journal of Hazardous Materials、Plant Disease、Scientia Horticulturae、《园艺学报》等国内外主流学术期刊上发表学术论文 167 篇，获得发明专利授权 17 项。培养博士和硕士研究生共 71 名。

《落叶果树种质资源——理论与实践》
著者委员会

主　任　陈学森　毛志泉

副主任　王　楠　尹承苗　张宗营　何天明　杨　龙　徐月华

委　员（按姓氏笔画排序）

马玉敏　王　楠　王功帅　王艳芳　王艳玲　王晓芳

王意程　毛志泉　尹承苗　左卫芳　东明学　冯　涛

冯守千　冯建荣　刘遵春　许海峰　李　敏　李建明

李翠霞　杨　龙　杨红花　吴树敬　何天明　宋　杨

张　芮　张宗营　张春雨　陈学森　陈美霞　陈晓流

苑兆和　季兴禄　房鸿成　段乃彬　姜生辉　姜召涛

徐月华　鲁墨森　冀晓昊

序

  种质资源的评价挖掘与创新利用是现代农业的重要特征,新疆是世界苹果和杏等多种落叶果树的起源演化中心,种质资源极为丰富。近 40 年来,陈学森带领研究团队围绕新疆红肉苹果、库尔勒香梨、南疆杏及野生樱桃李等果树资源的评价挖掘与创新利用,进行联合攻关,取得了系统创新成果,《落叶果树种质资源——理论与实践》一书正是长期研究的结晶。该书深入浅出地向读者介绍了栽培苹果的起源演化路线及新疆野苹果等资源的遗传多样性特征,基本厘清了苹果主要品质性状的遗传与发育机理,创建了优质高效育种及新品种配套栽培与加工技术体系,育成了一批特色多样化水果新品种,实现了新疆红肉苹果和野生樱桃李资源的品种化及 300 余万亩南疆杏的良种化。

  该书图文并茂,内容丰富,数据翔实,科学性和可读性很好,我乐于作序。我相信,该书的出版必将促进我国果树种质资源与遗传育种的科研、教学和产业发展。

中国工程院院士 束怀瑞

2020 年 10 月 23 日

前　言

种子是农业的"芯片"。突破性品种培育的关键在于优异种质创制和育种技术创新，而优异种质创制和育种技术创新关键在于遗传基础理论突破。因此，理论创新对于推动种业振兴具有重要作用。农业高校和国家级农业科研院所承载着人才培养、科学研究和社会服务等职能。研究生尤其是博士研究生的主要任务是学术研究及理论创新，这也是其能力培养的具体体现；乡村振兴和国家关于"坚持凭能力、实绩、贡献评价人才，克服唯学历、唯资历、唯论文等倾向"的人才评价机制改革，都要求农业科技人员加强技术创新，而农业的技术创新及其发明专利具有公益性和知识性特点。因此，农业科技人员要实现人才培养、科学研究和社会服务三位一体和同步提升，必须切实做到"五个坚持"，即坚持将产业问题转化为科学问题申报科研项目，坚持理论与技术创新并重，坚持良种与良法配套，坚持以科研促教学培养创新人才，坚持采用"集成示范、技术培训、科普文章、专利申报和网络媒体"等公益性技术成果推广模式，把论文写在大地上，挂在枝头上，写在农民的笑脸上。"五个坚持"的核心是"理论与技术创新并重及良种良法配套"，这也是著者团队凝练提出的科研思路。因此，本书分上、中、下篇共九章，其中上篇是资源与育种的理论基础，中篇是育种技术与优质品种，下篇是配套栽培与贮藏加工技术。

确保粮食安全和主要农产品稳定供应，把中国人的饭碗牢牢端在自己手中是国家重大战略需求，要做好、吃好"这碗饭"，需要"粮袋子、菜篮子、果盘子、肉馅子、鱼丸子、油罐子和酒坛子"。把水果盘子牢牢端在中国人手中，就是不依赖进口的国内果品生产与市场销售的内循环，首先能够满足 14 亿中国人优质水果的周年供应需求，助力健康中国，从而推动农民增收和乡村振兴，保障国家生态安全。实现这一目标，栽培面积 1000 万亩以上的苹果、柑橘、梨、桃和葡萄等大宗水果是主角，根据冷链技术覆盖率较低的中国国情和果实具有呼吸跃变的特点，需要培育优质、耐贮、晚熟的苹果和梨主栽品种及特色多样化早、中熟品种，而杂交育种与芽变选种有机结合是解决果树品种问题、培育国家重大需求品种的主要技术途径。由于耐贮藏的苹果和梨是落叶果树的第一和第二大树种，因此，本书主要讲述了杂交育种与芽变选种有机结合培育的"两个苹果、一个梨"（红皮和红肉苹果及山农酥梨）以及研发新品种的配套技术。其中，对于红皮苹果，揭示了苹果红色芽变的表观遗传特性及其分子机制，发明了基于 MYB1 启动子甲基化水平检测的苹果精准芽变选种技术，实现了对红色变异的早期、快速、准确鉴定，育种年限缩短了 2～3 年，经过持续 5 代的芽变选种，先后选育出'龙富''元富红'等系列红色及红色短枝芽变品种，实现了国外品种的再创新和国产化，推动了中国苹果产业优质高效发展，构建了以优质、耐贮、晚熟富士系芽变品种群为主的中国苹果产业品种结构，这也是符合中国国情、保障 14 亿中国人新鲜苹果周年供应最经济有效的技术途径。对于红肉苹果，以新疆野苹果资源的评价挖掘和创新利用为突破口，创建了苹果资源育种理论体系及优质高效育种技术体系，杂交育成了易着色免套袋、营养好吃的'幸红''福红''美红'等特色多样化红肉苹果新品种，填补了我国红肉苹果品种的空白。对于'山农酥'梨，针对我国梨产业主栽品种的品质问题，以新疆库尔勒香梨资源的评价挖掘和创新利用为突破口，利用"果树多种源品质育种法"等苹果育种技术，自主育成了优质、耐贮、极晚熟、抗氧化梨新品种'山农酥'梨。'山农酥'梨已经成为更新换代品种，经济效益突出，成为鲁西一带主栽品种，推动了中国梨产业优质高效发展，为 14 亿中国人优质大梨的周年供应提供了品种支撑。'山农酥'梨育种案例说明，苹果优质高效育种技术具有普适性。

作为阶段性成果，以红皮和红肉苹果及其配套技术为发明点的"苹果优质高效育种技术创建及新品种培育与应用"，获 2020 年度国家技术发明奖二等奖。

"两个苹果、一个梨"的相关研究起始于新疆杏的研究。我采用"理论与技术创新并重及良种良法配套"研究思路，揭示了新疆杏自然群体遗传结构特征，创建了有性杂交与胚培有机结合的高效育种技术体系，自主育成了极早熟和极晚熟核果类果树优质新品种 8 个，创建了新品种配套高效栽培技术体系。"核果类果树新品种选育及配套高效栽培技术研究与应用"获 2015 年度获国家科技进步奖二等奖，本书亦将相关研究成果收录其中；2003 年，我在实施国家自然基金项目"中国杏种质资源基因进化及遗传多样性的研究"过程中，发现新疆野苹果正遭到严重破坏，濒临灭绝。为此，我以新疆野苹果的评价挖掘与创新利用为切入点，带领团队将团队主力军转移到苹果研究的主战场，本书的主线和主题也是苹果。

本学术专著由山东农业大学果树种质资源与遗传育种团队共同完成，著者委员会主任由泰山学者攀登计划专家、有 40 年落叶果树种质资源与遗传育种研究经历的陈学森教授和国家苹果产业技术体系果园土壤连作障碍克服岗位专家、泰山学者特聘专家毛志泉教授担任，副主任由王楠、尹承苗、张宗营、何天明、杨龙、徐月华等优秀中青年教师担任，委员既有年轻教师，也有已毕业、分赴全国各地的博士。大家都想尽责尽力把本专著编好，但由于著者的经验不足、业务水平有限，书中的不足之处在所难免，敬请读者批评指正。

陈学森

2020 年 9 月 16 日于山东泰安

目　　录

下篇　配套栽培与贮藏加工技术

上　篇

资源与育种的理论基础

第一章　资源与性状发育机理研究的关键技术

第一节　生物信息学技术

人类基因组测序的工作促进了测序技术的迅猛发展，从而使实验数据和可利用信息急剧增加。数据的管理和分析成为基因组计划的一项重要工作，而这些数据信息的管理、分析、解释和使用，促使了生物信息学的产生和发展。

目前，随着测序技术和测序手段的提升，测序价格越来越低，生物信息学在落叶果树中的应用越来越广泛。据统计，目前已有20多种落叶果树完成了全基因组测序，基因组大小从200多兆碱基对到十几吉碱基对，完整的基因组为科研工作者提供了大量的数据。

简单来说，生物信息学由数据库、软件、算法及编程语言四部分构成。数据库（database）："巧妇难为无米之炊"，要做信息分析，数据库是数据材料的主要来源。软件（software）："工欲善其事，必先利其器"，有了数据，拿什么来分析？软件。算法（algorithm）："万丈高楼平地起"，生物信息学中的数据库和软件都是基于一定的算法来架构的。编程语言（programming language）："磨刀不误砍柴工"，学点编程语言对生物信息分析来说是如虎添翼，有了这些计算机语言的支撑，生物信息学才算是完整的。

本节主要讲述落叶果树常用数据库、落叶果树生物信息学分析常用软件等。数据库是数据材料的主要来源，本节涉及的数据库有蔷薇科基因组数据库、苹果基因组数据库、梨基因组数据库、猕猴桃基因组数据库、樱桃基因组数据库及联合基因组研究中心数据库等常用数据库。软件是生物信息学分析的工具，本节主要介绍 BLAST、Jbrowse、Primer3、Clustal、MEGA 等常用软件。

一、落叶果树常用数据库

1. 蔷薇科基因组数据库

网址：https://www.rosaceae.org/。

简介：蔷薇科基因组数据库长期为蔷薇科物种提供数据存储以及数据挖掘的资源信息。其中包括新基因的添加、遗传育种数据的收集和新软件功能的添加（Jung et al.，2014）。

2. 苹果基因组数据库

网址：https://iris.angers.inra.fr/gddh13/index.html。

简介：苹果基因组数据库使用'金冠'苹果对其单倍体加倍进行测序，并通过新的映射技术（mapping technology）和组装技术完成苹果基因组测序。该数据库提供最新的苹果基因组及其注释信息，以及其他的测序数据，为苹果遗传育种提供理论基础（Daccord et al.，2017）。

3. 梨基因组数据库

网址：http://peargenome.njau.edu.cn/。

简介：梨基因组数据库提供了梨的基因组、大量分子标记和遗传图谱，为梨遗传育种提供了大量的数据（Wu et al.，2013）。

4. 猕猴桃基因组数据库

网址：http://kiwifruitgenome.org/。

简介：猕猴桃基因组数据库整合了来自猕猴桃属 3 个猕猴桃物种 4 个基因组版本的基因组数据，并开发了生物信息流程对基因进行了详尽的功能注释，整合了数十个猕猴桃物种的转录组等多组学数据，将有效促进广大科研工作者对猕猴桃现有组学数据资源的利用，辅助猕猴桃的分子育种和品种改良（Yue et al.，2020）。

5. 樱桃基因组数据库

网址：http://cherry.kazusa.or.jp/。

简介：樱桃基因组数据库整合了甜樱桃的基因组及其注释信息，单核苷酸多态性（single nucleotide polymorphism，SNP）、简单重复序列（simple sequence repeat，SSR）及插入/缺失（insertion/deletion，InDel）等分子标记，遗传图谱等相关资料，为甜樱桃遗传育种奠定了理论基础（Shirasawa et al.，2017）。

6. 联合基因组研究中心数据库

网址：https://genome.jgi.doe.gov/。

简介：联合基因组研究中心数据库整合了大量植物的基因组及其注释信息，包括多种落叶果树的基因组信息（Goodstein et al.，2012）。

此外，本课题组整理了截至目前已完成的落叶果树基因组信息。通过这些信息可以发现，随着测序技术的提升，落叶果树主要物种测序完成后，一些小众物种的测序也被提上日程，这些信息的释放将为落叶果树的深入研究提供第一手的基因组数据信息。

二、落叶果树生物信息学分析常用软件

1. BLAST

网址：https://blast.ncbi.nlm.nih.gov/Blast.cgi。

简介：BLAST（basic local alignment search tool）是一套在蛋白质数据库或 DNA 数据库中进行相似性比较的分析工具。BLAST 程序能迅速与公开数据库进行相似性序列比较。BLAST 结果中的得分是一种对相似性的统计说明。

BLAST 采用一种局部的算法获得两个序列中具有相似性的序列。BLAST 对一条或多条序列（可以是任何形式的序列）在一个或多个核酸或蛋白质数据库中进行比对。BLAST 还能发现具有缺口的能比对上的序列。

2. Jbrowse

网址：https://jbrowse.org/jbz/。

简介：Jbrowse 是一种基因组浏览器，它是基于 HTML5 JavaScript 等前端技术通过 AJAX 界面来实现的，这样大部分的工作都能通过用户的浏览器来完成，可以降低对服务器的性能要求，从而实现快速访问浏览基因组数据。

该基因组浏览器具有如下特点。

1）快速、平滑地滚动和缩放，能较快地浏览上传的基因组数据。

2）能够很容易地缩放若干吉和深覆盖度测序数据。

3）支持多种基因组学常用格式（如 gff3、BED、FASTA、Wiggle、BigWig、BAM、VCF 等格式）。

4）对服务器的配置要求低，实际上 Jbrowse 除了一些转换格式的工具如转换成 http 文本等，并没有多少后台服务器代码。

3. Primer3

网址：https://bioinfo.ut.ee/primer3-0.4.0/。

简介：在线引物设计程序。

4. Clustal

网址：http://www.clustal.org/。

简介：Clustal 是一种单机版的基于渐进比对的多序列比对工具，由 D. G. 希金斯（D. G. Higgins）等开发。Clustal 先将多个序列两两比对构建距离矩阵，反映序列之间两两关系；然后根据距离矩阵计算产生系统进化指导树，对关系密切的序列进行加权；最后从最紧密的两条序列开始，逐步引入邻近的序列并不断重新比对，直到所有序列都被加入为止。

5. MEGA

网址：https://www.megasoftware.net/。

简介：MEGA的全称是molecular evolutionary genetics analysis（分子进化遗传分析），可用于序列比对、进化树的推断、估计分子进化速度、验证进化假说等。MEGA还可以通过数据库NCBI进行序列的比对和数据的搜索。

第二节　基因组测序及重测序技术

本节简单介绍了果树基因组学的范畴与技术手段，对近年来主要落叶果树的基因组学特别是基因组组装进行了介绍；对近年来主要果树重测序的研究进展进行了介绍，特别是对重测序的全基因组策略与简化基因组策略、SNP 检测方法、基因组核苷酸多态性、选择性清除分析、连锁不平衡与全基因组关联分析、栽培作物的驯化机理研究及群体重测序的方法学进行了详细阐述。

一、果树基因组学

基因组学是生物学、医学及农学领域发展最为迅速的一门新兴学科。当前,大多数作物基因组测序已经完成。测序成本日益降低,育种家很容易获得海量的分子标记信息,以便深入了解作物如何适应过去的环境,并继续对其加以重塑或遗传改造,满足未来农业的发展需要(McCouch et al.,2013)。作物科学即将进入基因组学或后基因组学时代(贾继增等,2015),借鉴基因组学在作物育种上已经取得的成绩,可以预见基因组学将在果树科学以下 4 个方面取得重要进展:①加速果树种质资源核心种质构建、重要果树农艺性状基因的克隆,以及野生种质资源的开发与利用;②促进果树育种理论与育种方法的重大突破,推动果树育种基因组学的形成;③推动环境条件与栽培措施基因表达调控的机理研究,发现一批受环境因素调控的基因,促进果树栽培学研究向基因组学方向发展;④迅速提高特色果树的研究水平,减小果树间研究差距,基因组学发展将引领果树科学新的发展契机。

基因组学在技术手段上主要包括两方面。①测序技术。当前用于基因组学研究的测序技术主要有二代高通量测序技术,如 Illumina 平台(Shen et al.,2005)、454 平台;以及三代单分子测序平台,如 PacBio 测序平台(Rhoads and Au,2015)。与第一代桑格(Sanger)测序技术相比,高通量测序 [high-throughput sequencing,又称为下一代测序技术(next generation sequencing,NGS)] 降低了测序成本,提高了测序速率并且覆盖度更高,尤其是 Illumina HiSeq 2000、HiSeq 2500 以及 HiSeq 4000 平台已成为主流测序平台。三代单分子测序平台测序读长可达 20~50kb,在基因组与转录组组装上有独特的优势。②生物信息学分析技术。基因组学分析包括基因组组装及基因组注释流程、基因组重测序、基因型检测及群体遗传学分析流程;转录组学分析包括转录组组装、转录组的基因表达定量和差异基因筛选以及非编码的功能小 RNA 分析流程等。

1. 果树全基因组测序研究进展

全基因组测序,也称全新(从头)基因组组装(*de novo* genome assembly),是指对基因组序列未知或没有近缘种基因组信息的某个物种细胞或组织中全部染色体中的 DNA 序列进行测序。全基因组测序时,基因组 DNA 被随机打断,测序得到片段的序列信息,如同用被打乱的拼图重新构建。往往使用混合方法建立测序文库,如将双端的短片段 PE500 序列与配对的长片段序列、BAC 文库或三代测序数据结合以提高覆盖度(Baker,2012;Chin et al.,2013;Edwards and Holt,2013)。利用生物信息学分析方法对序列进行拼接、组装并结合已有的遗传图谱,锚定重叠群(contig)可填补长的序列空白,最终获得完整的基因组序列,进行基因的功能注释(Li et al.,2010b)。基因组组装是果树育种学科的前瞻性研究,获得前基因组信息可获得更高密度的分子标记和功能基因的信息。结合比较基因组学可获得染色体伴随进化发生的重复、缺失、倒位或易位等结构变异,这是群体遗传学、分子标记育种及功能基因定位的数据基础。

截至 2017 年 3 月已完成全基因组测序并公布基因组草图的有 15 种果树,包括落叶果树苹果、梨、枣等,以及热带果树如甜橙、小果野蕉和菠萝等,其中由我国科学家主持的有 6 种果树。测序所选择的材料，桃、小果野蕉及甜橙采用纯合度相对较高的双单倍体，葡萄的纯合度也比较高，而其余树种均是采用遗传背景不明确、杂合度高的二倍体栽培种或野生种（表 1-1）（Jaillon et al.，2007；Velasco et al.，2010；Argout et al.，2011；Zhang et al.，2012；D'Hont et al.，2012；Wu et al.，2013；Xu et al.，2013；Al-Mssallem et al.，2013；Huang et al.，2013；Verde et al.，2013；Chagné et al.，2014a；Liu et al.，2014；Ming et al.，2015）。

表 1-1　已经测序的果树植物一览表

物种	测序材料来源	测序方法	在线发表时间（年-月-日）	发表杂志/数据库	组装/预测基因（Mb）	注释基因总数（万个）	主导国家
葡萄 Vitis vinifera	自交纯系 Pinot Noir 40024	Sanger	2007-08-26	Nature	487 / 483	3.0434	法国、意大利
西洋苹果 Malus domestica	'金冠'苹果	Sanger、罗氏 454	2010-08-29	Nature Genetics	603.9 / 743	5.7386	意大利、美国、新西兰
西洋苹果 V2 Malus domestica	'金冠'苹果	Illumina GA、PacBio	2016-08-05	GigaScience	632.4 / 743	5.3922	中国
西洋苹果 V3 Malus domestica	'金冠'苹果	Illumina GA、PacBio	2017-06-05	Nature Genetics	649.7 / 651	4.4105	法国、意大利、荷兰等
草莓 Fragaria vesca	自交系 Hawaii 4	罗氏 454、Illumina GA、SOLiD	2010-12-26	Nature Genetics	209.8 / 240	3.4809	英国、美国
可可 Theobroma cacao	未知	罗氏 454、Illumina GA、Sanger	2010-12-26	Nature Genetics	326.9 / 430	2.8798	法国、美国
甜橙 Citrus sinensis	优良品种 'Valen- cia'双单倍体	Illumina GAII	2012-12-12	Nature Genetics	320.5 / 367	3.0000	中国
小果野蕉 Musa acuminata	小果野蕉双单倍体 DH Pahang	Sanger、罗氏 454 GS FLX、Illumina GAIIx	2012-08-09	Nature	472.2 / 523	3.6542	法国
梨 Pyrus bretschnei deri	优良酥梨品种'砀山酥'	Illumina HiSeq 2000、BAC 文库	2012-11-13	Genome Research	512 / 527	4.2812	中国
梅 Prunus mume	野生种	Illumina GA	2012-12-27	Nature Communications	237 / 280	3.1390	中国
桃 Prunus persica	品种 'Lovell' 双单倍体	Sanger	2013-03-24	Nature Genetics	224.6 / 265	2.7852	美国、意大利
椰枣 Phoenix dactylifera	未知	焦磷酸测序、Illumina HiSeq 2500、BAC 文库	2013-08-06	Nature Communications	605.4 / 671	4.1660	中国、沙特阿拉伯
猕猴桃 Actinidia chinensis	'红阳'品种雌株	Illumina HiSeq 2000	2013-10-18	Nature Communications	616.1 / NA	3.9040	中国
欧洲梨 Pyrus communis	Bartlett	罗氏 454	2014-04-03	PLoS One	577.3 / NA	NA	意大利、新西兰
枣 Ziziphus jujuba	二倍体栽培种冬枣	Illumina Hiseq 2000	2014-10-28	Nature Communications	437.7 / 444	3.2808	中国
菠萝 Ananas comosus	品种 'F153'	Illumina HiSeq 2500	2015-11-02	Nature Genetics	382 / 526	2.7024	中国
柚子 Citrus maxima	Pummelo	PacBio、Illumina HiSeq	2017-03-07	GenBank	345 / NA	NA	中国

注：NA 表示无数据参考

2. 果树基因组组装的基础研究

果树基因组组装后可开展的基础研究主要包括两个方面：基因组注释和比较基因组学。

基因组注释包括 4 个方面：重复序列的识别、非编码 RNA 预测、基因结构预测及基因功能注释，其中基因功能注释最为重要。通常与 4 个生物信息数据库比对预测基因中的结构域、蛋白质功能和生物学通路等。例如，与 UniProt 蛋白质数据库比对获得序列信息；与 KEGG 数据库比对预测蛋白质可能的生物学通路；与 InterPro 数据库比对获得蛋白质保守性序列模序和结构域；InterPro 进一步建立了与 GO 数据库的交互系，通过此系统便能预测蛋白质执行的生物学功能。已发表的 14 种果树基因组均对基因组进行了注释，果树基因组所含的基因普遍在 30 000~50 000 个（表 1-1），远低于小麦（International Wheat Genome Sequencing Consortium，2014），而与玉米（Schnable et al.，2009）相当。各基因组在发表时都提供了基因组 ".fa" 文档及注释基因信息 ".gff3" 文档的下载链接。

比较基因组学基于基因组共线性来揭示植物的起源和进化事件。化石、细胞生物学、表达序列标签（expressed sequence tag，EST）分子标记、全基因组等相关研究表明 60%~70% 的开花植物均存在一个多倍体祖先。多倍体化可以促进生物多样化和物种形成，是进化的驱动力（van de Peer et al.，2009）。全基因组复制（whole genome duplication，WGD）有古全基因组复制（ancient WGD）和近代全基因组复制（recent WGD）两种方式（Jiao et al.，2012a）。在双子叶植物中的古基因组复制也被称为古六倍体化（paleohexaploidization）进化或者三倍体化复制（triplicated arrangement），又称 γ 复制（Tang et al.，2008）。近代全基因组复制过程伴随基因的丢失和基因突变，是大多数双子叶植物进化的主要驱动力。

比较基因组学侧重不同种、属之间基因组结构比较，探讨的是植物进化机理，而群体基因组学是对亲缘关系较近的群体测序后，与一个参考基因组进行比对，重点在于检测群体基因型变异，探讨群体的亲缘关系及驯化机理。比较基因组学与群体基因组学是两个不同的概念。

3. 几种果树基因组研究简介

（1）苹果

2010 年，意大利农业研究所和美国 454 测序公司，采用 Sanger 测序、454 测序等方法对苹果的一个栽培种'金冠'进行测序，获得了苹果的基因组。苹果基因组约为 743Mb，组装得到 603.9Mb，并利用遗传图谱将组装得到的 593.3Mb 的基因组定位到 17 条染色体上。对其基因组分析发现苹果基因组中约有 500.7Mb 的序列为重复序列，占苹果整个基因组的 67%。系统进化分析表明苹果祖先种出现在 5000 万~6000 万年前。苹果基因组中注释了 57 386 个基因（其中转座子有 4021 个），占基因组的 42.4%；小 RNA 有 178 个，抗性基因有 992 个，生物合成基因有 1246 个。利用配对点阵作图分析发现，苹果基因组含有大量的重复序列，使其从 9 条染色体演变为 17 条。这对于苹果这种尚未开展系统数量遗传学研究［构建精细遗传图谱、数量性状基因座（QTL）定位等］的作物来说，将开辟一条分子育种的捷径，有助于培育出更甜、更有营养、产量更高的苹果品种（Velasco et al.，2010）。

2016 年，一个中国研究团队对苹果基因组进行了第二次组装，采用了二代 Illumina 和三代 PacBio 测序组合的方法。连续 N50（contig N50）达到 111.619kb，比首个苹果基因组

contig N50 提升了 7 倍（Li et al., 2016）。2017 年 6 月，由法国、意大利及荷兰三国的研究团队合作发表了最新版的苹果基因组组装，contig N50 达到了 5Mb，具有极高的可信度及准确度（Daccord et al., 2017）。法国、意大利及荷兰三国的研究团队所完成的苹果基因组组装则使用了一个双单倍体 GDDH13，其组装质量较高，特别是他们发现重复序列占据全基因组的一半以上。同时确定了一个新的高度重复的反转录转座子，并估计在 2100 万年前发生的一系列不同转座因子（transposable element，TE）的大暴发与栽培苹果祖先的形成相关。

（2）葡萄

葡萄基因组于 2007 年被法国科学家测序并组装，是人类完成基因组测序的第一种水果。测序品种为法国的黑比诺葡萄，研究人员采用 Sanger 测序法，通过对几千个 DNA 片段进行测序、拼接，最终得到的葡萄基因组大小为 487Mb。contig N50 为 65.9kb，非连续 N50（scaffold N50）达到 2.07Mb。通过基因组分析发现葡萄中存在大量合成萜类及单宁酸的基因，这些基因所占的比例远远超过了其他植物。萜类化合物可以产生葡萄酒的特有香气，这也从分子水平解释了葡萄酒特有香味的形成机理（Jaillon et al., 2007）。

（3）香蕉

2012 年来自法国的一个团队采用 Illumina GAIIx 和罗氏 454 等方法对香蕉的一个品种——小果野蕉（*Musa acuminata*）进行了测序，组装得到的基因组大小为 472.2Mb。与苹果基因组类似，重复序列在香蕉基因组中也占有较大的比例，其中最显著的就是转座子序列，占据了基因组的将近一半。通过分析发现，香蕉基因组竟然存在香蕉条斑病毒的基因，而且这一序列在香蕉基因组中的 20 多个位点均存在（D'Hont et al., 2012）。

（4）甜橙

甜橙基因组测序于 2012 年由华中农业大学首先完成。由于甜橙基因组高度杂合，组装比较困难。他们采用双单倍体测序方法成功绘制出了甜橙 87% 的基因组序列，组装成完整的基因组，得到的基因组大小为 320.5Mb，contig N50 为 49.89kb，scaffold N50 为 1.69Mb。编码蛋白质的基因数量为 29 445 个。对甜橙基因组进行分析，揭示了甜橙基因组的进化历史，同时发现甜橙中与维生素 C 合成有关的基因出现扩增等现象，这很好地解释了为何甜橙中维生素 C 含量较高（Xu et al., 2013）。

（5）桃

桃是蔷薇科重要的落叶果树之一。利用 Sanger 一代测序全基因组鸟枪法实现了染色体水平的基因组组装。桃的基因组大小为 224.6Mb，注释了 27 852 个蛋白质编码基因以及非编码 RNA。分析发现了丰富而庞大的与山梨醇及木质素代谢相关的基因家族，这与果实木质素密切相关。通过对 14 种桃的重新测序研究了桃的驯化。驯化的瓶颈效应影响了桃的遗传多样性。桃未经历最近的全基因组复制（WGD），与葡萄相比，桃的古染色体三倍体化呈现不连续的碎片。2015 年研究人员又基于 3576 个分子标记的精细连锁图谱和二代重测序数据，结合深度测序得到的重叠群填补了 212 个间隙（Verde et al., 2013，2015）。

（6）梨

南京农业大学的梨研究团队利用 BAC-by-BAC 和二代测序覆盖度 194×，将梨基因组组装到 512Mb。结合高密度遗传图谱锚定 17 条染色体的序列有 75.5%。注释了 42 812 个蛋白质编码基因。梨基因组包含 271.9Mb 的重复序列，占基因组的 53.1%。梨和苹果的趋异进化（也称分歧进化）发生在 2150 万～540 万年前，推测最近的全基因组复制（WGD）事件发生在它们趋异进化之前的 4500 万～3000 万年前，在草莓的趋异进化之后。苹果和梨的基因区域相似，它们基因组大小的差异主要是由转座因子（TE）导致的重复序列的差异。研究人员对梨的自交不亲和、木质化石细胞（梨果实的独特特征）、山梨糖醇代谢和水果挥发性化合物也有研究。研究发现，α-亚麻酸代谢是梨果实中香气合成的关键代谢途径（Wu et al.，2013）。2014 年一个意大利和新西兰合作的研究团队又对一个西洋梨的基因组进行了组装（Chagné et al.，2014a）。

（7）杏

杏基因组杂合度高，组装难度较大，研究者首先利用 MaSuRCA 软件将 Illumina 测序数据组装为 super-reads，然后利用 Canu 软件将 super-reads 和校正后的 PacBio 数据进行组装，进一步去杂合得到杏全基因组序列，经遗传图谱比对后得到染色体级别的基因组，其大小为 221.9Mb，contig N50 为 1.01Mb，BUSCO（benchmarking universal single-copy orthologs，通用单拷贝同源基因基准测试）评估值高达 98.0%，预测得到 30 436 个蛋白质编码基因。杏基因组组装完成使蔷薇科物种基因组水平的进化关系进一步清晰。研究表明，杏与梅亲缘关系最近，约在 553 万年前产生分化，其次是扁桃和桃，与樱桃亲缘关系最远。在进化过程中，杏尽管没有经历过全基因组复制事件，但在杏基因组中发现了大量较大片段的重复区域，涉及 2794 个基因，主要集中在植物病原微生物互作（plant pathogen interaction）和苯丙烷生物合成（phenylpropanoid biosynthesis）的相关通路方面。同时，在杏进化过程中发生了大量基因家族的扩张和收缩，研究人员发现了 2300 个杏特有基因（Jiang et al.，2019）。

（8）猕猴桃

猕猴桃是杜鹃花目第一个被测序植物，由合肥理工大学与康奈尔大学合作，利用二代测序进行了基因组组装。测序覆盖度约 140×，组装的基因组为 616.1Mb，含有 39 040 个基因。比较基因组学分析显示猕猴桃经历了由核心双子叶植物共享的古六倍体化事件和两个后期的全基因组复制事件。两个最近的复制事件发生在猕猴桃与番茄和马铃薯分歧之后，并且使基因产生了新功能，这些新功能赋予了猕猴桃一些重要果实性状代谢功能，如维生素 C、类黄酮和类胡萝卜素代谢（Yue et al.，2020）。

（9）椰枣

椰枣的基因组测序由中国科学院与沙特阿拉伯研究团队合作完成。基因组组装大小为 605.4Mb，占预测的 671Mb 的 90% 以上，注释基因 41 660 个。共线性分析结果表明其基因组经历了一次明显的全基因组复制和一次潜在的基因组加倍或大范围基因组片段加倍。遗传变异分析显示胁迫抵抗基因和糖代谢相关基因趋向于集中在染色体低 SNP 频率区。结合转录组数据，阐明了椰枣果实的发育和成熟时期独特的糖代谢变化。研究人员获得了第一个棕榈科植物——椰枣的叶绿体基因组，这有助于了解棕榈科植物叶绿体基因组的结构及进化过程中的基因变异（Al-Mssallem et al.，2013）。

（10）枣

枣基因组的组装是通过二代测序技术，结合 BAC-by-BAC 和 WGS-PCR-free 技术共同完成的，组装出的基因组总长达 437.7Mb，占预估枣基因组大小的 98.6%，同时将其中 80%的序列锚定到染色体。该研究还注释了 32 808 个基因。发现在 1 号染色体上，有高度保守的区域与抗逆、多糖代谢相关，为研究枣的特殊生物学性状提供了重要线索。通过大量比较基因组学和转录组学分析发现，枣同时具有两种维生素 C 的合成机理（Liu et al.，2014）。

（11）银杏

研究者利用三代测序技术，完成了银杏全基因组测序，并结合高通量染色体构象捕获技术（High-throughput chromosome conformation capture，Hi-C 技术）以及高密度遗传图谱辅助组装，将拼接序列锚定到了银杏 12 条染色体上。该研究是首例利用三代测序技术完成的裸子植物全基因组测序，并实现了染色体级别的组装。利用 PacBio RSII 测序平台，完成了 500Gb 的银杏基因组三代测序，基因组覆盖度约为 50×，测序平均读长 6kb（Guan et al.，2016）。

（12）石榴

石榴是多年生的水果，其栽培历史悠久，营养价值高。研究者组装出 328Mb 基因组并将其锚定到 9 条染色体上，注释了 29 229 个基因。研究者鉴定出一次桃金娘目特有的全基因组复制事件，该复制事件发生时间先于石榴与桉属植物的分化。石榴基因组中重复序列占了 46.1%。该作者发现珠被发育基因 *INO* 在进化中受到了正选择，可能有助于石榴可食用部分，即种皮肉质外层的形成。在软核和硬核石榴品种中，木质素、半纤维素和纤维素合成与降解相关基因有表达差异，显示在不同硬度种子的石榴品种中木质素、半纤维素与纤维素的积累过程不同。基因组测序为石榴中许多生物或生化性状的鉴定提供了宝贵的基因组序列资源，也为石榴将来的加速育种奠定了分子基础（Yuan et al.，2018）。

（13）板栗

板栗（*Castanea mollissima*）为壳斗科栗属植物，是我国重要的干果之一，素有"木本粮食"之称，广泛栽培于我国 26 个省区，年产 193 万 t，约占世界板栗总产量的 83.34%。我国板栗种质资源遗传多样性丰富，品质优良，抗栗疫病，耐瘠薄，已成为栗属植物种质创新的重要亲本资源。高质量的我国板栗基因组图谱为栗属植物的起源进化、遗传改良等研究奠定了重要的基础。

板栗高质量基因组序列是基于二代和三代测序获得的，其基因组大小为 785.53Mb，contig N50 为 944kb，注释了 36 479 个基因。基于 BUSCO 分析，基因组完整性为 96.7%。与 3 个近缘物种夏栎（*Quercus robur*）、欧洲山毛榉（*Fagus sylvatica*）和胡桃（*Juglans regia*）的基因组相比，我国板栗具有 8884 个特有基因家族和 11 952 个特有基因。基因组进化分析表明我国板栗和夏栎的分化发生在 1362 万年前（Xing et al.，2019）。

综合果树基因组的组装，从基因组大小来看，木本果树基因组为 400～1000Mb，并未出现禾本科作物如小麦 12Gb（International Wheat Genome Sequencing Consortium，2014）、玉米 2.3Gb（Schnable et al.，2009），百合科蔬菜作物如大蒜 16Gb （Ricroch et al.，2005）等大基因组，这是木本果树基因组组装的优势。但绝大多数果树是异花授粉的，基因组又多为高度杂合，重叠群不宜延长，从这方面看木本果树基因组组装又有一定的难度。因此若能构建果树双单倍体株系，并采用三代测序策略，则对果树基因组组装是极为有利的。

二、主要落叶果树基因组重测序相关研究内容和技术

1. 基因组重测序及群体基因组学的意义

基因组重测序属于群体基因组学、群体遗传学的范畴，群体基因组学（population genomics）的概念于 1998 年最先由 Gulcher 和 Stefansson 提出，随即被遗传学界广泛接受（Goldstein and Weala，2001；Jorde et al.，2001；Gibson and Mackay，2002）。后来人们逐渐将群体基因组学视为一门学科（Black et al.，2001），并初步确定群体基因组学是群体遗传学的新表现形式，群体基因组学通过覆盖全基因组的多态性位点来推测位点特异性效应（选择、突变、选型交配及重组等）和全基因组效应（遗传漂变、迁徙及近亲繁殖），加深了人们对微观进化（microevolution）的理解。Luikart 等（2003）提出了广义的群体基因组学概念：通过对全基因组高覆盖度的多态性位点平行研究，更好地理解伴随物种进化的影响基因组和种群变异的因素，如突变、遗传漂变、基因流及自然选择等所扮演的角色。群体基因组学提升了人们推断群体进化史的能力，为人们提供了一种研究群体内及群体间的个体在基因组水平上的多态性及等位基因多态性差异的新手段（Ellegren，2014）。随着二代测序技术通量大幅提升，测序价格显著下降，研究者可以采用不同的测序策略，使多个样品在一个测序芯片上同时被测序（Mardis，2007；Craig et al.，2008；Cronn et al.，2008）。越来越多的植物基因组完成全基因组组装，主要作物的群体重测序也陆续展开，使得在真正基因组水平鉴定群体的遗传多样性变得简单，因而群体基因组学近年来发展迅速（Begun et al.，2007；Stratton，2008；Ellegren，2014；Xu and Bai，2015）。伴随生物信息学数据处理分析能力的提高，群体基因组学不仅可从基因组水平上探讨群体内与群体间的分离程度及多态性，还加深了人们对群体进化的连锁不平衡、染色体重组、选择性清除效应、群体遗传结构、栽培种群的驯化起源、复杂性状与基因型之间的关联及功能基因挖掘的理解。

群体基因组学研究流程通常包括 4 个主要步骤：①选择具有较强代表性的样本，如果是野生种群，则需要广泛采样，应有较大的样本数量；②鉴定具有较高基因组覆盖度的多态性位点；③对全部多态性位点进行分析，区分开中性位点及受到选择作用的基因位点；④利用中性位点推测种群的进化及亲缘关系，利用受选择位点分析种群的适应性进化及功能基因鉴定。

从种质资源研究角度看，基于重测序的群体基因组学研究方法将改变果树种质资源保护的研究思路。基因组学研究成果可为果树种质资源的有效收集和保护提供理论指导，为阐明果树起源和演化、全面评估果树种质资源结构多样性提供核心理论和技术，使得在全基因组水平上比较不同果树种质资源基因组变异成为可能。在此基础上，可明确现已搜集的种质资源和野外种质资源群体结构与遗传多样性，提出种质资源异地保存和原生境保存的最佳策略；结合表型鉴定数据，利用连锁分析和关联分析等基因组学方法，可高效发掘野生种质资源特有的功能基因，从而提高种质创新效率（Cuesta-Marcos et al.，2010；Varshney et al.，2009；Kilian and Granerl，2012）。

2. 重测序的全基因组策略

全基因组重测序是对实验材料进行全基因组范围内高覆盖度的测序，通过与已有参考基因组序列比对分析，可检测基因组 SNP、插入/缺失、结构变异（structural variation，SV）、拷贝数变异（copy number variation，CNV）等多态性位点（Huang et al.，2009；Roach et al.，2010）。重测序的全基因组策略对参考基因组的测序质量要求较高，特别是基因组数据被用于染色体结构变异分析时（Imelfort and Edwards，2009）。

3. 简化基因组策略

简化基因组测序（reduced-representation sequencing）是利用酶切技术、芯片技术或其他实验手段来降低基因组复杂程度，只针对基因组特定区域进行测序，反映部分基因组序列信息的测序技术。主要的简化基因组测序方法有：限制性酶切位点相关的 DNA（restriction-site associated DNA，RAD）测序（Miller et al.，2007；Baird et al.，2008；Peterson et al.，2012）、基因分型测序（genotyping by sequencing，GBS）（Elshire et al.，2011；Narum et al.，2013；Poland and Rife，2012）等，这些方法均利用限制性内切酶对基因组进行酶切，产生一定大小的片段，构建简化的测序文库进行测序。简化基因组遗传图谱可降低基因组的复杂度，虽然数据量小但测序区段内覆盖度高达几百倍，因而基因型可靠，同时节约成本，特别适合大样本研究。

Migicovsky 等（2016）对 929 份苹果种质资源进行了基因分型测序，共检测到 8657个 SNP。Ma 等（2017）选择了 39 份栽培及野生苹果种质资源进行了简化的特异性位点扩增片段测序（specific-locus amplified fragment sequencing，SLAF-seq），获得了 39 635 个SNP。一般来说，若开展染色体 SV 分析及自然群体的全基因组关联分析（genome-wide association study，GWAS），特别是对于组装质量不好的杂合木本作物（如苹果）来说，简化基因组测序并不适用。

4. SNP 检测

SNP 作为第三代分子标记，广泛存在于基因组中，蕴藏着海量遗传信息。高通量 SNP的检测和分析方法主要是利用已有的 SNP 标记芯片进行分型检测。SNP 作为最有应用前景的分子标记因通量高、分辨率高等优越性而获得一致认可（Nielsen et al.，2011）。随着测序成本降低，SNP 发展迅速。

SNP 开发是基因组重测序的基础功能，群体重测序数据经过比对就得到了各样品的 SNP 基因型。在多样性好的大群体重测序基础上可进一步开发各类 SNP 芯片。SNP芯片成本低，目标明确，是作物分子标记辅助育种的新手段之一，在桃（9K）芯片和苹果（8K、20K）芯片上已经被开发应用（Verde et al.，2012；Chagné et al.，2012；Bianco et al.，2014）。

群体遗传结构的确立、GWAS 与选择性清除分析都需要庞大而准确的变异信息集，基于重测序得到的 SNP 与其他分子标记相比有独特的优势。

5. 基因组核苷酸多态性

基因组水平的核苷酸多态性有 SNP、InDel、SV 及 CNV 等多种类型，这种核苷酸多态性是决定种群遗传多样性、群体大小和进化潜力的重要指标。核苷酸多态性分布类型则是推测种群遗传结构、适应性进化、选择性清除分析及全基因组关联分析的依据。

一般而言，野生种群核苷酸多态性高于栽培种群，地方品种核苷酸多态性又高于骨干品种。作物驯化及育种的过程造成了群体遗传多样性的缩减，说明野生资源具有潜在价值，是栽培种遗传多样性的重要来源，需要积极保护利用。

通常使用 $\theta\pi$ 和 θw 值来评估种群的遗传多样性（Tajima，1983）。研究发现西瓜群体的遗传多样性指数 $\theta\pi$ 值远远低于玉米、大豆和水稻等禾本科作物，野生西瓜具有更多的遗传多样性。同时，对 10 个野生枣和 21 个栽培枣进行的重测序表明，野生群体即便在数量明显偏少的情况下，$\theta\pi$ 值仍远高于栽培群体（Huang et al.，2016）。西瓜的一个亚种（*Citrullus lanatus lanatus*）和其他两个亚种（*C. lanatus mucosospermus* 和 *C. lanatus vulgaris*）之间存在较大差异，而培育的亚种内部基因组差异相对较小，尤其是 *C. lanatus vulgaris* 亚种美洲生态型内部之间（Guo et al.，2013a）。除了 SNP，基因组上还具有大量的结构变异，这些变异在种群间也有较大的差异，在同一种群不同基因组区的分布不均匀。对 115 份黄瓜（*Cucumis sativus*）种质资源进行深度重测序，结果表明黄瓜基因组的结构变异大部分产生于非同源末端的连接重排，通常出现在高核苷酸多态性区域（Zhang et al.，2015）。

6. 选择性清除分析

栽培作物经人为驯化会发生选择性清除（selective sweep），简单来说就是基因组某区域由于受到了选择而多态性被消除。选择性清除分析是寻找正向选择在作物基因组上留下的印迹。与野生祖先相比，栽培或驯化的物种发生选择性清除的区域遗传多样性显著降低，这是驯化区域的典型特征。

选择作用包括两种类型：一种是自然选择，例如，模式植物拟南芥群体重测序结果表明，其基因组上存在多个受地形、气候等环境因子（如湿度、光照及土壤）的选择作用的基因位点，功能注释表明这些基因与水分代谢、感光生理、重金属解毒及钙镁运输功能密切相关（Turner et al.，2010；Fischer et al.，2013）；另一种是人工选择，人类早期对作物的驯化及现代育种改良活动对特定性状的持续强化，造成栽培群体的相应位点及其邻接区遗传多样性急剧降低，形成选择性清除区，该区域与野生群体的遗传分化程度增加。对 83 份桃种质资源的重测序结果表明，桃基因组上存在大量的选择性清除区，几乎所有与驯化性状相关的基因位点（包括 147 个桃的食用品质基因和 262 个风味品质基因）都位于这些区域。在受观赏性倾向选择的基因中，与黄酮类生物合成、花器官发育、细胞分裂及糖代谢相关的基因富集，在受到食味倾向选择的基因中，与三羧酸循环和光合作用相关的基因富集（Cao et al.，2014）。除了古老的驯化作用，现代人工育种改良也在作物栽培种上留下了明显的选择痕迹，如菜豆粒重基因（Schmutz et al.，2014）。枣中最少有 254 个基因经受了正向选择压力（Liu et al.，2014），椰枣抗性基因也在进化中受了选择压力的影响（Al-Mssallem et al.，2013）。

选择性清除分析常用的方法：①基于群体分化分析（F_{st} 分析），F_{st} 表示群体的分化程度，其值越大，群体分化程度越高，受选择程度越高。F_{st} 即固定指数（fixation index），可衡量由遗传结构（genetic structure）引起的群体分化（population differentiation）。F_{st} 取值从 0 到 1，为 0 则认为两个群体间是随机交配的，群体结构完全一致，群体间没有分化；为 1 则表示是等位基因在各地方群体中固定，完全分化，可用来表征亚群体间的遗传分化尺度或群体分离程度。②基于核苷酸多态性的 $\theta\pi$ 值分析反映了群体基因组核苷酸多态性。群体的核苷酸多态性越低，受选择程度越高。③基于群体中性进化的 Tajima's D 分析。选择性清除分析有时也采用多种算法的结合，如 F_{st} 和 $\theta\pi$ 的结合。F_{st} 和 $\theta\pi$ 已被证实是一种很有效的检测选择性清除位点的方法，特别是在挖掘与生存环境密切相关的基因功能区时，往往可以得到较强的选择信号。另外还有 Tajima's D 和 $\theta\pi$ 的结合、F_{st} 和 Hp（杂合率）的结合等算法（Hufford et al.，2012；Qiu et al.，2015）。④跨群体复合似然比（cross-population composite likelihood ratio，CP-CLR）（Chen et al.，2010），基于群体间多基因座（multilocus）等位基因频率差异来检测选择性清除位点，比基于位点频率波峰图的方法更灵敏。目前在枣树（张春梅，2016）、玉米（Hufford et al.，2012）、黄瓜（Qi et al.，2013）、大豆（Zhou et al.，2015）等关键性状的选择清除信号挖掘上已有所应用。该方法计算过程比较复杂，运算量较大。

7. 连锁不平衡与全基因组关联分析

连锁不平衡（linkage disequilibrium，LD）与全基因组关联分析（genome-wide association study，GWAS）密不可分，因此放在一起讨论。

LD 指的是一个群体内不同等位基因之间的非随机关联，LD 水平对自然群体复杂性状的关联分析具有重要的参考价值，是群体基因组学研究的重要方面（Flint-Garcia et al.，2003；Gupta et al.，2005）。群体 LD 水平通常用基因组全部成对多态性位点的平均关联值 r^2 降低到最大值的一半或者某一阈值时的物理距离来衡量。需要指出的是，群体 LD 水平与研究样本的规模、地理来源及样本间亲缘关系等有密切关系。通常来说，研究样本数量越少，地理来源、亲缘关系越近，LD 水平越高，反之越低。对黄瓜核心种质资源的重测序分析显示，印度黄瓜（30 份）LD 水平（r^2=0.2）仅为 3.2kb，东亚黄瓜（37 份）、欧亚黄瓜（29 份）、西双版纳黄瓜（19 份）LD 水平均超过 55kb，最高达到 140kb（Qi et al.，2013）。

GWAS 是 Risch 和 Merikangas（1996）最先提出的定位功能基因的研究思路。以群体基因组的连锁不平衡为基础，利用全基因组范围内筛选出的高密度分子标记对所研究的群体进行扫描，分析扫描得出的分子标记数据与表型性状之间的关联关系，GWAS 就是利用全基因组范围内的 LD 来确定影响某些表型性状或数量性状的基因（Hirschhorn and Daly，2005）。利用群体进化过程中数千世代发生的重组事件，通过打破 LD 或者一段染色体区域内多态性位点的相关性来实现复杂性状的基因定位（Flint-Garcia，2013）。

目前，GWAS 在植物研究中主要应用于模式植物和重要禾谷类作物，研究的性状包括形态性状、农艺性状及生理性状等。例如，大豆的茎秆直立程度、千粒重、花颜色、种皮颜色、绒毛形态、胞囊线虫病抗性及豆脐颜色等（Zhou et al.，2015），菜豆的种子大小及千粒重（Schmutz et al.，2014），水稻的抽穗时期、耐旱性及精米率（Huang et al.，

2009），玉米的棒轴颜色、花丝颜色、开花期及抗旱生理指标（Jiao et al.，2012b），高粱的株高及花序形态（Morris et al.，2013）等。

Migicovsky 等（2016）对苹果的 8657 个 SNP 标记和 36 个表型进行了 GWAS，证实了果实颜色和 *MYB1* 基因座之间的关联。他们发现苹果 LD 快速衰减，这意味着需要数以百万计的 SNP 来实现精细 GWAS，对于推进苹果 GWAS 具有巨大的潜力。对于大多数表型来说，基于聚合酶链反应（polymerase chain reaction，PCR）的分子标记如 SSR、扩增片段长度多态性（amplified fragment length polymorphism，AFLP）等和现有的 SNP 分型芯片中可能并不包含期望的变异，那么在进行 GWAS 的过程中可能就意味着标记密度不足，无法检测到性状关联的位点。但是因为连锁的存在，如果每个连锁不平衡区域（LD block）上都有标记，那么即使标记的数量不是特别多也能够用于 GWAS。不过随着测序技术的发展，全基因组数据的获得使得标记密度日益增大。因此，作为苹果这样典型的高度杂合果树，推测其 LD 区域只有 10kb 以下，这更加凸显了全基因组重测序的必要性。

8. 栽培作物的驯化

自然物种的形成和进化是一个漫长的过程，其历史大多数在百万年以上。然而，栽培物种驯化历史不过万年，短的只有几十年，其直接野生祖先种易被确定。对于物种起源进化的历史动态研究而言，祖先野生种-栽培种群体是一个十分有价值的研究系统，因而作物的驯化也就成了群体基因组学研究的重点。同时，经典分子群体遗传学因分子标记或者基因位点数目有限，在推断种群内个体间的亲缘关系上可信度不高。而利用基因组水平的变异对作物驯化事件进行推断，可弥补该弊端。柑橘群体基因组学研究表明，柚、甜橙在起源上先形成一个栽培种，然后栽培种与野生种回交形成另一个栽培种（Xu et al.，2013）。但核基因组分析则显示出柑橘、柚、甜橙间存在频繁的基因渐渗，栽培柑橘是野生柚基因渐渗到野生宽皮柑橘（*Citrus reticulata*）而来的，与 Xu 等（2013）的推论一致，甜橙来源于柚与柑橘的杂交和回交（backcross），即（P×M）×M，但是柑橘亲本的具体类型则仍然难以确定。此外，研究还认为柚是从野生柚（*C. maxima*）群体驯化而来的，酸橙与甜橙没有直接的亲缘关系，可能是两种野生柑橘天然杂交而来（Wu et al.，2014）。桃的重测序群体基因组学分析确定了普通桃的进化始于光核桃，之后为山桃，再次为甘肃桃，最终形成普通桃；而新疆桃只能被认为是普通桃的一个地理类群。桃来源于一个单一的驯化事件，在驯化的早期经历了"遗传瓶颈"（Cao et al.，2014）。

三、群体重测序的方法学

测序完成后，首先是测序量的统计：原始数据的读长（raw reads）、总碱基数量及测序覆盖度；然后是数据过滤：去掉测序接头，过滤掉低质量的读长、测序生成的 PCR 重复以及污染；最后得到高质量的纯净读长（clean reads）进行下游分析。对于已有参考基因组的群体，通过与参考基因组序列的比对分析，利用贝叶斯统计模型检测出每个碱基位点的最大可能性基因型。对于没有参考基因组的群体，可用简化基因组测序的 contig 或转录组测序的 Unigene 作为参考。

　　SNP 检测：提取同源序列中所有多态性位点，结合测序质量、测序深度、重复性等因素做进一步过滤筛选，最终得到可信度高的 SNP 位点，可根据参考基因组的基因注释信息对 SNP 位点进行功能注释。SNP 的准确检测是群体基因组学、群体遗传学分析的基础。

　　利用群体的 SNP 数据再进行以下的群体遗传学分析：种群进化关系、群体遗传结构、种群分化、作物的驯化机理及复杂性状关联分析。基因组学常用的分析软件见表 1-2。

表 1-2　基因组学常用分析软件

软件名称	用途	来源
ABySS	基因组序列组装	http://www.bcgsc.ca/platform/bioinfo/software/abyss
BayeScan	中性测验	http://cmpg.unibe.ch/software/bayescan/
BioPerl	核苷酸多态性分析	http://bioperl.org/howtos/PopGen_HOWTO.html
Bowtie	序列比对到基因组	https://sourceforge.net/projects/bowtie-bio/files/bowtie/1.2.0
BWA	序列比对到基因组	http://bio-bwa.sourceforge.net/
ClustalW2	序列之间的比对	http://www.ebi.ac.uk/Tools/msa/clustalw2/
edgeR	差异基因筛选	http://bioconductor.org/packages/release/bioc/html/edgeR.html
EIGENSOFT	主成分分析	https://www.hsph.harvard.edu/alkes-price/software/
FASTX-Toolkit	原始序列预处理	http://hannonlab.cshl.edu/fastx_toolkit/download.html
Frappe	群体结构和系谱分析	http://med.stanford.edu/tanglab/software/frappe.html
FreeBayes	基因分型	https://www.msi.umn.edu/sw/freebayes
GATK	基因分型及 SNP 检测	https://www.broadinstitute.org/gatk/
Haploview	连锁不平衡分析	https://www.broadinstitute.org/haploview/haploview
IMPUTE	全基因组关联分析	https://mathgen.stats.ox.ac.uk/impute/impute.html
MEGA6	聚类及进化树分析	http://www.megasoftware.net/
MUSCLE	基因组序列比对	http://www.ebi.ac.uk/Tools/msa/muscle/
NGS QC Toolkit	质量评估过滤	http://www.nipgr.res.in/ngsqctoolkit.html
Phrap	基因组序列重组	http://www.phrap.org/phrodphrapconsed.html
Phred	质量评估分析	http://www.phrap.org/phredphrapconsed.html
PLINK	全基因组关联分析	http://pngu.mgh.harvard.edu/~purcell/plink/
R	数据统计	https://www.r-project.org/
R package GenABEL	全基因组关联分析	https://genabel.r-forge.r-project.org/
R package HIER FSTAT	群体分离度分析	https://cran.r-project.org/
Hisat	定量比对	http://ccb.jhu.edu/software/hisat/downloads/hisat-0.1.0-beta-Linux_x86_64.zip
SAMtools	基因分型及 SNP 检测	http://samtools. sourceforge.net/
SOAPdenovo	基因组序列重组	https://github.com/aquaskyline/SOAPdenovo2
SOAPsnp	SNP 检测	https://tracker.debian.org/pkg/soapsnp
SolexaQA	测序质量评估及分析	http://solexaqa.sourceforge.net/
STRUCTURE	群体遗传结构分析	http://web.stanford.edu/group/pritchardlab/software.html
Trimmomatic	原始数据过滤	http://www.usadellab.org/cms/?page=trimmomatic
Trinity	转录组序列拼接	https://github.com/trinityrnaseq/trinityrnaseq/wiki
Velvet	基因组组装序列重组	https://www.vicbioinformatics.com/software.velvetk.shtml

第三节 分子系统学技术

动植物资源是人类赖以生存的基本资源。从人类在地球上出现的那一刻起，人们就尝试着对与自己朝夕相伴的动植物进行分类和命名。这种分类，是人们认识自然、利用自然、改造自然的必经步骤。18 世纪林奈双名法的建立为生物多样性的描述和分类奠定了科学基础。由此可见，人类对动植物资源的认识伴随人类历史始终。随着人类文明的发展，人们对动植物分类、起源、演化的认识也日益深入，从原始的表型描述已发展到今天的分子分析，分子系统学就是这样一门学科。

一、分子系统学产生发展的历史脉络

（一）生物系统学

生物系统学（biosystematics）是研究所有生命形式（包括灭绝及现生）的多样性以及这些生命形式发生、发展及其相互关系的一门科学。生物学家和博物学家对生物多样性进行描述和解释的工程与结果就形成了生物系统学。

无疑，生物系统学的研究是建立在经典分类学基础之上的。林奈开创了经典植物分类学的先河。经典植物分类学根据直观且丰富的形态特征研究分类群的特性，区别了数十万种植物，并建立了一套完善的植物演化体系，是现代植物学和农学的重要基础之一。

1866 年，德国生物学家海克尔（Haeckel）首次提出了"系统发生"（phylogeny）这一概念。系统发生的主要任务是探讨物种之间的历史渊源以及物种之间的亲缘关系。早期的生物系统学研究利用化石证据、表型形态特征或者解剖结构性状推演生物间系统关系。生物的形态特征和解剖性状因表型可塑性而容易受到环境和发育阶段的影响，加上不同科学家对形态指标主观侧重不同，得出的生物系统学结果不一致从而产生争议，导致早期在此基础上建立起来的生物系统发生史很少有客观标准。因此直到 20 世纪上半叶人们关注的焦点仍然是物种、物种形成和地理变异，而不是生物发生。

自 20 世纪中叶起，生物系统学家开始利用蛋白质电泳、DNA 电泳、DNA 杂交等分子生物学技术来研究生物间相互关系的问题，生物系统学开始进入分子系统学时代。

（二）分子系统学

分子系统学（molecular systematics）是在传统的生物系统学基础上发展起来的。分子系统学用分子生物学的技术和方法来研究生物多样性，以及它们之间的相互关系。具体而言，分子系统学是利用生物大分子（蛋白质、核酸）在遗传组成、结构、功能等方面携带的进化信息来阐明生物各类群间谱系发生关系的科学。

生物演化的本质是遗传物质的改变，所以遗传物质的相近程度最能反映生物之间的亲缘关系。分子数据能够直接反映生物的基因型，是推演生物系统关系的理想标记。正因如此，1965 年，Zucker Kandl 在《生物进化历史的档案》一文中指出"……存在于每个生物个体中的 DNA 分子都是其进化历史的积累……"。

在传统意义上，分子系统学主要分为种上水平的系统发生学（phylogenetics）和种下水平的群体遗传学（population genetics）。前者主要研究物种多样性及种间系统发生，后者主要研究种内分化。

随着系统生理学（systems physiology）、DNA 条形码（DNA barcode）、内转录间隔区（internal transcribed spacer，ITS）等理论策略的相继出现，分子系统学的研究体系得到了极大的扩充。兹将有关分支介绍如下。

1. 分子系统发生学

分子系统发生学是利用生物大分子的信息来确定不同生物在进化过程中的地位、分歧时间以及亲缘关系，建立系统发育树，推断生物大分子进化历史的一门学科。重构分子系统发生学的方法有基于距离的非加权组平均法、邻接法和最小进化法，基于离散特征的最大简约法、最大似然法和贝叶斯法等。以上方法各有优劣，可以相互验证，所以现在越来越多的分子系统发生学采用多种方法联合分析。构建系统发育树常用的软件有 PHYLIP、PAUP、PUZZLE 和 MrBayes 等。

传统的分子系统发生学一般基于单一 DNA 片段的碱基组成信息。现在，某些 DNA 分子的二级结构信息也开始用于种上水平系统发生学研究。研究表明，将 DNA 二级结构与碱基组成信息结合起来推导系统发生学关系的解析度和可靠性要优于单纯依靠碱基信息。随着测序技术的进步及计算机运算能力的增强，分子系统发生学研究使用的分子标记由单一 DNA 序列片段向多片段、总序列长度较短向越来越长发展。越来越多的研究开始利用基因组数据（genomic data）来构建系统发育树，由此诞生了分子系统学的另一分支——系统发育基因组学（phylogenomics）。

2. 系统发育基因组学

由于受到生物暴发式辐射（explosive radiation）、核苷酸替换饱和（substitutional saturation）、侧向基因转移（lateral gene transfer，LGT）、水平基因转移（horizontal gene transfer，HGT）等因素的影响，在推演早期生物进化历程时，基于少数短基因片段构建的基因树常难以反映真实的物种树。系统发育基因组学的产生使基因组信息应用于推测基因功能及演化历史与水平基因转移等成为可能。目前，在分子系统学领域，系统发育基因组学已应用于生物高阶化相关关系的重建，并且解决了传统系统发生学研究在推演生物类群时解析度与可靠性偏低的问题。例如，Duan 等（2017）利用高通量测序及生物信息学技术，对亚洲、美洲和欧洲等世界范围内苹果属 24 个物种的种质资源进行了全基因组重测序，发现中国新疆境内的塞威士苹果基因保持较高的同源性和原始性，而中亚地区哈萨克斯坦境内的塞威士苹果基因杂合度则相对较高，说明世界栽培苹果原初起源中心很可能为中国新疆。

3. 群体遗传学

群体遗传学是以种群（population）为单位研究群体内遗传结构及其变化规律的学科。群体遗传学通过哈迪-温伯格平衡分析、Mantel 检验和群体分化分析等研究群体基因与基因型频率的分布及变化，推断基因流、自然选择、遗传漂变和突变等进化事件。群体遗传学研究的主要目的是探讨生物对环境的适应（adaption）和种的分化等在内的进化机理问题，同时群体遗传学也为生物资源保护、人工育种和遗传改良等研究提供参考依据。

群体遗传学所使用的传统分子标记有随机扩增多态性 DNA（randomly amplified polymorphic DNA，RAPD）、扩增片段长度多态性（AFLP）、限制性片段长度多态性（restriction fragment length polymorphism，RFLP）、SSR 等，第三代标记 SNP、区间简单重复序列（inter-simple sequence repeat，ISSR）也已广泛应用于群体遗传学研究中。随着测序成本的降低，DNA 序列信息分析在群体遗传学研究中也得到了广泛应用，如内转录间隔区（internal transcribed spacer，ITS）序列分析、18S rDNA 序列分析、叶绿体基因组分析等。何天明等（2005）利用 SSR 标记对新疆伊犁哈萨克自治州（以下简称伊犁）河谷地区的天山野杏 3 个不同居群（新源、巩留和大西沟）进行了群体遗传结构分析，从基因分化系数和杂合基因多态性比率来看，新疆野杏的遗传分化主要存在于居群内。居群间的聚类分析表明，新源居群与巩留居群间具有较高的遗传一致性，且两个居群具有较高的遗传多样性指数，在当地生境下树体生长良好，故应考虑将两个居群纳为一体优先进行原位保护。Robinson 等（2001）对苹果属物种 ITS 的分析，证实了栽培苹果在分类系统上属于苹果系的观点，并从 DNA 序列水平上支持塞威士苹果是栽培苹果一个祖先种的假说。Forte 等（2002）综合分析苹果属物种 ITS 序列及叶绿素标记基因序列信息后，认为森林苹果和栽培苹果之间也有着较为密切的亲缘关系，在苹果属野生种中森林苹果与塞威士苹果之间的遗传距离最短，并且推断在欧洲作为第二大类群的森林苹果其覆盖范围可能与现今栽培苹果相当。

4. 系统地理学

系统地理学是研究种及种以下水平的地理分布类型及其分布格局形成历程的一门学科。系统地理学所关注的地理事件包括群体扩张（population expansion）、瓶颈效应（bottleneck effect）、地理隔离（geographical isolation）和迁移（migration）等。系统地理学将种内水平的微进化与种及种以上水平的系统演化有机地结合起来。与分子系统学研究的其他领域一样，测序和 PCR 等实验技术的进步能够快速而低成本地获得系统地理学研究所需要的实验数据。近年来古 DNA 已经成为系统地理学研究新的数据来源，并已经应用于生物迁徙、灭绝和遗传分化推演等方面。

二、分子系统学常用的研究方法

（一）分子系统学研究的一般步骤

分子系统学的主要工作是根据分子生物学数据构建生物类群的系统发育树，主要包括以下程序：①确定所分析的生物类群；②确定所要分析的目的生物大分子，或它们的组合；③设计能获得生物大分子的序列数据，可以通过 GenBank 获得，也可通过实验室的研究获得（设计特异引物）；④对获得的相关数据进行比对或其他的数学处理，如转变成遗传距离数据矩阵；⑤通过一些遗传分析软件，根据这些处理后的数据构建系统发育树；⑥对构建的系统发育树做相应的数学统计分析以检验系统发育树的可靠性（王莹等，2005）。

（二）分子系统学常用的分子生物学技术

分子系统学的研究首先是通过现代分子生物学技术，获得物种特定遗传标记的大量数据，然后对这些数据进行相关的数学分析，对研究结果进行解释和说明。早期的分子系统学研究中蛋白质电泳技术、氨基酸序列分析以及染色体分析应用较广泛。随着生物技术的进步与计算机性能的提高，DNA 序列分析逐渐成为分子系统学研究的主流技术。

蛋白质分子系统学技术有免疫学技术、同工酶电泳、蛋白质电泳、氨基酸分析等。染色体分析方法有核型分析、带型分析、荧光原位杂交、染色体原位隐藏杂交、引物原位标记、多（探针）引物原位标记等。核酸分析方法有 DNA 杂交、串联重复序列多态性分析、单链构象多态性分析、变性梯度凝胶电泳技术、RFLP 技术、RAPD 技术、DNA 测序和克隆等。在上述方法中主要以核酸分析为主。

近几年随着测序技术的推广和普及、自动测序技术的发展，DNA 序列分析技术越来越多地被采用，应用十分广泛。

早期的分子系统发生学研究一般基于少数甚至单一 DNA 片段的碱基组成信息。近些年来，某些 DNA 分子（如 rDNA）的二级结构信息也开始应用于种上水平系统发生学研究。

（三）分子系统学常用的数学分析方法

分子系统学研究分支不同，所用的主要数学分析方法也不同。分子系统学常用的数学分析方法如下。

1. 简约法

这种方法旨在确定最短的系统发育树，对该树核苷酸或氨基酸的替代总数应取最小值。该方法中影响较大的有最大简约法、加权简约法和进化简约法。

2. 距离矩阵法

此处的距离指相对替代率、遗传距离或进化距离。该方法中常用的有不加权成对群算术平均法、FM 法（Fitch-Margoliash method）、转化距离法、邻接法等。

3. 最大似然法

最大似然法是指以各种假设的进化数学模型对观测结果进行检验，选出具有最大似然函数的模型构树。常见的方法有兰里法（Langley 法）、菲茨法（Fitch 法）和费森斯坦法（Felsenstein 法）等。由于分子数据由抽样获得，在用某种方法获得系统发育树后，还要用重抽样法来检验校正，常见的方法有折刀法和自助法。总之，在数据处理时，最好用多种方法进行比较，以期获得一致的结果，提高结果的可靠性。

三、分子系统学的应用

何天明（2006）通过 SSR 分子标记对中国杏的 3 个生态地理群进行了遗传多样性研究，发现来自蔷薇科其他物种的 SSR 引物在中国普通杏中有较高的遗传多样性和理想的通用性。在生态地理群水平上，准噶尔-外伊犁生态地理群的遗传多样性指数平均为 0.28，中亚生态地理群为 0.27，华北生态地理群为 0.24，各生态地理群之间差异不显著，结合生态地理群水平上多态性带检出率为 85.3% 的结果，说明中国普通杏各生态地理群的遗传多样性处于中等水平。

Becerra（1997）应用分子系统学的方法成功解释了昆虫和寄主植物之间的协同进化关系。除此之外，分子系统学还用于中草药的鉴定、人类流行病的分析、病原体查找以及基因组进化、行为学、生态学、生物地理学、发育生理学甚至犯罪学等领域的研究。

第四节　核心种质构建技术

一、核心种质的概念

遗传多样性（genetic diversity）是生物多样性的基本组成部分，是生态多样性和物种多样性的基础，通常被认为是种内不同群体之间和一个群体内不同个体之间的遗传变异总和。丰富的植物遗传资源多样性为作物育种和遗传研究奠定了广阔的遗传基础，然而，近年来急剧增加的遗传资源数量给种质资源的保存、研究与利用带来了很大困难。为解决这一问题，Frankle 和 Brown（1984）提出了"核心种质"（core germplasm）的概念，即以最小的资源份数最大限度地代表该物种的遗传多样性。核心种质的提出对种质资源的鉴定、保护、利用与交流具有重要意义，成为近 30 年来种质资源研究的重点方向。鉴于此，研究者在很多落叶果树上先后建立了核心种质。

二、核心种质的构建

核心种质构建是利用已有种质资源数据资料，根据分组原则，将相似种质资源归为一组后，在较为合理的总体取样比例下，组内再以合理的取样方法及取样比例选择样品。这样建立的核心种质能最大限度地保留原有种质资源的遗传变异，并尽可能地反映整个种质资源的遗传结构，其最显著的特点是具有代表性、实用性、有效性和动态性。但由于不同植物遗传背景不同，核心种质构建方法也不尽相同，其构建一般包括以下 6 个方面。

1. 种质资源数据资料收集

对种质资源数据收集和整理是遗传多样性分析的基础，因此是构建核心种质的第一步。核心种质构建所用的数据包含表型性状数据和分子标记数据。表型性状数据是构建核心种质的主要数据类型，它能最直观地反映种质特性，也是检测其他类型数据真实性的重要参照。现已根据表型性状数据在多个国家果树种质资源圃建立了核心种质。南京桃资源圃利用 60 个表型性状对 630 份桃资源进行分析，构建了桃核心种质；郑州葡萄资源圃利用 47 个表型性状对 867 份葡萄资源进行分析，构建了葡萄初级核心种质；熊岳李杏圃利用 40 个表型性状对 447 份普通杏资源进行分析，构建了普通杏初级核心种质；武昌砂梨圃利用 28 个表型性状对 486 份砂梨资源进行分析，构建了中国砂梨初级核心种质。陈学森课题组（下文称本课题组）对 300 份新疆野苹果的 15 个表型性状进行测定，通过遗传多样性分析构建了新疆野苹果初级核心种质。

表型性状数据易受环境和人为因素的影响，存在一定的局限性，而随着分子标记的出现及其技术的日臻完善，分子标记数据成为果树核心种质研究中重要的数据来源之一。现已经利用 SSR 分子标记构建了山葡萄核心种质，采用 AFLP 分子标记初步构建了普通核桃和实生板栗的核心种质，采用 ISSR 分子标记构建了新疆野杏和南疆杏的核心种质。本课题组采用 SSR 分子标记探讨了新疆野苹果核心种质构建的方法。

随着核心种质构建技术的不断完善，表型性状数据和分子标记数据相结合成为核心种质构建的主要数据资料。国家果树种质寒地果树圃（公主岭）利用表型性状数据对 266 份寒地苹果资源进行分析，选取 180 份构建了寒地果树初级核心种质，采用 RAPD 分子标记，在初级核心种质的基础上进一步选取 46 份寒地果树，初步构建了寒地苹果资源的核心种质；利用表型性状数据对 107 份抗寒梨种质进行分析，选取 84 份抗寒梨种质构建初级核心种质，以初级核心种质为研究对象，采用 RAPD 分子标记，选取了 28 份抗寒梨种质构建了抗寒梨核心种质。现已利用表型性状数据从 558 份桃资源中选取 56 份作为初级核心种质。进一步采用 SSR 分子标记确定了 45 份材料，构建了桃的核心种质。本课题组从 300 份新疆野苹果中，利用表型性状数据选取 60 份材料构建初级核心种质，整合表型性状数据和 SSR 分子标记数据确定 42 份为核心种质，其余 18 份材料可作为新疆野苹果的备用种质。

2. 核心种质分组原则

分组就是将遗传上相似的样品归在一起。由于作物种质的遗传结构存在差异，研究目的和深度不同，掌握数据情况各异，优先考虑的因素不同，不同作物分类的原则也各不相同，常见的分组标准及方法包括按地理及农业生态分组、按分类体系分组、按育种体系分组和多数据组合分组等。果树作物受地理位置的气候和生态环境影响较大，因此一般根据地理位置进行分组。

3. 核心种质组内取样方法

总体来说，核心种质组内取样方法分为两种，即随机取样法和聚类取样法。随机取样法即对组内所有材料同等对待，在整个资源中随机取样。聚类取样法即组内依据评价和鉴定性状进行聚类，类群内按一定的取样策略进行随机取样。聚类取样法的优点在于可以有效地将相似的材料进行归类。通常情况下，采用二者相结合的方式，即根据基础信息数据分组，组内依据评价和鉴定性状进行聚类，类群内按一定的取样策略进行随机取样。

表型性状数据进行聚类多采用马氏距离和欧氏距离计算株系间的遗传距离，根据遗传距离采用类平均法、离差平方和法、最短距离法、中间距离法和最长距离法等系统聚类方法进行聚类分析。根据果树作物的种类，确定采用哪种遗传距离和聚类方法构建核心种质。本课题组对新疆野苹果的研究表明，采用马氏距离聚类优于欧氏距离，5 种聚类方法比较，类平均法、离差平方和法和最长距离法优于最短距离法和中间距离法。分子标记数据进行聚类多采用 Nei & Li 遗传距离、SM 遗传距离和 Jaccard 遗传距离计算株系间的遗传距离，而聚类分析多采用 UPGMA 聚类法。

4. 核心种质取样策略

取样是构建核心种质的关键环节之一，它关系到核心种质构建的成败，也是近年来研究的重点。采用表型性状数据构建核心种质，P 策略、L 策略、S 策略和 G 策略是目前常用的 4 种取样策略。

（1）P 策略（proportional strategy，即比例法）

每组资源份数占核心种质份数的比例与每组资源份数占整个资源份数的比例一致。只有当各组材料份数相近且各组材料所具有的遗传多样性也相近时，取样才会有较好的代表性。通常具有这样特点的植物资源很少。

（2）L 策略（logarithmic strategy，即对数法）

每组资源份数占核心种质份数的比例与每组资源份数对数值占各组资源份数对数值之和的比例一致。L 策略会产生占总体资源份数比例大的组在核心种质中的取样比例变小，而占总体资源份数比例较小的组在核心种质中的取样比例变大，从而在一定条件下可以部分修正核心种质中多样性的偏离问题。

（3）S 策略（square root strategy，即平方根法）

每组资源份数占核心种质份数的比例与每组资源份数的平方根占各组资源份数平方根之和的比例一致。

（4）G 策略（genetic diversity strategy，即遗传多样性法）

每组资源在核心种质中的取样比例与每组资源遗传多样性指数占各组资源遗传多样性之和的比例一致。当种质资源中每个分组的遗传变异信息已知时，根据相对多样性的大小来确定各组中的取样比例是最为可靠的方法。

不同的取样策略与不同分组原则间存在一定的互助，选择取样策略时要以合理的分组为前提，否则会得到与预期相反的结果。

除了 4 种最基本的取样策略，在多次聚类的基础上，还有随机取样法、优先取样法和变异度取样法。随机取样法是从遗传变异相似的每组 2 个遗传材料中随机选取 1 个进入下一轮聚类。优先取样法是优先选取具有极端性状值的遗传材料作为核心材料，对于其余的核心材料采用多次聚类随机抽取。变异度取样法（又称性状标准偏离度取样法）是先分别计算各遗传材料相对于群体的性状标准偏离度，然后在各组内选取具有较大标准偏离度的材料，如果组内只有 1 个样品，则直接选取该样品。比较 3 种方法发现，变异度取样法优于随机取样法和优先取样法，能更大限度地抽取资源群体中的遗传变异。

对分子标记性状取样策略的研究较少，本课题组根据表型性状的多次聚类方法提出了位点优先取样策略和随机取样策略构建核心种质。位点优先取样策略是在最低分类水平的 2 个株系中，具有最多稀有等位基因数（等位基因频率小于 5%）的株系优先选择进入下一轮聚类，如果 2 个株系具有相等数目的稀有等位基因，那么 2 个株系中稀有等位基因的等位基因频率值最小的株系被优先选择，如果这个值仍相同，则对 2 个株系进行随机选择。随机取样策略是在最低分类水平的 2 个株系中，随机取 1 个遗传材料进入下一轮聚类，如组内只有 1 个遗传材料，则该材料直接进入下一轮聚类。

5. 核心种质总体取样比例的确定

核心种质是要以最少的资源数量和遗传重复最大限度地代表整个资源的遗传多样性，因而合理的取样比例也就成为达到这一目的的关键。Brown（1989）指出核心种质一般占整个遗传资源的 5%～10%，或总量不超过 3000 份，由于生物进化及人工选择对作物的干预，产生了各个物种独特的特性，对整体取样比例的确定不能格式化，应视研究作物的遗传结构及遗传多样性而定。Brown（1989）根据中性选择理论推导认为，占种质资源总收集品 5%～10% 的核心样品即能够代表整个资源 70% 以上的变异；Yonezawa（1995）则认为，从资源总体中按 20%～30% 提取核心种质为最佳比例。一般取样比例随着总体数量的增大而减小。总之，能够用最小的样品数最大可能地代表总样品的遗传多样性，就是比较合理的取样比例。

6. 核心种质有效性的检测

核心种质构建是否成功，是否能包括尽可能多的遗传多样性，需要对核心种质有效性进行检测，而遗传多样性的量度是有效性检测的关键。遗传多样性的量度包括变异的丰度（richness）和变异的均匀度（evenness）。核心种质的有效性检测主要从表型水平和分子水平两个方面考量。

在表型水平上，利用方差、均值、变异系数和极差等参数评价所构建的核心种质是否充分代表了原有种质资源群体的遗传多样性。对方差和均值分别进行同质性检验（F 检验）和 t 检验，用核心种质与原种质间性状的方差及均值具有显著性差异的性状百分率来评价核心种质的代表性，分别定义为方差差异百分率（VD）和均值差异百分率（MD）。同时用极差符合率（$CR = \dfrac{1}{m}\sum\limits_{j=1}^{m}\dfrac{R_C}{R_I}\times100\%$，即核心种质的各性状的极差与原质的相应性状的极差的比值的平均值）和变异系数变化率（$VR = \sum\limits_{j=1}^{m}\dfrac{CV_C}{CV_I}\times100\%$，即核心种质的各性状的变异系数与原种质的相应性状的变异系数的比值的平均值）来评价核心种质。式中，R_C 为核心种质的极差，R_I 为原种质的极差，CV_C 为核心种质的变异系数，CV_I 为原种质的变异系数。在均值差异百分率小于 20%、极差符合率大于 80% 的情况下，可以认为该核心种质能够代表原种质资源的遗传多样性。

在分子水平上，采用等位基因数（A）、Nei's 基因多样性指数（$H_e = 1 - \sum p_i^2$）和香农-维纳多样性指数（Shannon-Wiener's diversity index）（$I = -\sum p_i \lg p_i$）来评价核心种质和原种质的遗传多样性。式中，p_i 为第 i 个等位基因的频率。对核心种质丢失的等位基因数、核心种质和原种质的 Nei's 基因多样性及香农-维纳多样性指数进行 t 检验来评价核心种质的代表性。

三、新疆野苹果核心种质构建的案例解读

本课题组研究表明，新疆野苹果是栽培苹果的祖先，遗传多样性极为丰富，是进行抗逆与品质育种的珍贵资源，但是其濒临灭绝。为了保护这一珍贵资源，本课题组提出了新疆野苹果核心种质构建的方法，并构建了新疆野苹果的核心种质，使我国新疆野苹果这一珍贵的资源得到了很好的保护和利用，同时也为其他落叶果树核心种质的构建提供了参考。

（一）初级核心种质的构建

1. 试验材料

本试验于 2006~2007 年连续两年对新疆野苹果实生株系的叶片、花朵和果实进行采集，并在山东农业大学果树生物学实验室对 15 个花朵、叶片和果实性状进行了测定与分析。本试验在新疆伊犁地区巩留县的新疆野苹果林中选取立地条件基本一致并具有代表性的 300 个株系，利用全球定位系统（GPS）进行定位，于 4 月下旬每株随机采集 20 朵完全开放的花朵，立地用游标卡尺测量花朵的花冠宽度、花柄长度、花瓣长度和花瓣宽度，8 月下旬至 9 月上旬每株随机采集 50 片发育正常的叶片和 20 个果实，空运回实验室，对其叶片和果实性状进行测定。第二年在相同株系上采集作为重复。对花冠宽度、花柄长度、花瓣长度、花瓣宽度、叶片长度、叶片宽度、叶片厚度、叶柄长度、果实总糖含量、果实可溶性固形物（TSS）含量、平均单果重、果实纵径、果实横径、果形指数以及果实钙含量进行测定。

以各性状数据平均值进行构建分析，为排除株系不同性状量纲对构建结果的影响，所测数据采用 0.5 个标准差为间距进行标准化。

2. 新疆野苹果果实性状变异分析

供试株系各性状的变异幅度和变异系数如表 1-3 所示。各性状均发生较大变异，变异系数大都在 10%以上，经方差分析发现，各性状的差异在供试株系间均达到极显著水平。因此，该群体遗传变异丰富，遗传多样性分布范围较广，适于进行初级核心种质的构建研究。

表 1-3　300 个新疆野苹果株系果实、叶片、花朵性状的遗传变异（刘遵春等，2010）

性状	变异幅度	极差	平均值±标准差	变异系数（%）	F 值
果实总糖含量（mmol/100g）	5.67~54.33	48.66	24.02±8.40	34.98	37.863**
果实可溶性固形物含量（%）	7.40~17.07	9.67	11.65±1.50	12.88	4.685**
平均单果重（g）	6.79~81.20	74.41	15.77±7.12	45.08	9.222**
果实纵径（cm）	1.97~4.81	2.837	3.00±0.43	14.17	5.162**
果实横径（cm）	2.33~6.04	3.71	3.51±0.47	13.45	9.279**
果形指数	0.715~1.333	0.618	0.86±0.06	6.89	1.801**
果实钙含量（mg/100g）	2.093~18.467	16.374	6.76±2.598	38.40	6.048**
叶片厚度（cm）	0.008~0.0198	0.019	0.014±0.003	19.43	7.589**
叶片长度（cm）	4.95~8.54	3.59	6.30±0.82	13.00	6.764**
叶片宽度（cm）	2.68~5.03	2.35	3.72±0.46	12.41	7.902**

性状	变异幅度	极差	平均值±标准差	变异系数（%）	F 值
叶柄长度（cm）	1.65～3.43	1.78	2.52±0.39	15.27	8.710**
花冠宽度（cm）	1.19～3.01	1.92	2.10±0.44	20.75	8.422**
花柄长度（cm）	3.81～5.54	1.73	4.54±0.42	9.32	4.955**
花瓣长度（cm）	1.97～2.81	0.94	1.43±0.20	8.78	4.356**
花瓣宽度（cm）	1.32～2.06	0.74	1.56±0.19	11.20	4.582**

**表示初级核心种质与原种质间性状的差异达到 0.01 显著性水平

3. 遗传距离比较

分别用 D1 和 D2 代表遗传距离中的欧氏距离和马氏距离，C1、C2、C3 和 C4 代表系统聚类方法中的类平均法、离差平方和法、最长距离法和最短距离法，用 S1、S2 和 S3 代表随机取样法、偏离度取样法和优先取样法，用这些方法的不同组合在 30%的取样比例下抽取 24 个初级核心种质（表 1-4）。

表 1-4 初级核心种质与原种质性状差异百分率（刘遵春等，2010）

遗传距离	聚类方法	取样方法	初级核心种质	MD（%）	VD（%）	CR（%）	VR（%）
欧氏距离（D1）	类平均法（C1）	随机取样法（S1）	D1C1S1	0	84.61	90.60	121.82
		偏离度取样法（S2）	D1C1S2	0	84.61	96.37	125.74
		优先取样法（S3）	D1C1S3	0	92.31	100.00	126.64
	离差平方和法（C2）	随机取样法（S1）	D1C2S1	0	84.61	91.24	121.05
		偏离度取样法（S2）	D1C2S2	0	84.61	95.97	126.20
		优先取样法（S3）	D1C2S3	0	92.31	100.00	127.10
	最长距离法（C3）	随机取样法（S1）	D1C3S1	0	84.61	90.77	120.38
		偏离度取样法（S2）	D1C3S2	0	84.61	95.50	124.40
		优先取样法（S3）	D1C3S3	0	92.31	100.00	128.14
	最短距离法（C4）	随机取样法（S1）	D1C4S1	0	92.31	90.23	123.53
		偏离度取样法（S2）	D1C4S2	0	92.31	97.26	126.84
		优先取样法（S3）	D1C4S3	0	92.31	100.00	128.78
马氏距离（D2）	类平均法（C1）	随机取样法（S1）	D2C1S1	6.66	30.79	75.12	99.18
		偏离度取样法（S2）	D2C1S2	6.67	53.85	80.15	109.96
		优先取样法（S3）	D2C1S3	0	38.46	100.00	104.72
	离差平方和法（C2）	随机取样法（S1）	D2C2S1	6.67	46.15	80.93	104.60
		偏离度取样法（S2）	D2C2S2	0	61.54	83.38	115.39
		优先取样法（S3）	D2C2S3	0	69.23	100.00	105.31
	最长距离法（C3）	随机取样法（S1）	D2C3S1	20.01	30.77	70.31	100.92
		偏离度取样法（S2）	D2C3S2	6.67	46.15	75.30	107.19
		优先取样法（S3）	D2C3S3	0	61.54	100.00	105.00
	最短距离法（C4）	随机取样法（S1）	D2C4S1	13.34	30.77	72.06	103.19
		偏离度取样法（S2）	D2C4S2	6.67	46.15	79.64	110.31
		优先取样法（S3）	D2C4S3	0	46.15	100.00	106.48

注：MD. 均值差异百分率；VD. 方差差异百分率；CR. 极差符合率；VR. 变异系数变化率

由表 1-4 可知，在 30%取样比例下，由 2 种遗传距离结合 4 种聚类方法和 3 种取样方法构建的 24 个初级核心种质中，19 个初级核心种质极差符合率（CR）均大于原种质的 80%，说明这 19 个初级核心种质能够代表原种质的遗传多样性。2 种遗传距离比较发现，采用欧氏距离构建的初级核心种质方差差异百分率（VD）>80%，变异系数变化率（VR）>120%，均高于采用马氏距离构建的初级核心种质。在优先取样法下，采用马氏距离构建的初级核心种质的极差符合率虽也达到 100%，但其方差差异百分率和变异系数变化率明显低于采用欧氏距离构建的初级核心种质，且在采用马氏距离构建的初级核心种质中有 5 个初级核心种质的极差符合率<80%。以上分析表明，在新疆野苹果初级核心种质构建中，欧氏距离优于马氏距离。

4. 聚类方法比较

对于欧氏距离（D1），在 30%取样比例下，由 4 种聚类方法结合 3 种取样方法所构建的 12 个初级核心种质比较结果表明（表 1-4），12 个初级核心种质与原种质之间不存在性状均值的差异（即 MD=0），每个初级核心种质的方差差异百分率>80%，极差符合率>90%，变异系数变化率>120%，说明每个初级核心种质均较好地保存了原种质的遗传变异，通过取样剔除了原种质中一些冗余的样品。比较 4 种聚类方法下不同初级核心种质间 4 个代表性评价参数发现，最短距离法结合 3 种取样方法所构建的初级核心种质具有最高的方差差异百分率（92.31%、92.31%、92.31%）和最高的变异系数变化率（123.53%、126.84%、128.78%），仅在随机取样法下极差符合率（90.23%）低于其他 3 种聚类方法构建的初级核心种质（90.60%、91.24%、90.77%），因此在采用欧氏距离逐步聚类构建初级核心种质时，4 种聚类方法都可以得到良好的聚类效果，其中最短距离法略优于其他 3 种聚类方法。对于马氏距离（D2），比较发现离差平方和法聚类效果较好。

5. 取样方法比较

由表 1-4 可知，在 30%取样比例下，采用欧氏距离（D1）结合随机取样法（S1）构建的 4 个初级核心种质（D1C1S1、D1C2S1、D1C3S1 和 D1C4S1），与其各自相同聚类方法所得的初级核心种质相比，具有相对较小的方差差异百分率、极差符合率和变异系数变化率，不能尽可能多地保存原种质的遗传变异，因此随机取样法不太适合构建新疆野苹果初级核心种质。欧氏距离结合偏离度取样法和优先取样法构建的 8 个初级核心种质具有较大的变异系数变化率，极差符合率均达到 95%以上，表明偏离度取样法和优先取样法都适合新疆野苹果初级核心种质的构建。对两种取样方法构建的初级核心种质进行比较发现，由于优先取样法将那些具有极端性状表现的个体作为核心材料优先抽取，由欧氏距离结合优先取样法构建的 4 个初级核心种质的极差符合率达到 100%，完全保存了原种质的变异幅度，同时又具有相对较高的方差差异百分率和变异系数变化率，因此本试验采用优先取样法构建新疆野苹果的初级核心种质。

综合以上比较分析发现，在 30%取样比例下，24 个新疆野苹果初级核心种质中，采用欧氏距离，利用最短距离法进行逐步聚类，结合优先取样法取样构建的初级核心种质（D1C4S3）具有最大的遗传变异量，该结合策略是新疆野苹果初级核心种质构建最适宜的方法。

6. 取样比例的确定

采用欧氏距离，利用最短距离法进行聚类，结合优先取样法取样，按照 10%、15%、20%、25%、30%、35% 和 40% 的比例，抽取 7 个初级核心种质，分别记为 D1C4S3-10、D1C4S3-15、D1C4S3-20、D1C4S3-25、D1C4S3-30、D1C4S3-35 和 D1C4S3-40。由表 1-5 可知，随着取样比例的增大，各初级核心种质的变异系数变化率逐渐减小，方差差异百分率先增后降，极差符合率保持不变。各初级核心种质的均值差异百分率均小于 20%，极差符合率均大于 80%，说明 7 个初级核心种质都较好地保存了原种质的遗传变异。同时比较发现初级核心种质 D1C4S3-20 具有最高的方差差异百分率（VD=100%），变异系数变化率仅低于初级核心种质 D1C4S3-10 和 D1C4S3-15，但后两者具有较高的均值差异百分率，分别为 13.34% 和 6.67%，因此初级核心种质 D1C4S3-20 最好地保持了原种质的遗传变异，即 20% 是构建新疆野苹果初级核心种质最适宜的取样比例，D1C4S3-20 可作为筛选出的初级核心种质，共有 60 份材料，保留了原种质的所有遗传变异，剩余 240 份材料可作为新疆野苹果的备用种质。

表 1-5　7 种取样比例下初级核心种质与原种质性状差异百分率（刘遵春等，2010）

初级核心种质	MD（%）	VD（%）	CR（%）	VR（%）
D1C4S3-10	13.34	76.92	100	141.91
D1C4S3-15	6.67	84.61	100	140.73
D1C4S3-20	0	100	100	139.62
D1C4S3-25	0	92.31	100	130.16
D1C4S3-30	0	92.31	100	128.78
D1C4S3-35	0	84.61	100	122.56
D1C4S3-40	0	69.23	100	118.74

注：MD. 均值差异百分率；VD. 方差差异百分率；CR. 极差符合率；VR. 变异系数变化率

7. 初级核心种质的确认

利用主成分分析和相关分析法对所构建的初级核心种质进行确认（表 1-6，图 1-1）。图 1-1 清楚地显示出大量的株系集中位于分布图的左下方并存在较重的相互重叠，表明这些样品存在较高的遗传相似性，也反映了群体的遗传冗余程度。完全随机取样法

表 1-6　原种质和初级核心种质主成分分析的特征值和累计贡献率（刘遵春等，2010）

主成分	原种质			初级核心种质		
	特征值	贡献率（%）	累计贡献率（%）	特征值	贡献率（%）	累计贡献率（%）
1	2.994	29.938	29.938	3.388	33.880	33.880
2	1.748	17.481	47.419	1.705	17.048	50.928
3	1.344	13.438	60.857	1.339	13.392	64.320
4	1.126	10.197	71.054	1.122	11.215	75.535
5	1.097	9.065	80.119	1.105	8.454	83.989

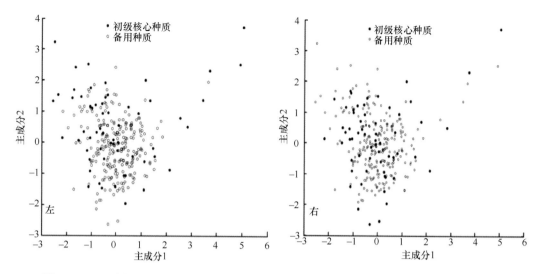

图 1-1　20%取样比例的初级核心种质与备用种质的株系主成分分布图（刘遵春等，2010）

左：用多次聚类优先取样法结合最短距离法所得初级核心种质（D1C4S3-20）的株系分布图；

右：完全随机取样法所得初级核心种质的株系分布图

所得的初级核心种质也具有类似的分布特征，但与初级核心种质（D1C4S3-20）相比较，有较多的外围个体没有作为核心材料选入核心库，因此有较多的遗传变异因抽样不合理而丢失，同时株系之间存在重叠现象，说明所得初级核心种质仍存在一定程度的遗传冗余。由此可推断，初级核心种质（D1C4S3-20）很好地保存了原种质的遗传多样性和结构，确保了初级核心种质的实用性。

一个具有代表性的初级核心种质应该具有较小的遗传冗余，同时还必须保存原种质固有的性状间的遗传关联。比较初级核心种质（D1C4S3-20）和原种质的主成分分析发现，两者具有极为相近的特征值、贡献率和累计贡献率。以特征值大于 1 为标准，各自入选 5 个主成分，第 5 个主成分的特征值分别为 1.097 和 1.105，累计贡献率分别为80.119%和83.989%，均能够解释原种质 80%以上的遗传信息，并且通过排除冗余株系，初级核心种质前 5 个主成分的特征值和累计贡献率均有所提高。相似系数的比较结果表明（表 1-7），与随机抽取的初级核心种质相比，初级核心种质（D1C4S3-20）性状间的相似系数更接近原种质性状间的相似系数，并且较好地保持了性状间的相关性。综上分析，初级核心种质（D1C4S3-20）很好地保存了原种质性状间的遗传变异和关联。

8. 结论

以 20%的取样比例，采用欧氏距离，利用最短距离法进行逐步聚类，结合优先取样法构建的初级核心种质最具代表性，是构建新疆野苹果初级核心种质的最佳方法。

（二）核心种质的构建

1. 研究材料

用于核心种质构建的 60 份材料为以上构建的新疆野苹果初级核心种质。

表 1-7　初级核心种和原质种质性状间的相似系数（刘遵春等，2010）

	果实总糖含量	果实可溶性固形物含量	平均单果重	果实纵径	果实横径	果形指数	果实钙含量	叶片厚度	叶片长度	叶片宽度	叶柄长度	花冠宽度	花柄长度	花瓣长度	花瓣宽度
果实总糖含量	1ᵃ														
	1ᵇ														
	1ᶜ														
果实可溶性固形物含量	-0.0917	1													
	-0.2961	1													
	-0.1375	1													
平均单果重	-0.0469	-0.0719	1												
	-0.2943	0.1173	1												
	-0.1675	-0.0472	1												
果实纵径	-0.0481	-0.0496	0.7638**	1											
	-0.2836	0.0580	0.8782**	1											
	-0.1027	-0.0393	0.7857**	1											
果实横径	0.0137	-0.0898	0.8310**	0.8687**	1										
	-0.2277	0.0431	0.8997**	0.9474**	1										
	-0.1063	-0.0886	0.8779**	0.8698**	1										
果形指数	-0.1253*	0.0829	-0.0146	0.3814*	-0.1217*	1									
	-0.1675	0.0977	-0.1986	0.0220	-0.2925	1									
	-0.0153	0.1140	-0.0281	0.4232**	-0.0744*	1									
果实钙含量	-0.0332	0.1306*	-0.2967*	-0.3075**	-0.3145**	-0.0330	1								
	0.0619	0.1086	-0.4111**	-0.4521**	-0.4998**	0.2136	1								
	0.0599	0.1266*	-0.3927**	-0.4219**	-0.4228**	-0.0797	1								
叶片厚度	-0.0427	0.0524	0.0498	0.2305**	0.2139**	0.0554	-0.1506**	1							
	-0.2149	0.0491	0.0863	0.1059	0.0681	0.0982	-0.1776	1							
	0.0078	-0.0564	-0.0508	0.1440*	0.0194**	0.2425*	-0.0375*	1							

续表

	果实总糖含量	果实可溶性固形物含量	平均单果重	果实纵径	果实横径	果形指数	果实钙含量	叶片厚度	叶片长度	叶片宽度	叶柄长度	花冠宽度	花柄长度	花瓣长度	花瓣宽度
叶片长度	-0.1304*	0.0116	0.1639**	0.1511**	0.1627**	0.0008	-0.0435	0.0699	1						
	-0.2635*	0.1509	0.3320**	0.3556**	0.3792**	-0.1145	-0.0484	0.0247	1						
	-0.2281*	-0.0638	0.2686**	0.1968**	0.2356**	-0.0134	-0.2166	0.0250	1						
叶片宽度	-0.1305*	-0.0062	0.1560*	0.1473*	0.1568*	0.0035	-0.0383	0.0700	0.9857**	1					
	-0.2610*	0.1353	0.3151**	0.3316**	0.3621**	-0.1320	-0.0295	0.0271	0.9882**	1					
	-0.2237*	-0.0560	0.2369**	0.1834**	0.2177**	-0.0047	-0.1917	0.0192	0.9945**	1					
叶柄长度	-0.1386**	0.0094	0.1613*	0.1527*	0.1614**	0.0049	-0.0503	0.0790	0.9868**	0.9869**	1				
	-0.2605*	0.1413	0.3297**	0.3504**	0.3752**	-0.1235	-0.0709	0.0482	0.9850**	0.9870**	1				
	-0.2333*	-0.0648	0.2545**	0.1799**	0.2165**	-0.0164	-0.2062	0.0454	0.9896**	0.9873**	1				
花冠宽度	-0.0033	0.0670	0.0308	0.0431	0.0504	0.0141	0.0467	0.0208	0.0149	0.0198	0.0108	1			
	-0.0105	0.2935	0.0563	0.0544	0.1129	-0.1524	0.0736	-0.0135	0.0289	0.0472	0.0520	1			
	0.0567	0.0872	0.0392	0.0537	0.1385	-0.1237	-0.0901	0.0055	0.0625	0.0662	0.0684	1			
花柄长度	0.0999	-0.0245	0.0689	0.0040	0.0080	0.0036	-0.0108	-0.2482**	-0.0218	-0.0289	-0.0174	0.2601**	1		
	-0.1235	-0.1018	0.2345	0.2596	0.2880	-0.1371	-0.3845	0.0623	0.4002	0.3931	0.4197	0.1988	1		
	0.1159	-0.0015	0.1149	0.0473	0.0942	-0.0681*	-0.2611*	-0.2335	0.0882	0.0908	0.0778	0.2884**	1		
花瓣长度	0.1520*	0.0254	0.0289	-0.0218	-0.0120	-0.0204	0.0333	-0.1662**	-0.0185	-0.0180	-0.0159	0.1832**	0.7067**	1	
	0.0201	-0.1686	0.1158	0.1151	0.1316	-0.1356	-0.1313	0.0471	0.3878	0.3776	0.4046	-0.0396	0.3858**	1	
	0.1384	0.1543	0.0334	-0.0642	-0.0114	-0.1156	-0.1451*	-0.2324	-0.1175	-0.1069	-0.1378	0.0768	0.6681**	1	
花瓣宽度	0.0578	0.0554	0.0342	-0.0073	-0.0014	-0.0020	0.0089	-0.0879	0.0819	0.0662	0.0610	0.2875**	0.5745**	0.6715**	1
	-0.1260	0.0221	0.1681	0.1635	0.1445	0.0117	-0.1764	0.0434	0.4301	0.4144	0.4383	0.2466	0.4941**	0.6916**	1
	0.0989	0.2227*	0.1096	0.0107	0.0735	-0.1128	-0.0671	-0.0559	0.0038	0.0145	-0.0124	0.3646**	0.6441**	0.6964**	1

a 原种质性状间的相关系数；b 完全随机取样所得初级核心种质性状间的相关系数；c 欧氏距离最短距离法聚类结合优先取样法构建的新疆野苹果初级核心种质（DIC4S3-20）性状间的相关系数；*和**分别表示相关性达到 0.05 和 0.01 显著性水平

2. 表型值遗传距离与常用遗传距离的比较

在 50%取样比例下，基于表型值数据采用两种常用遗传距离（欧氏距离和马氏距离）以及本研究提出的表型值（D_p）遗传距离构建的核心种质，其 MD 均为 0，而 CR 均大于 80%（表 1-8）。因此，可以认为采用 3 种遗传距离构建的核心种质都能够代表原始群体的遗传多样性。与马氏距离和欧氏距离相比较，采用 D_p 遗传距离构建的核心种质具有最大的 VD、CR 和 VR，马氏距离次之，欧氏距离最小。在参数 p、M_{Ne}、M_H 和 M_I 上，采用 D_p 遗传距离和马氏距离构建的核心种质具有相似的数值，均明显大于采用欧氏距离构建的核心种质数值（M_{Ne} 除外）。因此，D_p 遗传距离适用于构建核心种质，其构建的核心种质代表性稍好于马氏距离和欧氏距离两种遗传距离构建的核心种质。

表 1-8　50%取样比例下基于表型值数据 3 种遗传距离构建核心种质 8 个参数的比较（刘遵春等，2012）

遗传距离	参数							
	MD（%）	VD（%）	CR（%）	VR（%）	p（%）	M_{Ne}（%）	M_H（%）	M_I（%）
欧氏距离	0	30	87.06	99.74	94.07	95.85	90.3	85.9
马氏距离	0	50	95.67	115.69	94.81	95.10	95.6	93.5
D_p	0	60	97.12	120.31	95.06	95.25	96.8	95.9

注：MD. 均值差异百分率；VD. 方差差异百分率；CR. 极差符合率；VR. 变异系数变化率；p. 多态位点百分率；M_{Ne}. 平均有效等位基因数；M_H. 平均多态信息含量；M_I. 平均香农-维纳多样性指数；初级核心种质 p、M_{Ne}、M_H 和 M_I 的值分别为 97.33%、1.6683%、0.3808%和 0.5593%。本章下同

3. 分子标记遗传距离与常用遗传距离的比较

在 50%取样比例下，对于 3 种分子标记遗传距离（Nei & Li 遗传距离、SM 遗传距离和 Jaccard 遗传距离）和本研究提出的 D_m 遗传距离构建的核心种质，其 VD 均小于等于 20%，而 CR 均大于 80%（表 1-9）。因此，可以认为 4 种遗传距离构建的核心种质都能够代表原始群体的遗传多样性。与其他 3 种遗传距离构建的初级核心种质相比较，由 SM 遗传距离构建的核心种质具有最大的 CR、VR、p、M_{Ne}、M_H 和 M_I，由 D_m 遗传距离构建的核心种质在 M_{Ne}、M_H 和 M_I 3 个评价参数上的数值小于 SM 遗传距离。因此，本研究提出的 D_m 遗传距离适宜构建核心种质，其代表性与 SM 遗传距离相似，好于 Jaccard 和 Nei & Li 两种遗传距离。

表 1-9　50%取样比例下基于 4 种分子标记遗传距离构建核心种质 8 个参数的比较
（刘遵春等，2012）

遗传距离	参数							
	MD（%）	VD（%）	CR（%）	VR（%）	p（%）	M_{Ne}（%）	M_H（%）	M_I（%）
Jaccard	0	20	81.36	92.14	97.39	100.30	101.75	98.31
Nei & Li	0	10	81.16	92.07	97.32	100.25	100.1	96.5
SM	0	20	82.12	93.31	98.31	100.88	102.43	101.68
D_m	0	20	82.02	92.45	97.58	100.48	102.03	100.93

4. 表型值（D_p）遗传距离、分子标记（D_m）遗传距离和混合（D_{mix}）遗传距离的比较

在 50%取样比例下，通过 3 种遗传距离所构建的核心种质的 MD 均为 0，CR 均大于 80%，说明 3 种遗传距离构建的核心种质都能够代表初级核心种质（表 1-10）。与由 D_m 和 D_{mix} 这两种遗传距离构建的核心种质相比较，由 D_p 遗传距离构建的核心种质具有最大的 VD、CR 和 VR，但在分子标记评价参数 p、M_{Ne}、M_H 和 M_I 上表现最差。相类似的，由 D_m 遗传距离构建的核心种质具有比由 D_p 和 D_{mix} 这两种遗传距离构建的核心种质更高的 p、M_{Ne}、M_H 和 M_I，但在表型值评价参数 VD、CR 和 VR 上表现略差。这意味着分别用 D_p 或 D_m 遗传距离构建的核心种质仅在一类数据评价参数上表现良好，而在另一类数据评价参数上表现较差。由混合遗传距离 D_{mix} 构建的核心种质由于整合了两类不同数据，与以上两种核心种质相比较，在表型值评价参数 VD、CR 和 VR 及分子标记信息评价参数 p、M_{Ne}、M_H 和 M_I 上均表现出较好的效果。因此，可以认为采用本研究的整合方法构建的核心种质比单独使用表型值遗传距离或分子标记遗传距离构建的核心种质更加可靠。

表 1-10　50%取样比例下基于表型值遗传距离、分子标记遗传距离和混合遗传距离构建核心种质 8 个参数的比较（刘遵春等，2012）

遗传距离	参数							
	MD（%）	VD（%）	CR（%）	VR（%）	p（%）	M_{Ne}（%）	M_H（%）	M_I（%）
D_p	0	60	97.12	120.31	95.83	95.06	96.8	95.9
D_m	0	20	82.02	92.45	98.12	97.58	102.03	100.93
D_{mix}	0	50	96.56	117.98	97.67	97.15	101.88	100.44

5. 取样比例的确定

采用混合遗传距离，利用逐步聚类随机取样法取样，按照 10%、20%、30%、40%、50%、60%、70%、80%和 90%的比例，抽取了 9 个核心种质，分别记为 CorePM1、CorePM2、CorePM3、CorePM4、CorePM5、CorePM6、CorePM7、CorePM8 和 CorePM9（表 1-11）。由表 1-11 可知，随着取样比例的降低，各核心种质的 CR、p 和 M_{Ne} 逐渐减小，在 20%取样比例时，CR 值已低于 80%。相反随着取样比例的降低，各核心种质的 MD、VD 和 VR 逐渐增大，在 20%取样比例时，MD 值已经为 20%。随着取样比例的降低，与 MD、VD、CR、VR、p 和 M_{Ne} 六个参数相比较，M_H 和 M_I 呈现出先增大后减小的趋势，而且在 70%取样比例时，两个参数值均达到最大，分别为 103.052% 和 102.058%。因此，20%～70%是抽取核心种质的适宜比例，考虑到初级核心种质的样品数目，70%作为核心种质最适宜的取样比例，此时 CR 和 M_H 已分别达到初级核心种质的 98.4%和 103.052%，可以认为很好地保存了初级核心种质的遗传多样性。核心种质（CorePM7）共由 42 份材料组成，其余 12 份可作为新疆野苹果的备用种质。

表 1-11　9 种取样比例下核心种质与初级核心种质在 8 个评价参数上的差异（刘遵春等，2012）

参数	CorePM1	CorePM2	CorePM3	CorePM4	CorePM5	CorePM6	CorePM7	CorePM8	CorePM9
MD（%）	40	20	10	10	0	0	0	0	0
VD（%）	70	70	50	50	50	40	30	30	10
CR（%）	62.5	77.64	80.44	86.86	95.12	96.4	98.4	98.4	98.4
VR（%）	128.75	126.04	120.31	118.89	117.98	116.65	113.53	109.32	105.91
p（%）	83.137	90.28	93.188	94.67	97.667	98.561	98.826	99.127	99.568
M_{Ne}（%）	88.67	91.52	93.78	95.73	97.15	97.82	98.09	98.67	99.18
M_H（%）	83.015	92.33	94.922	98.391	101.88	102.796	103.052	100.843	97.397
M_I（%）	83.062	92.279	95.221	98.687	100.436	101.824	102.058	101.423	100.393

6. 核心种质对初级核心种质代表性的确认

利用主成分分析法对所构建核心种质的代表性进行确认。图 1-2 清楚地显示出主成分 1 和 2 分布大致代表了样品的分布，主成分 1 和 2 对初级核心种质遗传变异的累计贡献率达到 69%。样品分布的几何特征同时表明，核心种质（CorePM7）的株系分布仍保存了初级核心种质分布的几何形状和特征，并且具有极值的外围个体均被选入核心种质库中，遗传相似性高的株系中仅有一个株系入选为核心种质，进一步降低了核心种质的冗余，同时又确保了核心种质的代表性。由此可推断，核心种质（CorePM7）很好地保存了初级核心种质的遗传多样性和结构，确保了核心种质的实用性。

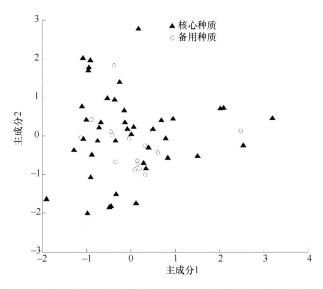

图 1-2　70%取样比例下核心种质与备用种质的主成分分析图（刘遵春等，2012）

7. 核心种质对原始种质代表性的评价

利用 15 个数量性状分别计算所构建的核心种质与原始种质的变异幅度、极差、平均值、标准误差、变异系数和保留比例，以检验核心种质对原始种质的代表性（表 1-12）。结果表明，核心种质除果实总糖含量的变异系数略低于原始种质外，其他性状的变异系数均高于原始种质，表明核心种质具有很好的异质性，在一定程度上剔除了遗传重复。不同性状的保留比例不同，果形指数的保留比例最高，为 100%，其次为平均单果重、花柄长度、叶片长度、花冠宽度、花瓣宽度、果实总糖含量、果实可溶性固形物含量、花瓣长度、叶片宽度、叶片厚度、叶柄长度，分别为 99.73%、97.63%、96.31%、95.69%、94.02%、93.40%、93.12%、92.75%、92.65%、91.53% 和 90.37%，果实横径、果实纵径和果实钙含量的保留比例较低，但仍高于 85%，15 个数量性状的平均保留比例为 93.02%，说明所构建的核心种质尽管有一些极值材料的丢失，但核心种质（CorePM7）仍保留了原始种质 93% 以上的变异类型，可以认为通过以上方法所构建的核心种质能够很好地代表原始种质。

表 1-12　核心种质的评价（刘遵春等，2012）

性状	原始种质					核心种质					保留比例(%)
	变异幅度	极差	平均值	标准误差	变异系数	变异幅度	极差	平均值	标准误差	变异系数	
果实总糖含量(mmol/100g)	5.67～54.33	48.66	24.02	8.4	34.98	5.91～50.76	44.85	23.63	7.8	33.02	93.40
果实可溶性固形物含量（%）	7.40～17.07	9.67	11.65	1.50	12.88	9.77～17.76	7.99	12.15	1.78	14.67	93.12
平均单果重（g）	6.79～81.20	74.41	15.77	7.12	45.08	6.75～77.49	70.75	22.83	16.46	72.09	99.73
果实横径（cm）	1.97～4.81	2.837	3.00	0.43	14.17	2.42～4.62	2.21	3.33	0.57	17.17	86.67
果实纵径（cm）	2.33～6.04	3.71	3.51	0.47	13.45	2.91～5.9	2.99	3.84	0.68	17.78	85.19
果形指数	0.715～1.333	0.618	0.86	0.06	6.89	0.76～1.17	0.41	0.87	0.072	8.31	100
果实钙含量(mg/100g)	2.093～18.47	16.374	6.76	2.598	38.40	3.18～16.1	12.92	6.96	2.77	39.76	86.25
叶片厚度（cm）	0.008～0.0198	0.019	0.014	0.003	19.43	0.01～0.0189	0.0179	0.018	0.009	22.13	91.53
叶片长度（cm）	4.95～8.54	3.59	6.30	0.82	13.00	4.95～8.33	3.38	6.75	0.97	15.40	96.31
叶片宽度（cm）	2.68～5.03	2.35	3.72	0.46	12.41	2.82～5.03	2.21	3.94	0.55	13.61	92.65
叶柄长度（cm）	1.65～3.43	1.78	2.52	0.39	15.27	1.73～3.23	1.50	2.72	0.45	16.57	90.37
花冠宽度（cm）	1.19～3.01	1.92	2.10	0.44	20.75	1.21～3.01	2.80	2.48	0.68	22.35	95.69
花柄长度（cm）	3.81～5.54	1.73	4.54	0.42	9.32	3.93～5.34	1.41	5.24	0.47	9.85	97.63
花瓣长度（cm）	1.97～2.81	0.96	1.43	0.20	8.78	2.07～2.67	0.60	2.43	0.45	9.38	92.75
花瓣宽度（cm）	1.32～2.06	0.74	1.56	0.19	11.20	1.43～2.01	0.58	1.75	0.23	12.85	94.02

8. 结论

根据整合表型值和分子标记的混合遗传距离，利用逐步聚类随机取样法进行取样，从 60 份新疆野苹果初级核心种质中选取 42 份材料作为核心种质，剩余 18 份材料可作为新疆野苹果的备用种质，进而构建了新疆野苹果的核心种质。

第五节　基因功能验证技术

在果树资源与育种研究中，分子水平上的研究不断深入和推进，基因的挖掘与功能验证成为其中关键的技术。本节简要介绍了目前常用的基因功能验证技术，主要包括基因时空表达分析、基因过表达技术、基因沉默及敲除技术、转录调控网络分析及蛋白质-蛋白质互作网络分析等。

一、基因时空表达分析

探究目的基因在果树不同生长发育时期及不同器官中的表达模式，需要做定量分析。现有的基因表达定量分析方法很多，如β-肌动蛋白（β-actin）定量检测、荧光定量PCR、半定量RT-PCR、RNA印迹（Northern blot）、核糖核酸酶保护测定等，其中以荧光定量PCR应用最为广泛。

荧光定量PCR：采集相应样品，液氮速冻并于–80℃保存，样品总RNA的提取可使用RNA提取试剂盒，对于果肉等多糖多酚类样品，可采用改良的十六烷基三甲基溴化铵（hexadecyltrimethylammonium bromide，CTAB）提取法提取总RNA，取1μg提取的总RNA反转录合成第一链cDNA，根据已知目的基因序列，设计荧光定量引物，在实时荧光定量PCR仪上分析各目的基因的表达量，从而初步明确目的基因的表达模式。

RNA印迹是一种将RNA从琼脂糖凝胶中转印到硝酸纤维素膜上的方法。整合到植物染色体上的外源基因如果能正常表达，则转化植株细胞内有其转录产物（特异mRNA）的生成。将提取的植物总RNA或mRNA用变性凝胶电泳分离，则不同的RNA分子将按分子质量大小依次排布在凝胶上；将它们原位转移到固定膜上；在适宜的离子强度及温度条件下，用探针与膜杂交；然后通过探针的标记性质检测出杂交体。若经杂交，则样品无杂交带出现，表明外源基因已经整合到植物细胞染色体上，但在该取材部位及生理状态下该基因并未有效表达。

核糖核酸酶保护测定（ribonuclease protection assay，RPA）是近十年发展起来的一种mRNA定量分析方法。其基本原理是将标记（^{32}P或生物素）的特异RNA探针与待测的RNA样品液相杂交，标记的特异RNA探针按碱基互补的原则与目的基因特异性结合，形成双链RNA；未结合的单链RNA经RNA酶A或RNA酶T1消化形成寡核糖核酸，而待测目的基因与特异RNA探针结合后形成双链RNA，免受RNA酶的消化，故该方法被命名为核糖核酸酶保护测定。对于^{32}P标记的探针，对杂交双链进行变性聚丙烯酰胺凝胶电泳，用放射自显影或磷屏成像系统检测被保护的探针的信号。对于生物素标记的探针，杂交双链经过变性聚丙烯酰胺凝胶电泳后电转移至尼龙膜，采用链霉亲和素-辣根过氧化物酶（streptavidin-HRP）和化学发光底物与膜上生物素标记的探针结合，用X射线胶片或化学发光图像分析仪检测杂交信号。

二、基因过表达技术

基因过表达技术是将目的基因的编码区转入同源或异源的植物细胞中，根据转基因材料的生物学行为从而分析外源基因的功能，是目前应用最广泛的基因功能验证技术之一。首先，需对带有目的基因的片段进行剪切，然后将其连接到能够自我复制并具有多个选择性标记的载体分子（质粒、T4噬菌体、动植物病毒等）上，形成重组DNA分子。

其次，利用农杆菌介导、核显微注射、基因枪法等将重组 DNA 转入植物细胞中表达。在实际应用中，需综合考虑实验目的及转化细胞的类型来选择不同的载体。在果树研究中，由于其多年生木本植物的特性，对其进行基因过表达具有较大难度，基因过表达技术在无菌组培苗及愈伤组织细胞系上的应用较为广泛。

三、基因沉默及敲除技术

使用基因沉默及敲除技术可以特异性关闭或剔除目的基因的表达，所以该技术已被广泛用于探索和鉴定基因功能。主要方法有 RNA 干扰、反义寡核苷酸技术、TALEN 靶向基因敲除技术及 CRISPR/Cas9 系统定点编辑技术等。

RNA 干扰（RNA interference，RNAi）是指由外源或内源性的双链 RNA（double-stranded RNA，dsRNA）导入细胞而引起的与 dsRNA 同源的 mRNA 降解，进而抑制相应的基因表达。dsRNA 前体进入细胞后，由核酸酶III——Dicer 酶处理为 21～23 个碱基的干扰小 RNA（small interfering RNA，siRNA）。这些干扰小 RNA 分子能与解旋酶、核酸酶等结合形成 RNA 诱导的沉默复合物（RNA inducing silencing complex，RISC），并与靶基因的互补 mRNA 结合，将 mRNA 降解，在转录后水平抑制靶基因的表达，因而又称为转录后基因沉默（post-transcriptional gene silencing，PTGS）。

反义寡核苷酸技术是指将一类经人工合成或构建的反义表达载体表达的寡核苷酸片段（长度多为 15～30 个核苷酸）导入细胞或者个体体内，根据碱基互补原理，其通过与靶 DNA 或者 mRNA 结合形成双链杂交体激活核酸酶 H，裂解靶 mRNA 阻断蛋白质的翻译，或者与 DNA 结合成三链结构或与单链 DNA 结合成双链结构以阻止靶基因的复制或转录，以及与 mRNA 脱嘌呤嘧啶位点（AP 位点）结合干扰其剪接、加工和运输，在 mRNA 水平上发挥作用，从而干扰其表达，阻止其翻译成蛋白质。反义寡核苷酸因为是针对特定的靶 mRNA（DNA）的序列设计合成的，所以具有极高的特异性，并且容易设计和体外大量合成。

转录激活因子样效应物核酸酶[transcription activator-like（TAL）effector nuclease，TALEN]是一种可靶向修饰特异 DNA 序列的酶，它借助于一种由植物病原菌黄单胞菌（*Xanthomonas* spp.）自然分泌的天然蛋白质即转录激活因子样效应物（TAL effector，TALE）的功能，能够识别特异性 DNA 碱基对。人们可以设计一串合适的 TALE 来识别和结合到任何特定序列。如果再附加一个在特定位点切断 DNA 双链的核酸酶，就生成了 TALEN。TALEN 可与 DNA 结合并在特定位点对 DNA 链进行切割，利用这种 TALEN 就可以在细胞基因组中引入新的遗传物质。

近年来，CRISPR/Cas9 系统作为基因组定点编辑的新技术，已经在多种植物，如拟南芥、水稻、烟草等基因组的定点编辑中成功应用。CRISPR/Cas9 系统介导植物基因定点突变的基本原理为 Cas9 蛋白与向导 RNA（gRNA）形成复合体，切割与 gRNA 上的间隔子（spacer）互补的基因组 DNA 序列，造成双链 DNA 损伤，随后通过体内的非同源末端连接（non-homologous end joining，NHEJ）修复机理引入基因突变。当噬菌体等外源 DNA 侵染细菌时，细菌体内 CRISPR 在前导区的调控下被转录为前体 crRNA （pre-CRISPR RNA，pre-crRNA），pre-crRNA 在 tracrRNA 和 Cas 蛋白的作用下被加工成短的包括重复序列和间隔序列的成熟 crRNA，成熟 crRNA 通过碱基配对与 tracrRNA 结合形成 tracrRNA/crRNA 复合物，此复合物引导核酸酶 Cas9 蛋白再与 crRNA 配对的序列靶位点作用，剪切双链 DNA。遗憾的是，到目前为止，CRISPR/Cas9 系统在果树方面的研究仍未有较大进展。

四、转录调控网络分析

近年来，随着新技术、新方法的出现，许多与基因转录调控有关的顺式作用元件（*cis*-acting element）被发现，它们在基因转录调控中起到关键作用。顺式作用元件是存在于基因旁侧序列中能影响基因表达的序列，其本身不编码蛋白质，仅仅提供一个作用位点，要与反式作用因子（多为转录因子）相互作用才能起作用。顺式作用元件包括启动子、增强子、调控序列和可诱导元件等，验证转录因子对下游靶基因的调控作用是基因功能验证的重要一环。主要方法有酵母单杂交（yeast one-hybrid，Y1H）、染色质免疫沉淀（chromatin immunoprecipitation，ChIP）、电泳迁移率变动分析（electrophoretic mobility shift assay，EMSA）以及萤光素酶报告实验等（图 1-3）。

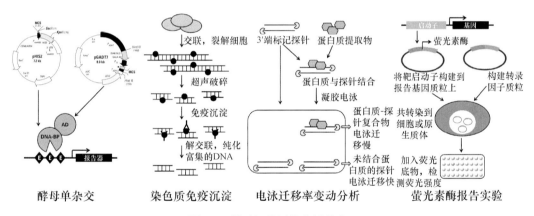

图 1-3 转录调控网络分析技术

AD. 重组 AD 质粒；DNA-BP. 重组启动子序列；E. 元件

1. 酵母单杂交

用于酵母单杂交系统的酵母 Gal4 蛋白是一种典型的转录因子，由 DNA 结合结构域（DNA-binding domain，BD）和转录激活结构域（activation domain，AD）组成，DNA 结合结构域和转录激活结构域可完全独立地发挥作用。据此，我们可将 GAL4 的 DNA 结合结构域置换为候选蛋白基因序列，只要其表达的蛋白质能与目的基因相互作用，就能同样通过转录激活结构域激活 RNA 聚合酶，启动下游报告基因的转录。具体方法是将候选蛋白基因和启动子序列分别克隆进捕获载体 pGAD 和诱饵载体 pHIS2，将包含候选蛋白基因的 pGAD 和包含启动子序列的 pHIS2 载体共转化酵母，若候选蛋白基因与目的基因片段相互作用，则可启动下游报告基因的表达。

2. 染色质免疫沉淀

在生理状态下把细胞内的蛋白质和 DNA 交联在一起，超声将其打碎为一定长度的染色质小片段，然后通过所要研究的目的蛋白特异性抗体沉淀此复合体，特异性地富集与靶蛋白结合的 DNA 片段，通过对目的片段的纯化与检测，从而明确该蛋白质与哪些基因相互作用。具体操作：首先用甲醛处理细胞，收集细胞，超声破碎，加入目的蛋白的抗体，其与靶蛋白-DNA 复合物相互结合，然后加入珠子（bead）吸附抗体-靶蛋白-DNA 复合物，对吸附的复合物进行清洗，除去一些非特异性结合，洗脱，得到富集的靶蛋白-DNA 复合物，解交联，纯化富集的 DNA 片段，最后进行 PCR 分析。

3. 电泳迁移率变动分析

电泳迁移率变动分析主要基于蛋白质-探针复合物在凝胶电泳过程中迁移较慢的原理。根据实验设计特异性和非特异性探针，当核酸探针与目的蛋白混合孵育时，样本中可以与核酸探针结合的蛋白质与探针形成蛋白质-探针复合物，这种复合物由于分子质量大，在进行聚丙烯酰胺凝胶电泳时迁移较慢，而没有结合蛋白质的探针则迁移较快；孵育的样本在进行聚丙烯酰胺凝胶电泳并转膜后，蛋白质-探针复合物会在膜靠前的位置形成一条带，说明有蛋白质与目标探针发生互作。

4. 萤光素酶报告实验

萤光素酶（luciferase）报告实验是以萤光素（luciferin）为底物来检测萤火虫萤光素酶（firefly luciferase）活性的一种报告系统。然后可以通过荧光测定仪测定萤光素氧化过程中释放的生物荧光。具体方法：首先将靶启动子的特定片段插入带有萤光素酶表达序列的报告基因质粒中，如 pFRK-luc；其次将要检测的转录因子表达质粒与报告基因质粒共转染原生质体或其他细胞系，如果此转录因子能够激活靶启动子，则萤光素酶基因就会表达，萤光素酶的表达量与转录因子的作用强度成正比。

五、蛋白质-蛋白质互作网络分析

蛋白质与蛋白质之间相互作用构成了细胞生化反应网络的一个主要组成部分。细胞接受外源或内源信号，通过其特有的信号途径，调节基因的表达，以保持其生物学特性。在这个过程中，虽然有一些蛋白质可以以单体的形式发挥作用，但是大部分蛋白质和伴侣分子一起作用或是与其他蛋白质形成复合物来发挥作用。因此，为了更好地了解基因的功能，必须探究蛋白质单体和复合物的功能。主要方法有酵母双杂交（yeast two-hybrid，Y2H）、免疫共沉淀（co-immunoprecipitation，Co-IP）、拉下（pull-down）实验以及双分子荧光互补（bimolecular fluorescence complementation，BiFC）实验等（图 1-4）。

1. 酵母双杂交

酵母双杂交原理与酵母单杂交类似。需要将目标基因和互作因子分别克隆进捕获载体 pGAD 和诱饵载体 pGBT，将包含目标基因的 pGAD 和包含互作因子的 pGBT 共转化酵母，在 SD-Trp-Leu 培养基上筛选目标基因，克隆并分析其 β-半乳糖苷酸（β-Gal）活性。以 pGAD 空载体和含有互作因子的 pGBT 诱饵载体为对照。

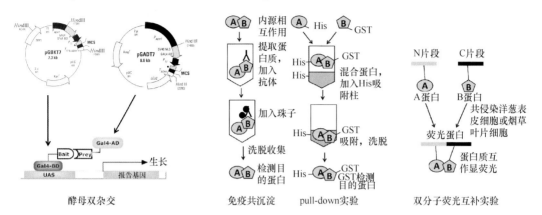

图 1-4　蛋白质-蛋白质互作网络分析

Gal4-AD-Prey. 含目的蛋白的转录激活结构域重组捕获质粒；Gal4-BD-Bait. 含诱饵蛋白的结合结构域重组质粒；UAS. 上游激活序列；His. 组氨酸；GST. 谷胱甘肽硫转移酶

2. 免疫共沉淀

当细胞在非变性条件下被裂解时，完整细胞内存在的许多蛋白质之间的相互作用被保留了下来。当用预先固化在琼脂珠子上的蛋白质 A 抗体免疫沉淀蛋白质 A 时，与蛋白质 A 在体内结合的蛋白质 B 也能一起被沉淀下来。再通过蛋白质变性分离，对蛋白质 B 进行检测，进而证明两者间的相互作用。

3. pull-down 实验

构建目的基因原核表达载体，转化大肠杆菌并诱导纯化蛋白质，空载体作为对照，–80℃备用，将固定化谷胱甘肽加入 GST 标签的融合蛋白中，混匀，4℃旋转结合 1h，将 His/GST 标签的蛋白质加入上述混合物中，使蛋白质之间充分结合，4℃结合过夜；40μl 5×洗脱缓冲液（loading buffer）溶解珠子上的蛋白质，煮沸 3min，高速离心，His/GST 抗体用免疫印迹（Western blot）检测。

4. 双分子荧光互补实验

将荧光蛋白在某些特定的位点切开，形成不发荧光的 N 端和 C 端两个多肽，称为 N 片段（N-fragment）和 C 片段（C-fragment）。这两个片段在细胞内共表达或在体外混合时，不能自发地组装成完整的荧光蛋白，在该荧光蛋白的激发光激发时不能产生荧光。但是，当这两个荧光蛋白的片段分别连接到一组有相互作用的目标蛋白质上，在细胞内共表达或体外混合这两个融合蛋白时，由于目标蛋白质的相互作用，荧光蛋白的两个片段在空间上互相靠近互补，重新构建成完整的具有活性的荧光蛋白分子，并在该荧光蛋白的激发光激发下发射荧光。

第二章　栽培苹果起源演化和驯化机理

第一节　栽培苹果起源演化的研究进展

在世界公认的 35 个苹果属野生种中，有 23 个原产自我国。我国是苹果属（*Malus*）植物起源中心，所拥有的苹果属种质资源极为丰富（李育农，1999b；钱关泽，2005；王昆等，2013）。研究者相继开展了苹果育种及野生珍贵种质资源的保护和利用研究（Zhou，1999；王昆，2004；陈学森等，2007；魏景利等，2009；张新忠等，2010）。弄清楚栽培苹果的起源及其与苹果属野生种之间的亲缘关系，摸清我国塞威士苹果的多态性，将有利于丰富物种起源和演化的理论、选择苹果育种亲本及挖掘野生种质资源功能基因。

一、栽培苹果起源的现有观点

在人类开始早期的生产活动时，大约 5000 年前，栽培苹果的早期驯化就已经完成了（Harris et al.，2002）。又经过数千年的演变，这些早期的栽培种在人们有意识或无意识的选择作用下形成了现今种类繁多的苹果栽培种。考古学研究发现，在亚洲西南部安纳托利亚（Anatolia）半岛上发现的苹果果实化石遗迹可以追溯到公元前 6500 年左右，至于这些果实的来源以及是否为栽培种还不能确定（Luby，2003）。但目前在以色列发现的苹果栽培遗迹则可以追溯到公元前 1000 年左右（Zohary et al.，2000）。考古学证据还证明新石器时代晚期和青铜器时代早期苹果野生种就由探险家和商人从亚洲带到欧洲，随后嫁接技术的出现（约 3800 年前）加速了栽培苹果的演化。大约 2000 年前，苹果的栽培在世界范围内就已经很普遍了（Harris et al.，2002）。

在我国苹果古称"柰"，又称为绵苹果（束怀瑞，1999；陆秋农，1994）。最早见于西汉司马相如的《上林赋》中"椑柰厚朴"之句（陆秋农，1994）。孙云蔚（1983）也认为，绵苹果可能在汉代已从新疆一带传入陕西，再传布中原。李育农（1999a）分析认为柰应是原产于我国最古老的栽培树种之一，新疆可能就是绵苹果原产地之一。我国本土的栽培苹果最早可能是从新疆开始的，以后逐渐向东传播到中原，汉代以后始见文字记述称为柰（陈景新，1986）。苏联学者 Vavilov 和 Freier（1926）认为中亚细亚地区的苹果野生种及其近缘种是现代栽培苹果的祖先种，并且苹果栽培驯化的整个过程可以追溯到现今哈萨克斯坦的 Almaty 地区。而中亚的野生种只有塞威士苹果（*Malus sieversii*），因此前人（Harris et al.，2002）所指的野生种就应当是今日中亚尚存的塞威士苹果。张新时（1973）调查认为，此地区的苹果野生种属于古近纪和新近纪后期的子遗树种，距今已有 300 万年的历史，并认为中亚细亚的塞威士苹果与我国新疆伊犁地区的新疆塞威士苹果同属一种。李育农（1989）对新疆伊犁地区野生苹果种质资源进行收集和考察研究后，也认为绵苹果起源于塞威士苹果。李育农（1989）对中亚细亚地区的野生苹果调查发现，根据此地区的塞威士苹果类型多认为该地区是塞威士苹果的起源中心，是栽培苹果多样化的来源，塞威士苹果在中国的起源地则是新疆伊犁。Zhou 和 Li（1999b）通过地理考察及形态比较后，再次证明新疆塞威士苹果是中国绵苹果的直接亲本之一；新疆塞威士苹果在新疆伊犁地区有丰富的变异类型，进一步确定了该地区为新疆塞威士苹果的起源地。

美国学者 Rehder（1949）则认为栽培苹果可能是杂种起源的，其亲本为森林苹果（*Malus sylvestris*）、楸子（*M. prunifolia*）和山荆子（*M. baccata*）。此外，根据生态条件对苹果演化的影响，Langenfeld（1991）提出中亚的塞威士苹果、起源于高加索地区的东方苹果（*M. orientalis*）和欧洲的森林苹果是现代栽培苹果的祖先种，并证明它们的系谱直接从属于移核海棠组（Sect. *Docyniopsis*）（李育农，2001）。而近年来又有学者提出栽培苹果作为一个复杂的种间杂种，可能毛山荆子（*M. mandshurica*）、三叶海棠（*M. sieboldii*）等多个苹果属植物野生种也参与了苹果的栽培化过程（Dunemann et al.，1994；Lamboy et al.，1996；Juniper et al.，1998）。但是，塞威士苹果被认为是现代栽培苹果最重要的祖先种（Juniper et al.，1998；Way et al.，1990；Rohrer et al.，1994）。综合上述观点，我们可以看出有关栽培苹果的起源问题现有的观点差异很大，问题非常复杂，需要更多的证据来支持。

二、相关研究进展

虽然据观察塞威士苹果各器官的形态具有栽培苹果的全部特征（孙云蔚，1983），但苹果属植物具有多型性的特点，种间的形态特征往往发生重叠或呈连续变异，这阻碍了对栽培苹果起源的研究。因此，相关微观实验证据成为解决栽培苹果起源研究中某些重要问题的关键。

（一）孢粉学

花粉形态是植物起源演化的微观依据（方从兵，2002）。电镜观察结果表明，苹果属植物花粉外壁由网状到条纹，演化路线是表型值/环境值（P/E）由大到小（杨晓红等，1992；杨晓红和李育农，1995a）。贺超兴和徐炳声（1991）对苹果属植物花粉扫描电镜观察后发现苹果组植物可能是苹果属中的原始类群。栽培苹果的花粉形态特征与塞威士苹果、东方苹果和森林苹果的花粉形态特征相似，但栽培苹果花粉的表型值/环境值（P/E）小于后三者，表现更为进化（杨晓红等，1992），由此确定塞威士苹果较原始。

（二）核型分析

栽培苹果多数为多倍体，$2n=2x,3x,4x=34,51,68$（梁国鲁和李晓林，1993），少数是三倍体（李育农，1999a）。梁国鲁和李晓林（1991，1993）对塞威士苹果和绵苹果的染色体数目及核型的研究证明塞威士苹果较为原始，支持塞威士苹果是栽培苹果原始种。新疆塞威士苹果 24 个类型均为二倍体，染色体为 34 条，所有种质染色体相对长度平均值为 3.23μm，属小染色体（马衣努尔姑•吐地等，2016）。

（三）分子标记

分子标记是以 DNA 的多态性为基础的遗传标记，包括核基因组的分子标记以及细胞质基因组的分子标记。

核基因组的分子标记：DNA 分子标记技术已发展了超过 10 种（李英慧等，2002），为栽培苹果起源问题的研究提供了丰富的技术手段。最早在苹果应用的是 AFLP 分析。AFLP 分析的基本原理是选择性扩增基因组 DNA 酶切位点存在差异，因而产生了扩增片段长度的多态性（Vos et al.，1995；刘成等，2007）。祝军等（2000b）在国内首先建立了苹果 AFLP 分析体系，绘制了我国 25 个苹果重要品种的 AFLP 指纹图谱。韩蕾等（2008）对 30 个苹果砧木进行了 AFLP 分析，筛选出的 3 对引物能将所有的砧木区别开，分子标记技术有很高的砧木鉴别效率。选用 4 对 AFLP 对苹果属海棠 9 个野生种、8 个栽培种以及 4 种山楂属植物和 2 种梨属植物的遗传多样性进行分析，结果与形态学分类结果基本一致，解决了各分类系统间存在的分歧问题（徐曼等，2015）。

Dunemann 等（1994）利用 RAPD 技术对苹果属野生种及栽培种进行遗传关系分析后，认为森林苹果参与了栽培苹果复杂的演化过程，森林苹果和佛罗伦萨海棠（*Malus florentina*）可能是作为母本参与杂交的（Zhou and Li，1999）。Zhou（1999）对栽培苹果及其相关的苹果属植物野生种共 14 个样本进行了 RAPD 系统发育分析，证实了塞威士苹果是栽培苹果最直接的亲本，而森林苹果和山荆子并没有参与到苹果的栽培化过程中。此外，Hokanson 等（2001）利用 8 对 SSR 分子标记对苹果属 23 个物种进行遗传分析，结果表明，栽培苹果杂合度明显高于苹果属野生种以及种间杂种。对 25 个苹果品种进行 SSR 多态性分析，20 个位点扩增条带的多态性在 56.4%～100%。用两对引物（GD142 和 02b1）即可区分全部供试品种。根据 SSR 分析结果，应用 NTSYS 软件进行相似性系数计算，利用 UPGMA 法构建聚类树状图，可将苹果品种分为 4 个类群，与传统系谱基本一致（王爱德等，2005）。高源（2007）依据筛选出的 12 对 SSR 引物共获得 176 个等位基因，可将 59 份苹果种质资源有效分开。在此基础上，高源等（2016）以国家果树种质兴城梨、苹果圃保存的 46 份中国苹果地方品种资源为试材，利用所开发的 SSR 标记，结合 TP-M1 自动荧光检测，实现了应用分子条形码技术来鉴定特异种质资源。Cornille 等（2012）利用 26 个 SSR 位点对栽培苹果、塞威士苹果、东方苹果、森林苹果及山荆子共 770 个样品进行了遗传多样性及进化分析，研究表明各群体内均有较低的 F_{st} 值。说明群体内存在广泛的随机杂交。栽培苹果未发现明显的瓶颈效应，而苹果的野生近缘种丰富了栽培苹果基因池，其中以森林苹果的基因渗透最明显。Hokanson 的研究不仅再次支持了塞威士苹果是当代栽培苹果祖先的观点，而且其发现人为导致栽培苹果的广泛分布，使得一些野生种受到了栽培苹果的基因渗透。经典的分子标记如 AFLP、RAPD、SSR 等由于位点较少、检测慢，因而效率低，SSR 的非对称性以及微卫星区域的降解使其应用受限（Hokanson et al.，2001）。

利用细胞质基因组（叶绿体或线粒体基因组）分子标记的多态性探索栽培植物起源，如柑橘（Nicolosi et al.，2000）、马铃薯（Spooner et al.，2005）、大豆（Doyle et al.，1999），可获得独特的遗传学线索等。*matK* 位于叶绿体 *trnK* 基因的内含子中，长约 1500bp，编码一种成熟酶（maturase），是叶绿体基因组中进化最快的基因之一，具有重要的分子系统学价值（汪小全和洪德元，1997）。Forte 等（2002）分析苹果属植物的 *matK* 基因后认为塞威士苹果与栽培苹果的亲缘关系最近。Robinson 等（2001）对苹果属 29 个物种种、12 个品种的 *matK* 基因进行了序列比较并构建了系统发育树，确认中亚苹果野生种是栽培苹果主要的母本来源。Coart 等（2006）利用 *matK* 基因对苹果 634 个野生样品和 422 个栽培样品进行了多样性分析，并从细胞质基因组角度证明森林苹果是栽培苹果的近亲，还发现了栽培苹果驯化过程中野生种质资源的利用，以及森林苹果存在来自栽培苹果的细胞质渗透。利用叶绿体的 ITS 分析将中国苹果、新疆塞威士苹果（来自中国新疆）和塞威士苹果（来自 GenBank）聚类于一个大的发育支内，新疆塞威士苹果 5 个居群的系统演化按新源、巩留、霍城和塔城的先后次序发生。而 *matK* 序列的系统发育分析将中国苹果和新疆塞威士苹果聚类在一个大的发育支内，但自展支持率低。由此说明，中国苹果由新疆塞威士苹果驯化而来（朱元娣等，2014）。线粒体基因组的多态性多集中在 cox1 蛋白和 *ATP9* 基因上，这为栽培苹果分类提供了有价值的信息（Ishikawa et al.，1992；Kato et al.，1993；Mikami et al.，2015）。

有研究者通过对 30 份苹果种质资源进行简化基因组测序，并利用 39 635 个均匀分布在苹果染色体上的 SNP 进行了果实糖酸的相关基因的关联分析（马百全，2016）。基于这些 SNP 的遗传学研究结果表明，苹果野生种的遗传多样性显著高于栽培种，且栽培种和野生种之间存在着双向的基因漂流；栽培苹果及苹果野生种连锁不平衡（LD）衰减均非常快，关联分析能实现苹果基因的精细定位；栽培苹果与苹果野生种连锁不平衡区域（LD block）不同，且栽培苹果多数连锁不平衡区域位于果实品质性状数量性状基因座（quantitative trait locus，QTL）区间内，揭示了果实品质在苹果驯化过程中受到了选择。

综上所述，栽培苹果的起源演化诸多问题尚未厘清，特别是森林苹果基因渗透的遗传学基础、中国新疆野苹果与哈萨克斯坦塞威士苹果的关系及中国苹果的分类地位需要更多的数据支持。为解决此问题，一是需要取材尽量广泛的种质资源；二是采用高通量、遍及全基因组、精细的标记位点。

第二节　苹果基因组重测序及栽培苹果驯化机理

一、本研究实验材料构成及特点

本课题组选取了苹果属 25 个物种共计 117 份种质资源（表 2-1）进行群体重测序及群体遗传学生物信息学分析。

表 2-1　苹果重测序资源列表（Duan et al.，2017）

样品编号	样品分组	样品名称	样品原始编号	种	来源产地
Asi 01	Asi	Binzi	LNYS3	*Malus asiatica* var. *rinki*	中国
Asi 02	Asi	laiwufenguozi A	LNYS18	*Malus asiatica*	中国
Asi 03	Asi	laiwusuanguozi A	LNYS19	*Malus asiatica*	中国
Asi 04	Asi	baiguozi A	LNYS22	*Malus asiatica*	中国
Man 01	Bac	Mandshurica 2330	322713	*Malus mandshurica*	俄罗斯
Bac 01	Bac	shandingzi 7A	LNYS20	*Malus baccata*	中国

续表

样品编号	样品分组	样品名称	样品原始编号	种	来源产地
Bac 02	Bac	shandingzi 2A	LNYS23	*Malus baccata*	中国
Bac 03	Bac	shandingzi 3A	LNYS24	*Malus baccata*	中国
Bac 04	Bac	shandingzi 1A	LNYS25	*Malus baccata*	中国
Bac 05	Bac	shandingzi A	LNYS32	*Malus baccata*	中国
Dom 01	Dom_scion	Anna	280400	*Malus domestica*	以色列
Dom 02	Dom_scion	Antonovka 1.5 pounds	107196	*Malus domestica*	俄罗斯
Dom 03	Dom_scion	Calville Blanc	589596	*Malus domestica*	法国
Dom 04	Dom_scion	Chisel Jersey	588806	*Malus domestica*	英国
Dom 05	Dom_scion	Cox's Orange Pippin	588853	*Malus domestica*	英国
Dom 06	Dom_scion	Golden Delicious	589841	*Malus domestica*	美国
Dom 07	Dom_scion	Esopus Spitzenburg	588785	*Malus domestica*	美国
Dom 08	Dom_scion	Fuji Red Sport Type 2	588844	*Malus domestica*	日本
Dom 09	Dom_scion	Gala	392303	*Malus domestica*	新西兰
Dom 10	Dom_scion	Granny Smith	588880	*Malus domestica*	澳大利亚
Dom 11	Dom_scion	Jonathan	590185	*Malus domestica*	美国
Dom 12	Dom_scion	Lady	589053	*Malus domestica*	法国
Dom 13	Dom_scion	Liberty	588943	*Malus domestica*	美国
Dom 14	Dom_scion	Northern Spy	588872	*Malus domestica*	美国
Dom 15	Dom_scion	Novosibirski Sweet	589478	*Malus domestica*	俄罗斯
Dom 16	Dom_scion	Rhode Island Greening	589520	*Malus domestica*	美国
Dom 17	Dom_scion	Rome Beauty Law	588850	*Malus domestica*	美国
Dom 18	Dom_scion	Wijcik McIntosh	590186	*Malus domestica*	加拿大
Dom 19	Dom_scion	Yellow Transparent	588859	*Malus domestica*	俄罗斯
Dom 20	Dom_scion	Pixie	589687	*Malus domestica*	英国
Dom 21	Dom_scion	Honeycrisp	644174	*Malus domestica*	美国
Dom 22	Dom_scion	Greensleeves	589673	*Malus domestica*	英国
Dom 23	Dom_scion	Usterapfel	NA	*Malus domestica*	德国
Dom 24	Dom_scion	Golden Delicious	590184	*Malus domestica*	美国
Dom 25	Dom_rootstock	P.22	437046	*Malus domestica*	波兰
Dom 26	Dom_rootstock	J-TE-G	590169	*Malus domestica*	捷克
Dom 27	Dom_rootstock	M.9（Troch Strain）	588826	*Malus domestica*	英国
Dom 28	Dom_rootstock	M.26	337319	*Malus domestica*	英国
Dom 29	Dom_rootstock	Budagovsky 118	589482	*Malus domestica*	加拿大
Dom 30	Dom_rootstock	Budagovsky 9	324523	*Malus domestica*	加拿大
Dom 31	Dom_rootstock	M.7	588816	*Malus domestica*	英国
Dom 32	Dom_rootstock	G210	无	*Malus domestica*	美国
Dom 33	Dom_rootstock	MM.106	588873	*Malus domestica*	美国
Dom 34	Dom_rootstock	G16	NA	*Malus domestica*	美国
Dom 35	Dom_rootstock	G41	NA	*Malus domestica*	美国
Hup 01	Hup	Pingyitiancha	LNYS14	*Malus hupehensis*	中国

样品编号	样品分组	样品名称	样品原始编号	种	来源产地
Hup 02	Hup	honghuaxiaoye A	LNYS29	*Malus hupehensis*	中国
Hup 03	Hup	laoshan 2A	LNYS34	*Malus hupehensis*	中国
Hup 04	Hup	laoshan 3A	LNYS35	*Malus hupehensis*	中国
Ang 01	其他	—	589727	*Malus angustifolia*	美国
Cer 01	其他	Yingtaoye Haitang	LNYS13	*Malus ceracifolia*	中国
Cor 01	其他	Wynema	588927	*Malus coronaria*	美国
Flo 01	其他	Skopje P2	589385	*Malus florentina*	英国
Fus 01	其他	—	589933	*Malus fusca*	美国
Hyb 01	其他	Pinpo	LNYS2	*Malus hybrida*	中国
Hyb 02	其他	Xiango	LNYS4	*Malus hybrida*	中国
Ioe 01	其他	—	590009	*Malus ioensis*	美国
Kir 01	其他	—	590043	*Malus kirghisorum*	俄罗斯
Mel 01	其他	Jianzui Linqin	LNYS11	*Malus melliana*	中国
Mic 01	其他	Xifu Haitang	LNYS7	*Malus micromalus*	中国
Mic 02	其他	guodongxian A	LNYS30	*Malus micromalus*	中国
Ori 01	其他	99TU-06-01	644252	*Malus orientalis*	土耳其
Pla 01	其他	Bianguo Haitang	LNYS12	*Malus platycarpa*	中国
Pru 01	其他	Qiuzi	LNYS9	*Malus prunifolia*	中国
Pru 02	其他	—	594102	*Malus prunifolia*	美国
Pum 01	其他	—	589225	*Malus pumila*	南西伯利亚
Roc 01	其他	Lijiang Shanjingzi	LNYS10	*Malus rockii*	中国
Spe 01	其他	Haitanghua	LNYS6	*Malus spectabilis*	中国
Xia 01	其他	Xiaojin Haitang	LNYS15	*Malus xiaojinensis*	中国
Rob 01	Rob	Bianleng Haitang	LNYS5	*Malus robusta*	中国
Rob 02	Rob	laiwunanyan 1 A	LNYS16	*Malus robusta*	中国
Rob 03	Rob	balenghaitang A	LNYS17	*Malus robusta*	中国
Rob 04	Rob	laiwuyanduan A	LNYS26	*Malus robusta*	中国
Rob 05	Rob	balenghaitangbai A	LNYS27	*Malus robusta*	中国
Rob 06	Rob	nanyan 6A	LNYS28	*Malus robusta*	中国
Rob 07	Rob	nanyan 10A	LNYS31	*Malus robusta*	中国
Rob 08	Rob	nanyanhaitang A	LNYS33	*Malus robusta*	中国
Rob 09	Rob	balenghaitang 2A	LNYS21	*Malus robusta*	中国
SieK 01	SieK	—	632626	*Malus sieversii*	哈萨克斯坦
SieK 02	SieK	—	613951	*Malus sieversii*	哈萨克斯坦
SieK 03	SieK	—	613987	*Malus sieversii*	哈萨克斯坦
SieK 04	SieK	—	613988	*Malus sieversii*	哈萨克斯坦
SieK 05	SieK	—	613971	*Malus sieversii*	哈萨克斯坦
SieK 06	SieK	—	613976	*Malus sieversii*	哈萨克斯坦
SieK 07	SieK	—	613978	*Malus sieversii*	哈萨克斯坦
SieK 08	SieK	—	613979	*Malus sieversii*	哈萨克斯坦

样品编号	样品分组	样品名称	样品原始编号	种	来源产地
SieK_09	SieK	—	657028	*Malus sieversii*	哈萨克斯坦
SieK_10	SieK	—	657067	*Malus sieversii*	哈萨克斯坦
SieK_11	SieK	—	657002	*Malus sieversii*	哈萨克斯坦
SieK_12	SieK	—	657017	*Malus sieversii*	哈萨克斯坦
SieK_13	SieK	—	GMAL4011	*Malus sieversii*	哈萨克斯坦
SieK_14	SieK	—	657094	*Malus sieversii*	哈萨克斯坦
SieK_15	SieK	—	657101	*Malus sieversii*	哈萨克斯坦
SieX_01	SieX	—	X1	*Malus sieversii*	中国（新疆）
SieX_02	SieX	—	X2	*Malus sieversii*	中国（新疆）
SieX_03	SieX	—	X3	*Malus sieversii*	中国（新疆）
SieX_04	SieX	—	X4	*Malus sieversii*	中国（新疆）
SieX_05	SieX	—	X5	*Malus sieversii*	中国（新疆）
SieX_06	SieX	—	X7	*Malus sieversii*	中国（新疆）
SieX_07	SieX	—	X8	*Malus sieversii*	中国（新疆）
SieX_08	SieX	—	X9	*Malus sieversii*	中国（新疆）
SieX_09	SieX	—	X10	*Malus sieversii*	中国（新疆）
SieX_10	SieX	—	X11	*Malus sieversii*	中国（新疆）
SieX_11	SieX	—	X12	*Malus sieversii*	中国（新疆）
SieX_12	SieX	—	X13	*Malus sieversii*	中国（新疆）
SieX_13	SieX	—	X14	*Malus sieversii*	中国（新疆）
SieX_14	SieX	—	X15	*Malus sieversii*	中国（新疆）
Syl01	Syl	—	588908	*Malus sylvestris*	美国
Syl02	Syl	—	633825	*Malus sylvestris*	德国
Syl03	Syl	—	633827	*Malus sylvestris*	德国
Syl04	Syl	—	633824	*Malus sylvestris*	德国
Syl05	Syl	—	633826	*Malus sylvestris*	德国
Syl06	Syl	—	369855	*Malus sylvestris*	塞尔维亚
Syl07	Syl	—	589382	*Malus sylvestris*	英国
Syl08	Syl	—	619168	*Malus sylvestris*	塞尔维亚
Syl09	Syl	—	101888	*Malus sylvestris*	挪威
Syl10	Syl	—	392302	*Malus sylvestris*	俄罗斯

注："—"表示未命名

按材料提供单位分：70 份来自美国农业部农研中心的植物遗传资源研究所（USDA-ARS Plant Genetics Resources Unit），33 份来自中国农业科学院果树研究所，14 份取自中国新疆巩留至新源的南部低山及霍城至伊宁的北部低山的野生苹果林。

按材料性质分：35 份栽培苹果品种（24 份接穗品种，11 份砧木品种），10 份森林苹果，29 份塞威士苹果（15 份来源于天山山脉西侧的哈萨克斯坦，14 份来自中国新疆），9 份八棱海棠，6 份山荆子，4 份花红，4 份湖北海棠，20 份苹果属其他野生种质资源（每种样品有一个或两个类型，合计有 17 个种）。

参试样品中涉及苹果属 24 种，6 种原产地在中国，4 种原产自北美洲，2 种原产自欧洲，而其他一些种则被认为是种间杂交种，如八棱海棠（*M. robusta*）和花红（*M. asiatica*）。中国绵苹果，如频婆、香果、花红和楸子（*M. prunifolia*）是公认的在我国已经栽培了 2000 多年的甜苹果。

二、SNP 位点的挖掘

样品按照标准 DNA 提取方法进行提取；进行琼脂糖凝胶电泳检测质量合格后，按双末端 PE90、PE150 策略建立测序文库，并上机测序。117 份样品分不同批次测序：新疆塞威士苹果 14 份、中国农业科学院果树研究所的 33 份利用华大基因 Illumina Hiseq 2000 测序；来自美国农业部的材料均在康奈尔大学生物中心测序，使用测序系统为 Illumina Hiseq 2000 和 Illumina Hiseq 4000。Illumina Hiseq 2000 测序读长为 90bp，Illumina Hiseq 4000 测序读长为 151bp。

下机的原始测序数据经过滤测序接头、去除低质量及冗余重复 reads 共得到 1060Gb 高质量净数据，平均每个样品数据量 9.06Gb。以苹果基因组 742Mb 核算，则每个样品平均覆盖度约为 12.2×。用 Burrows-Wheeler-Alignment（BWA）对测序数据与苹果基因组（v1.0p）（Velasco et al.，2010）进行映射比对。再经本课题组自己写的一个线性通信模型（计算机用语）转换为 SNP 列表文件，最终得到了 7 218 060 个 SNP，由此进一步开发了 1 039 264 个 SNP，这套 SNP 作为重要数据资源，可用于苹果分子标记辅助育种、苹果属种质资源鉴定评价等。此外确定了 431 597 个插入/缺失序列。

对包含 958 个随机选择 SNP 的基因组区域设计引物并进行 PCR 扩增，再对扩增产物进行 Sanger 测序，结果表明获得的基因组 SNP 检测准确率高达 98.1%，高于前人对棉花、玉米进行群体重测序 SNP 验证的准确率。从 SNP 位点来源看，在最终检测到的 7 218 060 个 SNP 中，来自栽培苹果的有 3 376 976 个（46.8%），来自哈萨克斯坦塞威士苹果组的有 2 190 136 个（30.3%），来自中国新疆塞威士苹果组的有 1 165 236 个（16.1%），来自其他野生种的有 6 493 769 个（90.0%）（表 2-2）。

表 2-2　各群体的测序数据量及 SNP 来源比例（Duan et al.，2017）

种群分组	组内样品数	原始数据（Gb）	净数据（Gb）	测序深度	检测到的 SNP 个数	插入/缺失数目
M. domestica（栽培苹果）	35	579	336	12.9	3 376 976	138 182
M. sieversii（哈萨克斯坦塞威士苹果）	15	239	108	9.7	2 190 136	100 593
M. sieversii（中国新疆塞威士苹果）	14	211	159	15.3	1 165 236	76 945
M. sylvestris（森林苹果）	10	158	73	9.8	2 694 391	103 486
其他野生种	43	590	384	12.0	6 493 769	346 498
合计	117	1 777	1 060	12.2	7 218 060	431 597

新疆塞威士苹果与其他广泛分布的野生种相比，检测到的 SNP 的数量最少，这可能是其分布范围狭窄、地理隔离造成的。栽培苹果在世界范围广泛传播，且与不同来源的地方野生种杂交，以及现代苹果的多样化改良育种方向，均导致栽培苹果仍具有相当

高的多态性。因而在栽培苹果中可检测到数目多且独特的 SNP。其他野生种组包含 43 个样品，仅比栽培苹果组样品（35 个）多 8 个，但所检测到的 SNP 数量几乎是栽培苹果的 2 倍。这证明了苹果属野生种具有高度多样化的基因库，含有大量用于栽培苹果改良的有价值的遗传资源。

SNP 在苹果基因组的分布结果显示，在全部 7 218 060 个 SNP 中有 755 210 个（10.5%）位于基因编码区，1 086 191 个（15.0%）位于基因内含子，1 604 674 个（22.2%）位于基因上游或下游的 2kb 区域（表 2-3）。在编码区 SNP 中，308 841 个是非同义突变，303 136 个是同义突变。非同义与同义 SNP 的比例为 1.02∶1，高于拟南芥（Clark et al.，2007）（0.83∶1），但低于桃（1.31∶1）（Cao et al.，2014）、大豆（1.37∶1）（Lam et al.，2010）和水稻（1.29∶1）（Xu et al.，2012）。这说明，与其他栽培大田作物和果树作物相比，苹果基因组可导致表型修饰的变异较少。

表 2-3　SNP 在苹果基因组的来源分布（Duan et al.，2017）

基因组上的位置	SNP 位点数目
基因间区 & UTR	5 376 659
ORF 上游 2kb	783 578
ORF 下游 2kb	821 096
其余的基因间区域	3 771 985
内含子	1 086 191
内含子外显子边界	4 543
其他内含子区域	1 081 648
编码区	755 210
非同义突变	308 841
同义突变	303 136
无义突变	8 670
杂合	134 563
合计	7 218 060

三、苹果进化路线图的完善

（一）聚类分析构建群体进化树

构建进化树应使用进化保守且选择压力小的位点。为此本研究利用四倍简并 SNP（4DTV SNP），通过邻接法（neighbor-joining method），以栽培梨作为种群外参照样品，构建了栽培苹果及其野生近缘种的进化树。从整体上看，该进化树显示栽培苹果、塞威士苹果以及森林苹果组成一个庞大分支，塞威士苹果被认为是栽培苹果的直接祖先（Cornille et al.，2012，2014）。而栽培苹果又和森林苹果构成了此分支下一个紧密的亚簇，森林苹果是公认的栽培苹果的第二直接祖先种（图 2-1）。而苹果属的其他野生种则位于栽培苹果相关分支之外的分支。其中北美洲原生的苹果属野生种，如草原海棠（*M. ioensis*）、南方海棠即窄叶海棠（*M. angustifolia*）、俄勒冈海棠（*M. fusca*）和野香海棠（*M.*

coronaria）等最接近梨，紧接着的是苹果属在亚洲的野生种，如山荆子（*M. baccata*）和湖北海棠（*M. hupehensis*）则距离略远。此外，本章的进化树支持将吉尔吉斯野苹果（*M. kirghisorum*）（Kir01）重新分类为塞威士苹果的变种（*M. sieversii* var. *kirghisorum*），因为它与其他塞威士苹果亲缘关系较近（图2-1）。

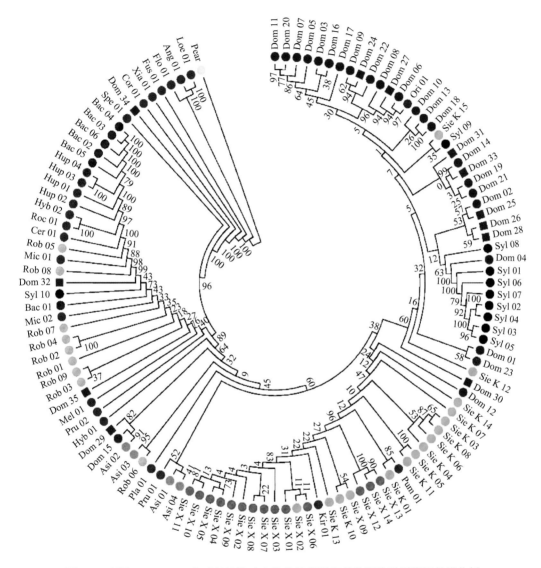

图 2-1　利用 4DTV SNP 基于邻接法建立的栽培苹果和其他野生种质资源的进化树
（Duan et al.，2017）

每个种都用特定颜色标明（栽培苹果为红色圆点，砧木为红色方块）；Pear. 梨

值得注意的是，栽培苹果在人为驯化后期受到森林苹果高强度的基因渗透，以至于比起它们的直接祖先种塞威士苹果，现在栽培苹果似乎更接近森林苹果，这与之前的报道一致（Cornille et al.，2012）。栽培苹果的另一个贡献者，来自西亚和高加索的东方苹果同样与栽培苹果密切地聚到了一起。

（二）群体遗传结构

为了进一步了解苹果的进化历史，本章利用基于混合模型的贝叶斯算法（Hubisz et al.，2009）评估了每个种质所含有的祖先种质比例。

用 STRUCTURE 软件做群体分析时，第一步确定合理的祖先种质来源，即 K 值。为此，随机选择了 2000 个 4DTV SNP 位点（无缺失数据）对全部样品进行 K 值扫描。K 值设定为 3～19，每个 K 值重复 20 次。然后以 ΔK 为纵坐标绘图，其拐点值所对应的 K 值即为合理的分群数目。由图 2-2 知，ΔK 分析显示选择 $K=5$，即将群体的祖先种质遗传构成成分为 5 种的模型最能够体现这 117 份材料的群体遗传结构。

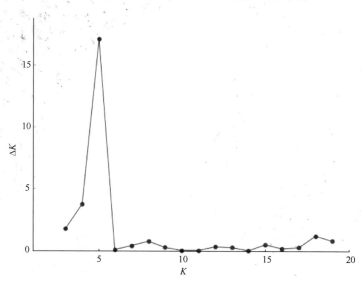

图 2-2　群体遗传结构 STRUCTURE 分析中 K 值为 3～19 时 ΔK 的变化（Duan et al.，2017）

当选择 $K=3$ 时，栽培苹果及其野生近缘种森林苹果和塞威士苹果组成一个大类，并与其他野生种明显分隔，这间接支持了公认的栽培苹果进化史（Cornille et al.，2012，2014；Harris et al.，2002）。当选择 K 值为 4～5 时，除了森林苹果和塞威士苹果，在其他野生苹果种群里也出现了两个新的亚群，并呈现出野生种质资源的高度多态性及它们与栽培苹果间较远的遗传距离（图 2-3）。

哈萨克斯坦塞威士苹果与中国新疆塞威士苹果分为两个不同的类型，这印证了两个居群截然不同的地理分布导致不同的遗传特征。首先，哈萨克斯坦塞威士苹果呈现了一种混合的祖先构成，可能是塞威士苹果沿着丝绸之路向西的扩散过程中，西亚至东欧的野生苹果如森林苹果、东方苹果或其他古代栽培苹果与塞威士苹果发生了杂交而产生基因渗透，使现在的哈萨克斯坦塞威士苹果呈现杂合的特征。而中国新疆塞威士苹果由于独特的地理隔离，没有外来花粉导致的杂交渗入，其保持原始而同源一致的遗传背景。

来自另外 6 个产地的苹果属野生种质资源，如北美的草原海棠（*M. ioensis*）、南方海棠即窄叶海棠（*M. angustifolia*）和东亚的山荆子（*M. baccata*）等均具有极强的同源遗传背景，由这些同源的野生种杂交而产生的其他野生种质在苹果育种实践中具有巨大的应用价值（图 2-4）。

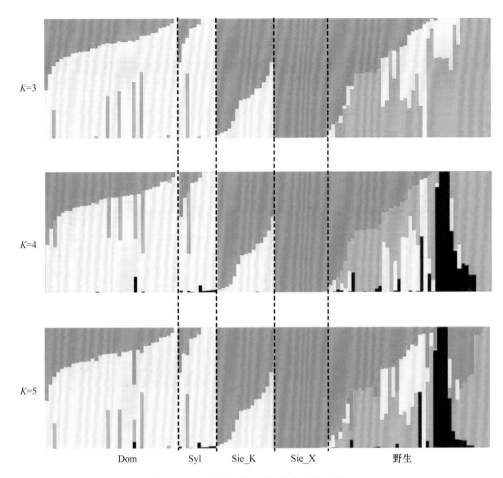

图 2-3　117 个栽培苹果及野生种质资源的群体遗传结构（Duan et al.，2017）

祖先种质类型值 K 为 3～5 时，117 个样品的聚类分析（基于贝叶斯算法）。每种颜色代表一种纯的种质背景，X 轴代表不同的样品，每一个竖条代表 1 个样品，Y 轴色条长度代表遗传背景的量化

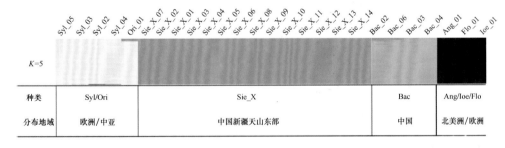

图 2-4　苹果属的种群遗传结构及具有纯种质背景的种（Duan et al.，2017）

当 K=5 时，苹果属内具有纯种质背景的种（基于贝叶斯算法），每种颜色代表一种推测的种质背景，Y 轴色条长度代表遗传背景的量化；样品名标注在上面，种类和分布地域标注在下面

（三）杂合野生种的系谱评估

除了 7 个具有同源遗传背景的苹果属野生种（如中国新疆 *M. sieversii*、*M. sylvestris*、*M. orientalis*、*M. ioensis*、*M. angustifolia*、*M. florentina* 及 *M. baccata*）具有极强的同源

遗传背景，本研究中其他 17 个野生种可能均源自祖先种群的杂交混合，证明了苹果基因组构成的异质性。

系统进化分析和双祖先聚类分析表明，中国特有的具有中小果型的花红与楸子，是最接近塞威士苹果的野生近缘种（图 2-5）。

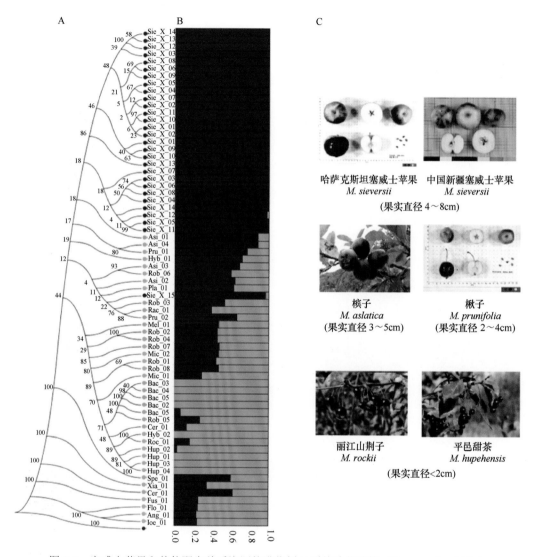

图 2-5　塞威士苹果和其他野生种质资源的进化树及群体遗传结构（Duan et al.，2017）

A. 利用 4DTV SNP 基于邻接法建立的塞威士苹果（红色圆点）和其他野生种质资源（绿色圆点）的进化树。B. 塞威士苹果与其他野生种质资源基于两个推测的祖先基因池进行的聚类分析；每横条代表一个样品，每种颜色代表一个亚群；横条内不同色条长度代表不同遗传背景的量化。C. 来自不同进化分支的代表性果实图片及果实大小

这些杂交来源的野生种质的种群结构与记录在 USDA-GRIN 数据库中的多数已知的系谱一致，包括花红（*M. asiatica*）、楸子（*M. prunifolia*）、八棱海棠（*M. robusta*）和几份砧木材料。同时，中国绵苹果品种[如频婆（Hyb_01 'Pinpo'）和香果（Hyb_02 'Xiango'）]被聚类到苹果属野生种，而不属于栽培苹果，这表明这些中国苹果品种可能是早期果实

较大的塞威士苹果与当地小果的野生种杂交而得。群体遗传结构分析表明，两种中国特有野生种槟子、楸子及一个杂交来源的绵苹果栽培种频婆（Hyb_01 'Pinpo'）可能源自早期哈萨克斯坦塞威士苹果与山荆子的杂交，即 *M. asiatica*、*M. prunifolia* 及 Hyb_01 'Pinpo'（图 2-6A）。USDA-GRIN 数据库所记录的花红系谱与作者的研究结果一致。研究数据还支持以下观点，八棱海棠（*M. robusta*）可能来自山荆子与楸子的杂交（*M. baccata* × *M. prunifolia*）。而 *M. platycarpa* 的系谱关系与以前记录的（来自 *M. domestica* × *M. coronaria*）不符合（图 2-6B）。遗传结构分析支持已有的砧木资源的亲缘关系。一些砧木（G.41 和 G.210）明显从其祖先八棱海棠（图 2-6C）继承了野生性状，理所当然它们在进化树中与野生种群聚类到一起。

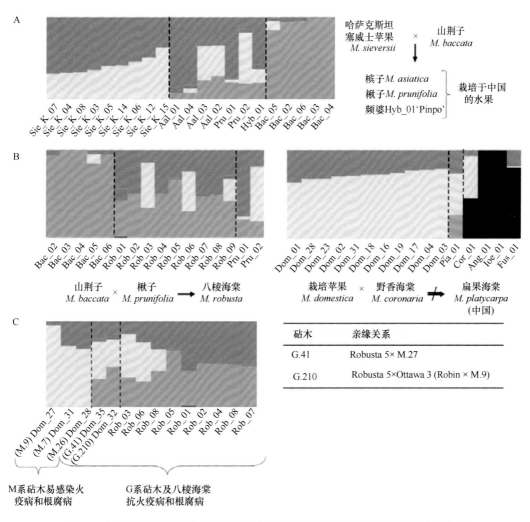

图 2-6　混合种质背景野生种的群体遗传结构及混合种质背景野生种的聚类分析
（*K*=5，基于贝叶斯算法）（Duan et al.，2017）

A. 遗传结构分析支持 *M. asiatica*、*M. prunifolia* 及 Hyb_01 'Pinpo' 源自哈萨克斯坦塞威士苹果和山荆子杂交；B. 遗传结构分析支持 *M. robusta* 来自 *M. baccata* × *M. prunifolia*，而 *M. platycarpa* 的系谱关系与以前记录的（来自 *M. domestica* × *M. coronaria*）不符合；C. 遗传结构分析支持已有的砧木资源的亲缘关系。每个竖条代表一个样品，色条长度代表遗传背景的量化

（四）全新的栽培苹果进化路线图

总结以上群体遗传结构和进化树分析结果，可初步得到以下结论。

1）可明确栽培苹果起源自哈萨克斯坦塞威士苹果，而中国新疆塞威士苹果因地理隔离各个样品之间高度同源，它是哈萨克斯坦塞威士苹果的祖先。

2）在遗传构成上栽培苹果又接受了来自森林苹果的强烈的基因渗透。

3）可明确中国苹果在进化路线图的地位。

由此，本章推断出一个完善的栽培苹果进化路线图。首先在中国西南部和中部地区分布有古苹果属一个野生种，被古代鸟类传播到当时的天山山脉，在那里它们由于地理隔离而逐渐演变成一个新的物种——塞威士苹果（*M. sieversii*），其果实尺寸中到大型（Harris et al.，2002）。其中天山西侧的哈萨克斯坦塞威士苹果被驯化为古老的栽培苹果，它们的果实、种子甚至接穗枝条从中亚沿丝绸之路西线向欧洲传播，然后经历了当地野生种，如欧洲酸苹果森林苹果（*M. sylvestris*）的强烈基因渗透，成为现代栽培苹果（*M. domestica*）。最终栽培苹果又被欧洲殖民者引入北美洲、澳大利亚和日本等地。

在西洋苹果驯化过程中，果实品质得到了显著改良。与绵软、甜度适中、果实中大的塞威士苹果相比，古栽培苹果已经变得果实偏硬、甜度较高和果型更大，其再与果实坚实、酸、苦、小的森林苹果杂交渗透，栽培苹果继承保留了野生近缘种的有利性状，如果实质地硬脆、尺寸更大、酸甜适度并具有诱人的芳香气味，其最终被驯化成为一种完美的水果。

与硬脆的西洋苹果形成鲜明对照，中国绵苹果很可能也是来自哈萨克斯坦塞威士苹果即古栽培苹果，但它早在 2000~3000 年前就由丝绸之路东线或更早的贸易路线传播到中国中部和北部（罗桂环，2014）。伴随向东传播的过程，塞威士苹果与中国特有的苹果属野生种包括山荆子等杂交，产生不同的杂交类型，如花红、楸子和八棱海棠。然而与中国绵苹果质地相比，西洋苹果质地有明显优点，这使得西洋苹果在全世界范围得到了广泛种植。中国栽培西洋苹果始于 19 世纪 70 年代，最早由美国传教士倪维斯引入山东烟台芝罘。自此，现代栽培苹果在我国栽培面积日益扩大，并且逐渐代替我国传统的绵苹果。

四、苹果果实增大的二步进化模型

（一）果实大小的驯化趋势

大多数农作物栽培驯化的一个重要方向是增大果实或种子，这通常被称为"驯化综合征"（Doebley et al.，2006）。很多农作物果实大小变化极大，如番茄果实已经驯化到其野生祖先种质的 100 倍（Jiao et al.，2012a）。当代栽培苹果果实仅略大于塞威士苹果，而森林苹果又远小于栽培苹果和塞威士苹果。

（二）QTL 调控苹果果实大小

为探讨苹果果实大小形成的分子机理，本实验首次对 66 个栽培苹果及野生资源进行了果实质量的 GWAS 分析，共鉴定到两个与果实质量关联的 QTL，分别命名为 QTL gwa_w1（在 15 号染色体的 17M—21M 区间）和 QTL gwa_w2（在 16 号染色体的 17M—22M 区间）（图 2-7）。

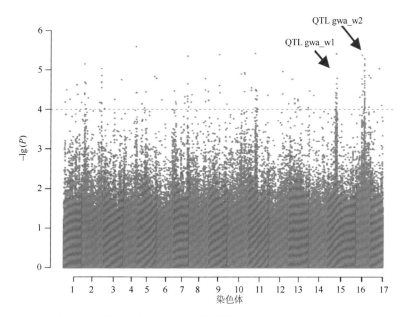

图 2-7　果实大小的 GWAS 曼哈顿图（Duan et al.，2017）
箭头指示的 QTL gwa_w1 在 15 号染色体，QTL gwa_w2 在 16 号染色体

为明确此 QTL 在栽培苹果果实大小驯化过程中所起的作用，对其物理位置与选择性清除区域进行了共定位分析。结果表明，QTL gwa_w1 与选择性清除 Dom_Syl 中的 4 个选择性区域（XP-CLR）共定位，共定位区域中包含 42 个基因。核苷酸多态性 Pi 扫描显示 QTL gwa_w1 在栽培苹果与森林苹果之间存在明显的多态性差异。而 F_{st} 分析显示栽培苹果与森林苹果之间的 QTL gwa_w1 区域同样存在具有高度差异的 SNP（图 2-8）。转录组表达分析表明，在这 42 个基因里又有 15 个在果实发育进程中呈现差异表达趋势，而 QTL gwa_w2 未与任何选择性清除区域（即 Dom_SieK、Dom_Syl）有共定位。这说明 QTL gwa_w1 对苹果栽培驯化之前及驯化过程中发生的果实增大做出了重要贡献。

在已有的苹果果实质量的 QTL 研究中，发现了两个与果实质量紧密相关的 QTL，分别是 15 号染色体上的 QTL fw1 和 8 号染色体上的 QTL fw2（Devoghalaere et al.，2012）。本研究发现这两个 QTL 与两类选择性清除区域 Dom_SieK 和 Dom_Syl 均有共定位（图 2-9），QTL fw1 和 QTL fw2 覆盖选择性清除 Dom_SieK 区域，分别包含了 11 个及 7 个基因（图 2-9）。

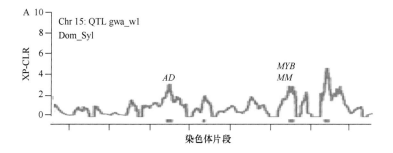

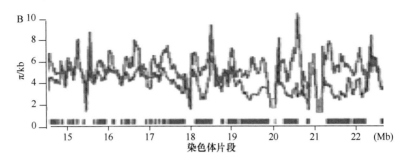

图 2-8　果实大小 QTL gwa_w1 与选择性清除区域 Dom_Syl 的共定位（Duan et al.，2017）

A. 在 QTL gwa_w1 区域附近栽培苹果与森林苹果对比的跨群体复合似然比（XP-CLR）分布，蓝色代表 XP-CLR 分值沿染色体坐标的分布，选择性区域用底下红条表示；B. 在 QTL gwa_w1 区域附近栽培苹果（橙色）与森林苹果（绿色）的核苷酸多态性（π）的比较，蓝色代表选择性扫描

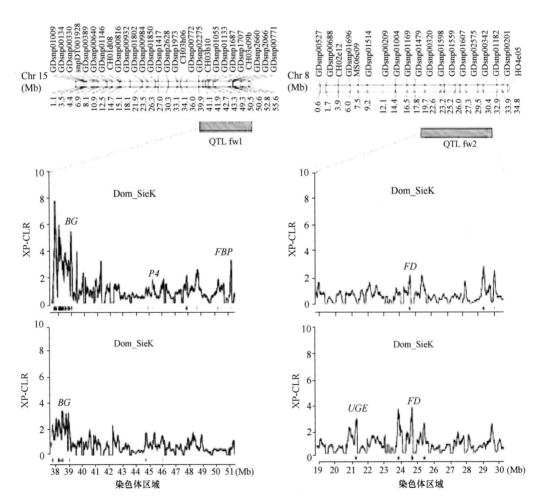

图 2-9　果实大小数量性状基因座 QTL fw1 及 QTL fw2 上存在的选择性清除区域（Duan et al.，2017）

图示为 2 个 QTL 所在区域的 XP-CLR 分布，红色竖条代表选择性清除区域，该区域上的基因被注释标注。BG. β-半乳糖苷酶；FBP. 1,6-二磷酸果糖；FD. 铁氧还蛋白；UGE. UDP-葡萄糖-4-差向异构酶

在番茄中发现的调控果实大小的 *fw2.2* 基因（Frary et al.，2000）以及在玉米中发现的器官大小相关基因 *CNR1*（Guo et al.，2010）均为细胞分裂调控因子，它们的表达调控植物器官大小。本研究发现了 3 个细胞分裂调控因子和 1 个 *GS3* 高度同源的基因，分别为在 QTL gwa_w1 上的 *cyclin B* 基因和 *myosin-1* 基因、在 QTL fw1 上的 *patellin-4* 基因，以及 QTL gwa_w1 上与控制水稻谷粒大小的 *GS3* 高度同源的基因（Takano-Kai et al.，2009），这 4 个基因均被共定位在选择性清除区域，显示受到了极大的选择压力。通过苹果果实发育的转录组定量分析进一步发现，*cyclin B* 基因与 *GS3* 的同源基因在果实发育中呈现动态差异表达，并在活跃细胞分裂期（active cell division stage）呈现表达高峰。

综合以上分析及实验结果，本研究经 GWAS 分析发现的 QTL gwa_w1 及 QTL gwa_w2 是调控苹果果实大小的重要数量性状基因座；前人研究发现的 QTLs fw1 及 QTLs fw2 与本研究的选择性清除区域存在共定位。

（三）*miRNA172p* 调控苹果果实大小

从前人报道发现，*miRNA172p* 通过靶向调控 AP2 转录因子的表达，进而调控苹果果实大小（Yao et al.，2015）。基于在苹果中发现的 16 个 *miRNA172* 基因的茎环序列多态性（Xia et al.，2012），本研究通过聚类分析，将其划分成 4 个簇（图 2-10A）。对栽培苹果与其他野生种的 16 个 *miRNA172* 上的 F_{st} 比较发现，在 *miRNA172g* 和 *miRNA172h* 茎环序列间鉴定到高分离度的 SNP（前 1%固定指数的 SNP，下同）（图 2-10B），而

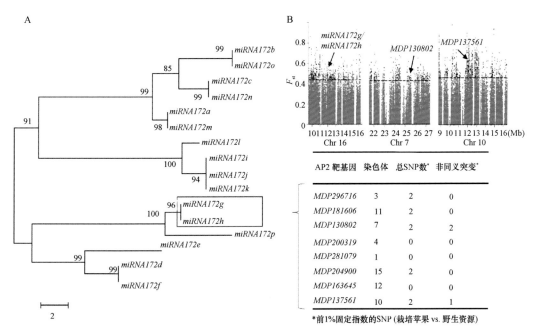

图 2-10　苹果 *miRNA172* 基因的聚类分析及靶基因分析（Duan et al.，2017）

A. 对 16 个 *miRNA172* 茎环序列的聚类分析（基于贝叶斯算法）；*miRNA172g* 和 *miRNA172h* 存在相同前导序列，对栽培苹果与其他野生种所有 *miRNA172* 基因的茎环区段进行比较发现仅在 *miRNA172g* 和 *miRNA172h* 上存在高分离度的 SNP（前 1%固定指数的 SNP）。B. *miRNA172g* 和 *miRNA172h* 及靶基因在栽培苹果（大果）和其他野生种（小果）间存在高分离度的 SNP；上图为 *miRNA172g*、*miRNA172h* 及 2 个靶基因在 F_{st} 分布图中显示均属于高分离度 SNP 的情况；下表中所列的是 *miRNA172g* 和 *miRNA172h* 的 8 个靶基因及检测到的高分离度 SNP

对栽培苹果与塞威士苹果的所有 16 个 *miRNA172* 比较未发现任何高分离度的 SNP。同时栽培苹果与其他野生资源间的 8 个 AP2 靶基因中有 5 个存在高分离度的 SNP，其中又有 2 个基因存在非同义突变（图 2-10B）。因此，本研究新发现的 *miRNA172g*、*miRNA172h* 以及前人发现的 *miRNA172p*，这 3 个 miRNA 及本研究所鉴定的 QTL gwa_w1，这些功能基因在苹果栽培驯化前的物种形成阶段的果实增大中起到了关键作用。

研究表明玉米与番茄等作物起源于果实较小的祖先种（Lin et al.，2014；Jiao et al.，2012b）。而苹果则起源于果实远大于其他野生种的塞威士苹果（Cornille et al.，2014），驯化开始就有相当大的优越性，因而调控果实大小的相关基因所受选择压力较小。

（四）苹果果实大小的二步进化模型

基于以上结果，本研究提出了苹果果实大小进化特有的二步进化模型（图 2-11）。第一步是塞威士苹果种的形成过程（speciation），第二步是塞威士苹果与森林苹果杂交驯化的过程（domestication）。通过野生小果资源与栽培大果的比较基因组学分析，包括选择性清除分析、全基因组关联分析及核苷酸多态性 F_{st} 分析，本研究发现 QTL gwa_w1、多个 *miRNA172* 及其靶基因在栽培驯化前起主要作用，这也解释了苹果作为一种多年生高度杂合作物为何经历较小的选择压力后仍能够产生相对较大的果实。物种形成之后，伴随几千年的栽培驯化，由 QTL fw1、QTL fw2 及 QTL gwa_w1 共同作用，使栽培苹果的果型发生了适度增大。考虑到现代栽培番茄果实是其直接野生祖先种质的 100 倍（Lin et al.，2014），可见苹果果实大小在未来的育种实践中具有巨大的潜力。

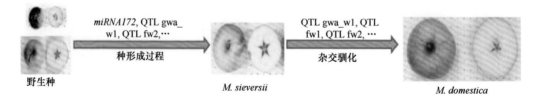

图 2-11　苹果果实大小的二步进化模型（Duan et al.，2017）

五、其他果实性状的驯化

（一）果实硬度的驯化

栽培苹果经历漫长的人工选择，不仅果实增大，其果肉质地也逐渐变硬而形成酥脆的口感，同时使果实有更长的保质期、更强的采后抗病性、便于运输及货架期延长。苹果果实质地变化与一系列的细胞壁结构修饰直接相关（Brummell，2006）。为了揭示苹果质地形成的遗传机理，本研究对果实硬度进行了 GWAS 分析。经过全基因组扫描，在 6 号染色体上检测到一个主效 QTL（命名为 QTL gwa_f1），这与之前关于苹果果实成熟期硬度研究所报道的 QTL 定位研究一致（Chagné et al.，2014b）（图 2-12A）。QTL gwa_f1 在 Dom_SieK 和 Dom_Syl 两种选择性清除区域中均有共定位，其中包括编码参与细胞壁降解的关键酶的基因，我们鉴定到 3 个多聚半乳糖醛酸酶（PG）基因、1 个果胶酯酶

（PE）基因和 1 个 β-1,3-葡聚糖内切酶（GG）基因（图 2-12B）。此外，在其他选择性清除区域也含有与果实硬度密切相关的基因。例如，在 Dom_SieK 选择性清除的 17 号染色体区域上鉴定了 1 个果胶裂解酶（PL）基因和 3 个纤维素合酶（CLS）基因（图 2-12C）。类似地，在 Dom_Syl 选择性清除的 12 号染色体区域上鉴定了 1 个甘露糖苷酶基因和 2 个果胶酯酶基因（图 2-12D）。而果实发育的转录组分析表明，本研究所鉴定的关键基因在果实发育过程中表现为差异调控表达。

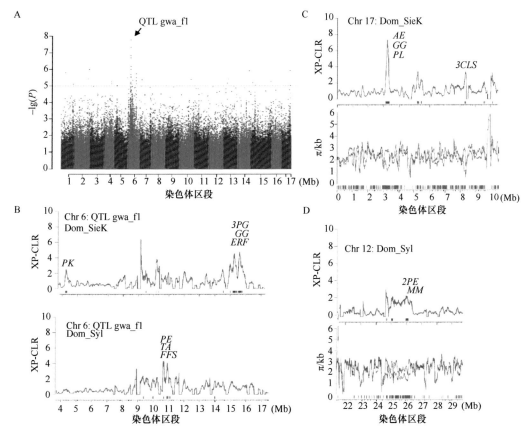

图 2-12　苹果果实硬度的驯化选择（Duan et al.，2017）

A. 果实硬度的 GWAS 曼哈顿图，箭头指示的 QTL gwa_f1 在 6 号染色体的位置。B. 上图：在 QTL gwa_f1 区域附近栽培苹果与哈萨克斯坦塞威士苹果（Dom_SieK）对比的 XP-CLR 分值分布，选择性清除区域的对应区域用红色竖框指示，共定位的基因被注释并标注在对应的峰上；下图：在 QTL gwa_f1 区域附近栽培苹果与森林苹果（Dom_Syl）对比的 XP-CLR 分值分布，选择性清除区域的对应区域用红色竖框指示，共定位的基因被注释并标注在对应的峰上。C. 上图：Dom_SieK 选择区域上锚定的果实硬度基因，蓝色折线代表 XP-CLR 分值沿染色体坐标的分布，选择性清除区域的对应区域用红色竖框指示，共定位的基因被注释并标注在对应的峰上；下图：栽培苹果（橙色）与哈萨克斯坦塞威士苹果（绿色）的核苷酸多态性（π）比较，底下蓝条显示为核苷酸多态性分布。D. 上图：Dom_Syl 选择区域上锚定的果实硬度基因，蓝色折线代表 XP-CLR 分值沿染色体坐标的分布，选择性清除区域的对应区域用红色竖框指示，共定位的基因被注释并标注在对应的峰上；下图：栽培苹果（橙色）与森林苹果（绿色）的核苷酸多态性比较，底下蓝条显示为核苷酸多态性分布

综合以上分析，GWAS 分析鉴定的 QTL gwa_f1 及两类选择性清除区域内此选择性扫描中的基因，特别是选择性清除区域的关键酶基因，是形成当前栽培苹果硬脆质地的遗传学基础。

（二）果实风味的驯化

糖、酸是决定苹果果实风味品质的两个核心元素。野生苹果果实酸度显著高于栽培苹果，但两者的总糖含量与总甜度差异不大。这表明在栽培苹果的驯化与人工选择过程中，果实酸度受到了比糖度更大的选择压力（Ma et al.，2015）。本研究通过分析 USDA 资源圃多年的果实性状数据，发现在苹果驯化过程中糖度和酸度均发生了变化。在森林苹果向栽培苹果驯化的过程中，12 号染色体部分区域受到了较强烈的选择压力，在此区域检测到一个山梨醇代谢相关 QTL（Kunihisa et al.，2014）。

选择性清除分析结果表明，此山梨醇 QTL 正位于哈萨克斯坦塞威士苹果与栽培苹果间的选择性清除区域，即 12 号染色体的 Dom_SieK 区域。该区域包含了 4 个山梨醇转运蛋白（SBT）基因、2 个糖转运蛋白（ST）基因、2 个己糖激酶（HK）基因、2 个丙酮酸激酶（PK）基因和 2 个转录因子（MYB、bHLH）。果实发育过程的基因表达分析发现，这 4 个山梨醇转运蛋白在果实发育过程中表现为差异调控表达（图 2-13A）。

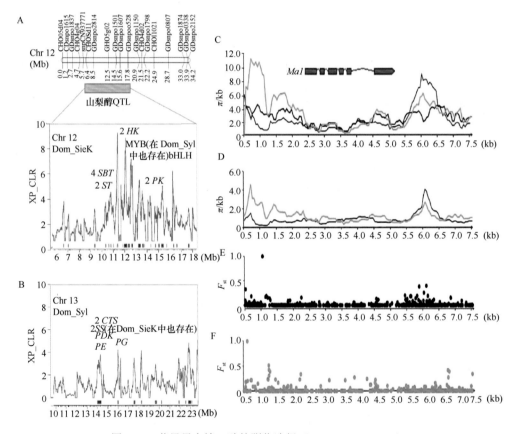

图 2-13 苹果果实糖、酸的驯化选择（Duan et al.，2017）

A. 栽培苹果与哈萨克斯坦塞威士苹果的选择性清除区域 Dom_SieK 与一个山梨醇 QTL 共定位。B. 栽培苹果与森林苹果的选择性清除区域 Dom_Syl 包含多个糖代谢基因；图为 XP-CLR 分值分布。选择性清除区域用红色指示，所包含的基因被标注在对应的峰上。C. 栽培苹果（红色）、哈萨克斯坦塞威士苹果（蓝色）及森林苹果（绿色）在 Ma1 基因附近核苷酸多态性（π）的分布比较。D. 由哈萨克斯坦塞威士苹果（蓝色）或森林苹果（绿色）向栽培苹果驯化过程中，Ma1 基因经历了选择性清除。E. Ma1 基因区域栽培苹果与哈萨克斯坦塞威士苹果间的遗传距离 F_{st} 值分布；F. Ma1 基因区域栽培苹果与森林苹果间的遗传距离 F_{st} 值分布同样，在森林苹果与栽培苹果间的选择性清除区域，即 13 号染色体上的 Dom_ Syl 区域同样受强烈选择（图 2-13B），其中包含了多个关键糖代谢基因，2 个蔗糖合酶基因在 Dom_SieK 上也同样被检测到，这说明糖度在栽培苹果驯化过程中面临了持续的选择压力。

苹果果实酸度主效 QTL 位于 16 号染色体上，其中的 *Ma1* 基因表达一个铝离子激活的苹果酸转运蛋白（Bai et al.，2012），可显著提高细胞中苹果酸的积累，近些年备受关注。本研究计算了不同种群 *Ma1* 基因区域的核苷酸多态性（π），结果表明在 *Ma1* 基因编码序列上游 1.5kb 区域，栽培苹果比森林苹果的核苷酸多态性明显降低；而在 *Ma1* CDS 下游 750bp 处，栽培苹果比哈萨克斯坦塞威士苹果的核苷酸多态性降低（图 2-13C）。说明栽培苹果在进化过程中 *Ma1* 基因同样受到了较强的选择压力。围绕 *Ma1* 基因区域的高分离度 SNP（前 1%固定指数的 SNP）分布进一步支持以上选择性清除的分析结果。除了 *Ma1* 基因，在森林苹果与栽培苹果间的选择性清除区域即 Dom_ Syl 区域中还鉴定到 2 个铝离子激活的苹果酸转运蛋白基因和 1 个苹果酸脱氢酶基因。这些基因的发现有助于从进化角度解释栽培苹果酸度降低机理。

第三节　关于苹果基因组学的几点展望

一、苹果可被看作时间漫长、多种源作物驯化的模型

苹果历经几千年在全球广泛种植，其驯化与人类文化活动密切相关。丝绸之路沿线野生苹果是如何参与现代栽培苹果形成的？对此学者们一直有争论（Rehder，1949；Ponomarenko，1991；Wagner and Weeden，2000；Forsline et al.，2003；Coart et al.，2006）。Cornille 等（2012）对来自欧洲的苹果野生近缘种的进化分析表明野生近缘种的种间杂交是苹果进化的主要驱动力。由此苹果作为一种多年生木本果树，具有驯化历史长久且起源涉及多个野生种的特点。

一方面，本研究首次对苹果属种质资源群体重测序，并进行了群体进化和遗传结构分析，提出了栽培苹果进化的新观点，确认了当前栽培苹果丰富品种所含的基因池主要包含两个野生种，即森林苹果和塞威士苹果。塞威士苹果是栽培苹果的最初祖先，并表明森林苹果是主要二级基因贡献者，使得现代苹果看起来与之有更加密切的亲缘关系。这种情况也存在于玉米中，栽培玉米与现代高原玉米地方品种有更近的亲缘关系，而不是与它的起始祖先种（van Heerwaarden et al.，2011），这归因于次级祖先种到高原玉米种群的强烈基因渗透与基因漂流。

另一方面，本研究提出了苹果果实大小进化的二步进化模型，长期以来，野生近缘种一直被认为在改善与丰富良种农作物基因池中起着重要的作用，野生资源的合理开发利用是大多数农作物育种的战略方向（Brown et al.，2009；Feuillet et al.，2008；Dzhangaliev，2003）。但是，栽培苹果却与之不同。因为苹果野生近缘种的贡献可能发生在驯化的早期，甚至在使用受控的杂交之前，并且是无意发生的。我们的结果与迄今为止研究过的少数其他多年生木本植物报告的结果一致，如葡萄（Myles et al.，2011）、

桃（Miller and Schaal.，2005）和橄榄树（Besnard et al.，2007）。多年生木本植物驯化在许多方面与种子繁殖的一年生农作物有明显区别。因此苹果可以作为时间漫长、多种源作物驯化的模型。

二、高度杂合植物群体重测序的分析策略

高度杂合物种基因组组装存在一定难度，组装质量普遍不高。例如，已发表的多个果树基因组杂合度较高，由于二代测序短读长的广泛使用，当初始组装到 contig 时，基因组的高杂合度使得重叠部分关系不容易明确，这样由于技术的限制，contig N50 偏低，基因组上会产生大量的缺口（Pryszcz and Gabaldón，2016）。若用二代测序，则需要尽量高的覆盖度、尽量长的读长，如果有条件，尽可能采用 150bp 读长，如本研究测序深度就达到了 12～20×，读长在 100～150bp。本研究的 SNP 检测准确率高达 98.1%，高于前人在组装质量较好的作物如棉花、玉米中进行群体重测序 SNP 检测的准确率。

在选择信号的检测方面，应采用改进的算法。由于栽培苹果经历了漫长的驯化，几千年的人工选择仍然积累了相当多理想的果实性状，如苹果果实增大、甜度增高、硬度增强等，但因其遗传多样性并未显著降低，用传统的多样性比较方法并不能检出选择性位点。本研究借助于改进的 XP-CLR 分析方法，鉴定出了与果实大小、果肉硬度、甜度和酸度相关的 QTL 及功能基因。同样借助全基因组遗传距离的 F_{st} 分析，本研究在栽培苹果与其野生近缘种之间也鉴定了大量与矮化和抗病性状相关的高分离度 SNP。因此针对高度杂合、极弱的瓶颈效应果树作物，应采用改进的选择性清除算法。

在全基因组关联分析（GWAS）方面，苹果随机杂交导致种群 LD 的迅速衰减，与性状关联的单体型块弥散，这与主要大田作物区别明显。若进行关联分析必须借助高分辨率的 SNP 图谱，同时，高度杂合物种的群体分层也比较严重，这样在 GWAS 的信号上会有较强的膨胀系数，这时必须选择适合的数学模型加以纠正，或采用相当大的群体数目才能有效检出关联的信号。

因此对于高度杂合的果树作物，若开展群体遗传学和基因组学分析，应采取与普通大田作物截然不同的分析策略。

第三章　几种落叶果树的遗传多样性

第一节　新疆野苹果的遗传多样性

遗传多样性（genetic diversity）是生物多样性的重要组成部分。广义的遗传多样性就是生物所携带遗传信息的总和，狭义上主要是指种内不同群体和个体间的遗传多样性程度。遗传多样性是物种进化的本质，同时也是保护生物学及遗传育种的物种基础。因此，遗传多样性的研究无论是对生物多样性的保护，还是对生物资源的可持续利用，都具有重要意义。

我国是苹果、梨及杏等多种落叶果树的起源演化中心，种质资源极为丰富。因此，研究建立包括原生境保护、异地建圃保存、离体器官建库保存及利用保存等多层次的种质资源保护保存技术体系，对野生果树种质资源的科学保护与持续高效利用具有重要意义。其中，利用保存是在对种质资源遗传多样性全面评价研究的基础上，主要通过资源亲本利用的方式，将有价值的野生种质资源（基因）转移到栽培种中，并培育出能产业应用的新品种，从而达到种质保存的目的。因此，种质资源遗传多样性评价研究是利用保存的重要基础。

一、新疆野苹果及其种群生态学

（一）新疆野苹果

以新疆野苹果（*Malus sieversii*）为主要建群种的伊犁野果林是古近纪和新近纪古温带阔叶林的残遗群落，是在荒漠地带山地中出现的罕见的"海洋性"阔叶林类型，具有宝贵的生态地理学意义。其分布与当地丰富的降水、显著的冬季逆温层及免于寒潮侵袭的地形等特殊生态因子有关。

伊犁地区是个向西开口的山间谷地，南部、东部和北部的雪山成为天然屏障，使北冰洋的寒潮、东部蒙古-西伯利亚大陆反气旋和南部塔克拉玛干酷热的沙漠气流对伊犁谷地的影响大为减弱。向西开敞的缺口有利于里海湿气和巴尔喀什湖暖流的进入，带来丰富的降水，又有冰川积雪消融。这样，在伊犁构成了新疆最温和、湿润的气候条件和最丰足的水利资源。伊犁地区的前山由于未遭受古近纪和新近纪末至第四纪初冰期山地冰川迭次下降的侵袭，又较少受间冰期和后冰期荒漠干旱气候的影响，遂成为暖中生阔叶树的"避难所"，残遗分布有野果林。野果林是古近纪和新近纪古温带阔叶林的残遗群落，新疆野苹果是现代栽培苹果的祖先种。因此，进一步加强对新疆野苹果自然群体生存现状及遗传多样性的研究对资源的保护利用具有重要价值。

（二）新疆野苹果种群生态学

种群生态学是濒危植物保护研究最重要的理论基础，而年龄结构是种群生态学的重要内容。冯涛等（2007）对新疆野苹果种群结构的初步研究表明，巩留县新疆野苹果种群年龄结构属衰老类型，新源县新疆野苹果种群不同树龄的株系均有分布，年龄结构属稳定类型，且新源县新疆野苹果种群郁闭度远大于巩留县。因此，巩留县新疆野苹果种群破坏严重，亟待加强保护（图3-1）。

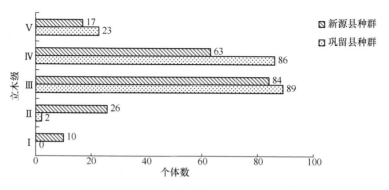

图 3-1　两个新疆野苹果种群年龄级分布图（冯涛等，2007）

二、新疆野苹果生存环境受到严重威胁

（一）新疆野苹果的遗传多样性遭到严重破坏

1）1959 年，在全国果树资源普查过程中发现，伊犁野果林中的新疆野苹果林面积曾达 9300hm²，至 2005 年仅不足 1800hm²，新疆野苹果林面积急剧减小。

2）1986～1990 年，新疆伊犁哈萨克自治州园艺科学研究所的林培钧等在国家自然科学基金项目的支持下，在霍城县大西沟及新源县交吾托海等野果林区建立了定位观测点，对新疆野苹果 84 个种下类型的枝、叶、花、果形态特征进行了观测、记载和描述，结果发现新疆野苹果表现出丰富的遗传多样性。

3）2004～2005 年，冯涛等（2007）分别对霍城县大西沟和新源县两个种下居群果实形态性状进行了调查，并与 1986～1990 年的调查结果进行了比较，结果表明（表 3-1），霍城县大西沟种下居群 2004～2005 年的平均单果重显著低于 1986～1990 年的。霍城县大西沟平均单果重，1986～1990 年的变异幅度为 10.30～74.20g，变异系数为 66.78%，而 2004～2005 年的变异幅度为 9.10～28.63g，变异系数仅为 38.61%，表明新疆野苹果的遗传多样性正遭到严重破坏。

2005 年，冯涛等（2007）进一步对从伊犁霍城县大西沟、巩留县莫合及新源县交吾托海等 3 个新疆野苹果种下居群 132 个实生株系上采集的果实样品形态性状进行测定，结果表明（表 3-2），新疆野苹果在果实大小、形状和颜色等性状上表现出丰富的遗传多样性，其中巩留县莫合居群果实形状有扁圆形、近圆形、圆形、圆锥形、长圆形、长圆锥形和圆柱形等，果实着色有淡红、鲜红、浓红和暗红等，同时还有片红和条红两种类型，条带有粗有细，具有栽培苹果的典型特征（图 3-2）。

2006 年，陈学森带领团队博士研究生在巩留县莫合新疆野苹果林进行了新疆野苹果开花习性观察及授粉试验等研究工作（图 3-3）。

表 3-1 1986~1990 年与 2004~2005 年新疆野苹果果实形态性状的比较（冯涛等，2007）

种下居群	调查时期	调查株数	果实纵径			果实横径			果形指数			平均单果重		
			平均值(cm)	变异幅度(cm)	变异系数(%)	平均值(cm)	变异幅度(cm)	变异系数(%)	平均值	变异幅度	变异系数(%)	平均值(g)	变异幅度(g)	变异系数(%)
霍城县大西沟	2004~2005 年	22	2.98 A	2.57~3.54	9.50	3.34 A	2.97~3.90	9.06	0.89	0.80~1.01	5.92	15.10A	9.10~28.63	38.61
	1986~1990 年	17	3.57 B	2.60~5.69	25.24	3.80 B	2.96~5.72	18.33	0.93	0.77~1.21	12.30	23.85B	10.30~74.20	66.78
新源县	2004~2005 年	30	3.27a	2.45~3.98	14.82	3.75a	2.72~4.38	12.76	0.87	0.79~0.99	5.93	19.71a	8.13~29.61	34.65
	1986~1990 年	67	3.15a	2.07~4.44	15.32	3.61a	2.53~5.24	14.24	0.84	0.74~1.01	6.55	18.03a	6.30~43.10	42.74

注：不同小写字母代表 0.05 差异显著水平，不同大写字母代表 0.01 差异极显著水平

表 3-2 新疆野苹果果实形态性状变异（冯涛等，2007）

种下居群	调查株数	果实纵径			果实横径			果形指数			平均单果重		
		平均值(cm)	变异幅度(cm)	变异系数(%)	平均值(cm)	变异幅度(cm)	变异系数(%)	平均值	变异幅度	变异系数(%)	平均值(g)	变异幅度(g)	变异系数(%)
霍城县大西沟	22	2.98	2.57~3.54	9.50	3.34	2.97~3.90	9.06	0.89	0.80~1.01	5.92	15.10	9.10~28.63	38.61
新源县交吾托海	30	3.27	2.45~3.98	14.82	3.75	2.72~4.38	12.74	0.87	0.79~0.99	5.93	19.71	8.13~29.61	34.65
巩留县莫合	80	3.39	2.21~4.23	11.73	3.91	2.67~4.98	11.15	0.87	0.79~1.04	5.52	22.36	9.95~47.47	29.71

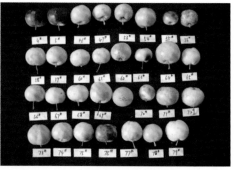

图 3-2　2005 年巩留县莫合居群新疆野苹果林花期和果实形态特征

图 3-3　2006 年陈学森与博士研究生在巩留县莫合新疆野苹果林进行相关试验研究

　　4）2018 年，在新疆野苹果成熟的季节，陈学森应中央电视台《影响世界的中国植物 第 3 集 水果》纪录片摄制组的邀请，来到巩留县莫合新疆野苹果林进行现场拍摄（图 3-4）。工作之余，对野果林的生存现状进行了调查，结果发现，与 2005 年相比，不仅新疆野苹果的株数减少 60% 以上，已很难见到成方连片的野果林，取而代之的是丛生的杂草，秋季被当地游牧民刈割打捆，成为牛羊饲料，而且不同单株的果实大小、颜色基本一致，均为小型绿果，果实形态多样性极差。

图 3-4　2018 年陈学森与中央电视台《影响世界的中国植物 第 3 集 水果》纪录片摄制组在巩留县莫合新疆野苹果林拍摄现场

（二）新疆野苹果资源被破坏、濒临灭绝的主要原因

陈学森调查发现，新疆野苹果资源被破坏、濒临灭绝的主要原因包括如下几个方面（图3-5）。

过度放牧　　　　　　　　　　　　　苹果小吉丁虫的传播与蔓延

图 3-5　新疆野苹果资源被破坏、濒临灭绝的主要原因

1. 农田开垦

新疆野苹果林面积的大幅度减小，主要原因是农田开垦。以霍城县大西沟为例，20世纪 50 年代调查时，新疆野苹果在沟口处即有成片分布，而陈学森等于 2004～2005年考察时，由于多年的毁林造田，只有深入沟中 14km 处才有野果林分布。

2. 过度放牧及新疆野苹果固有的繁育体系正在被破坏

新疆野苹果作为一个自然的植物群落，依靠根蘖繁殖和种子实生繁殖等一套固有的繁育体系来维持种群的繁衍和遗传平衡。但在霍城县大西沟及巩留县库尔德宁新疆

野苹果林中调查发现，由于当地游牧民族在野果林分布区过度放牧，苹果根蘖苗和实生苗连同周围的杂草均被牛羊啃食或被当作牧草刈割，结果导致野苹果固有的繁育体系遭到破坏，在野果林中难以见到新生的更新树，也就难以见到不同树龄同在的天然新疆野苹果林。

3. 乱砍滥伐

在野果林分布区的游牧民族，主要生活来源是牛羊饲养，而野果林下的杂草是牛羊饲料的主要来源，野果林过于茂密会影响杂草的生长，因此，在陈学森等于 2005～2006 年新疆野苹果林调查和相关试验研究期间，经常看到当地牧民对野苹果树的乱砍滥伐。

4. 苹果小吉丁虫的传播与蔓延

危及新疆野苹果生存安全的因素，除农田开垦和过度放牧外，另外一个更危险的因素是苹果小吉丁虫（*Agrilus mali* Matsumura）。据了解，这种属于检疫对象的苹果小吉丁虫是 1992 年新源县肖尔布拉克农场从外地引进苹果苗木时，不慎将其引入伊犁的，苹果小吉丁虫迅速从新源县扩大到全州，从栽培苹果蔓延到野苹果。陈学森等于 2005 年调查发现，在新疆伊犁霍城县大西沟、巩留县库尔德宁和新源县交吾托海 3 个新疆野苹果分布区，近几年死亡的野苹果树主要是苹果小吉丁虫危害所致，现存的新疆野苹果林中，有 80%～90% 的单株不同程度发病，尽管当地有关部门近几年积极采取了一些防治措施，诸如剪枝焚烧、喷雾打药、打孔注药等，但收效甚微。

5. 生态系统的退化

自 2012 年以来，新源县等地新疆野苹果林出现成方连片的死亡现象，有些林片死亡率在 80% 以上。新疆野苹果林生态系统的退化、苹果小吉丁虫的传播与蔓延以及新疆野苹果树体免疫力下降等综合因素叠加，可能是导致新疆野苹果林成片死亡的主要原因。为了加强对新疆野苹果资源的保护，由中国科学院新疆生态与地理研究所主持，中国林业科学研究院、新疆大学、新疆农业大学和山东农业大学等单位联合申报的科技部重点研发计划"天山北坡退化野果林生态保育与健康调控技术"项目于 2016 年获批立项（项目编号 SQ2016YFSF030011），项目主要设置野苹果林生态系统退化原因解析、野苹果有害生物谱系特征与成灾规律、病虫害检测预警与防控技术、种群更新复壮关键技术研发与示范，以及野果林特殊、抗逆资源挖掘与利用 5 个课题。

另外，研究建立包括原生境保护、异地建圃保存、离体器官建库保存及利用保存等多层次的种质资源保护保存技术体系，对野苹果林的科学保护与持续高效利用也具有重要意义。

三、新疆野苹果群体遗传结构分析

群体遗传结构的研究是种质资源原生境保护的基础。Zhang 等（2007）利用分子系统学的原理和 SSR 分子标记技术，对中国新疆伊犁巩留县库尔德宁、新源县交吾托海、霍城县大西沟和塔城地区的裕民县巴尔鲁克山新疆野苹果 4 个种下居群的群体遗传结构进行了研究，结果发现 4 个居群是相对独立的群体，但同时存在部分基因交流；多态性位点百分比、Nei's 基因多样性指数和香农-维纳多样性指数等参数均以巩留县群体最高，裕民县居群最低，表明巩留县群体遗传多样性最丰富；进一步利用相关序列扩增多态性（sequence-related amplified polymorphism，SRAP）标记进行相关研究，结论与其完全一致。因此，在制订新疆野苹果原生境保护计划时，应优先考虑巩留县群体（图 3-6，表 3-3）。

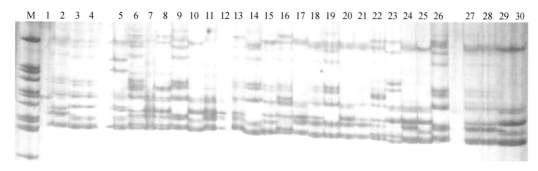

图 3-6　SSR 引物 CH03g12 对新疆野苹果的扩增图谱（Zhang et al.，2007）

泳道从左到右依次为标记 pBR322 DNA / *Msp* I 和 MH1～MH30

表 3-3　新疆野苹果的遗传多样性（Zhang et al.，2007）

种群	*A*	*P*（%）	*Na*	*Ne*	*H*	*I*
种群水平	128	100	2.0000	1.4252	0.2619	0.4082
巩留县群体	114	89.06	1.8828	1.4193	0.2538	0.3912
新源县群体	110	85.94	1.8438	1.4085	0.2450	0.3770
霍城县群体	112	87.50	1.8750	1.4035	0.2501	0.3880
裕民县群体	101	78.91	1.7812	1.3787	0.2273	0.3482

注：*A*. 多态性位点数；*P*. 多态性位点百分比；*Na*. 观测的等位基因数；*Ne*. 有效等位基因数；*H*. Nei's 基因多样性指数；*I*. 香农-维纳多样性指数

四、新疆野苹果表型遗传多样性及挖掘利用的潜力

（一）新疆野苹果果实形态多样，具有栽培苹果的典型特征

　　表型遗传多样性评价是亲本选择及利用保存的基础。张钊（1962）根据果实形态将新疆野苹果分为 41 种类型。林培钧和崔乃然（2000）对伊犁的新疆野苹果林进行了考察，并结合多年定点观测，发现新疆野苹果果实形状及成熟期等变异广泛，并将新疆野苹果分为 84 个类型。研究发现，新疆野苹果的果实形状、大小、颜色和果柄长度等形态性状的变异系数均在 10% 以上，表现出较丰富的遗传多样性，其中巩留县群体单果重的变异幅度最大，形状有扁圆形、近圆形、圆形和圆锥形等，果皮颜色有绿、黄、橘黄、粉红、红和深红等，具有栽培苹果的典型特征（冯涛等，2006b）。

（二）新疆野苹果果实化学组成多样性丰富，特异性明显，进一步挖掘进行利用保存的潜力很大

1. 酚类化合物

研究结果表明，新疆野苹果果实的原花青素、没食子酸、绿原酸、对羟基苯甲酸、儿茶素、表儿茶素、香草醛、阿魏酸、苯甲酸、根皮苷、槲皮素、肉桂酸、根皮素等多酚物质组分及总酚含量变异系数均在 35% 以上，表现出丰富的遗传多样性。进一步与'红星'苹果比较发现，总酚及绿原酸、儿茶素、表儿茶素、根皮苷、原花青素的含量极显著地高于'红星'（表 3-4）。对新疆红肉苹果'夏红肉'与'红富士'苹果杂交 F_1 代部分果实性状的遗传变异进行分析，结果发现果肉花青苷、果皮总酚与果肉总酚的遗传能力强，广义遗传力均在 86% 以上（表 3-5）。

表 3-4　新疆野苹果酚类物质组成的遗传多样性及其与'红星'苹果的比较（张小燕等，2008a）

酚类化合物	新疆野苹果 M. sieversii				'红星'苹果 平均值（µg/g DM）
	平均值（µg/g 干样）	变异幅度（µg/g 干样）	变异系数（%）	占总酚含量（%）	
没食子酸	14.31 aA	0～124.73	201.15	0.17	13.09 aA
绿原酸	838.27 aA	28.42～2 312.82	67.40	10.10	268.35 bB
对羟基苯甲酸	169.64 aA	25.06～581.95	65.06	2.04	38.40 bA
儿茶素	191.79 aA	36.67～647.24	74.67	2.31	5.63 bB
表儿茶素	1286.54 aA	187.72～5 528.35	91.31	15.50	407.99 bB
香草醛	31.58 aA	4.61～130.36	110.78	0.38	4.60 bA
阿魏酸	50.93 aA	11.88～207.27	90.24	0.61	11.86 aA
苯甲酸	173.47 aA	0～1 570.07	167.20	2.09	59.38 bA
根皮苷	1059.30 aA	219.05～3 735.91	89.50	12.76	81.37 bB
槲皮素	48.47 aA	0～242.96	116.22	0.58	13.59 aA
肉桂酸	40.01 aA	0～713.01	329.22	0.48	11.29 aA
根皮素	49.13 aA	0～792.27	290.83	0.59	46.37 aA
原花青素	2 908.46 aA	903.13～4 708.21	36.12	35.03	363.33 bB
总酚	8 301.99 aA	3 638.89～16 861.11	39.49	100.00	1 613.13 bB

注：不同小写和大写字母分别表示 5% 和 1% 差异显著水平

表 3-5　'夏红肉'×'红富士'杂交 F_1 代部分果实性状的遗传变异（陈学森等，2014）

性状	亲本			杂交 F_1 代			广义遗传力（%）
	父本	母本	亲中值	平均值±标准差	变异系数（%）	范围	
单果重（g）	97.17	231.33	164.25	106.36±28.86	27.13	42.73～166.55	75.64
果实横径（mm）	62.46	78.97	70.72	62.34±6.87	11.02	46.49～76.45	70.77
果实纵径（mm）	57.00	65.48	61.24	53.75±6.48	12.06	35～68.15	66.68
果肉花青苷（mg/g）	0.264±0.017	0	0.132	0.045±0.037	81.76	0～0.20	89.40
维生素 C（mg/100g）	15.48±2.98	5.53±0.93	10.51	6.79±2.76	40.65	1.18～12.58	35.89
可滴定酸（%）	0.91±0.02	0.28±0.03	0.60	0.44±0.33	75	0.03～1.27	97.78
果皮总酚（mg/g）	13.26±1.93	7.8±0.86	10.53	14.32±4.1	28.63	6.44～24.51	86.19

续表

性状	亲本			杂交 F₁ 代			广义遗传力（%）
	父本	母本	亲中值	平均值±标准差	变异系数（%）	范围	
果肉总酚（mg/g）	2±0.032	0.88±0.0018	1.44	1.49±0.45	30.2	0.42~2.82	99.34
Ca（µg/g 干样）	104.9±33.76	103.85±45.05	104.38	112.2±45.31	40.38	41.61~192.72	22.82
Fe（µg/g 干样）	383.16±286.89	128.68±35.94	255.92	403.2±533.93	132.42	103.64~2955.46	85.53
Mg（µg/g 干样）	148.17±7.95	178.61±12.39	163.39	168.9±15.86	9.39	132.82~205.41	56.92
K（mg/g 干样）	5.46±0.24	8.19±1.63	6.83	7.08±1.30	18.36	4.73~10.29	20.16

2. 糖酸组分

研究结果表明，新疆野苹果果实的果糖、葡萄糖、蔗糖、总糖及苹果酸含量变异系数均在 18%以上，表现出丰富的遗传多样性；进一步与'红富士''金帅'和'红星'等栽培苹果比较发现，新疆野苹果果实的果糖含量与栽培苹果差异不显著，蔗糖含量显著高于栽培苹果，总糖含量极显著低于栽培苹果，苹果酸含量（12.95mg/g）是栽培苹果（3.70mg/g）的 3.5 倍，差异极显著（表 3-6）。对新疆红肉苹果'夏红肉'与'红富士'苹果杂交 F₁ 代部分果实性状的遗传变异进行分析，结果发现可滴定酸的遗传能力强，广义遗传力为 97.78%（表 3-5）。

表 3-6 新疆野苹果糖酸组分的遗传多样性及其与栽培苹果的含量比较（张小燕等，2008b）

组分	新疆野苹果 *M. sieversii*			栽培苹果 *M. domestica* 平均值（mg/g）
	平均值（mg/g）	标准差（mg/g）	变异系数（%）	
果糖	41.15 aA	10.87	26.41	47.09 aA
葡萄糖	6.21 bB	2.78	44.71	24.17 aA
蔗糖	22.23 aA	6.69	30.09	16.88 bA
总糖	69.59 bB	12.60	18.11	88.14 aA
苹果酸	12.95 aA	4.79	37.00	3.70 bB

注：不同小写和大写字母分别表示 5%和 1%差异显著水平

3. 挥发性化合物

研究发现，新疆野苹果果实的酯类、醇类、酮类、醛类、酸类、苯衍生物、杂环类、萜类、烃衍生物、缩醛类和内酯类挥发性化合物组分含量的变异系数均在 40%以上，遗传多样性极为丰富；进一步与'红富士''国光''元帅''金帅'等栽培苹果比较发现，新疆野苹果果实酯类和醇类挥发性化合物含量显著高于栽培苹果，而醛类含量显著低于栽培苹果，这与新疆野苹果果实耐贮性差、容易软化变绵有关（表 3-7）。

综上研究结果表明，新疆野苹果果实酚类化合物和有机酸含量极显著高于栽培苹果，特有香气成分多。因此，从新疆红肉苹果杂种后代中能够选育出酚类化合物含量高、糖酸比适当、鲜食品质优良、香味独特的高类黄酮（红肉）苹果品种。

表 3-7 新疆野苹果与栽培苹果各类挥发性化合物种类与含量的比较（陈学森等，2007）

化合物	新疆野苹果 M. sieversii						栽培苹果 M. pumila					
	种类			含量			种类			含量		
	平均值	变异幅度	变异系数（%）	平均值（mg/L）	变异幅度（mg/L）	变异系数（%）	平均值	变异幅度	变异系数（%）	平均值（mg/L）	变异幅度（mg/L）	变异系数（%）
酯类	15.8	9~25	27.2	0.5536	0.0638~1.6966	60.6	15.5	9~26	48.99	0.3413	0.0634~0.6544	89.55
醇类	11.5	8~18	20.9	0.7007	0.2953~1.9327	59.5	9.5	5~14	44.24	0.2976	0.2449~0.3797	21.76
醛类	5.9	4~9	24.1	0.6414	0.0825~1.2389	42.9	8.8	7~11	19.52	1.4881	1.0062~2.3383	39.59
酮类	7.0	4~11	24.9	0.0402	0.0112~0.0876	50.4	6.0	3~10	49.07	0.0418	0.0104~0.1334	145.92
萜类	2.1	1~4	23.8	0.0187	0.0017~0.0726	114.6	0.8	0~1	66.67	0.0014	0~0.0020	67.35
苯衍生物	2.6	1~6	53.2	0.0062	0.0012~0.0181	66.9	3.0	2~5	47.14	0.0256	0.0108~0.0408	64.10
杂环类	1.3	0~4	76.0	0.0033	0~0.0261	146.3	1.0	0~3	141.42	0.0384	0.0045~0.1188	140.26
烃衍生物	0.6	0~3	128.4	0.0165	0~0.3546	411.5	0.3	0~1	200.00	0.0003	0~0.0010	200.00
酸类	0.3	0~2	164.0	0.0027	0~0.0274	244.0	4.0	1~6	54.01	0.0249	0~0.0761	139.47
缩醛类	0.8	0~3	89.6	0.0385	0~0.1550	121.7	0	0	0	0	0	0
内酯类	0.5	0~2	134.8	0.0011	0~0.0124	228.1	0	0	0	0	0	0

第二节　牡丹江野生秋子梨的遗传多样性

我国是梨属植物的起源中心，也是遗传多样性中心，有沙梨、秋子梨及杜梨等野生资源以及各种各样的地方品种资源。在我国梨属植物的野生资源中，仅有野生秋子梨集中分布于东北牡丹江地区，而野生沙梨零星分布于长江流域。Katayama 等（2007）利用 cpDNA 对梨属植物进行遗传多样性研究，结果发现日本岩手山的野生秋子梨 70% 为野生秋子梨和日本梨的杂种，但其遗传多样性明显高于日本梨，日本野生秋子梨以实生个体为主，无性系繁殖较少。Wuyun 等（2013）通过 cpDNA 多变区的单倍型对我国野生秋子梨的群体特征及遗传多样性进行了研究，结果表明，我国野生秋子梨的遗传多样性低于我国栽培梨品种群、日本岩手山野生秋子梨、日本栽培梨及西洋梨；在内蒙古野生秋子梨、黑龙江野生秋子梨和吉林野生秋子梨群体中，内蒙古野生秋子梨群体的遗传多样性最低。

一、野生秋子梨群体遗传结构

本课题组的安萌萌等（2014a）采用分子系统学的原理和 AFLP 分子标记技术，对牡丹江海林市、东宁市和孙吴县 3 个居群的 90 个野生秋子梨群体遗传结构进行了研究。结果发现在本课题组已研究的 3 种野生果树中，Nei's 基因多样性指数（H）以新疆野杏最大（0.287），牡丹江野生秋子梨最小（0.147），新疆野苹果居中（0.262），表明牡丹江野生秋子梨的遗传多样性最低；在实地考察过程中发现，由于农田开垦和乱砍滥伐，在当地已很难找到成方连片的野生秋子梨，其遗传多样性已遭到严重破坏，亟待加强保护。

二、野生秋子梨表型遗传多样性

研究发现，野生秋子梨果实形态变异丰富，且果实酯类、醇类、酮类、醛类、酸类、醚类、杂环类、烃类及其衍生物挥发性化合物组分，果糖、葡萄糖和蔗糖等糖组分，以及苹果酸、酒石酸和柠檬酸等酸组分的含量及糖酸比在单株间存在广泛变异，变异系数均在 30% 以上，表现出丰富的遗传多样性；进一步与小香水梨、南果梨和京白梨等栽培种进行比较发现，野生秋子梨的总糖及总酸含量明显低于栽培种，而酯类和醇类含量均高于 3 个栽培种，进一步挖掘的潜力很大（表 3-8，表 3-9，图 3-7）。

表 3-8　野生秋子梨与栽培种果实的糖酸组分与含量（安萌萌等，2014b）

组分	野生秋子梨			小香水梨 平均值（mg/g）	南果梨 平均值（mg/g）	京白梨 平均值（mg/g）
	平均值（mg/g）	变异幅度（mg/g）	变异系数（%）			
果糖	35.86	15.00～80.18	40.0	63.47	78.99	61.69
葡萄糖	13.60	3.80～32.85	38.67	31.37	22.50	29.29
蔗糖	33.67	8.94～57.89	58.4	12.84	19.95	14.18
总糖	83.14	34.89～156.01	37.8	107.68	121.45	105.16
草酸	0.22	0.04～1.40	121.9	0.30	0.55	0.45

续表

组分	野生秋子梨			小香水梨平均值	南果梨平均值	京白梨平均值
	平均值（mg/g）	变异幅度（mg/g）	变异系数（%）			
酒石酸	0.75	0.08~3.37	78.5	0.26	0.35	0.26
苹果酸	1.77	0.27~4.68	54.1	1.87	2.11	1.85
乳酸	0.20	0.00~1.01	118.0	0.29	0.20	0.58
柠檬酸	0.46	0.33~1.05	96.7	0.76	2.41	1.77
琥珀酸	0.16	0.01~0.58	84.9	0.52	0.59	0.42
总酸	3.55	1.15~6.44	32.6	4.01	6.21	5.34
糖酸比	24.20	8.85~44.65	36.5	26.86	19.56	19.70

表 3-9　野生秋子梨与栽培种果实中各类香气成分的种类与含量（安萌萌等，2014b）

化合物	野生秋子梨						秋子梨栽培种					
	种类			含量（μg/g）			种类			含量（μg/g）		
	平均值	变异幅度	变异系数（%）	平均值	变异幅度	变异系数（%）	小香水梨	南果梨	京白梨	小香水梨	南果梨	京白梨
醇类	6.8	4~10	17.7	2.67	1.13~6.60	46.2	2	2	3	0.37	0.23	1.35
酯类	15.0	6~20	24.9	5.10	0.89~9.33	44.4	12	18	6	4.75	3.364	3.27
烃类	3.7	1~8	42.5	0.50	0.03~1.92	122.5	2	1	6	0.14	0.03	0.45
醛类	3.6	2~6	24.9	0.79	0.16~1.12	96.1	5	2	2	0.45	1.53	0.80
酮类	1.2	0~3	54.6	0.15	0~1.22	160.1	1	1	1	0.04	0.16	0.20
杂环类	1.1	0~5	88.4	0.10	0~0.62	285.4	1	1	1	0.04	0.03	0.48
醚类	0.1	0~1	244.9	0.01	0~0.16	332.3	0	0	1	0	0	0.01
酸类	1.0	0~3	80.0	0.08	0~0.23	161.3	0	0	0	0	0	0
烃类衍生物	0.003	0~1	592.1	0.01	0~0.22	456.9	0	0	0	0	0	0

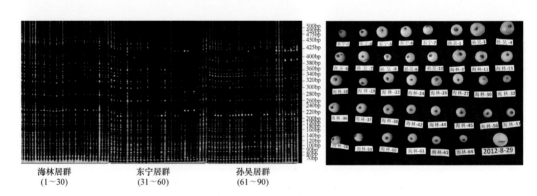

海林居群　　　　东宁居群　　　　孙吴居群
（1~30）　　　　（31~60）　　　　（61~90）

图 3-7　牡丹江野生秋子梨 AFLP 分子标记及果实形态的遗传多样性（安萌萌等，2014b）

第三节　新疆杏的遗传多样性及杏自交亲和性的遗传

我国是杏的起源演化中心之一，分布在我国新疆伊犁河谷的野杏（*Prunus armeniaca*）被公认为全世界栽培杏的原生起源种群，曾对世界栽培的驯化起过决定性作用。在杏的生态群分类系统中这一种群属于准噶尔-外伊犁生态群。目前在中国伊犁地区的天山野杏共有 2 万余亩[①]，主要分布于伊犁河谷的低山带，海拔 1000～1400m。遗憾的是，由于过度放牧及乱砍滥伐，野杏林面积正在锐减，在哈萨克斯坦境内的野果林也难幸免。如果不采取有效的保护策略，这一宝贵的自然资源可能濒临灭绝。有鉴于此，本课题组对新疆野杏的群体遗传结构和遗传多样性进行研究，以期为新疆野杏的保护利用提供科学依据。

一、普通杏群体遗传多样性及若干生物学性状的频度分布

根据分子系统学的原理，利用荧光 AFLP 分子标记技术，采用 7 对 $EcoR\ I/Mse\ I$ 引物对准噶尔-外伊犁生态群（新疆野杏）、中亚生态群（南疆栽培杏）、中亚生态群（李光杏）、欧洲生态群和华北生态群的 45 个类型进行遗传多样性分析。普通杏 5 个生态群的平均多态性位点数（A）为 130.86，平均多态性位点百分比（P）为 60.58%，说明普通杏遗传多样性较为丰富。对 5 个生态群的多态性位点数和多态性位点百分比分析表明，准噶尔-外伊犁生态群（新疆野杏）（$A = 94.14$；$P = 43.59\%$）遗传多样最为丰富，其次为中亚生态群（南疆栽培杏）（$A = 89.14$；$P = 41.27\%$），之后为华北生态群（$A = 85.71$；$P = 39.68\%$）和欧洲生态群（$A = 85.14$；$P = 39.42\%$），而中亚生态群（李光杏）（$A = 81.14$；$P = 37.57\%$）遗传多样性最低（表 3-10）。

表 3-10　不同引物组合对普通杏各生态群的 AFLP 扩增多态性位点数与其百分比（Yuan et al.，2007）

$EcoR\ I/Mse\ I$	种级水平		欧洲生态群		华北生态群		中亚生态群（李光杏）		中亚生态群（南疆栽培杏）		准噶尔-外伊犁生态群（新疆野杏）	
	A	P（%）	A	P（%）	A	P（%）	A	P（%）	A	P（%）	A	P（%）
AAC/ CAA	131	60.65	94	43.52	95	43.98	83	38.43	87	40.28	90	41.67
AAC/ CTT	127	58.80	67	31.02	72	33.33	80	37.04	90	41.67	86	39.81
AAG/ CAA	124	57.41	87	40.28	80	37.04	81	37.50	81	37.50	90	41.67
AAG/ CAG	134	62.04	80	37.04	95	43.98	83	38.43	79	36.57	86	39.81
AAG/ CTA	127	58.80	75	34.72	69	31.94	60	27.78	87	40.28	93	43.06
AAG/ CTT	138	63.89	91	42.13	93	43.06	84	38.89	100	46.30	111	51.39
ACA/ CAA	135	62.50	102	47.22	96	44.44	97	44.91	100	46.30	103	47.69
平均	130.86	60.58	85.14	39.42	85.71	39.68	81.14	37.57	89.14	41.27	94.14	43.59

注：A. 多态性位点数；P. 多态性位点百分比

进一步对华北杏、南疆杏和新疆野杏 3 个生态群的 520 余份中国普通杏种质资源部分生物学性状进行了田间试验和野外考察。结果发现：① 3 个生态群品种、类型或株系自交坐果率平均值均≤2.0%，自交不亲和及部分自交不亲和比率均>90%，总体上表现为自交不亲和，但同时也发现了个别自交结实率高（9.9%～18.0%）的自交亲和种质；②3 个生态群败育花比率均在 40% 以上，变异系数均在 50% 以上，而就某一品种而言，其比率相对稳定；③油杏比率在南疆杏中高达 76.6%，而其他两个生态群皆为毛杏；④相对于新疆野杏（平均单果重 8.2g）和南疆杏（平均单果重 23.2g），大果性状在华北

---

① 1 亩≈666.7m²，后文同。

杏中为优势性状（平均单果重 51.4g）；⑤三大生态群离核比率均高于黏核比例，新疆野杏的离核比例高达 94.6%，而华北杏仅为 58.8%；⑥可溶性固形物含量以南疆杏最高（18.5%），而华北杏（13.1%）和新疆野杏（14.6%）有极显著差异，说明这一性状是典型的数量性状，易受环境影响；⑦新疆野杏、南疆杏及华北杏甜仁比例分别为 0.9%、93.1%和 44.4%（表 3-11）。

表 3-11　中国普通杏不同生态地理群若干生物学性状的频度分布（He et al.，2007）

生态群	调查品种（类型）数	自交不亲和比例（%）	油杏比例（%）	败育花比例（%）	平均单果重（g）	可溶性固形物含量（%）	离核比例（%）	甜仁比例（%）
华北杏	77	97.2	0.0	45.1	51.4	13.1	58.8	44.4
南疆杏	120	98.2	76.6	44.0	23.2	18.5	81.5	93.1
新疆野杏	323	91.6	0.0	41.4	8.2	14.6	94.6	0.9

上述研究结果表明，新疆野杏遗传多样性最丰富，自交不亲和，果个小，果面有毛，离核，苦仁，在进化上较原始，而南疆杏自交不亲和，果较大，多为果面无毛的甜仁油杏，较进化。

二、南疆杏果肉风味物质组成及其遗传多样性

研究发现南疆杏果肉酯类、醇类、醛类、酮类及杂环类等各类挥发性化合物种类数及相对含量的变异系数分别在20%和40%以上，果实果糖、葡萄糖、蔗糖、苹果酸与柠檬酸相对含量的变异系数均在20%以上，表现出丰富的遗传多样性（表3-12，表3-13）。

表 3-12　南疆杏各类挥发性化合物的遗传多样性（孙家正等，2010）

化合物	种类			相对含量		
	平均值	变异幅度	变异系数（%）	平均值（%）	变异幅度（%）	变异系数（%）
酯类	15.8	5～30	43.99	44.67	10.66～79.72	41.21
醇类	8.62	3～14	34.16	28.25	1.36～59.26	45.77
杂环类	7.55	5～11	73.33	10.90	2.64～24.23	49.92
醛类	9.79	5～13	23.06	6.45	1.3～20.21	77.21
酮类	4.34	1～9	44.47	2.88	0.1～9.27	76.03
苯衍生物	2.69	0～6	54.52	0.81	0～6.51	151.05
烃类	2.28	0～5	62.02	0.89	0～4.21	114.78
内酯类	1.52	0～4	51.72	0.80	0～3.58	107.64
酸类	1.55	0～4	68.00	1.67	0～4.54	72.78

表 3-13　南疆杏糖酸组分的遗传多样性（孙家正等，2010）

项目	果糖	葡萄糖	蔗糖	总糖	苹果酸	柠檬酸	总酸
平均值（mg/g）	32.36	69.83	44.39	146.58	12.01	6.54	18.55
变异幅度（mg/g）	8.62～83.06	22.13～136.17	22.45～112.06	64.65～262.24	4.38～23.71	0.92～12.96	9.39～25.85
变异系数（%）	51.99	42.14	39.12	36.26	29.38	64.80	22.45

三、南疆杏杏仁油脂肪酸组分的遗传多样性

南疆杏与华北杏杏仁油脂肪酸组成较为接近，油酸及亚油酸等主要脂肪酸组分的变异系数在10%以下，比较稳定，变异性明显低于果肉风味物质（表3-14）。

表3-14 南疆杏杏仁油脂肪酸组分的遗传多样性及其与华北杏的比较（孙家正等，2011）

脂肪酸	分子式	南疆杏相对含量			华北杏相对含量		
		平均值（%）	变异幅度（%）	变异系数(%)	平均值(%)	变异幅度（%）	变异系数(%)
肉豆蔻酸	$C_{14}H_{28}O_2$	0.12	0.06～0.20	28.59	0.05	0.04～0.06	18.18
棕榈酸	$C_{16}H_{32}O_2$	8.69	7.07～10.63	12.77	7.69	7.45～8.18	4.41
棕榈油酸	$C_{16}H_{30}O_2$	3.08	1.97～3.94	17.26	1.52	1.39～1.68	7.93
十七碳酸	$C_{17}H_{34}O_2$	0.16	0.02～0.27	24.70	0.07	0.06～0.08	13.21
硬脂酸	$C_{18}H_{36}O_2$	4.68	3.35～6.35	14.31	2.25	2.10～2.37	4.96
油酸	$C_{18}H_{34}O_2$	53.20	43.75～59.13	6.37	58.00	56.22～60.72	3.44
亚油酸	$C_{18}H_{32}O_2$	28.02	22.25～34.97	9.56	29.32	26.73～30.94	6.54
亚麻酸	$C_{18}H_{30}O_2$	0.44	0.21～0.78	32.17	0.22	0.12～0.29	32.96
十九碳酸	$C_{19}H_{36}O_2$	0.07	0～0.18	47.87	0.04	0.01～0.08	67.58
花生酸	$C_{20}H_{40}O_2$	0.53	0.34～0.76	21.98	0.25	0.18～0.33	25.13
花生烯酸	$C_{20}H_{38}O_2$	0.52	0.39～0.75	17.30	0.24	0.16～0.27	22.11
花生二烯酸	$C_{20}H_{36}O_2$	0.18	0.06～0.33	33.78	0.15	0.11～0.20	23.85
山嵛酸	$C_{22}H_{44}O_2$	0.14	0.03～0.23	39.30	0.13	0.05～0.27	79.57
二十三碳酸	$C_{23}H_{46}O_2$	0.05	0.02～0.15	49.38	—	—	—
二十四碳酸	$C_{24}H_{48}O_2$	0.13	0.05～0.30	41.61	0.05	0.02～0.09	52.49

注："—"表示无含量

第四节 核果类果树 S 基因型鉴定及杏自交亲和性的遗传

一、核果类果树 S 基因型鉴定及遗传多样性分析

在核果类果树中，除了桃、中国樱桃、部分欧洲杏和甜樱桃品种自交亲和，中国杏、李、樱桃李及绝大多数甜樱桃品种自交不亲和。因此，对核果类果树种质资源进行 S 基因型鉴定，对育种亲本选配及授粉树选择具有重要价值。另外，我国是杏和欧李等的起源演化中心，可根据 S 基因及 S 基因型的特点，为果树资源与育种研究提供新的视角。

（一）中国杏、中国樱桃和欧洲甜樱桃品种 S 基因型鉴定

1. 16 个中国杏品种

采集并提取'西农 25''新世纪''红丰''巴旦水杏'等 16 个中国杏品种的基因组 DNA，根据杏 S 基因的保守区序列引物，对基因组 DNA 进行 PCR 扩增，根据片段大小

鉴定出16个中国杏品种具有11种S基因型，在GenBank登录了S_{11}～S_{20} 10个S新基因，表现出丰富的遗传多样性（表3-15）。

表3-15　16个杏品种的S基因型（张立杰等，2007）

品种	S等位基因扩增带型（bp）	S基因型	鉴定的S新基因及序列号
西农25	464 1337	$S_{11}S_{18}$	S_{11} DQ868316
二转子	464 1337	$S_{11}S_{18}$	S_{12} DQ870628
短枝杏	481 1337	$S_{16}S_{18}$	S_{13} DQ870629
圆旦杏	360 492	$S_{12}S_{14}$	S_{14} DQ870630
白沙杏	401 546	$S_{13}S_{19}$	S_{15} DQ870631
白杏	401 492	$S_{13}S_{14}$	S_{16} DQ870632
串枝红	360 492	$S_{12}S_{14}$	S_{17} DQ870633
红荷包	464 657	S_9S_{11}	S_{18} DQ870634
银香白杏	487 657	S_9S_{17}	S_{19} EF133689
硬条京	469 657	S_9S_{15}	S_{20} EF160078
水杏	492 1934	$S_{14}S_{20}$	
晚杏	266 657	S_9S_{10}	
二花槽	266 464	$S_{10}S_{11}$	
红丰	266 657	S_9S_{10}	
新世纪	266 657	S_9S_{10}	
巴旦水杏	464 657	S_9S_{11}	

为了进一步验证利用S等位基因 PCR 扩增法鉴定杏品种S基因型的可靠性，对16个杏品种进行田间杂交授粉试验，结果发现，具有相同S基因型的'红荷包'×'巴旦水杏'等杂交组合的坐果率在0～2.1%，而具有不同S基因型的'红丰'×'巴旦水杏'等杂交组合的坐果率在6.7%～38.4%，表明利用S等位基因 PCR 扩增法鉴定杏品种S基因型的结果准确可靠（表3-16）。

表3-16　不同品种杂（自）交组合的坐果率（%）（张立杰等，2007）

♀ ＼ ♂	西农25 $S_{11}S_{18}$	短枝杏 $S_{16}S_{18}$	白沙杏 $S_{13}S_{19}$	二花槽 $S_{10}S_{11}$	串枝红 $S_{12}S_{14}$	红荷包 S_9S_{11}	晚杏 S_9S_{10}	水杏 $S_{14}S_{20}$	红丰 S_9S_{10}	新世纪 S_9S_{10}	巴旦水杏 S_9S_{11}
二转子 $S_{11}S_{18}$	1.3	—	—	—	—	—	—	17.1	23.5	35.7	13.9
短枝杏 $S_{16}S_{18}$	10.5	0	—	—	—	26.4	38.4	—	37.3	12.5	—
白沙杏 $S_{13}S_{19}$	30.4	14.6	0.61	14.8	17.8	—	—	—	28.4	15.6	—
串枝红 $S_{12}S_{14}$	—	—	8.7	—	0	33.7	—	—	26.3	19.2	—
红荷包 S_9S_{11}	—	19	17.2	—	—	0	10.2	—	16.3	8.9	1.8
硬条京 S_9S_{15}	22.4	—	—	—	31.1	—	0	21.5	17.3	—	—
水杏 $S_{14}S_{20}$	—	25.2	—	7.9	—	—	—	0.43	—	26.8	—
二花槽 $S_{10}S_{11}$	—	—	23.9	1.3	19.3	6.7	—	29.5	—	—	—
红丰 S_9S_{10}	—	37.3	—	—	—	—	2.1	—	0.5	0	21.4
新世纪 S_9S_{10}	—	—	—	—	—	—	—	—	0.7	0	10.3
巴旦水杏 S_9S_{11}	—	—	—	18.3	—	0	—	—	—	—	0

2. 5 个中国樱桃品种

采集并提取'莱阳矮樱'等 5 个中国樱桃品种的基因组 DNA，根据樱桃 S 基因的保守区序列引物，对基因组 DNA 进行 PCR 扩增，根据片段大小鉴定出 5 个中国樱桃品种具有 3 种 S 基因型，在 GenBank 登录了 $S_1 \sim S_5$ 5 个 S 新基因，表现出丰富的遗传多样性（表 3-17）。

表 3-17　中国樱桃克隆到的 5 个 S 基因大小、序列号及各品种 S 基因型（Zhang et al.，2010）

品种	PCR 扩增片段大小（bp）	扩增片段及 S 基因名称	S 基因型	鉴定的 S 新基因及序列号
藤县红	1 186 631 529	1 186bp（S_3）	$S_1S_3S_4$	S_1 EU038302
大青叶	1 186 631 529 254	631bp（S_1）	$S_1S_3S_4S_5$	S_2 EU038304
大窝楼叶	1 186 631 529	529bp（S_4）	$S_1S_3S_4$	S_3 EU038303
泰小红樱	14 321 186 631 529	1 432bp（S_2）	$S_1S_2S_3S_4$	S_4 EU038301
莱阳矮樱	14 321 186 631 529	254bp（S_5）	$S_1S_2S_3S_4$	S_5 EU038300

3. 12 个欧洲甜樱桃品种

采集并提取'红灯'等 12 个欧洲甜樱桃品种的基因组 DNA，根据樱桃 S 基因的保守区序列引物，对基因组 DNA 进行 PCR 扩增，根据片段大小鉴定出 12 个欧洲甜樱桃品种具有 S_3S_6、S_1S_3、S_1S_6、S_3S_4、S_1S_4 共 5 种 S 基因型（表 3-18）。

表 3-18　欧洲甜樱桃 S 基因克隆及 S 基因型的确定（陈晓流等，2004）

品种	自交亲和性（SI 或 SC）	S 等位基因扩增带（bp）	已知的 S 基因型	测序的 PCR 带（bp）	依据序列确定的 S 基因（型）	根据 PCR 带型确定的 S 基因型
养老	SI	456 762		S_6=456，S_3=762	S_3S_6	
斯太拉	SC	762 945	$S_3S_4{}'$			$S_3S_4{}'$
外引 7 号	SC	762 945				$S_3S_4{}'$
红丰	SI	762 945		S_3=762	S_3	S_3S_4
长把红	SI	677 945		S_4=945	S_4	S_1S_4
红艳	SI	677 762		S_1=677，S_3=762	S_1S_3	
早红宝石	SI	677 762		S_1=677，S_3=762	S_1S_3	
红灯	SI	677 762		S_1=677，S_3=762	S_1S_3	
那翁	SI	762 945	S_3S_4			S_3S_4
大紫	SI	456 677		S_1=677，S_6=456	S_1S_6	
抉择	SI	677 945		S_4=945	S_4	S_1S_4
先锋	SI	677 762	S_1S_3	S_3=762	S_3	S_1S_3

注：SI. 表示自交不亲和；SC. 表示自交亲和

4. 中国杏、中国樱桃和欧洲甜樱桃品种 S 基因型鉴定结果的比较

中国杏、中国樱桃和欧洲甜樱桃品种 S 基因型鉴定结果存在明显差异，其中 16 个中国杏品种鉴定出 11 种 S 基因型和 10 个 S 新基因，5 个中国樱桃品种鉴定出 3 种 S 基因型和 5 个 S 新基因，表现出丰富的遗传多样性，而 12 个欧洲甜樱桃品种仅鉴定出 5

种 S 基因型，没有发现 S 新基因（表 3-19）。

表 3-19　中国杏、中国樱桃和欧洲甜樱桃品种 S 基因型鉴定结果的比较

树种	品种数量	S 基因型数量	S 新基因数量
中国杏	16	11	10
中国樱桃	5	3	5
欧洲甜樱桃	12	5	0

　　这主要是由于中国杏和中国樱桃均原产于我国，国内的相关研究较少；参试的品种除了'红丰'和'新世纪'是'二花槽'与'红荷包'的杂种后代姊妹系新品种外，其他参试的 14 个中国杏品种及 5 个中国樱桃品种均来自实生选种，品种之间的基因交流较少；《中国果树志 杏卷》记载的 1423 个杏品种，1400 个来自实生选种，占 98.4%；因此，对于中国杏和中国樱桃来讲，今后应加强杂交育种，促进品种资源间的基因交流，实现双亲优势互补，培育优质品种；而欧洲甜樱桃起源于欧洲，国外关于甜樱桃 S 基因及 S 基因型的研究报道较多，表 3-18 中参试的 12 个欧洲甜樱桃多为杂交育种的品种，品种间基因交流比较频繁，因此，鉴定出的 S 基因型少，没有发现 S 新基因。

（二）欧李及新疆野生樱桃李 S 基因型鉴定

　　李属（*Prunus*）樱桃亚属的矮生樱组包括起源于我国的毛樱桃（*Prunus tomentosa*）、欧李（*P. humilis*）、麦李（*P. glandulosa*）及郁李（*Cerasus japonica*）等，其是我国特有的野生果树资源。采用 S 等位基因 PCR 扩增法，从欧李 6 个优选株系鉴定出 5 种 S 基因型，在 GenBank 登录了 $S_1 \sim S_9$ 9 个 S 新基因，表现出丰富的遗传多样性（表 3-20）。

表 3-20　欧李 6 个株系的 S 新基因及 S 基因型（张红等，2008）

株系	S 基因型	鉴定的 S 新基因（序列号）
优选 1 号	S_8S_9	S_8（EF653137），S_9（EF653138）
优选 2 号	S_1S_2	S_1（EF569602），S_2（EF569603）
优选 3 号	S_5S_7	S_5（EF595836），S_7（EF601047）
优选 4 号	S_8S_9	
优选 5 号	S_1S_4	S_4（EF577405）
优选 6 号	S_3S_6	S_3（EF577404），S_6（EF595837）

　　樱桃李（*Prunus cerasifera* Ehrh.）是隶属于蔷薇科李亚科李属的一个种，也是李属最原始的一个种，在中亚地区均有分布，在国内仅分布于新疆伊犁霍城县大小西沟的野果林，非常珍贵；采用野生资源的随机取样法，共选取 43 个实生单株，采用 S 等位基因 PCR 扩增法，鉴定出 5 种 S 基因型，在 GenBank 登录了 4 个 S 新基因（表 3-21）。

表 3-21　新疆野生樱桃李 43 个株系的 S 新基因及 S 基因型（刘崇琪等，2009）

序号	S 基因型	株系数	各 S 基因型占比（%）	鉴定的 S 新基因（序列号）
1	S_1S_2	12	27.9	S_1（EF638726）
2	S_1S_3	6	14.0	S_2（EF641276）
3	S_2S_3	8	18.6	S_3（EF661873）
4	S_2S_4	8	18.6	S_4（EF661874）
5	S_3S_4	9	20.9	

综上研究，本课题组近几年从原产于中国的杏、中国樱桃、欧李及樱桃李等核果类果树资源中克隆、鉴定并在 GenBank 登录了 28 个 S 新基因，丰富了 S 基因的遗传多样性；根据 S 基因鉴定及田间杂交授粉试验的结果，确定了'新世纪'和'馒头玉吕克'等共计 72 个品种或种质的 S 基因型，为进一步的育种亲本选配及授粉树选择提供了科学依据。

二、杏自交亲和性的遗传

杏开花早，容易遭受晚霜危害，且大多数晚霜气温在 1～3℃，并伴有小雨和寒风，而传粉的小蜜蜂在气温≤18℃、风速≥3 级时，不会从蜂箱里飞出来工作，因此，绝大多数花期晚霜把传粉媒介"小蜜蜂"给冻住了，使自交不亲和及授粉受精不良，从而导致杏树只开花不结果，产量低。因此，进一步探讨杏自交亲和性的遗传，选育自交亲和的杏品种对杏产业的高效发展具有重要意义。

本课题组选育的胚培早熟杏新品种'新世纪'和'红丰'，虽然开花晚、成熟早、品质优，但均自交不亲和，为此，1999 年以自交亲和的'凯特'为母本，以'新世纪'等为父本进行杂交，构建了分离群体。按照 Audergon 等提出的坐果率高于 6% 为自交亲和、坐果率低于 6% 为自交不亲和的标准，对'凯特'×'新世纪'、'凯特'×'红丰'、'凯特'×'泰安水杏' 3 个杂交组合 F_1 群体自交亲和（SC）与自交不亲和（SI）分离比例进行 χ^2 检验，研究结果表明，'凯特'与自交不亲和杏品种杂交，自交亲和与自交不亲和性状符合 1∶1 的分离规律，显示'凯特'的自交亲和基因型是杂合的，自交亲和对自交不亲和为显性遗传，并选育出东西方杏结合的自交亲和品种'山农凯新 1 号'和'山农凯新 2 号'（表 3-22，图 3-8）。

表 3-22 杏 F_1 群体自交亲和性的遗传（陈学森等，2005）

杂交组合	杂种株数	亲本		杂种 SC∶SI		χ^2
		母本	父本	观测比例	期望比例	
'凯特'×'新世纪'	52	SC	SI	27∶25	26∶26	0.08
'凯特'×'红丰'	21	SC	SI	9∶12	10.5∶10.5	0.43
'凯特'×'泰安水杏'	34	SC	SI	15∶19	17∶17	0.47

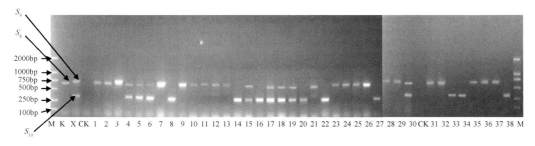

图 3-8 '凯特''新世纪'及其 F_1 代 S 等位基因专一性 PCR 扩增结果（陈学森等，2005）
M. 标记（DL 2000）；K. '凯特'；X. '新世纪'；CK. 水；1～38. '凯特'×'新世纪'杂种 F_1 代个体

第四章　苹果芽变与果实质地品质发育机理

第一节　国内外苹果芽变机理研究进展

芽变选种是优中选优，是果树品种改良的重要途径之一。通过芽变选种，使果树株型、着色等农艺性状和品质性状得到了有效改良。在许多果树育种中，芽变选种都扮演着重要的角色。苹果的芽变选种在富士系和元帅系中尤为突出。20世纪50年代，'新红星'等一批短枝型芽变品种的选育与推广，推动了世界苹果栽培制度的变革，由乔化稀植变为矮化密植集约化栽培，促进了苹果产业的高效发展。60年代，日本相继从'富士'苹果中选育出了浓红型芽变系、短枝型芽变系和早熟型芽变系100个以上的优良品种。这些芽变新品种的成功选育，对促进我国苹果品种结构的调整发挥了极大的作用。

一、芽变的概念与特点

芽变（bud mutation 或 bud sport，体细胞突变）是指芽的分生组织细胞自然发生的遗传物质的突变，当芽萌发成枝条时，就在性状上表现出了与原类型的不同（沈德绪，1997）。芽变可以根据遗传一致性分为同质芽变和异质芽变。同质芽变即个体的所有细胞与原来品种相比，均发生了遗传变化。异质芽变又可分为同种嵌合和异种嵌合。同种嵌合主要指突变细胞与未突变细胞发生嵌合。组成嵌合体的细胞可以来源于不同的种或属，可以具有不同的染色体或不同的倍性。这种嵌合体如果在两个不同的个体间产生，那么在很大程度上会产生遗传差异。如果这种嵌合体改变了细胞的基因型，那么这种嵌合体对于研究植物发育过程中的细胞互作十分有用。这种嵌合体的改变可以通过很多方式实现，如X射线诱导、细胞质改变和转座子的插入/缺失等。

芽变不仅包括由突变的芽发育而成的枝条和繁殖而成的单株变异，还包括植物细胞培养过程中的遗传物质变异（somaclonal variation，又称体细胞无性系变异）。田间果树体细胞突变频率相对较高，而且变异的类型多种多样，包括植物学性状、品质性状和抗逆性等各个方面，例如，元帅系苹果中的许多品种都是利用芽变选种所得。芽变是植物种类多样性的源泉，为杂交育种提供了新的资源，是选育新品种简单而有效的方法（伊华林和邓秀新，1998）。

芽变具有嵌合性、多效性和重演性等特点。芽变的表现是多样的，既有生物学特性的变异，又有形态特征的变异，其中植株形态及枝条、果实等器官的变异极为常见。相同类型的芽变可以在不同植株、不同地点乃至相近的植物种属中重复出现。芽变植株的性状发生改变后，其特性可以在生命周期中长期保持。

芽变规律一直是许多多年生作物研究中的重要科学问题。对于芽变研究，一般认为芽变是体细胞自发产生的遗传变异，包括细胞核和细胞质基因突变、染色体结构和数目的变异等多种类型。芽变是细胞中遗传物质的突变，发生芽变的前提是植物顶端分生组织的细胞发生突变。组织发生层学说是指 L-Ⅰ、L-Ⅱ 和 L-Ⅲ层细胞分别产生植物不同的器官，L-Ⅰ层细胞进行垂周分裂，衍生为表皮和果肉；L-Ⅱ层细胞既有垂周分裂，又有平周分裂，衍生为皮层的外层及孢原组织；L-Ⅲ层细胞分裂衍生为皮层的内层及中柱。不同发生层的细胞变异产生的芽变在不同组织中的表现不同，只有 L-Ⅱ层发生变异时才能通过有性生殖传递给下一代。变异细胞组织中遗传物质的分布及比例不同，则出现的嵌合体也不同（Lancaster，1992；沈德绪，1997；Honda et al.，2002）。

根据遗传物质基础改变的来源不同，可以将芽变分为染色体变异和基因突变。其中，染色体变异包括染色体数目变异和结构变异，前者包括染色体倍性变化和个别数目的变化，常表现为植物体器官和细胞体积的变大（邓秀新和章文才，1993）；后者包括染色体的易位、倒位、重复和缺失等，染色体结构变异造成了基因的线性顺序发生变化。基因突变包括核基因突变和核外基因突变。核基因突变通常指单个基因的变异；核外基因突变不取决于染色体，而与细胞质中的遗传物质有关。已有研究表明，细胞质可控制的属性有叶绿素的形成、性别分化和雄性不育等（Harborne，1980；沈德绪，1997）。

二、苹果红色芽变机理的研究进展

芽变能够使突变体与母体之间在形态、生理生化或分子等方面形成差异，这是外界环境和植物本身特性综合作用的结果，最终导致植物外形、颜色等方面的改变（沈德绪，1997）。同工酶标记在杂种的鉴定上有许多成功的报道（鞠志国，1991；Kim et al.，2004），但由于芽变品种间遗传背景狭窄，很难通过同工酶区分开。借助分子生物学方法研究果树芽变机理是一种行之有效的手段（Takos et al.，2006b）。一是利用 DNA 分子标记结合植株表型数据分析的方法对芽变进行鉴定（Koes et al.，1989；Allan et al.，2008）；二是从转录水平入手，研究突变体和对照材料的基因在时空表达上的差异，同时对差异表达的基因进行序列比对及功能验证。

由于果树童期长、遗传上高度杂合等因素的影响，对于果树芽变形成的分子机理知之甚少。目前，关于果树芽变的研究主要集中在染色体结构和数目的变异、基因结构的突变、DNA 甲基化和反转录转座子的插入等方面（Yao et al.，2001；Kobayashi et al.，2004；Espley et al.，2007）。

1. 染色体结构和数目的变异

染色体结构变异主要包括缺失、易位、倒位和重复。染色体数目变异主要包括整倍体变异和非整倍体变异。牛健哲等（1994）发现'元帅''国光'等不同品种的花培植物细胞出现了非整倍体和多倍体。潘增光和邓秀新（1998）在苹果原生质体培养中发现，在愈伤组织阶段，细胞染色体倍性出现了广泛的变异，但再生植株的倍性与其母体一致，变异细胞在培养再生过程中，由于生活力降低和群体优势不明显，逐渐被自然淘汰。邵建柱和马宝焜（2003）及邓秀新和章文才（1993）发现在柑橘愈伤组织培养过程中染色体数目的变化是普遍现象。郝玉金（2000）通过对柑橘胚性愈伤组织的染色体观察，发现染色体变异在愈伤组织形成早期就已发生，而且有丝分裂异常是造成染色体变异的细胞学遗传机理。马宝焜（2003）发现苹果叶片单胚系在组织培养过程中存在染色体变异。

2. 基因结构变异

基因结构变异是导致芽变形成的常见原因。根据发生突变的基因的不同可将其分为以下两种类型。

一类是编码代谢途径中酶的结构基因的突变，其导致酶活性的改变或丧失。对牵牛花花色突变体研究发现，花色的改变主要是花青苷合成结构基因 *CHS*（Habu et al.，1998）、*DFR*（Inagaki et al.，1994）或 *ANS*（Hisatomi et al.，1997）（又称 *LDOX* 基因）中反转录转座子插入/缺失造成的；徐娟（2002）克隆了脐橙红肉突变体中编码番茄红素 β-环化酶的 DNA 全长，发现第 50 位的甲硫氨酸（M）被精氨酸（R）非保守取代，推测该突变可能与积累番茄红素有关。

另一类是编码转录因子的调节基因的突变，研究发现多数基因突变属于这一类型，往往表现为一系列结构基因表达的协调改变。调节基因编码区的差异引起转录因子结构的微小变化，可使植物性状表现出明显不同（Chaparro et al.，1995）。此外，基因调控区的突变可引起调节基因表达水平的改变，进而造成性状的变化。Kobayashi 等（2004）研究表明，葡萄白皮突变体的出现是因为调控花青苷合成的 *Vvmyb1* 基因中插入了反转录转座子。红肉苹果 *MdMYB10* 启动子中存在多个重复序列，重复序列的个数决定了 *MdMYB10* 的表达强度，进而影响红肉苹果的红色程度（Espley et al.，2009）。水稻中 *Rc* 基因（编码 bHLH 转录因子）的突变是大多数白色种皮品种形成的分子基础（Sweeney et al.，2007）。

3. DNA 甲基化

DNA 甲基化（DNA methylation）广泛存在于动植物细胞中，在调节基因表达、控制植物系统发育过程中有着重要的生物学功能。植物 DNA 甲基化在基因印迹、X 染色体失活、转座子抑制和外源基因沉默等方面发挥了重要作用。在果树中普遍存在 DNA 甲基化现象，其是芽变现象产生的重要来源之一（Rico-Cabanas and Martinez-IZquierdo，2007；Xu et al.，2012）。植物在不同时期的发育是由内源基因的转录来调节的，而非由于某一基因的变异或突变。DNA 甲基化正是这一类调节的主要方式（Richards，1997）。真核生物基因组中的 DNA 甲基化主要发生在 CpG 岛的 C5 上，也常发生在 CAG、CTG 三核苷酸和 CCG 模体中，其作用是导致基因的失活，DNA 的甲基化程度越高，基因表达活性越低。5-甲基胞嘧啶在 DNA 上并不是随机分布的：基因的 5'端和 3'端往往富含甲基化位点，而启动子 DNA 上的甲基化密度与基因转录受抑制的程度密切相关（朱玉贤等，2007）。DNA 甲基化可通过有丝分裂和减数分裂遗传（Park et al.，1996）。基因启动子区内 CpG 位点的甲基化可能通过 3 种方式影响该基因转录活性（Attwood et al.，2002）：①DNA 甲基化直接阻碍转录因子的结合；②甲基 CpG 结合蛋白（methyl-CpG-binding protein，MBP）结合到甲基化 CpG 位点，与其他转录复合抑制因子相互作用或结合组蛋白修饰酶改变染色质结构；③染色质的凝集阻碍转录因子与其调控序列的结合。

DNA 甲基化在果树中普遍存在，其状态的改变会使植物发生芽变现象（Cai et al.，1996）。Li 等（2002）发现，苹果叶片 DNA 甲基化程度会随着生长环境的变化而改变。Asins 等（1999）发现，DNA 甲基化能够降低反转录转座子的活性，从而降低芽变发生的频率。Finnegan 等（2003，1993）发现降低拟南芥 DNA 甲基化水平，会使植株表型和发育不正常，如植株变小、叶片形状和大小发生改变、顶端优势消失等。Soppe 等（2003）发现与拟南芥野生型相比，在拟南芥突变体中 *FWA* 基因的 5′端处于甲基化状态，因此 *FWA* 基因不能表达，导致开花延迟。郝玉金（2000）发现离体保存的柑橘愈伤组织胚状体再生能力增强，同时伴随着 DNA 甲基化程度的降低；超低温保存的苹果和草莓茎尖恢复生长过程中生根能力增强，也伴随着 DNA 甲基化程度的降低。洪柳和邓秀新（2005）应用甲基化敏感扩增多态性（MSAP）技术对 24 个脐橙品种胞嘧啶甲基化模式和程度进行评估，结果发现 DNA 甲基化在脐橙中发生频繁，且品种之间的甲基化模式存在较大差异。Islam 等（2015）对黄皮'嘎啦'芽变品种'Blondee'与其母本'Kidd's D-8'的转录组研究表明，黄皮芽变中的花青苷合成部分结构基因和主要调节基因 *MdMYB10* 的表达是下调的，对 *MdMYB10* 基因上、下游鉴定，确定没有碱基的插入/缺失；对 *MdMYB10* 基因启动子甲基化水平检测发现，黄皮芽变 *MdMYB10* 基因启动子的 MR3 和 MR7 区域甲基化水平高于红皮母本。

4. 反转录转座子的插入

反转录转座子是一种可移动的遗传元件，因其转座需经过由 RNA 介导的反转录过程而得名。自从 1984 年第一例植物反转录转座子报道以来（Shepherd et al.，1984），在许多植物中也相继发现反转录转座子的存在（Price et al.，2002；Hernardez et al.，2001；Linares et al.，2001；Verries et al.，2000）。近年来研究发现，反转录转座子在所有植物基因组中都普遍存在，具有高度的异质性，对植物基因组的结构、功能和进化有重要的作用（王惠聪等，2002；仝月澳和周厚基，1982）。反转录转座子是构成植物基因组的主要成分，以多拷贝形式出现。其转座过程是转座因子的 DNA 先被转录成 RNA，再借助反转录酶/核糖核酸酶 H 反转录成 DNA，插入新的染色体位点。反转录转座子通过复制实现转座，增加了转座因子的拷贝数，从而极大地增加了植物基因组（朱玉贤等，2007）。反转录转座子能通过插入基因附近或内部而导致基因突变或重排，引起基因表达的失活或改变，并且因其特有的复制模式，保留了插入位点的序列，引起的突变相对稳定。由于反转录转座子具有存在广泛、高拷贝数、插入位点专一等特点，在研究植物基因组的组成、表达调控、进化、系统发育及生物多样性评价中已经受到了广泛的关注。研究发现，在果树如苹果（Yao et al.，2001）、桃、梨（Shi et al.，2002）和柑橘（Tao et al.，2005；Rico-Cabanas and Martinez-Izquierdo，2007）等基因组中也广泛存在反转录转座子。ACC 合酶基因启动子处插入了一个 162bp 的反转录转座子元件，可能引起苹果耐贮藏性的改变（Harada et al.，2000）。Yao 等（2001）认为，*Mdpl* 和 *Mdap3* 基因内含子中反转录转座子的插入，导致了无籽苹果的产生。Kobayashi 等（2004）发现，葡萄白皮品种中出现紫色变异，是由于反转录转座子插入花青苷合成关键酶基因中。

三、苹果短枝型芽变的研究进展

自从 1956 年美国发表苹果短枝型芽变品种'新红星'以来，短枝型芽变品种已引起果树界的普遍重视。苹果短枝型芽变由体细胞遗传物质突变引起，大多表现为遗传嵌合体形式（Mehcriuk，1989）。如同很多芽变一样，短枝型芽变是发生在一个基因位点上的突变。短枝型芽变品种与原来品种基因型的差异，仅仅是单个基因，在遗传学上称为等基因系。短枝型芽变苹果与普通苹果相比，具有较高的光饱和点和较低的光补偿点，因而短枝型芽变苹果光能利用率高、呼吸消耗少、能够积累较多的光合产物（陈宏等，1991；杨建民和王中英，1994）。张玉萍等（1994）发现在不同年份和不同时期，短枝型芽变苹果叶片中脱落酸含量均高于非短枝型芽变苹果。杨佩芳等（2000）发现与非短枝型芽变苹果相比，短枝型芽变苹果导管分子畸形较多、端尾较长、次生壁较厚。在分子生物学方面，张今今等（2000）和祝军等（2000a）分别利用 RAPD 和 AFLP 分子标记技术，获得了能够区分短枝型芽变苹果和普通苹果的多态性片段。

赤霉素（GA）是植物体内一种重要的生长调节物质，能够参与调控茎的伸长、种子萌发、叶片展开和果实发育等多个植物生长发育过程（Olszewski et al.，2002；Richards et al.，2001）。GA 是一类双萜物质，由 4 个异戊二烯单位组成。GA 普遍存在于高等植物中，含量最高的部位是植株生长旺盛部位，如茎端、根尖和种子，而合成的部位是芽、幼叶、幼根。GA 的合成具有非常复杂的过程（Graebe，1987）。Looney 和 Lane（1984）研究表明，苹果短枝型芽变枝条茎尖的 GA 含量要显著低于非短枝型芽变品种。牛自勉等（1996）认为花芽分化期间短枝型芽变苹果'红富士'的 GA 含量与'长富二号'（非短枝型芽变）差异不显著。

GA 主要作用于枝条节间的伸长，不促进节数的增加。与 GA 相关的矮化突变体可分为两类：GA 合成型矮化突变体和 GA 感知型矮化突变体。

1. GA 合成型矮化突变体

GA 合成型矮化突变体中 GA 的生物合成和代谢途径异常，导致植物体内缺乏内源 GA，使植物表现为矮化、叶片颜色加深（Wolfgang et al.，2002）。外源使用 GA 可以使突变体恢复至野生表型。使用 GA 处理 GA 合成型矮化突变体的效果非常明显，能够显著促进植物茎的伸长生长，但对离体茎切段的伸长没有明显的促进作用。GA20 氧化酶（GA20ox）和贝壳杉烯氧化酶（KO）是植物 GA 合成途径中的关键酶，其功能缺失型突变体表现为矮化和叶片颜色加深等特点（Coles et al.，1999）。GA 过量代谢同样能够使植株矮化。拟南芥、水稻等植物中过量表达促进 GA 分解代谢的 GA20 氧化酶，可造成植株节间长度缩短和矮化（Schomburg et al.，2003；Sakamoto et al.，2003；Busov et al.，2003）。

2. GA 感知型矮化突变体

目前，已经发现了许多 GA 感知型矮化突变体，这种矮化现象是由于植物不能对 GA 进行有效感应。此类矮化突变体表现为，外施 GA 不能恢复植物的野生表型。对于 GA 感知型矮化突变体在分子领域的研究，人们发现了植物 GA 信号转导过程中的重要组成部分，并提出了 GA-GID1-DELLA 分子模型。

拟南芥 gai 突变体是显性 GA 不敏感型矮化突变体，与野生型对比后发现，gai 突变体因其可读框蛋白产物缺失了 17 个氨基酸的片段而使其功能域丧失，减弱了植株对 GA 的响应，将这段响应 GA 的功能域命名为 DELLA 功能域（Koornneef and van der Veen，1980；Peng and Haberd，1993）。把 gai 转入苹果和番茄后发现，转基因的植株表现为矮化、节间变短、株型紧凑（Marti et al.，2007；Zhu et al.，2008），通过嫁接试验也证明 *gai* 转录物能够通过韧皮部在组织间运输（Haywood et al.，2005）。人们在拟南芥不敏感型矮化突变体中又鉴定出 *RGA*（*Repressor of ga*）和 *RGL*（*RGA-like*）基因，它们与 *GAI* 有很高的同源性（Silverstone et al.，1997，1998；Lee and Zeevaart，2007）。

赤霉素受体 *GID1* 基因首次在水稻中被克隆出来，这对阐明 GA-GID1-DELLA 分子模型起了非常重要的作用（Ueguchi-Tanaka et al.，2005）。GID1 是一种可溶性 GA 受体，定位在细胞核内，它对 GA 有较高的亲和性。酵母双杂交试验发现，在 GA 存在的条件下，GID1 能够与水稻的 DELLA 蛋白——SLR1 特异结合。由此表明，GID1 与 SLR1 的结合是依赖于 GA 的，而且这种结合促进了 DELLA 的降解，从而促进植株节间伸长。

在拟南芥中，编码 GA 受体的基因功能缺失型矮化突变体都表现出不能响应 GA（Griffiths et al.，2006；Willige et al.，2007）。Nakajima 等（2006）发现，在拟南芥基因组中有 3 个水稻 *GID1* 的同源基因，将每个基因分别转入水稻 *gid1* 突变体中都能导致水稻矮化，但拟南芥中每个基因的单突变没有产生明显的矮化表型。GID1 能够与 SLR1 的保守功能域 I 和 II 特异结合，这种特异结合提高了 SLR1 与 E3 泛素连接酶复合物（SKP1-CUL1-F-box，SCF）家族的亲和性，促进了 SLR1 的泛素化和降解，最终促进了植株节间的伸长（Peng et al.，1999；Feng et al.，2008）。对蛋白质晶体结构方面的研究表明，GID1 蛋白中央能够容纳具有活性的 GA，与 GA 的结合促使 GID1 的 N 端发生变化，这种变化使 GID1 蛋白与 DELLA 蛋白的功能域 I 和 II 特异结合。GA-GID1-DELLA 复合体的形成促进 DELLA 蛋白的 C 端发生变化，激发了 DELLA 与 SCF 的 E3 泛素连接酶结合，从而促进了 DELLA 的降解，促进了植株节间的伸长。

综合前人的研究结果，GA-GID1-DELLA 分子模型可归纳为以下几点：①DELLA 蛋白能够抑制植株节间的伸长。②在 GA 存在的情况下，GID1 能够与 DELLA 蛋白相结合，从而降低了 DELLA 蛋白对植株节间伸长的抑制作用。③GA 可促进 DELLA 蛋白的泛素化降解，从而解除 DELLA 的抑制作用。

第二节　苹果芽变机理

一、苹果红色芽变机理

（一）'国光'苹果红色芽变机理

1. 花青苷含量及相关酶活性

本课题组以'国光'苹果及其红色芽变母株为试材，开展红色芽变机理研究，结果发现红色芽变母株和'国光'果实发育过程中花青苷及叶绿素含量的变化趋势一致。在整个发育期，红色芽变母株的花青苷含量都明显高于'国光'，且红色芽变母株花青苷的合成早于'国光'。叶绿素开始降解的时间与花青苷开始合成的时间大致吻合（图 4-1）。进一步对果实发育过程中花青苷合成相关酶活性进行比较，研究发现红色芽变母株和'国光'苹果果皮的苯丙氨酸解氨酶（PAL）、UDP-葡萄糖类黄酮-3-*O*-糖基转移酶（UFGT）

活性变化趋势基本一致，且两个品种间酶活性均无明显差异。红色芽变母株的查耳酮异构酶（CHI）和二氢黄酮醇-4-还原酶（DFR）的活性在大部分发育期高于'国光'（图4-2）（沈德绪，1997）。

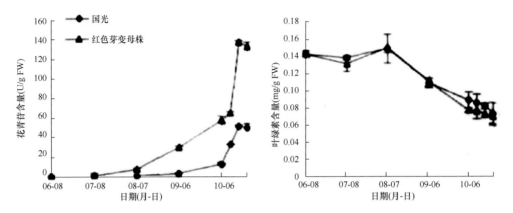

图 4-1 '国光'及其红色芽变母株果实发育过程中花青苷和叶绿素含量的变化（Xu et al.，2012）

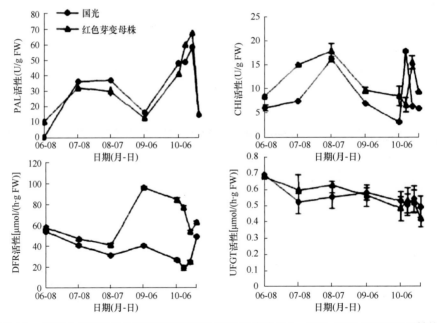

图 4-2 '国光'及其红色芽变母株果实发育过程中果皮的 PAL、CHI、DFR 和 UFGT 活性的变化（Xu et al.，2012）

2. 花青苷合成相关基因序列及表达分析

果实发育过程中花青苷合成结构基因表达分析显示，在正常光照条件下，*MdCHS* 和 *MdF3H* 呈持续上升的趋势，而 *MdCHI*、*MdDFR1* 和 *MdLDOX* 则呈先升高后下降的趋势，*MdUFGT* 呈先升高后下降再升高的变化趋势，套袋处理可抑制这 6 个基因的表达。除 *MdCHI* 外，另外 5 个基因在红色芽变母株果皮中的表达量为'国光'中的 1.5～3 倍（图 4-3）。

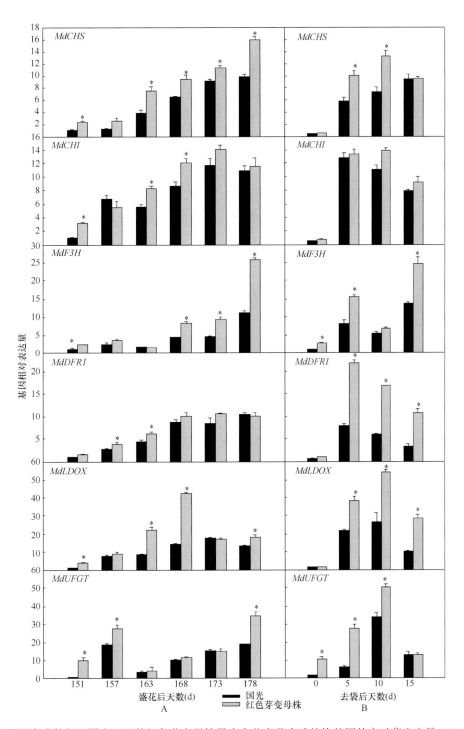

图 4-3 果实成熟期'国光'及其红色芽变母株果皮中花青苷合成结构基因的实时荧光定量 PCR 检测
（Xu et al.，2012）

A. 正常光照条件下的果实；B. 套袋处理的果实。检测的 6 个结构基因分别是 *MdCHS*（CN944824）、*MdCHI*（CN946541）、*MdF3H*（CN491664）、*MdDFR1*（AF117268）、*MdLDOX*（AF117269）和 *MdUFGT*（AF117267）。*表示在 *P*<0.05 水平上
差异显著

本课题组还分析了果皮中黄酮醇合成基因 *MdFLS* 及原花青素合成基因 *MdLAR1* 和 *MdANR* 的表达水平。研究发现盛花后 151d 起 *MdFLS* 表达量迅速上升，到盛花后 168d 时达到最高水平，之后逐渐下降，成熟期红色芽变母株 *MdFLS* 表达量明显低于'国光'（图 4-4）。课题组进一步分析了调控花青苷合成的调控基因 *MdMYB1*、*MdMYB10*、*MdbHLH3* 和 *MdbHLH33* 的表达。序列分析结果表明，从'国光'及其红色芽变母株中扩增出这 4 个基因的编码区序列完全一致。

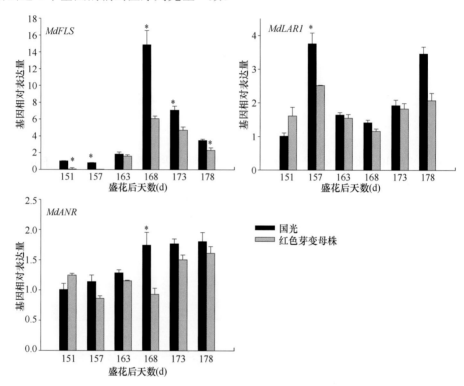

图 4-4　果实成熟期'国光'及其红色芽变母株果皮中 *MdFLS*（AF119095）、*MdLAR1*（AY830131）和 *MdANR*（AY830130）3 个基因的实时荧光定量 PCR 检测（Xu et al., 2012）

*表示在 *P*<0.05 水平上差异显著

3. *MdMYB1* 基因启动子序列比对及其甲基化检测

本课题组利用高效热不对称交错 PCR（hiTAIL-PCR）扩增 *MdMYB1* 基因上游启动子序列，经过序列比对发现，*MdMYB1* 的启动子序列在红色芽变母株与'国光'中完全一致，无反转录转座子的插入/缺失以及其他类型的突变发生；进一步利用亚硫酸氢盐测序技术检测并比较了'国光'及其红色芽变母株果皮中 *MdMYB1* 启动子区域的甲基化状态，结果发现 CpG 位点的甲基化水平前者约为后者的 1.5 倍，因此，红色芽变母株中 *MdMYB1* 表达量的升高可能是启动子区域甲基化程度降低造成的（图 4-5）（Xu et al., 2012）。

（二）'红富士'苹果红色芽变机理

'烟富 3 号'苹果是'长富 2 号'的红色芽变，而'烟富 8 号'是'烟富 3 号'的红色芽变。为此，以'长富 2 号''烟富 3 号'和'烟富 8 号'3 个品种为试材开展相关研究。

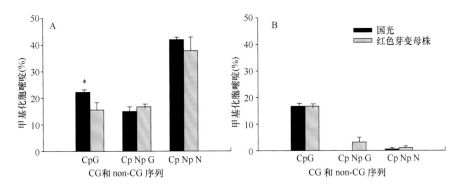

图 4-5 盛花后 168d 果皮中 *MdMYB1* 启动子区域甲基化程度（Xu et al.，2012）
A. 片段 1：–965～–416；B. 片段 2：–405～–16。*表示在 *P*<0.05 水平上差异显著

1. 发育后期果实花青苷含量检测

摘袋后'长富 2 号''烟富 3 号''烟富 8 号'果皮花青苷含量检测结果见图 4-6。由图 4-6 可以看出，'烟富 8 号'果实的着色程度和果皮花青苷含量显著高于其亲本'烟富 3 号'和'长富 2 号'。

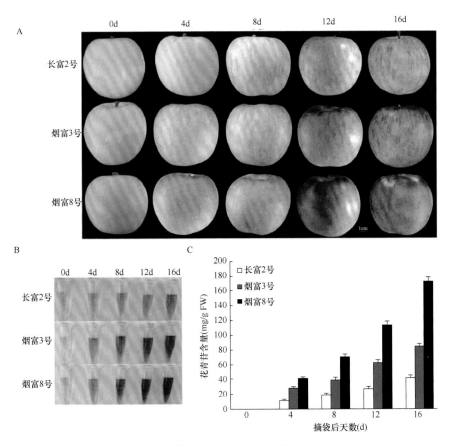

图 4-6 3 个苹果品种摘袋后花青苷含量变化（Jiang et al.，2020）
A. '长富 2 号''烟富 3 号''烟富 8 号'摘袋后 16d 的着色情况；B. 花青苷提取液；C. 花青苷含量

2. 花青苷合成相关基因表达分析

'烟富 3 号'和'烟富 8 号'的 *MdCHI*、*MdCHS*、*MdF3H*、*MdDFR*、*MdANS*、*MdUFGT*、*MdMYB1*、*MdbHLH3* 和 *MdbHLH33* 等基因相对表达量均高于'长富 2 号'（图 4-7）。

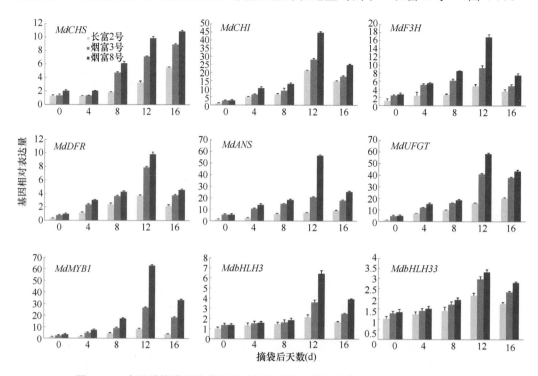

图 4-7　3 个品种摘袋后花青苷合成相关基因表达量变化（Jiang et al.，2020）

3. *MdMYB1* 基因序列分析

MdMYB1 的编码序列及基因序列从 3 个品种摘袋后 12d 的果皮中获得，结果显示，3 个品种中 *MdMYB1* 的 cDNA 以及 gDNA 序列上没有碱基的突变及错配。

4. *MdMYB1* 启动子区域甲基化水平

检测了 3 个品种中 *MdMYB1* 启动子区域甲基化水平。从'长富 2 号''烟富 3 号''烟富 8 号'中提取 gDNA，用 *Mcr*BC 核酸内切酶消化，接着用半定量 PCR 来扩增。*MdMYB1* 启动子分为 4 段，包括全部区域。*Mcr*BC-PCR 结果表明，只在 MR3 区域表现出 3 个品种的甲基化差异。MR1 和 MR2 区域都表现出低甲基化水平，而 MR4 区域只有'烟富 3 号'表现为高甲基化。以上结果表明，*MdMYB1* 启动子的 MR3 区域在 3 个品种中有显著差异（图 4-8A）。

为了进一步验证这个结果，采用 *Mcr*BS-PCR 实验来检测 3 个品种中 MR3 区域的甲基化水平，数据表明，3 个品种 MR3 区域甲基化水平不同。MR3 区域的全甲基化水平'长富 2 号'最高，'烟富 3 号'次之，'烟富 8 号'最低。3 个品种中 CHH 甲基化水平与全甲基化水平相似。'烟富 3 号'和'烟富 8 号'表现为相似的 CG 甲基化，但均低于'长

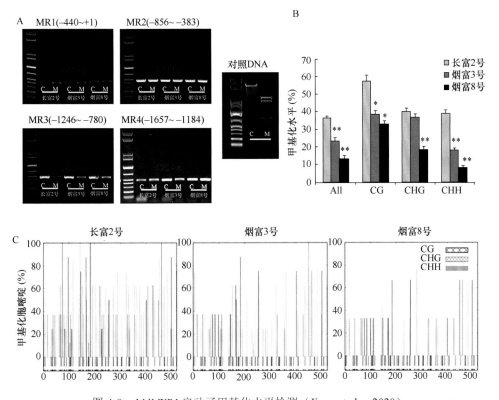

图 4-8 *MdMYB1* 启动子甲基化水平检测（Jiang et al.，2020）

A. *Mcr*BC-PCR 检测 *MdMYB1* 启动子甲基化水平，以消化后的 gDNA 为模板，*Mcr*BC-PCR 扩增条带在 1% 的琼脂糖凝胶上显示，C 代表对照，M 代表消化后的条带；B. *Mcr*BS-PCR 检测 MR3 区域甲基化水平，All 代表全甲基化水平，CG、CHG、CHH 代表 3 种不同类型的甲基化方式；C. 3 个富士品种平均甲基化水平。*表示在 *P*<0.05 水平上有显著差异；**表示在 *P*<0.01 水平上有显著差异

富 2 号'；而 CHG 甲基化在 '长富 2 号' 和 '烟富 3 号' 中相似，但都高于 '烟富 8 号'。上述结果表明，在 3 个品种中 CHH 甲基化似乎是主要的（图 4-8B，C）。

为证明甲基化与花青苷含量及 *MdMYB1* 表达量的关系，相关性分析表明，花青苷含量与 *MdMYB1* 的表达量正相关，而启动子 M3 区域的甲基化水平与花青苷含量（$r_{MR3}=-0.828$，$P=1.05 \times 10^{-3}$）及 *MdMYB1* 的表达量（$r_{MR3}=-0.828$，$P=1.05 \times 10^{-3}$）负相关。上述结果表明，CHH 甲基化可能在 *MdMYB1* 转录中起重要作用。

5. MdAGO4 结合 *MdMYB1* 启动子

在拟南芥中，AtAGO4 结合靶基因启动子介导 CHH 甲基化，调控基因表达，同时在拟南芥 *ago4* 突变体中，CHH 甲基化水平显著降低。因此，我们推测苹果 MdAGO4 也可能结合 *MdMYB1* 启动子。本课题组从苹果基因组中找到了与拟南芥 *AtAGO4* 同源的两个基因 *MdAGO4-1* 和 *MdAGO4-2*。用酵母单杂交实验来验证 MdAGO4-1/2 是否结合 *MdMYB1* 启动子，结果发现，MdAGO4-1/2 可以结合 *MdMYB1* 启动子（图 4-9B）。为了确定 MdAGO4-1/2 结合 *MdMYB1* 的准确位置，我们将 *MdMYB1* 基因启动子分成 4 段（图 4-9A），并分别克隆到 pHIS2 载体中。进一步的酵母单杂交实验表明，MdAGO4s 只能结合 *MdMYB1* 启动子的 p4 段（−382～−1）。

本课题组接着用染色质免疫沉淀（ChIP）实验在体内验证 MdAGO4-1/2 是否结合 *MdMYB1* 启动子。以 35S::*MdAGO4s-GFP* 转基因愈伤组织为研究对象，并以 35S::GFP 转基因愈伤组织作为对照。将 p4 片段分成 c2、c3 两段，通过酵母单杂交实验验证不结合的片段 c1 作为对照。c3 片段能够在 35S::*AGO4s-GFP* 转基因愈伤组织中富集，证明 MdAGO4-1/2 能够在体内结合 *MdMYB1* 启动子的 c3 片段（图 4-9）。

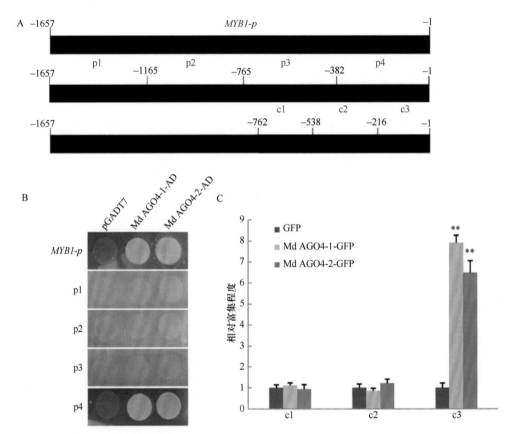

图 4-9　MdAGO4-1/2 与 *MdMYB1* 启动子互作验证（Jiang et al.，2020）

A. *MdMYB1* 启动子，p1～p4 代表用于酵母单杂交的启动子片段，c1～c3 代表用于 ChIP 实验的启动子片段；B. 酵母单杂交显示 MdAGO4-1/2 与 *MdMYB1* 启动子的 p4 段互作，以空 AD 载体作为对照；C. ChIP 实验说明 MdAGO4-1/2 在体内结合 *MdMYB1* 启动子的 c3 区域，以转 GFP 的 '王林' 苹果愈伤组织为对照。**表示在 *P*<0.01 水平上有显著差异

6. MdAGO4s、MdDRM2s 和 MdRDM1 形成蛋白质复合体

在拟南芥中，AGO4、DRM2 和 RDM1 能够形成蛋白质复合体。在苹果基因组中，我们找到了与拟南芥 *DRM2* 同源的两个同源基因，分别为 *MdDRM2-1* 和 *MdDRM2-2*；找到了拟南芥 *RDM1* 的一个同源基因 *MdRDM1*。为了在苹果中验证这一结果，我们进行了免疫共沉淀（CoIP）实验和 pull-down 实验来验证 MdAGO4s、MdDRM2s 和 MdRDM1 的互作关系。由图 4-10 和图 4-11 可以看出，MdAGO4s、MdDRM2s 和 MdRDM1 能够在体内和体外两两互作形成蛋白质复合体。

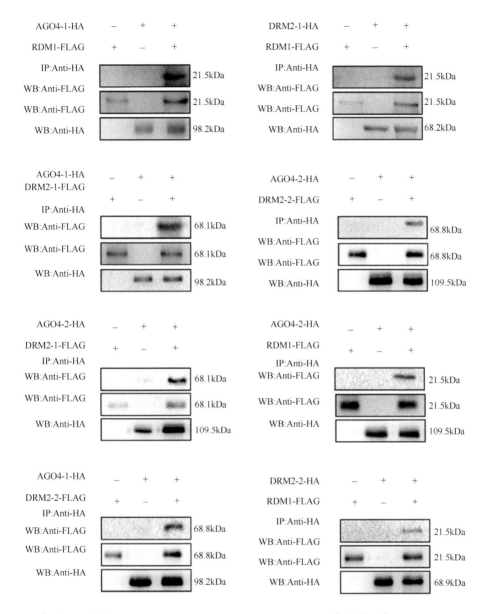

图 4-10　免疫共沉淀实验验证 MdAGO4s、MdDRM2s 和 MdRDM1 之间的互作（Jiang et al.，2020）

7. *MdAGO4s* 和 *MdDRM2s* 异源转化拟南芥突变体提高 CHH 甲基化水平

　　AGO4 是维持其结合位点 CHH 甲基化所必需的。因此，本课题组将 *MdAGO4s* 和 *MdDRM2s* 分别在拟南芥突变体 *ago4* 和 *drm2* 中异源表达。将这几个基因转入拟南芥，通过抗生素筛选后，对得到的阳性苗进行下一步检测（图 4-12A）。DNA 从 12d 的小苗获得，然后通过 3 种甲基化敏感的限制性内切酶（*Alu* I、*Hae* III、*Dde* I）消化，消化的 DNA 用来 PCR 检测，AGO4 结合启动子区域的 CHH 甲基化水平在过表达 *MdAGO4s* 和 *MdDRM2s* 后得到恢复（图 4-12B～D）。结果表明，过表达 *MdAGO4s* 和 *MdDRM2s* 能够恢复 *ago4* 和 *drm2* 突变体的表型，并增加 AGO4 结合启动子区域

CHH 甲基化水平。

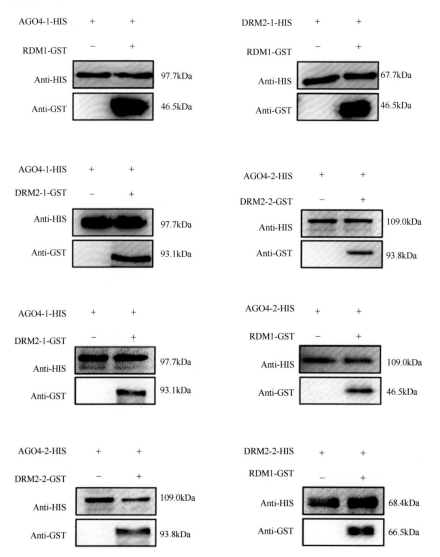

图 4-11　pull-down 实验验证 MdAGO4s、MdDRM2s 和 MdRDM1 之间的互作（Jiang et al.，2020）

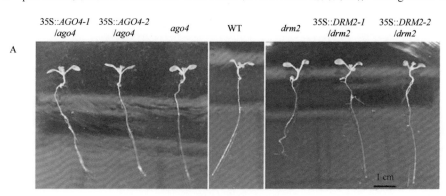

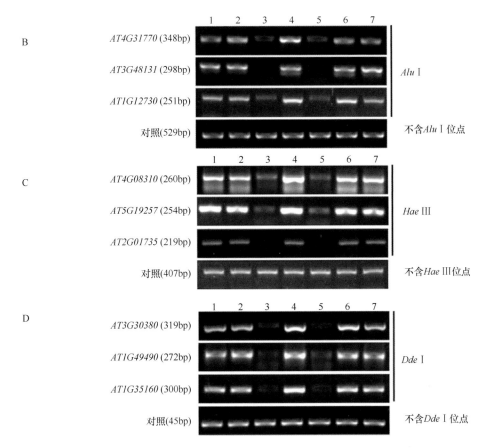

图 4-12 异源表达 *MdAGO4s* 和 *MdDRM2s* 可恢复拟南芥 *ago4* 和 *drm2* 突变体中 AGO4 结合
位点的 CHH 甲基化水平（Jiang et al.，2020）

10d 的野生型（WT）拟南芥、*ago4* 突变体、*drm2* 突变体和转基因拟南芥（35S::*AGO4-1/21/ago4* 和 35S::*DRM2-1/2/drm2*）
表型（A）；通过 3 种甲基化敏感的限制性内切酶 *Alu* I（B）、*Hae* III（C）和 *Dde* I（D）分析 DNA 甲基化。从 12d 的幼
苗中提取基因组 DNA，并通过 PCR 扩增消化过的基因组 DNA，以不含 *Alu* I（IGN5）、*Hae* III（AT5G27860）和 *Dde* I
（AT2G36490）位点的序列为对照；1~7 分别表示 35S::*AGO4-1/ago4*、35S::*AGO4-2/ago4*、*ago4*、WT、*drm2*、35S::*DRM2-1/drm2*、
35S::*DRM2-2/drm2*

8. 苹果愈伤组织中过表达 *MdAGO4s*、*MdDRM2s* 增加 *MdMYB1* 启动子 CHH 甲基化水平

为了验证 MdAGO4s 和 MdDRM2s 蛋白的功能，本研究将 *MdAGO4-1*、*MdAGO4-2*、*MdDRM2-1* 和 *MdDRM2-2* 4 个基因分别转入'王林'苹果愈伤组织（图 4-13A）。得到的转基因愈伤组织用 Western blot 验证后（图 4-13B），检测了转基因 *MdAGO4s* 和 *MdDRM2s* 愈伤组织以及野生型愈伤组织花青苷合成基因的表达量。结果发现，两种转基因愈伤组织中花青苷合成基因表达量均低于它们在'王林'野生型愈伤组织中的表达量（图 4-14A）。

为了更直观地表现 MdAGO4s 与 MdDRM2s 对花青苷合成途径的作用，本研究将 *MdAGO4-1*、*MdAGO4-2*、*MdDRM2-1* 和 *MdDRM2-2* 4 个基因转入了红肉苹果愈伤组织（图 4-15A），得到的转基因愈伤组织用 Western blot 验证（图 4-15B），过表达 *MdAGO4s*

与 *MdDRM2s* 基因后，愈伤组织都变为浅红色，花青苷合成明显被抑制，着色变差。除此之外，转基因愈伤组织中花青苷合成途径的结构基因与调节基因的表达相对于野生型

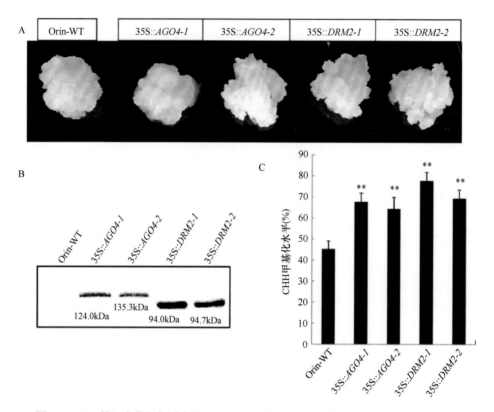

图 4-13 '王林'愈伤组织过表达 *MdAGO4s* 和 *MdDRM2s* 基因（Jiang et al.，2020）

A. 野生型（Orin-WT）及过表达 *MdAGO4s* 和 *MdDRM2s* 基因的'王林'愈伤组织；B. Western blot 验证转基因愈伤组织结果；C. *MdMYB1* 启动子的 CHH 甲基化水平检测。**表示在 *P*<0.01 水平上差异极显著

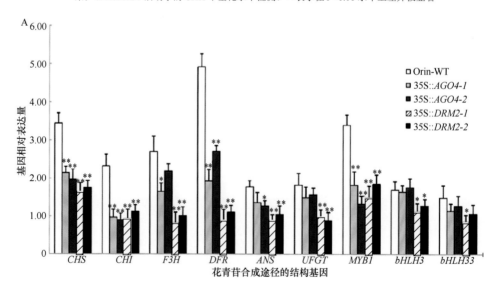

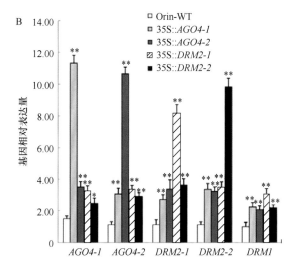

图 4-14 转基因'王林'愈伤组织花青苷途径（A）和 RdDM 途径（B）基因相对表达量

（Jiang et al.，2020）

*表示在 $P<0.05$ 水平上有显著差异；**表示在 $P<0.01$ 水平上有极显著差异

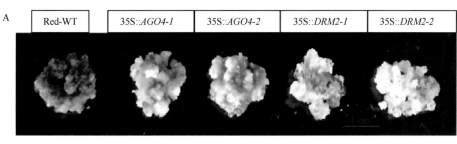

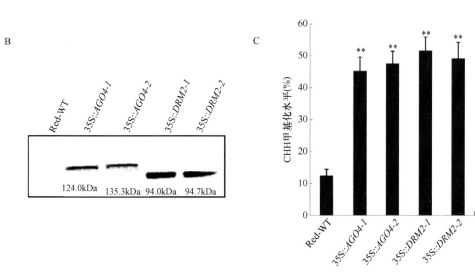

图 4-15 红肉苹果愈伤组织过表达 *MdAGO4s* 和 *MdDRM2s* 基因（Jiang et al.，2020）

A. 野生型（Red-WT）及过表达 *MdAGO4s* 和 *MdDRM2s* 基因的红肉苹果愈伤组织；B. Western blot 验证转基因愈伤组织结
果；C. *MdMYB1* 启动子的 CHH 甲基化水平检测。**表示在 $P<0.01$ 水平上有极显著差异

红肉苹果愈伤组织都显著被抑制（图 4-16A）。通过检测 *MdMYB10* 启动子甲基化水平发现，与红肉苹果愈伤组织野生型相比，转 *MdAGO4-1* 和转 *MdAGO4-2* 基因的红肉苹果愈伤组织的 CHH 甲基化水平分别升高了 3.6 倍和 3.8 倍，转 *MdDRM2-1* 和 *MdDRM2-2* 基因的红肉苹果愈伤组织的 CHH 甲基化水平分别升高了 4.1 倍和 3.9 倍（图 4-15C）。上述结果表明，*MdAGO4s* 和 *MdDRM2s* 在苹果 *MdMYB1* 启动子 CHH 甲基化形成中起重要的作用。

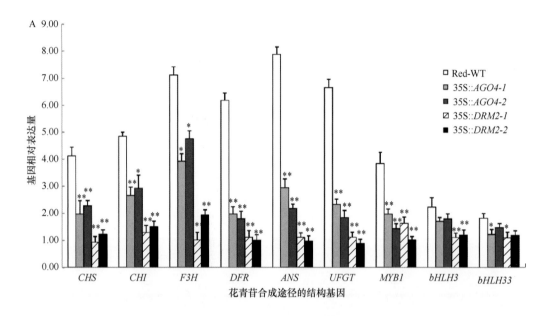

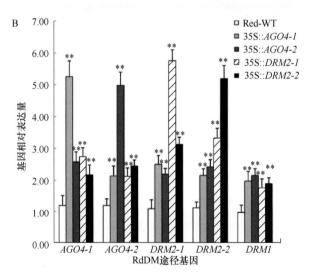

图 4-16　转基因红肉苹果愈伤组织花青苷途径（A）和 RdDM 途径（RNA 介导的 DNA 甲基化途径）（B）基因相对表达量（Jiang et al.，2020）

*表示在 *P*<0.05 水平上有显著差异；**表示在 *P*<0.01 水平上有极显著差异

9. MdAGO4s 结合 CHH 甲基化区域

在拟南芥中，AGO4 结合特定基因的启动子是由 Pol V 产生的长非编码 RNA（long non-coding RNA，lncRNA）介导的（Wierzbicki et al.，2009）。但是，本研究通过酵母单杂交实验发现 MdAGO4s 能够与 *MdMYB1* 启动子结合，而且似乎 MdAGO4s 与 *MdMYB1* 启动子是一种直接结合。Lahmy 等（2016）通过激光紫外辅助的零长度交联也发现了 RdDM 位点的 AGO4-DNA 相互作用。因此，需进一步验证 MdAGO4s 能否与拟南芥 AGO4 一样与发生甲基化的 MR3 区域结合。通过 ChIP-qPCR 实验，结果发现 MdAGO4s 的确能够与发生甲基化的 MR3 区域结合（图 4-17A）。

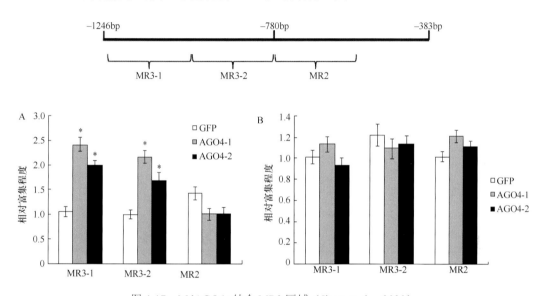

图 4-17　MdAGO4s 结合 MR3 区域（Jiang et al.，2020）

A. ChIP-qPCR 结果显示 MdAGO4-1/2 与 MR3 区域结合；B. 通过 RNA 干扰 *MdNRPE1* 抑制了 MdAGO4-1/2 与 MR3 区域的结合

随后，进一步干扰 Pol V 中 *MdNRPE1* 的表达，*MdNRPE1*-RNAi 的转基因愈伤组织通过 RNA 印迹和 RT-PCR 鉴定（图 4-18A，B）。随后的 ChIP-qPCR 实验表明，抑制 *MdNRPE1* 表达后 MdAGO4s 与 MR3 区域的结合被抑制了（图 4-17B）。上述结果表明，MdAGO4s 结合 CHH 甲基化区域需要 lncRNA 的参与。综上所述，这种 lncRNA 介导的 AGO4 结合 DNA 启动子在苹果中是保守的。

AGO4s 蛋白能够通过自身有内切酶活性的 PIWI 结构域促进 siRNA 的产生。因此，本实验也检测了转基因愈伤组织中 24nt siRNA 的丰度，siRNA 能够通过实时荧光定量 PCR 来检测。通过检测 MdAGO4s 转基因'王林'愈伤组织中 siRNA 水平发现，相对于野生型转基因愈伤组织，其 siRNA 水平增加了（图 4-18C）。综上所述，MdAGO4s 能够诱导 DNA 甲基化并且调控其结合位点 siRNA 的产生。

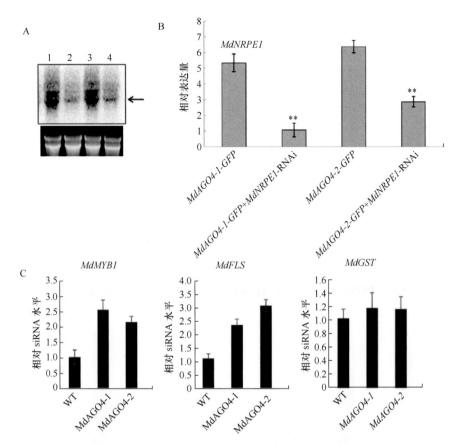

图 4-18 RNA 印迹和 RT-PCR 检测 RNA 对 *MdNRPE1* 的干扰和 siRNA 的定量（Jiang et al.，2020）

A. RNA 印迹检测 *MdNRPE1*-RNAi 愈伤组织中 *MdNRPE1* 的表达，泳道 1 表示 MdAGO4-1-GFP，泳道 2 表示 MdAGO4-1-
GFP+*MdNRPE1*-RNAi，泳道 3 表示 MdAGO4-2-GFP，泳道 4 表示 MdAGO4-2-GFP+*MdNRPE1*-RNAi；
B. *MdNRPE1*-RNAi 愈伤组织中 *MdNRPE1* 的相对表达量；C. 24nt siRNA 的定量

10. MdAGO4s 体外直接结合 *MdMYB1* 启动子

前期研究表明，MdAGO4s 能够在体内与 *MdMYB1* 启动子结合。因此，本实验进一步运用电泳迁移率变动分析（EMSA）来验证 MdAGO4 是否结合 *MdMYB1* 启动子。本研究将 MdAGO4s 体内结合的 c3 片段分为 4 段，并合成生物素标记的探针来进行 EMSA 验证，每个探针包含 47 个或 48 个碱基（图 4-19A）。EMSA 实验表明，MdAGO4s 只结合探针 2，不结合探针 1、探针 3、探针 4（图 4-19B）。

为了进一步寻找 MdAGO4s 的特异性结合序列，本研究将与 MdAGO4s 互作的探针 2 分成 5 个突变探针，分别为 2-m1、2-m2、2-m3、2-m4 和 2-m5（图 4-20A）。EMSA 结果显示，MdAGO4s 能够结合 2-m1、2-m2、2-m4 和 2-m5 4 个探针，而不能结合 2-m3（图 4-20B）。结果表明，完整的 m3 序列（GATATCAGAC）是 MdAGO4s 结合 *MdMYB1* 启动子所必需的。

为了进一步验证这一结果，本研究合成了两个额外启动子，分别是 *MdFLS*（类黄酮合成酶基因，含有 ATATCAGA 序列）和 *MdGST*（谷胱甘肽硫转移酶基因，含有 GATATCA 序列）（图 4-21A）。EMSA 结果显示，MdAGO4s 不能结合 *MdGST* 启动子，能够结合

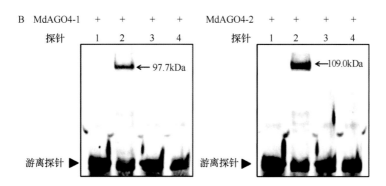

A　探针1: CACAAGTTAGACTGGTAGCTAATAACAACTGTTGGAATGTTTTAAACT

　　探针2: TGTCAGTGTTTGCTTCTGTGGATATCAGACATGCACGTCACTGGCCTT

　　探针3: GTAAGATTAATTAGGCCGATGGTATCCATAGCGTTAATGTCATGGCAA

　　探针4: ACACACTCTAATTATATATAATGGTAGCTAGGTGTCTTTCTGGAGTG

图 4-19　EMSA 实验验证 MdAGO4-1/2 与 *MdMYB1* 启动子之间的相互作用

A. 用于 EMSA 的与 *MdMYB1* 启动子互作的 4 个探针；B. EMSA 显示 MdAGO4-1/2 与探针 2 结合

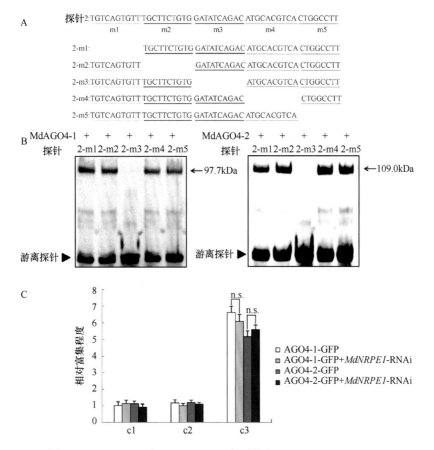

图 4-20　MdAGO4s 与 ATATCAGA 序列结合（Jiang et al.，2020）

A. 用于 EMSA 的 5 个突变探针；B. EMSA 显示 MdAGO4-1/2 与探针 2 不同突变探针的结合；C. ChIP-qPCR 结果显示
MdAGO4-1/2 在没有 siRNA 介导下与 c3 区域结合，n. s. 表示无显著差异

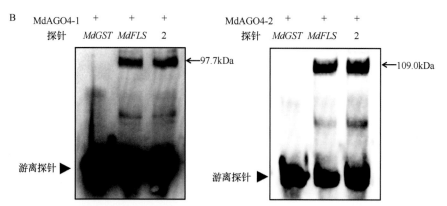

图 4-21　EMSA MdAGO4-1/2 与 *MdGST* 和 *MdFLS* 启动子的相互作用（Jiang et al.，2020）

A. EMSA 中使用的 *MdGST* 和 *MdFLS* 启动子；B. MdAGO4-1/2 与 *MdFLS* 启动子而不是 *MdGST* 启动子结合

MdFLS 启动子，虽然它相比于 GATATCAGAC 少两个碱基（图 4-21B）。综上所述，MdAGO4s 能够特异结合 ATATCAGA 序列。

在拟南芥中，AGO4 结合基因启动子是由 Pol V 产生的 lncRNA 介导的，lncRNA 诱导 AGO4 直接结合基因启动子上的非对称 DNA 并使其发生甲基化，参与调控目标基因的表达。本研究中，为了消除 lncRNA 的影响，本课题组在 *MdAGO4s* 转基因 '王林' 愈伤组织中沉默了 *MdNRPE1* 的表达。ChIP-qPCR 结果表明，在沉默 *MdNRPE1* 后，并不影响 MdAGO4s 与 c3 区域的结合（图 4-20C）。综上所述，MdAGO4s 可以通过 ATATCAGA 序列直接结合 *MdMYB1* 启动子。

11. '富士'红色芽变调控机理

如图 4-22 所示，一方面，苹果中 MdAGO4s 结合 *MdMYB1* 启动子上的 ABS（AGO4 binding site），然后招募 DNA 甲基转移酶 MdDRM2s，行使 DNA 甲基化功能；另一方面，lncRNA 介导 MdAGO4s 结合位点甲基化，修饰 *MdMYB1* 启动子，影响 *MdMYB1* 基因的表达，进而调控果实着色（Jiang et al.，2020）。

（三）DNA 甲基化组和转录组揭示苹果红色芽变差异

以'长富 2 号'（NF2）、'烟富 3 号'（YF3）、'烟富 8 号'（YF8）、'国光'（RL）和'山农红'（SNH）果实为试材，运用高通量测序手段来研究其表型差异机理（图 4-23）。

1. 不同苹果品种全基因组亚硫酸盐测序

通过全基因组甲基化测序，每个苹果品种产生 25Gb 的分析数据，相当于 38×新基因组大小的数据。这些数据中，162443704b-217667799b 能够特异地契合到参考基因组上。5 个苹果品种亚硫酸盐转化率达到 99.40% 以上。在这些数据中，CHH 位点的 C（胞嘧啶）甲基化水平最高，CG 次之，CHG 最低。

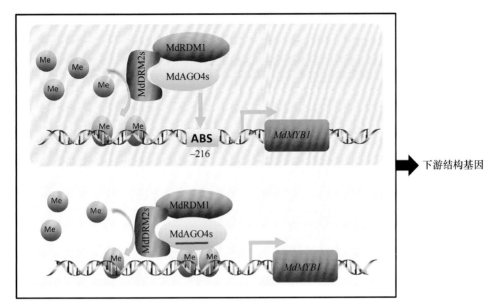

图 4-22　RdDM 途径对 *MdMYB1* 启动子进行表观遗传修饰的潜在模型（Jiang et al.，2020）

MdAGO4s、MdDRM2 和 MdRDM1 相互作用，形成沉默复合体。上面红色框内显示 MdAGO4s 与 *MdMYB1* 启动子中 ATATCAGA 序列结合；下面绿色框内表示 lncRNA 介导的 MdAGO4 结合启动子，招募 DNA 甲基转移酶 MdDRM2s，催化 *MdMYB1* 启动子的 CHH 甲基化，*MdMYB1* 调控花青苷生物合成基因的表达，从而控制花青苷的积累

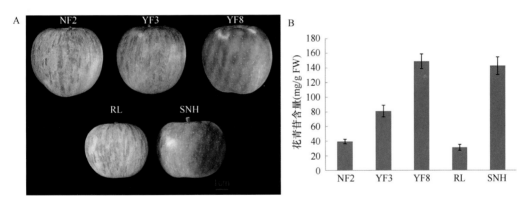

图 4-23　5 个苹果品种表型与果皮花青苷含量比较（Jiang et al.，2019）

A. 5 个苹果品种表型；B. 5 个苹果品种果皮花青苷含量

2. 苹果不同区域的 DNA 甲基化模式

为了探究苹果不同区域 DNA 甲基化模式，本研究分析了基因区域的甲基化水平。在苹果基因区域中，CG 的甲基化水平最高，CHG 次之，CHH 最低。重复区域和 CpG 岛表现出高的甲基化水平，表明这两个区域是调控基因表达的主要表观修饰区。CG 甲基化主要分布在基因的上下游区域。CHG 甲基化主要发生在基因上游和第一个内含子上，而 CHH 在第一个外显子和中间外显子有较低的甲基化水平（图 4-24）。

3. 红色芽变品种中差异甲基化区域分析

为了研究不同红色芽变品种 DNA 甲基化差异，本研究鉴定了 5 个苹果品种的差异

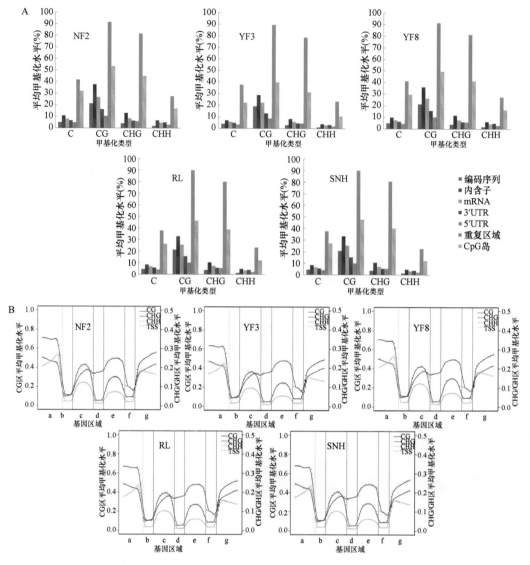

图 4-24　转录元件平均甲基化水平（Jiang et al.，2019）

A. 转录元件平均甲基化水平。B. 基因组水平上转录元件的 DNA 甲基化模式；a. 上游；b. 第一个外显子；c. 第一个内含子；d. 中间外显子；e. 中间内含子；f. 最后的外显子；g. 下游；TSS. 转录起始位点

甲基化区域（differentially methylated region，DMR）。结果发现，在‘长富 2 号’和‘烟富 3 号’（NF2/YF3）中检测到 13 405 个差异甲基化区域，在‘烟富 3 号’和‘烟富 8 号’（YF3/YF8）中检测到 13 384 个 DMR，在‘国光’和‘山农红’（RL/SNH）中检测到 10 925 个 DMR。将鉴定的 DMR 分成两组，分别是 DMR 相关基因和 DMR 相关启动子。在 NF2/YF3、YF3/YF8 和 RL/SNH 中，分别发现了 3039 个、2881 个和 2600 个 DMR 相关基因，以及 3059 个、2974 个和 2395 个 DMR 相关启动子（图 4-25A）。在 NF2/YF3 和 RL/SNH 中，有更多的低甲基化 DMR 相关基因和启动子，而在 YF3/YF8 中表现为相反的结果（图 4-25B）。上述结果表明，相对于‘烟富 3 号’和‘山农红’，高甲基化在‘长富 2 号’和‘国光’中普遍存在。GO 分析表明，DMR 相关基因参与不同的生物进

程，包括代谢过程、细胞过程、定位、单有机过程以及应对刺激反应等（图 4-25C）。DMR 相关启动子能够调控基因参与的代谢过程、细胞过程和定位（图 4-25D）。京都基因与基因组百科全书（KEGG）分析表明，这些 DMR 主要在甜菜色素合成和硫辛酸代谢中富集。

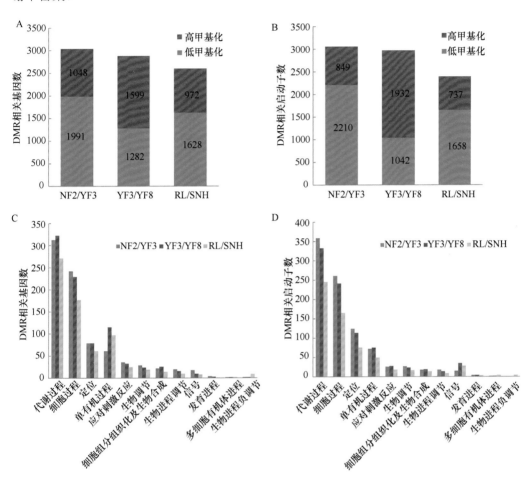

图 4-25　5 个苹果品种差异甲基化（Jiang et al.，2019）

NF2 和 YF3（NF2/YF3）、YF3 和 YF8（YF3/YF8）、RL 和 SNH（RL/SNH）中的差异甲基化区域相关基因（A）和启动子（B）的数量；GO 分析 DMR 相关基因（C）和启动子（D）

4. 红色芽变品种中差异表达基因表达量分析

为了探究红色芽变苹果中不同基因的表达水平，本研究对 5 个苹果品种进行了转录组测序，并得到了差异表达基因（differential expression gene，DEG）。分别在 NF2/YF3、YF3/YF8 和 RL/SNH 中发现了 1987 个（893 个上调表达和 1094 个下调表达）、956 个（501 个上调表达和 455 个下调表达）和 1180 个（714 个上调表达和 466 个下调表达）差异表达基因（图 4-26A）。GO 分析表明，这些差异表达基因可以行使不同的功能。例如，参与生化过程、作为细胞组分和行使细胞功能（图 4-26B）。KEGG 分析表明，这些差异表达基因主要在植物-病原体互作、次生代谢和代谢途径中富集（图 4-26C）。在这 3 组中，发现 69 个共有的差异表达基因；GO 分析表明，它们主要参与不同生物代谢和分子功能。这 69 个差异表达基因主要富集在次生代谢通路（图 4-26C）。

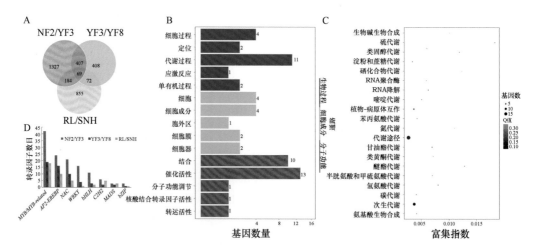

图 4-26　差异基因表达及 GO 分析（Jiang et al.，2019）

A. NF2/YF3、YF3/YF8 和 RL/SNH 中差异表达基因数目的维恩（Venn）图；B. NF2/YF3、YF3/YF8 和 RL/SNH 中差异表达基因的 GO 分析结果；C. NF2/YF3、YF3/YF8 和 RL/SNH 比较中对差异表达基因进行 KEGG 途径分析结果；D. NF2/YE3、YE3/YE8 和 RL/SNH 比较中差异表达基因中高度表达的转录因子的数目

5. 花青苷途径差异表达基因分析

为了研究不同差异表达基因与苹果红色芽变的关系，本研究重点分析了花青苷途径的差异表达基因。结果表明，2 个 *CHS* 基因、1 个 *DFR* 基因和 3 个 *ANS* 基因在'烟富3 号'中上调表达。在'烟富 8 号'中，2 个 *CHS* 基因、2 个 *CHI* 基因、1 个 *ANS* 基因和 3 个 *UFGT* 基因上调表达。上述结果表明，*CHS*、*ANS* 和 *UFGT* 这 3 个基因的上调表达，有助于'富士'芽变苹果的花青苷积累。除此之外，2 个 *CHS* 基因、1 个 *CHI* 基因、2 个 *ANS* 基因和 1 个 *UFGT* 基因的上调表达，可能是'山农红'积累更多花青苷的主要原因之一（图 4-27）。

除了合成基因，花青苷的转运基因也已经被报道，包括谷胱甘肽硫转移酶（GST）基因、多药和有毒化合物排出转运蛋白（multi-drug and toxic efflux，MATE）基因和 ATP 结合盒蛋白（ABC）基因。本课题组分析了花青苷途径转运蛋白基因的差异表达水平，结果表明，在 NF2/YF3 中，3 个 *GST* 基因、1 个 *MATE* 基因和 1 个 *ABC* 基因上调表达。在 YF3/YF8 中，2 个 *GST* 基因和 2 个 *ABC* 基因上调表达，而在 RL/SNH 中，9 个 *GST* 基因和 3 个 *ABC* 基因上调表达（图 4-27）。综上所述，花青苷转运蛋白基因的上调表达有助于红色芽变苹果花青苷的积累。

6. 差异表达基因（DEG）与差异甲基化区域（DMR）联合分析

为了研究 DNA 甲基化对基因表达的影响，本研究在基因组范围内分析了 DMR 与 DEG 的关系。在 NF2/YF3、YF3/YF8 和 RL/SNH 中，分别有 6.9%（137）、8.4%（80）和 8%（94）的 DEG 被鉴定为 DMR 相关基因；分别有 7.5%（149）、9.7%（93）和 7.3%（86）的 DEG 被鉴定为 DMR 相关启动子（图 4-28A）。进一步分析基因体发生高甲基化和启动子低甲基化的上调表达基因，结果发现，在 NF2/YF3 中，56 个上调表达基因的基因体发生高甲基化、70 个上调表达基因发生启动子低甲基化（在 YF3/YF8 中发现 39 个和 46 个；在 RL/SNH 中发现 63 个和 48 个）。同时，也分析了基因体发生低甲基化和启动子高甲基化的下调表达基因，结果表明，在 NF2/YF3 中，81 个下调表达基因的基因体发生低甲基化、79 个下调表达基因发生启动子高甲基化（在 YF3/YF8 中发现 41 个和 46 个；在 RL/SNH 中发现 31 个和 38 个）（图 4-28B、C）。

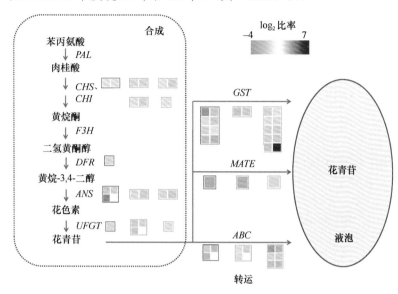

图 4-27　花青苷途径基因表达模式分析（Jiang et al.，2019）

PAL. 苯丙氨酸解氨酶基因；*CHS*. 查耳酮合成酶基因；*CHI*. 查耳酮异构酶基因；*F3H*. 类黄酮-3-羟化酶基因；*DFR*. 二氢黄酮醇-4-还原酶基因；*ANS*.花青苷合成酶基因；*UFGT*. UDP-葡萄糖类黄酮-3-*O*-糖基转移酶基因；*GST*. 谷胱甘肽硫转移酶基因；*MATE*. 多药和有毒化合物排出转运蛋白；*ABC*.ATP 结合盒蛋白基因；从绿色到红色，越绿代表下调程度越高，越红代表上调程度越高。红框、绿框、蓝框分别代表 NF2/YF3、YF3/YF8 和 RL/SNH 中差异表达的基因；同一条线上的框代表 3 个品种的相同基因家族

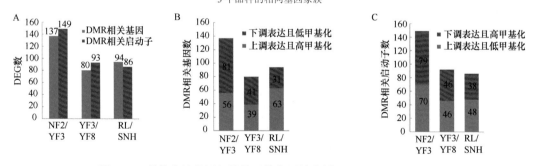

图 4-28　差异表达基因与差异甲基化区域分析（Jiang et al.，2019）

DEG 在 NF2/YF3、YF3/YF8 和 RL/SNH 比较中被鉴定为 DMR 相关基因和启动子（A），被鉴定为 DMR 相关基因的 DEG 数（B）和被鉴定为 DMR 相关启动子的 DEG 数（C）

　　同时，本研究也探究了基因表达模式与甲基化水平的关系。结果发现，大多数基因的表达是与基因体和启动子甲基化负相关的。例如，在 NF2/YF3 中，大多的基因体发生低甲基化导致基因下调表达。大多启动子发生高甲基化导致基因下调表达（图 4-29）。综上所述，基因表达的变化不总是随着 DNA 甲基化的改变而变化。

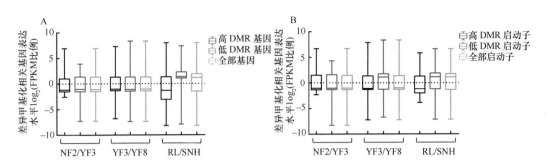

图 4-29　DNA 甲基化与基因表达的关系（Jiang et al.，2019）

箱型图显示 DMR 相关基因及启动子与基因表达的关系；方框表示四分位数，箱须表示基因表达量从最小值到最大值。
A. DMR 相关基因的对应基因表达模式；B. DMR 相关启动子的对应基因表达模式

7. 花青苷途径中 DMR 相关 DEG 分析

分析花青苷途径 DMR 相关 DEG，结果表明，在 NF2/YF3 中，*ANS* 基因的启动子发生低甲基化并上调表达，*ABC* 和 *GST* 基因的启动子发生高甲基化并下调表达。在 YF3/YF8 中，*F3H* 基因的启动子发生高甲基化并上调表达，*MATE* 基因的基因体发生低甲基化并下调表达。在 RL/SNH 中，*ANS* 基因的启动子发生高甲基化并上调表达。综上所述，花青苷结构基因的表达不仅受其甲基化水平影响，可能还受其他因素调控。

在非结构基因中，MYB 转录因子也被发现，*MYB114* 在 NF2/YF3 中基因体发生低甲基化并上调表达，但其在 YF3/YF8 和 RL/SNH 中基因体发生高甲基化并上调表达。此外，*MYB114* 在 YF3/YF8 和 RL/SNH 中上调表达，可能其在全红果实形成中起重要作用。综上所述，在红色芽变苹果中，结构基因和调节基因都受 DNA 甲基化的影响（Jiang et al.，2019）。

（四）苹果花青苷转运蛋白基因 *MdGSTF6* 的克隆与鉴定

从红色芽变苹果与其亲本果皮转录组数据中，得到了一个谷胱甘肽硫转移酶基因 *MdGSTF6*，其表达量在红色芽变苹果中上调，推测其参与花青苷途径，影响果实着色。

1. 苹果 *GST* 基因的鉴定与分析

本课题组从苹果基因组中找到了 69 个 *GST* 基因，并与拟南芥、玉米、龙血树 *GST* 基因建立了系统发育树（又称进化树）。苹果的 *GST* 基因总共可以分为 9 个家族，分别是 *GSTF*、*GSTU*、*GSTL*、*GSTZ*、*GSTT*、*GHR*、*EF1Bγ*、*TCHQD* 和 *DHAR*。其中，*F* 和 *U* 家族最大，分别含有 15 个和 37 个 *GST* 基因（图 4-30）。

2. 果实着色过程中苹果 *GST* 基因转录水平的变化

在植物中，*GST* 基因不仅参与不同的生物与非生物胁迫，而且参与许多内源代谢过程。为了研究 *GST* 基因与花青苷途径的关系，本课题组检测了 69 个 *GST* 基因在苹果着色过程中的变化。结果表明，在检测的 *GST* 基因中，有 8 个在果实着色过程中上调表达，2 个在果实着色过程中下调表达。在这些基因中，*MdGSTF6* 的表达在果实着色过程中逐渐增加（图 4-31）。相关性分析表明，*MdGSTF6* 与花青苷含量呈显著正相关关系（$r=0.949$），表明 *MdGSTF6* 可能在果实着色过程中起重要作用。

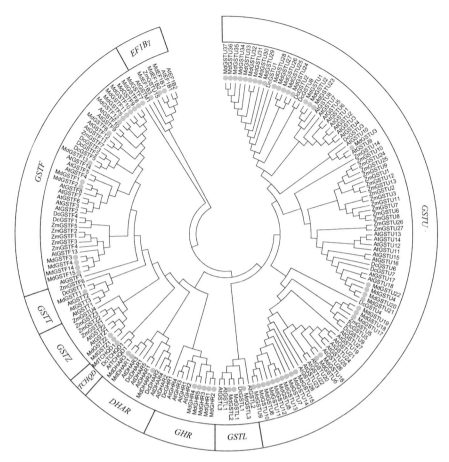

图 4-30　苹果、拟南芥、玉米、龙血树 *GST* 基因进化树分析（Jiang et al.，2019）

绿色圆点标注了苹果中的 *GST* 基因

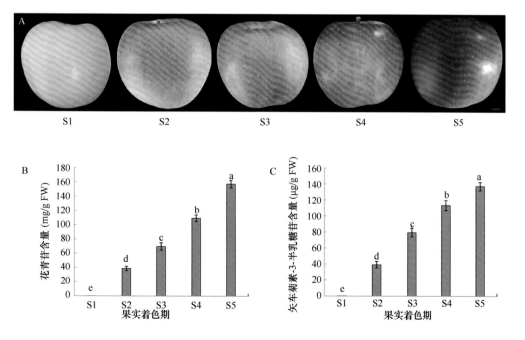

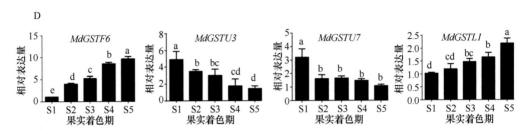

图 4-31 果实着色过程中花青苷等含量变化和 4 个 *GST* 基因表达模式（Jiang et al.，2019）

A. '烟富 8 号' 果实在不同发育期的表型；B. '烟富 8 号' 果实果皮花青苷含量；C. '烟富 8 号' 果实果皮矢车菊素-3-半乳糖苷含量；D. 苹果花青苷积累过程中 4 个 *GST* 基因的表达模式。S1～S5 分别代表着色第 0 天、第 4 天、第 8 天、第 12 天、第 16 天。不同小写字母表示在 *P*<0.05 水平上差异显著

3. 果实发育过程中 MdGSTF6 蛋白水平及序列分析

在果实发育过程中，MdGSTF6 蛋白的表达水平随着果实色泽的增加而增加，与其基因表达一致。系统发育树分析表明，MdGSTF6 与 PpRiant、FvRAP、VvGSTF12、AtTT19 同源（图 4-32A）。氨基酸序列分析表明，MdGSTF6 的序列与 PpRiant、FvRAP、VvGSTF12 的序列相似（图 4-32B）。已有研究表明，*PpRiant* 基因编码一个花青苷转运蛋白，既然 MdGSTF6 与 PpRiant 高度相似，那么 MdGSTF6 可以作为苹果花青苷转运蛋白的一个候选蛋白。

4. MdGSTF6 亚细胞定位

MdGSTF6 作为一个候选的花青苷转运蛋白，其可能定位在液泡膜上。为了验证这一猜测，本课题组构建了 35S::*MdGSTF6*-GFP 过表达载体，并将其转入 '王林' 愈伤组

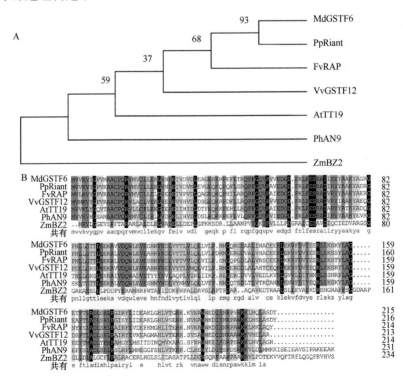

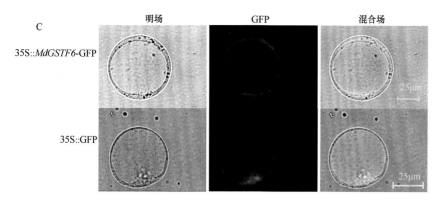

图 4-32　MdGSTF6 序列比对及亚细胞定位（Jiang et al.，2019）

A. MdGSTF6 的系统发育树分析，对 7 个 *GST* 序列进行比对；B. 利用拟南芥 AtTT19（NC 003076.8）、桃 PpRiant（ALE31200.1）、草莓 FvRAP、葡萄 VvGSTF 12（NP 001267869.1）、矮牵牛 PhAN9（CAA 68993.1）和玉米 ZmBZ 2（NP 001183661.1）构建系统发育树并进行序列比对分析；C. 苹果愈伤组织原生质体中 35S::*MdGSTF6*-GFP 融合蛋白的亚细胞定位，35S::GFP 为对照

织，用 35::GFP 作为对照。提取两种转基因愈伤组织的原生质体后，在荧光显微镜下观察 GFP 荧光。结果表明，35S::*MdGSTF6*-GFP 只在液泡膜上检测到荧光，对照 35S::GFP 在整个细胞内都检测到荧光（图 4-32C）。上述结果表明，MdGSTF6 蛋白定位在液泡膜上。

为了进一步验证 MdGSTF6 蛋白定位在液泡膜上，本课题组分离了 35S::*MdGSTF*- GFP 和 35S::GFP 的膜蛋白与胞质蛋白。Western blot 结果表明，GFP 信号能在 35S::*MdGSTF*-GFP 的膜蛋白中检测到，而在胞质蛋白中检测不到。同时，对照 35::GFP 的 GFP 信号在胞质蛋白和膜蛋白中都能检测到。综上所述，MdGSTF6 蛋白定位在液泡膜上。

5. tt19 突变体中异源表达 MdGSTF6 基因

MdGSTF6 与拟南芥 *TT19* 基因是同源基因。为了研究 MdGSTF6 的花青苷转运功能，本研究将 35S::*MdGSTF6*-GFP 转入拟南芥 *tt19* 突变体中，获得了 20 多株相同表型的转基因株系。野生型、*tt19* 以及 35S::*MdGSTF6*-GFP/*tt19* 的种子在含有 6% 蔗糖的 MS 培养基上培养，*tt19* 株系仍呈现绿色，而野生型和 35S::*MdGSTF6*-GFP/*tt19* 的株系下胚轴能够积累花青苷（图 4-33A）。35S::*MdGSTF6*-GFP/*tt19* 种皮仍呈现棕色，与矮牵牛 PhAN9 和桃 PpRiant 的表型一致（图 4-33B）。在拟南芥 *tt19* 突变体中过表达 *MdGSTF6* 只能恢复其营养组织的表型，而对种皮色泽没有影响。上述结果表明，*MdGSTF6* 能够恢复拟南芥 *tt19* 突变体花青苷积累表型，证明 MdGSTF6 是花青苷途径的一个转运蛋白。

6. 病毒诱导的 MdGSTF6 基因沉默影响果实着色

本研究利用病毒诱导的基因沉默来验证 *MdGSTF6* 对苹果果实花青苷积累的影响。选取 *MdGSTF6* 特异的 cDNA 片段连入 pTRV2 载体构建 pTRV2-*MdGSTF6* 载体。pTRV2 作为对照，两种载体分别与 pTRV1 混匀注射苹果果皮。注射 pTRV2-*MdGSTF6* 和 pTRV1 位置的果皮仍呈白色，而对照能够正常着色、花青苷积累受到抑制、*MdGSTF6* 基因的表达量和蛋白质丰度都降低（图 4-34）。综上所述，抑制 *MdGSTF6* 的表达能够影响果实花青苷的积累，表明 *MdGSTF6* 在果实花青苷积累中有重要作用。

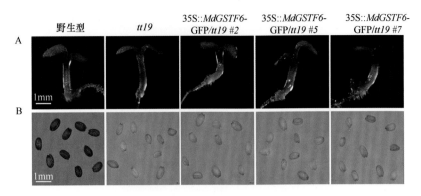

图 4-33　转 35S::*MdGSTF6*-GFP 拟南芥 *tt19* 突变体表型（Jiang et al.，2019）

A. 在含有 6%蔗糖的 MS 培养基生长 7d 的拟南芥幼苗表型；B. 拟南芥种子的表型

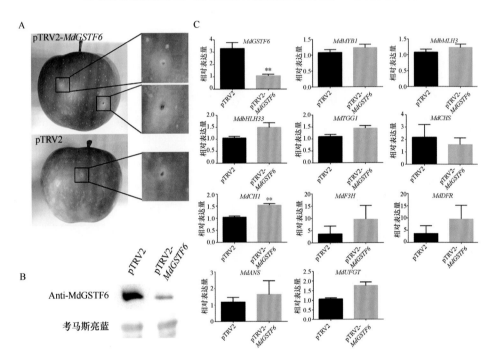

图 4-34　沉默 *MdGSTF6* 影响苹果果实着色（Jiang et al.，2019）

A. 沉默 *MdGSTF6* 后'富士'果实表型，空白 pTRV2 为对照；B. 沉默 *MdGSTF6* 苹果中 MdGSTF6 蛋白质丰度；C. *MdGSTF6* 沉默后苹果花青苷途径相关基因转录水平

7. RNA 干扰 *MdGSTF6* 影响苹果组培苗花青苷积累

为了进一步验证 *MdGSTF6* 对苹果花青苷积累的作用，本研究运用 RNAi 技术在苹果组培苗中干扰 *MdGSTF6* 得到转基因'嘎啦'植株（*MdGSTF6*-RNAi 植株）。将转基因'嘎啦'植株与野生型植株置于含有 6%蔗糖的 MS 培养基上培养。野生型'嘎啦'植株在叶片和叶柄基部都能够积累花青苷，而转基因'嘎啦'植株在叶片和叶柄基部没有花青苷积累。转基因'嘎啦'植株中 *MdGSTF6* 的蛋白质表达量与花青苷含量均低于野生型（图 4-35）。上述结果表明，沉默 *MdGSTF6* 的表达，不影响花青苷结构基因和

调节基因的表达,同样的结果在拟南芥 *tt19* 突变体和草莓 *rap* 突变体的研究中也有报道。综上所述, *MdGSTF6* 基因在花青苷积累中起重要作用。

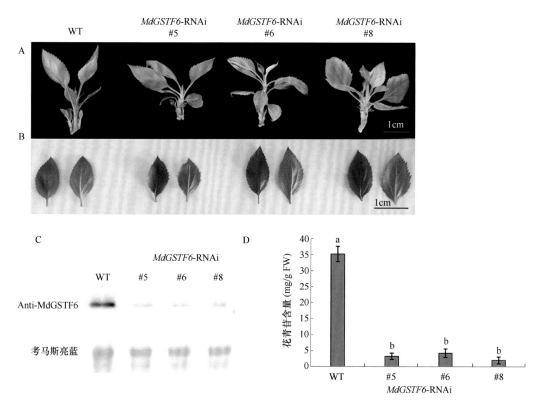

图 4-35　沉默 *MdGSTF6* 抑制 *MdGSTF6*-RNAi 植株花青苷积累（Jiang et al.，2019）

A. 野生型（WT）和 3 个 *MdGSTF6*-RNAi 植株的表型；B. 在蔗糖处理下，WT 和 3 个 *MdGSTF6*-RNAi 植株的叶片表型；C. MdGSTF6 蛋白在 WT 和 3 个 *MdGSTF6*-RNAi 植株中的丰度；D. WT 和 3 个 *MdGSTF6*-RNAi 植株的花青苷含量。不同小写字母表示在 *P*<0.05 水平上差异显著

8. *MdGSTF6* 启动子分析和表达调控

为了研究 *MdGSTF6* 的表达调控，本研究克隆了 *MdGSTF6* 的启动子。将克隆到的启动子序列在 PlantCARE 网站上比对，结果显示在 *MdGSTF6* 的启动上有许多激素响应元件，如茉莉酸甲酯响应元件、生长素响应元件、脱落酸响应元件；同时也有热激和低温响应元件。这些元件的存在说明，*MdGSTF6* 可以受到激素和温度调控。除此之外，MYB 结合序列也在 *MdGSTF6* 的启动子上被发现。

本研究运用酵母单杂交（Y1H）实验来寻找 *MdGSTF6* 的上游调节基因。首先，在含有不同 3-氨基-1,2,4-三氮唑（3-AT）浓度的-Trp/-His 二缺培养基上筛选抑制 *MdGSTF6*-pHIS2 本底表达的 3-AT 浓度。通过酵母单杂交筛库，筛选到 4 个互作的候选基因。通过测序比对，发现其中 3 个基因均为 *MdMYB1*（DQ886414.1）。进一步的酵母单杂交实验验证表明，MdMYB1 能够结合 *MdGSTF6* 启动子。

为了在体内验证这一结果，本研究运用染色质免疫沉淀（ChIP）技术来验证 MdMYB1 与 *MdGSTF6* 启动子的互作关系。通过转基因得到了 35S::*MdMYB1*-HA 和

35S::HA 转基因愈伤组织。ChIP 结果表明，MdMYB1 能够与 *MdGSTF6* 的启动子结合。电泳迁移率变动分析（EMSA）也得到了同样的结果（图 4-36）。

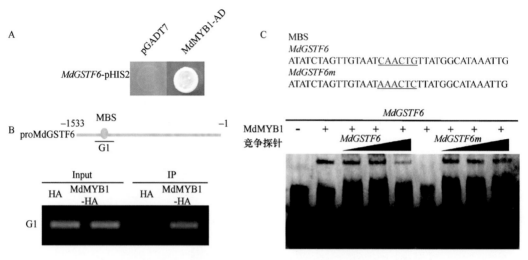

图 4-36　MdMYB1 结合 *MdGSTF6* 启动子（Jiang et al.，2019）

A. Y1H 实验表明 MdMYB1 和 *MdGSTF6* 的启动子互作，空的 pGADT7 载体作为对照；B. ChIP 实验表明 MdMYB1 与 *MdGSTF6* 启动子在体内结合；C. EMSA 结果显示 MdMYB1 与 *MdGSTF6* 启动子上的 MYB 结合位点（MBS）特异性结合

本研究运用萤光素酶（LUC）和 β-葡糖醛酸糖苷酶（GUS）实验来验证 MdMYB1 对 *MdGSTF6* 启动子是否有转录活性。在 LUC 实验中，本研究构建了报告基因和 3 个效应基因 *35S:MdMYB1*、*35S:MdbHLH3*、*35S:MdbHLH33*。结果显示，*MdGSTF6* 的表达量是对照的 3 倍多。并且在 MdbHLH3 和 MdbHLH33 存在的情况下，*MdGSTF6* 的表达水平更高。而单独的 MdbHLH3 和 MdbHLH33 并不能激活 *MdGSTF6* 的表达。在 GUS 实验中，本研究将 pMdGSTF6::GUS 转入 35S::*MdMYB1*-HA 转基因愈伤组织构建共转愈伤组织。GUS 染色后，共转愈伤组织颜色比单独转入 pMdGSTF6::GUS 的愈伤组织颜色更深，GUS 活性在共转愈伤组织中更高。综上所述，MdMYB1 能够激活 *MdGSTF6* 的表达（图 4-37）（Jiang et al.，2019）。

（五）果实红色芽变调控机理

苹果 MdAGO4s 识别 *MdMYB1* 基因启动子上的 ATATCAGA 序列或者 lncRNA 介导 MdAGO4s 结合到 *MdMYB1* 基因启动子上，MdAGO4s 招募甲基转移酶 MdDRM2s 来对 *MdMYB1* 基因启动子进行 CHH 甲基化修饰，从而调控苹果中 *MdMYB1* 基因的表达；MdMYB1 进而调控花青苷的结构基因（*ANS*、*UFGT* 等）和花青苷转运蛋白基因 *MdGSTF6* 的表达，进而影响花青苷合成（图 4-38）。

二、苹果短枝型芽变机理

本课题组从'长富 2 号'中选出的短枝型芽变新品种'龙富'，具有节间短、易

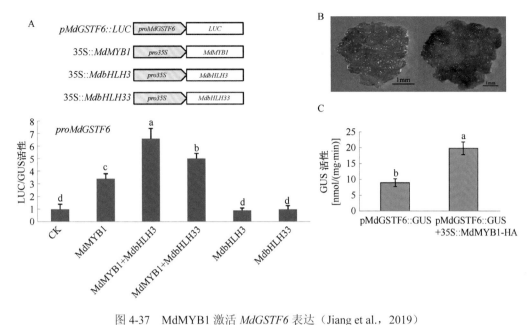

图 4-37 MdMYB1 激活 *MdGSTF6* 表达（Jiang et al.，2019）

A. MdMYB1、MdbHLH3 和 MdbHLH33 单独或共同对 *MdGSTF6* 启动子活性的影响；B. pMdGSTF6::GUS 和
pMdGSTF6::GUS+35S::*MdMYB1*-HA 共转愈伤组织的 GUS 染色；C. 苹果愈伤组织中的 GUS 活性。柱条上的不同小写字母
表示在 *P*<0.05 水平上差异显著

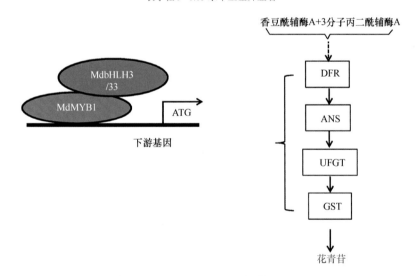

图 4-38 苹果花青苷合成和转运的转录调控模型（Jiang et al.，2019）

成花、早果性强等特点。以'龙富'苹果为试材，进行了短枝型芽变形成机理的初步研究。

1.'龙富'苹果枝条节间长度检测

'龙富'短枝枝条的节间长度介于'烟富 6 号'和亲本'长富 2 号'之间，是'长富 2 号'的 76.9%（图 4-39）。

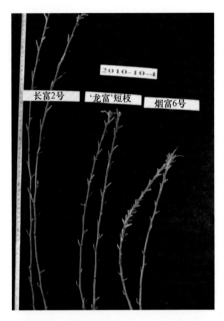

图 4-39 '龙富'短枝与'烟富 6 号'和'长富 2 号'枝条节间长度的比较（宋杨等，2012a）

2. '龙富'苹果叶片赤霉素含量检测

'龙富'和'长富 2 号'叶片中赤霉素（GA）含量测定结果显示，花后 80d '龙富'叶片 GA 含量显著低于'长富 2 号'（表 4-1）。

表 4-1 '龙富'和'长富 2 号'叶片中 GA 含量（ng/g FW）的比较（宋杨等，2012a）

品种	花后天数（d）			
	20	50	80	110
长富 2 号	147±9.74A	178±11.39A	249±9.1A	132±14.75A
龙富	105±10.22A	168±13.09A	110±9.82B	108±15.72A

注：邓肯氏新复极差测验，$P<0.05$，不同字母表示差异显著

3. '龙富'苹果赤霉素生物合成相关基因序列分析

对赤霉素生物合成途径中的两个关键酶 GA20 氧化酶（GA20ox）和贝壳杉烯氧化酶（KO）基因序列分析结果表明，'龙富'和'长富 2 号'的 cDNA 序列完全一致，故排除由于基因编码区的碱基突变、缺失、反转录转座子插入而导致的短枝型芽变。

4. '龙富'苹果赤霉素生物合成关键基因表达分析

本课题组进一步对'龙富'苹果赤霉素生物合成关键基因 *GA20ox* 和 *KO* 在花后 4 个时期一年生枝条节间部分的表达情况进行了分析（图 4-40）。结果显示，*GA20ox* 和 *KO* 在花后 20d、80d '龙富'中的相对表达量均显著低于'长富 2 号'。这种差异表达很可能是造成短枝型芽变的主要原因，其机理有待进一步研究（宋杨等，2012a）。

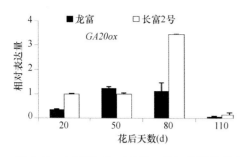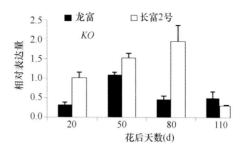

图 4-40　'龙富'和'长富 2 号'苹果枝条中 *GA20ox* 和 *KO* 基因表达分析（宋杨等，2012a）

三、未来的研究方向

1）苹果的红色芽变属于 DNA 甲基化引起的表观遗传，目前已初步探明了甲基化形成的分子机理，而苹果的红色芽变使 DNA 甲基化水平降低，因此，进一步探讨 DNA 去甲基化的分子机理是今后的重点研究方向。

2）前期的研究结果表明，赤霉素生物合成关键基因 *GA20ox* 和 *KO* 的差异表达是造成短枝型芽变的主要原因，因此，差异表达的机理是今后的重点研究方向。

第三节　国内外苹果果实质地形成与调控机理

果实成熟是受多基因精密调控的过程，在果实成熟过程中，果实质地、色泽、香味及营养成分等性状发生了一系列复杂的变化，才成为人们乐于品尝的果品。其中，果实质地是衡量果实品质最重要的性状之一，因为它不仅直接影响果实的鲜食品质和感官品质，而且是决定果实货架期、贮运性和抗病性的关键因子。因此，果实质地品质是育种者、栽培者、贮运者、营销者及消费者共同关注的目标。

一、果实质地特征及其影响因素

根据口腔触觉的差异，果实质地可描述为硬（firmness）、软（softening）、酥脆（crispness）、嘣脆（crunchiness）、粉质感（mealiness）和砂质感（grittiness）等（Harker et al.，2002）。果实硬度与果实的口感、贮藏和加工关系密切，是果实品质评价的重要指标（Katlsen et al.，1999）。果实硬度一般采用硬度计进行测定，操作简单方便，而质构仪测试法能获得更丰富的质地评价参数，可以更全面地反映测试样品的质地特性，因此得到了广泛的研究应用。常用的测试方法有穿刺测试、质地剖面分析（TPA）等，可获得果皮硬度、果肉硬度和果实脆度等多个质地评价参数（Jovyn et al.，2013）。果实硬度主要由果皮和果肉细胞的密度、紧实度、膨压、细胞间结合力以及细胞壁的厚度、强度等因素决定，其中细胞壁的厚度和强度是决定果实硬度的关键因素（Cosgrove，2005；Jovyn et al.，2013）。果实细胞壁主要由三部分组成：初生壁、中胶层和次生壁。初生壁是细胞壁的骨架结构，主要由纤维素微纤丝和交联聚糖组成，镶嵌在果胶质和多糖基质组成的网络中，在维持细胞间黏附、承受膨压和维持细胞结构稳定方面具有重要作用。

纵横交错的纤维素微纤丝是细胞壁的骨架分子，分布在细胞壁内侧。中胶层为相邻细胞所共有，主要由果胶多聚物组成，具有粘连相邻细胞、调节细胞膜通透性和缓冲细胞间的挤压的功能。次生壁一般较厚而坚韧，延展性较差，由纤维素、半纤维素和木质素在初生壁上形成（Willats et al., 2001）。

果实发育成熟过程中，细胞壁结构和组分的改变导致了果实质地的变化，而这种改变受到基因表达水平与环境条件的共同调控。大量研究表明，多聚半乳糖醛酸酶（PG）、果胶酯酶（PE）、纤维素酶（EGase）、木葡聚糖内糖基转移酶（XET）及糖苷酶等水解酶编码基因的协同表达促进了果实质地软化，而不同树种、品种间果实的质地差异主要是这些编码基因差异表达的结果。此外，温湿度、激素和气体组成等贮藏环境条件也能影响果实质地，此方面的相关研究为采后果实质地品质调控提供了理论依据与技术支持。

二、果实质地品质调控机理

（一）细胞壁代谢酶及编码基因与果实质地

细胞壁是植物细胞区别于动物细胞最显著的特征，由大量复合多聚糖和少量结构蛋白组成一层柔性薄层，其主要由果胶，纤维素、半纤维素等多糖，木质素等酚类化合物，以及结构蛋白、酶和凝集素等蛋白质组成。果实成熟过程中，水解酶协同作用破坏了果实的细胞壁结构，并改变了细胞壁的组分，进而导致果实质地的软化变绵。参与此过程的水解酶包括 PG、果胶甲酯酶（PME）、EGase、XET 及糖苷酶等。这些水解酶活性水平及其编码基因的差异表达是不同树种、品种间果实软化机理存在差异的重要原因（Harker et al., 2002；Willats et al., 2001）。

1. 果胶甲酯酶

果胶甲酯酶（PME）的主要作用是通过破坏多聚糖醛酸链间钙的横向连接而导致细胞分离，催化果胶酯酸转化成果胶酸，形成更适合 PG 等酶作用的底物，改变细胞壁组分的同时也影响了细胞壁的结构（Wakasa et al., 2006；Tieman et al., 1992）。对甜瓜、杜果等果实的研究表明，果实成熟软化过程中，原果胶被降解，使细胞中胶层结构疏松，纤维素微纤丝断裂，细胞壁发生解体，导致果实成熟软化（Rose and Bennett, 1999）。对梨的研究表明，乙酰水杨酸可通过抑制 PG 和 PME 活性来延缓鸭梨的成熟软化过程（田志喜等，2002）。'嘎啦'和'爵士'两个苹果品种果实软化速率的区别，主要是由 PME 活性引起的果胶甲酯化水平和细胞间粘连性的差异造成的（Jovyn et al., 2013）。

在模式植物番茄中反义抑制 PME 基因的表达后，PME 活性比野生型降低了 90%，果胶分子量和甲酯化水平明显升高，而可溶性聚糖醛酸含量降低，表明 PME 活性是影响果胶代谢的关键，但并未对果实成熟进程产生明显影响（Tieman et al., 1992）。PME、PG 等编码基因的大量表达，引起细胞壁果胶的大量降解，是导致'沙红'桃快速软化的重要原因（苏素香等，2015）。'金冠'苹果软化过程中，PME 基因表达水平明显上升，而乙烯处理可能影响其表达水平的上升幅度和加速这一过程（Wei et al., 2010）。

也有研究发现,果实成熟软化过程中 PME 活性及其基因表达量并没有明显变化。因此,PME 在果实软化过程中的作用大小可能因树种或品种而异,但其通过调节果胶甲酯化水平来参与果胶代谢的作用是比较明确的。

2. 多聚半乳糖醛酸酶

多聚半乳糖醛酸酶(PG)通过催化水解果胶多糖中 α-(1,4)连接的半乳糖醛酸线状链降解果胶而引起细胞壁的解体。根据作用方式的差异,PG 可分为内切 PG 和外切 PG,研究表明内切 PG 与果实成熟软化密切相关。对番茄的研究表明,PG 活性的增加,破坏了细胞壁结构,引起果实的成熟软化(Ali et al.,2004)。硬质草莓品种 'Selva' 和 'Camarosa',由于 PG 基因的 5′端缺失了 85bp 而无法编码有活性的 PG,而软质草莓品种 'Toyonaka' 较高的 PG 活性导致果实易软化(Villarreal et al.,2008)。乙烯处理能明显提高 PG 活性,促进香蕉果实的成熟软化,而 1-甲基环丙烯(1-MCP)和吲哚乙酸(IAA)能抑制 PG 活性的升高,延缓果实软化(Lohani et al.,2004)。易软化的梨比耐贮藏的梨 PG 活性更高,贮藏过程中果实的软化主要是由于难溶的共价结合态原果胶在 PG 的作用下转化为水溶性果胶和离子结合型果胶(Hiwasa et al.,2004)。对苹果的研究发现,'蜜脆'比'旭'果实软化速度慢,主要是由于其果胶裂解酶和 PG 活性较低(Harb et al.,2012)。

后续很多研究围绕 PG 编码基因参与果实成熟软化的分子机理进行了深入研究。以从苹果中分离出的 PG 基因为探针,将其与不同发育期的果实 mRNA 进行杂交,发现只有成熟果实的 mRNA 能与探针产生杂交信号(Wu et al.,1993)。用 1-MCP 处理发现,苹果 PG 的基因转录、翻译和酶活性均依赖乙烯,低浓度的乙烯足以诱导 PG 基因的转录(Brummell and Harpster,2001)。QTL 定位发现,*PG1* 的 SNP 位点与 *ACO1* 均定位于第 10 连锁群上,表明 *PG1* 与乙烯的生物合成和果实硬度密切相关(Costa et al.,2010)。反义抑制 *PG1* 表达的'嘎啦'苹果,对其进行组分测定发现细胞壁中环己二胺四乙酸(CDTA)-可溶性果胶含量更高,显微结构分析发现初生壁中的细胞粘连性强,不易发生细胞间分离,成熟采收时果实硬度明显高于对照(Atkinson et al.,2012)。因此,PG 及其编码基因可能是决定果实成熟软化及品种间质地差异的关键因子,其主要通过影响细胞壁组分来影响细胞壁结构从而参与调控果实成熟软化进程。

3. β-半乳糖苷酶

β-半乳糖苷酶(β-Gal)作用于细胞壁中具有半乳糖残基直链的木葡聚糖和鼠李糖半乳糖醛酸聚糖 I,通过降解或溶解细胞壁多糖,使细胞壁组分变得不稳定,细胞壁膨胀多孔,使其他细胞壁代谢酶更易进入细胞壁多糖(Prasanna et al.,2007)。番茄果实发育过程中,半乳糖的含量变化显著,花后 10d 至红熟期,细胞壁半乳糖含量减少了 25%(Smith et al.,2002)。β-Gal 基因转录水平在香蕉成熟过程中逐渐增加,呼吸跃变后转录水平最高,果实硬度的下降与 β-Gal 基因转录水平和活性的升高密切相关(庄军平等,2006)。'La France'梨贮藏过程中,果实硬度的下降与 β-Gal 活性的升高密切相关(Mwaniki et al.,2005)。苹果中,β-Gal 活性在果实商品成熟后一直增加直到完全成熟,细胞壁中半乳糖含量的下降与果实软化显著相关。另有研究表明,'嘎啦'与'富士'

苹果耐贮性的差异与 β-Gal 活性密切相关（Wei et al.，2010）。

利用分子生物学的手段对 β-Gal 及其编码基因在果实成熟软化过程中的作用进行研究发现，在反义抑制 *β-Gal4* 基因表达的转基因番茄中 β-Gal mRNA 积累量和 β-Gal 活性显著降低，果实硬度明显高于对照（Smith et al.，2002）。*β-Gal1*、*β-Gal2* 和 *β-Gal5* 在苹果果实成熟过程中基因表达量明显上调，进一步研究发现 *β-Gal2* 启动子活性受乙烯的诱导（Goulao et al.，2007）。反义抑制 *PG1* 基因表达的'嘎啦'苹果中，β-Gal 表达水平与对照相似，但果实硬度却高于对照（Atkinson et al.，2012）。但也有研究发现，果实软化与 β-Gal 活性及其基因表达变化没有关系。'Macoun'苹果贮藏 3 个月后果实软化，但其 β-Gal 转录水平与新鲜果实并没有明显差异（Mann et al.，2008）。这些研究表明，β-Gal 在不同品种的果实软化过程中的作用有差异，其作用大小和时期的差异可能是品种间果实质地品质不同的重要原因。

4. 木葡聚糖内糖基转移酶

木葡聚糖内糖基转移酶（XET）是一种以木葡聚糖为底物的水解酶，能够水解木葡聚糖的（1→4）β-D-葡聚糖骨架，将新合成的木葡聚糖链整合到细胞壁中的木葡聚糖上，通过催化木葡聚糖分子间的转糖基作用或者水解木葡聚糖分子来重塑细胞壁，为其他细胞壁代谢酶进一步发挥修饰作用奠定了基础。乙烯处理可引起番茄 XET 活性的升高，果实硬度明显低于对照（Muñoz-Bertomeu et al.，2013）。猕猴桃快速软化期间，XET 活性明显升高，细胞壁中木葡聚糖含量明显减小（Atkinson et al.，2009）。也有研究发现，苹果 XET 活性随着果实发育进程逐渐升高，可能与发育过程中果实质地变化有关，但与果实成熟后的软化关系不大（Goulao et al.，2007）。

番茄成熟过程中，*XTH3*、*XTH5*、*XTH8* 和 *XTH9* mRNA 积累量逐渐增加（Yin et al.，2010）。另有研究发现，*XTH1* 主要在番茄果实发育过程中起作用，在果实成熟过程中活性下降，抑制 *XTH1* 基因的表达，导致果实变小和可溶性固形物含量增加，但对果实成熟软化没有明显影响（Goulao et al.，2007）。AdEIL2 和 AdERF9 分别通过对 *AdXET5* 启动子的激活或抑制作用来调控猕猴桃果实的成熟软化（Yin et al.，2010）。苹果中有 11 个 *XTH* 基因，*XTH1* 在果实发育过程中的表达模式属于组成型表达，*XTH2* 和 *XTH10* 在果实软化过程中上调表达，且在成熟果实中转录水平最高（Muñoz-Bertomeu et al.，2013）。

5. 纤维素酶

纤维素酶（EGase）能作用于纤维素链内部的 β-1,4-糖苷键，将长链的纤维素分解成更小分子量的葡萄糖聚合物，纤维素酶在不同的组织中对不同的多糖底物起作用。果实中的纤维素酶和内切-β-葡糖苷酶、纤维素二糖水解酶一起参与纤维素不溶形式的降解，纤维素二糖水解酶也被称为羧甲基纤维素酶（Brummell et al.，1999）。目前研究表明，纤维素酶对不同树种、品种的果实软化作用有差异。在黄花梨中，PG 和 EGase 活性的升高促进了果胶和纤维素的降解，可能是果实软化的关键酶（林河通等，2003）；通过观察细胞壁降解酶与果实超微结构的变化也证实了纤维素酶在梨果实成熟软化中的重要作用（Ben-Arie and Kislev，1979）。桃果实成熟软化早期，β-葡糖苷酶 mRNA 积累量增加，纤维素酶活性升高，用二环庚二烯处理后乙烯释放量降低，纤维素酶活性不再升高，有效抑制了果实软化（Bonghi et al.，1998）。对苹果的研究发现，幼果期纤维素酶基因转录水平最高，随着果实发育进程纤维素酶活性逐渐降低，'红星'果实软化过程中，纤维素酶出现迟且活性变化不大，表明纤维素酶可能主要在果实发育前期起作用，不是果实后期软化的关键酶（夏春森和王兰英，1981）。

在番茄中，纤维素酶 1（*LeCel1*）和纤维素酶 2（*LeCel2*）mRNA 在果皮中的积累量随着果实成熟进程而增加，但远低于 *PG* mRNA 的积累量（Brummell et al.，1999）。在番茄 *rin* 突变体中，*LeCel1* mRNA 积累量较低，用乙烯处理可以将 *LeCel1* 的转录水平提高并恢复到野生型的转录水平，但不足以引起果实软化，反义抑制 *LeCel2* 基因表达对果实软化没有明显影响，表明纤维素酶可能不是番茄成熟软化的关键酶（Brummell and Harpster，2001）。在草莓中，幼果期高浓度的生长素抑制了果实成熟相关的 *FaCel1* 基因表达，果实成熟时生长素浓度降低，*FaCel1* mRNA 积累量开始增加（Harpster et al.，1998）。也有研究表明，纤维素酶可能在果实发育过程中起重要的调控作用并与果实成熟软化的启动有关，但其对果实软化的作用大小以及在细胞壁中的确切底物尚不明确，有待进一步研究。

（二）乙烯与果实质地

乙烯在果实成熟过程中起重要作用，特别是对于番茄、苹果和香蕉等呼吸跃变型果实的成熟至关重要。外源乙烯处理能够加速果实成熟软化进程，生产上常利用外源乙烯进行果品催熟，一方面保证果品成熟度一致，便于采收管理；另一方面成熟后的果实品质好，更受消费者青睐。然而完全成熟的果实风味变好却不耐贮运，因此需要平衡把握好果实成熟度的管理。乙烯反应抑制剂（如 1-MCP）通过阻断乙烯反应抑制果实成熟软化，因此被广泛应用于果品保鲜。乙烯的生物合成途径在 20 世纪 70 年代末已被阐明，其生理学作用是通过乙烯信号转导途径实现的，通过模式植物拟南芥乙烯突变体和番茄突变体的遗传分析，已经建立了从乙烯信号感知到转录调控的线性模型，乙烯信号转导途径相关基因通过对乙烯生物合成和成熟软化相关基因的调控参与果实成熟软化进程。因此，不同树种、品种间果实软化速度的差异与其乙烯生物合成水平及信号转导途径密切相关。

1. 乙烯生物合成途径

乙烯参与了植物从种子萌发到果实成熟衰老的生命过程。乙烯在植物体内的生物合成途径称为甲硫氨酸（Met）循环。Yang 和 Hoffman（1984）通过一系列巧妙的实验阐明了以甲硫氨酸和 1-氨基环丙烷-1-羧酸（ACC）为前体物质的植物乙烯合成模型，因此甲硫氨酸循环也称杨氏循环。乙烯的合成分为系统 1 和系统 2 两个系统，系统 1 主要在植物营养生长阶段和未成熟果实中发挥作用，系统 2 主要在花器官的衰老和果实成熟过程中发挥作用（Barry et al.，2000）。乙烯的生物合成分为三步：甲硫氨酸经 *S*-腺苷甲硫氨酸（SAM）合成酶催化形成 SAM；SAM 在 ACC 合酶（ACS）的催化作用下形成 ACC；ACC 在 ACC 氧化酶（ACO）的催化下形成乙烯。其中，ACC 合酶和 ACC 氧化酶是乙烯生物合成途径的两个限速酶（Yu et al.，1979）。

（1）ACS 及其编码基因与果实成熟软化

ACS 是乙烯生物合成途径的限速酶之一。ACS 是由多基因家族编码调控的。目前，已从拟南芥、水稻、番茄和苹果等植物中克隆得到 ACS 基因家族。模式植物番茄中至少有 9 个 ACS 基因：*LeACS1A*、*LeACS1B*、*LeACS2*~*LeACS8*，它们在果实成熟过程中的表达模式各异。其中，*LeACS1A* 和 *LeACS6* 主要在未成熟果实中表达，负责系统 1 乙烯的合成，*LeACS2* 主要在成熟果实中表达，负责系统 2 乙烯的合成，*LeACS1A* 和 *LeACS4* 在过渡期的上调表达能激活系统 2 乙烯的合成，加速乙烯合成并促进果实成熟（Barry et al.，2000）。在番茄中反义抑制表达 ACS 和 ACO 基因抑制了果实成熟软化，这种抑制作用能被外源乙烯处理解除（Hamilton et al.，1990）。在苹果中沉默表达 *ACS1*，果实中乙烯生成量极低，果实在室温条件下的贮藏期明显增加（Dandekari et al.，2004）。因此，果实内源乙烯合成量的增加对很多果实的正常成熟是必需的。

在苹果中，只有 *ACS1* 和 *ACS3a* 在果实中特异表达并与果实成熟有直接关系。*ACS1* 有两个等位基因：*ACS1-1* 和 *ACS1-2*，*ACS1-2* 因其启动子区反转录转座子 SINE 的插入而导致 *ACS1-2* 的转录活性大大降低（Sunako et al.，1999）。进一步的研究表明，*ACS1* 的基因型与果实内源乙烯生成量、果实软化速度密切相关，*ACS1-2/ACS1-2* 纯合型品种在贮藏期间乙烯生成量较低，因此普遍较耐贮藏，而 *ACS1-1/ACS1-2* 杂合型及 *ACS1-1/ACS1-1* 纯合型品种的乙烯生成量较高，普遍不耐贮藏（Harada et al.，2000；Oraguzle et al.，2004）。然而，*ACS1* 的基因型与苹果果实的贮藏性并不总是一致。'Megumi' 虽然是 *ACS1-2/ACS1-2* 纯合型苹果品种，但室温贮藏 20d 后果实硬度下降了 52%（Harada et al.，2000）。此外，采收期也影响果实乙烯生成量和贮藏时间，因此，早熟的 *ACS1-1/ACS1-1* 纯合型品种果实软化速率最高，而晚熟的 *ACS1-2/ACS1-2* 基因型品种乙烯合成能力最低，软化速度慢，最耐贮藏（Oraguzie et al.，2004）。对梨的研究发现，乙烯生物合成基因 *ACS1* 和 *ACS2* 都与乙烯合成能力密切相关。亚洲梨有 4 种基因型——*AB*、*Ab*、*aB* 和 *ab*，基因型为 *ab* 的品种乙烯合成能力弱，而 *AB*、*Ab* 基因型的品种乙烯合成能力强，*aB* 基因型的品种乙烯合成能力中等（Oraguzie et al.，2010；Itai et al.，1999）。

在苹果基因组中，*MdACS3* 有 3 个成员，分别是 *MdACS3a*、*MdACS3b* 和 *MdACS3c*。*MdACS3b* 和 *MdACS3c* 因其启动子区插入了 333bp 的转座子序列而无法转录，因此失去功能。苹果基因组中有一个 *MdACS3a* 的等位基因 *MdACS3a-G289V*，其编码的 ACS 的第 289 个氨基酸活性位点的突变，导致 *MdACS3a-G289V* 编码的酶活性丧失。此外，*MdACS3a* 的另一个等位基因 *Mdacs3a* 不能被转录成 mRNA。因此，可以根据 *MdACS3a* 的等位基因进行分类。*Mdacs3a/MdACS3a-G289V* 杂合型的苹果品种，因为两个等位基因均失去活性而降低了乙烯合成量，果实贮藏期较长（Wang et al.，2009）。*MdACS3a* 的等位基因型理论可以解释 *ACS1* 基因型相同的 'Kitaro' 和 'Kotaro' 姊妹系品种间贮藏性的显著差异。*MdACS3a* 主要在系统 1 乙烯合成和两系统过渡期发挥作用，激活系统 2 乙烯合成并启动果实成熟进程（Tatsuki et al.，2007）。因此，*MdACS3a* 基因可能是决定苹果乙烯合成能力和果实贮藏性的关键因素。

（2）ACO 及其编码基因与果实成熟软化

ACO 是乙烯生物合成途径的限速酶之一，ACO 以抗坏血酸和氧为辅助底物，且需要 Fe^{2+} 和 CO_2 作为辅助因子，催化 ACC 和氧为底物合成乙烯。ACO 的鉴定远比 ACS

困难，因为其无法用常规的生物化学方法分离提取。采用分子克隆的办法，从成熟番茄中分离得到与果实成熟相关的 cDNA 克隆 pTOM13，其 mRNA 的出现与乙烯释放量的增加在时间上一致，进一步通过 pTOM13 转化实验证明了其翻译产物是 ACO（Hamilton et al.，1990）。ACO 也是由多基因家族编码调控的，目前已从番茄、甜瓜、桃、猕猴桃和苹果等植物中克隆得到 ACO 基因家族。

番茄中有 5 个 ACO 基因（*LeACO1*~*LeACO5*），其中 *LeACO1*、*LeACO3* 和 *LeACO4* 在系统 1 乙烯生物合成中维持低水平表达量，但 *LeACO1* 和 *LeACO4* 在呼吸跃变期基因表达量显著上升，启动系统 2 的乙烯合成（Barry et al.，2000）。在番茄和甜瓜中反义抑制 ACO 基因表达，虽然 ACC 积累量增加，但乙烯合成量明显减少，进一步支持了 ACO 是乙烯生物合成的关键酶（Hamilton et al.，1990）。在苹果果实成熟过程中，ACO 基因表达量升高的同时，乙烯释放量增加，而且外源乙烯处理能提高 ACO 基因表达量，1-MCP 处理能抑制 ACO 基因表达（Harborne，1980）。物种间 ACO 基因功能较为保守，将苹果的 ACO 基因在番茄和甜瓜中反义表达，均可抑制果实中乙烯的生成，延缓果实成熟（Bolitho et al.，1997）。将苹果 ACO 基因启动子的 3 个片段（450bp、1159bp、1966bp）分别转入番茄，发现启动子上−1159~−450 区间包含调控果实成熟特异性基因表达的操纵子（Atkinson et al.，1998）。通过对‘富士’×‘布瑞本’杂交群体的遗传分析，发现 *ACO1* 与 *ACS1* 独立影响内源乙烯浓度和果实贮藏性，*ACS1-2/ACS1-2* 和 *ACO1-1/ACO1-1* 纯合子的苹果品种乙烯释放量最低，货架期最长。对两个群体的遗传分析表明，*ACO1* 的分子标记被定位在第 10 连锁群上，与果实硬度的 QTL 有 5%的距离（Costa et al.，2005）。

2. 乙烯信号转导途径

通过模式植物拟南芥的分子遗传学研究，已经建立了从信号感知到转录调控的信号转导线性模型：乙烯—ETR—CTR1—EIN2—EIN3/EIL—ERF—乙烯反应。

（1）乙烯受体与果实成熟软化

乙烯受体是乙烯信号转导途径的一个关键因子，决定着植物对乙烯的敏感能力，控制着植物的成熟衰老过程。在拟南芥中有 5 个乙烯受体家族成员：ETR1（ethylene receptor 1，乙烯受体 1）、ETR2、ERS1（ethylene response sensor 1，乙烯反应传感蛋白 1）、ERS2 和 EIN4（ethylene insensitive 4，乙烯不敏感蛋白 4），任何一个乙烯受体发生功能获得性突变后都会导致植物对乙烯不敏感（Hua et al.，1995）。目前，已从番茄、甜瓜、香蕉和苹果等果实中分离到多个乙烯受体基因。番茄中的 6 个乙烯受体基因在果实发育过程中表达模式各异，其中，*LeETR3*~*LeETR6* 与果实成熟密切相关，果实成熟期表达量高，且其表达水平受乙烯调控。*LeETR1* 和 *LeETR2* 在不同发育期的表达量差异不大，表明其表达不受乙烯调控（Lashbrook et al.，1998）。在甜瓜中，*ETR2* 基因 mRNA 在果实成熟过程中含量增加，其转录产物的积累受乙烯诱导和 1-MCP 抑制（Satonara et al.，1999）。在猕猴桃成熟过程中，*AdERS1a*、*AdETR2* 和 *AdETR3* 表达量在呼吸跃变期明显升高，其转录水平受外源乙烯处理的诱导，*AdETR1* 受内源乙烯积累量和外源乙烯处理的负调控，而 *AdERS1b* 对外源乙烯处理没有响应（Yin et al.，2008）。

（2）CTR1 与果实成熟软化

CTR1 是乙烯信号转导途径中位于乙烯受体下游的主要蛋白质，是一个类似于哺乳动物及果蝇中 Raf 蛋白激酶家族的丝氨酸/苏氨酸蛋白激酶。CTR1 功能缺失型突变体的白化苗和成株都表现出组成型的乙烯反应，表明 CTR1 在乙烯信号转导途径中起着负调控作用（Adams-Phillips et al.，2004）。CTR1 功能缺失型突变体的乙烯反应表型比乙烯受体多突变体要弱，表明在乙烯受体下游可能还存在其他组分，介导不依赖于 CTR1 的乙烯信号传递。CTR1 N 端是其发挥激酶活性所必需的，能与乙烯相互作用。目前，已从番茄中克隆到 4 个 CTR1 同源基因（*LeCTR1~LeCTR4*）。*LeCTR1* 在果实成熟过程中上调表达并受乙烯调控；*LeCTR2* 组成型表达，对外源乙烯处理不敏感；*LeCTR3* 和 *LeCTR4* 对外源乙烯处理也不敏感，在叶片中的表达量比果实中更高（Julie et al.，2002）。从苹果中只分离到一个 CTR1 基因，但可能有几个剪接变异体（Wiersma et al.，2007）。CTR1 的不同剪接变异体在苹果果实成熟过程中的表达量没有明显差异，均在果实成熟过程中上调表达，乙烯处理能诱导其表达量增加，而 1-MCP 处理能显著抑制其表达（Yang et al.，2013）。

（3）EIN2 与果实成熟软化

EIN2 是用遗传学方法鉴定到的乙烯信号转导途径中的正调控因子，介导 CTR1 和 EIN3/EIL 间的信号传递，EIN2 的功能缺失型突变导致植物对乙烯完全不敏感（Alonso et al.，2003）。EIN2 的半衰期很短（≤30min），靶蛋白 ETP1（EIN2 靶蛋白 1）和 ETP2（EIN2 靶蛋白 2）通过泛素化途径调节 EIN2 的积累量，并能与 EIN2 C 端互作激活乙烯信号反应，此过程受乙烯诱导调控（Qiao et al.，2009）。EIN2 不仅是乙烯信号转导途径的重要元件，而且可能是多种激素信号转导途径的共同组分，参与植物激素间的协同作用（Adams-Phillips et al.，2004）。*LeEIN2* 在番茄果实绿熟期前表达量开始增加，破色期其表达量达到最大后迅速降低。果实绿熟期，外源乙烯处理并没有引起 *LeEIN2* 表达量的显著变化（Wang et al.，2007）。反义抑制 *LeEIN2* 表达导致与乙烯和成熟相关的基因表达量降低，果实发育和成熟进程明显延缓，表明 LeEIN2 是番茄乙烯信号转导途径中的正调控元件（Hu et al.，2010）。此外，利用新一代测序技术鉴定番茄成熟过程中的小分子 RNA，结果表明 miRNA828 能以 *LeEIN2* 为靶标识别 LeEIN2 并进行转录后水平的基因沉默，miRNA828 表达并不受外源乙烯影响（Zuo et al.，2012）。

（4）EIN3/EIL 与果实成熟软化

EIN3/EIL（EIN3 类似基因）位于 EIN2 的下游，是乙烯信号转导途径中的正调控因子，属于一个小的转录因子家族，编码一种核结合蛋白。拟南芥中包含 5 个 EIN3 类似蛋白（EIL1~EIL5），功能缺失型突变体 *ein3* 和 *eil1* 导致部分的乙烯不敏感表型，而过量表达 EIN3 或 EIL1 则组成型活化乙烯反应，表明 *EIN3* 基因家族存在功能冗余（Chao et al.，1997）。乙烯处理不能引起 *EIN3* mRNA 含量的变化，表明对 *EIN3* 的调控主要发生在转录后水平。拟南芥中两个 EIN3 结合蛋白 F-box 蛋白（EBF1 和 EBF2）能与 EIN3 和 EIL1 互作，并通过泛素化降解途径调控 EIN3 蛋白的积累量来抑制乙烯反应，而且 EIN3 能够结合到 *EBF2* 的启动子上负调控 *EBF2* 的表达水平（Konishi and Yanagisawa，2008）。EIN3 通过识别并结合目标基因启动子顺式作用元件 PERE 发挥作用，在 *ERF1* 和成熟衰老相关基因（如 *E4*、*GST1* 和 *ACO1*）的启动子上都有 PERE 元件（Solano et al.，

1998）。目前，已从番茄中克隆出 4 个 *EIN3* 类似基因（*LeEIL1*～*LeEIL4*），任何一个 *LeEIL* 基因的沉默都不能引起乙烯反应的显著变化，而多个 *LeEIL* 的沉默显著抑制了乙烯反应、果实成熟和成熟进程的滞后以及成熟相关基因的下调表达，表明 *LeEIL* 在番茄乙烯信号转导途径中起正调控作用（Tieman et al.，2001）。番茄中也存在两个结合 *EIN3* 的 F-box 基因：*EBF1*、*EBF2*，其表达受乙烯和生长素调控，沉默 *EBF1* 和 *EBF2* 可引起组成型乙烯反应，从而加速果实成熟和衰老进程，*EBF1* 和 *EBF2* 通过泛素化降解途径调控 EIN3 蛋白的活性从而调控果实成熟过程（Yang et al.，2010）。在猕猴桃中，*AdEIL1* 对外源乙烯和 1-MCP 处理没有明显的响应，并在果实发育和成熟过程中组成型表达（Yin et al.，2008）。在苹果中，*EBF1* 能抑制 EIL 的活性，并在乙烯存在时，通过转录因子 EIL1～EIL3 来降低成熟软化基因 *PG* 启动子的转录活性（Tacken et al.，2012）。

（5）ERF 与果实成熟软化

ERF（乙烯响应因子）是植物中特有的一类转录因子，位于 EIN3/EIL 的下游，属于 AP2/ERF 转录因子亚家族，包含一个由 58 个或 59 个氨基酸组成的高度保守的 DNA 结合域——ERF 结构域（Ohmetakagi and Shinshi，1995）。ERF 通过识别 GCC-box 元件结合到胁迫和病原响应相关基因的启动子上（Tieman et al.，2001）。在番茄中，AP2/ERF 参与了果实色泽、风味、质地和乙烯生物合成的转录调控。AP2 转录因子在番茄果实转色期基因表达水平最高。利用 RNAi 技术抑制番茄 *AP2* 基因的表达，可导致乙烯释放量增加，果实成熟提早，并增加了果实类胡萝卜素含量，使果实变为橙黄色，表明 AP2 是果实发育过程中的负反馈调节因子（Karlova et al.，2011）。在柿果实中，ERF10 和 ERF22 分别调控醇脱氢酶和丙酮酸脱羧酶进而参与柿果实脱涩的调控（Min et al.，2014）。在番茄中，过量表达 *Pti4*（一个 ERF 基因），可引起果实软化相关基因 *EXP* 表达量显著上调，对番茄果实质地 QTL 定位发现了一个与果实质地相关的 ERF 位点，表明 ERF 与果实质地调控有关（Chakravarthy et al.，2003；Chapman et al.，2012）。在番茄中反义抑制 *LeERF2* 表达，则果实乙烯合成受到抑制，进一步研究表明 *LeERF2* 通过结合到 *ACS3* 启动子上的 GCC 元件和 *ACO3* 启动子上的 DRE 元件实现对乙烯合成的调控（Zhang et al.，2009）。在猕猴桃中，*AdERF9* 含有 EAR（与乙烯相应因子相关的两亲性抑制结构域）结构域，可显著抑制 *AdXET5* 启动子的活性，影响果实成熟软化进程（Yin et al.，2010）。在香蕉中，*MaERF9* 和 *MaERF11* 能激活或抑制 *ACO1* 启动子的活性，并在蛋白质水平上与 ACO1 互作，调控乙烯生物合成并影响果实成熟进程（Xiao et al.，2013）。在苹果中，ERF3 通过结合 *ACS1* 的启动子来促进乙烯的生物合成，而 ERF2 则通过抑制 *ACS1* 的表达来调控乙烯合成，而且 ERF2 位于 ERF3 上游，正调控 ERF3 的表达（Li et al.，2017）。

第四节　几种苹果果实质地差异机理的研究

一、'泰山早霞'

本课题组从苹果种子繁殖的实生苗中选育出的极早熟新品种'泰山早霞'，具有成熟早、外观美及风味浓郁等特点，综合经济性状优于'早捷''贝拉''辽伏'等早熟苹果品种，但其依然存在果实容易软化变绵这一早熟苹果的共性问题，尤其是当果实着色面达 2/3，成熟度达九成或十成时采收，室温存放 3～5d 果实就软化变绵，甚至爆裂，具有独特性，是品质研究的珍贵种质材料。因此，本课题组以'泰山早霞'苹果为试材，系统研究探讨了'泰山早霞'苹果果实成熟软化的机理，为遗传育种和品质调控提供了科学的理论依据与技术支持。

1.'泰山早霞'苹果果实软化关键酶及其编码基因的鉴定

刘超超等（2011）研究发现，'泰山早霞'苹果果实发育后期，随着乙烯释放高峰的出现（图 4-41），多聚半乳糖醛酸酶（PG）、纤维素酶（EGase）等活性快速上升（图 4-42），果实硬度快速下降。相关性分析表明，果实硬度与 PG、EGase 活性及乙烯释放速率均极显著负相关，PG、EGase 活性与乙烯释放速率极显著正相关（表 4-2），表明乙烯释放高峰的出现及 PG、EGase 等活性的快速上升可能是'泰山早霞'苹果果实快速软化的关键原因。

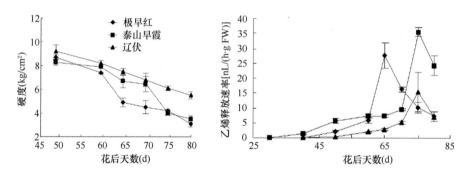

图 4-41　苹果 3 个早熟品种在果实发育期间的硬度与乙烯释放速率变化（刘超超等，2011）

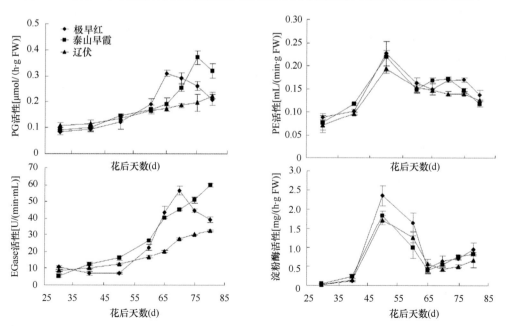

图 4-42　苹果 3 个早熟品种果实发育过程中多聚半乳糖醛酸酶（PG）、果胶酯酶（PE）、
纤维素酶（EGase）及淀粉酶活性变化（刘超超等，2011）

表 4-2　苹果 3 个早熟品种果实硬度、乙烯释放速率与各细胞壁降解酶、淀粉酶活性的相关性

（刘美艳等，2012）

项目	泰山早霞		极早红		辽伏	
	硬度	乙烯释放速率	硬度	乙烯释放速率	硬度	乙烯释放速率
硬度	—	−0.9085**	—	−0.6645*	—	−0.8008**
PG 活性	−0.9694**	0.9513**	−0.9707**	0.9090**	−0.9913**	0.7374*
PE 活性	−0.1758	0.0558	−0.2941	0.2098	−0.2795	0.1099
EGase 活性	−0.9642**	0.8072**	−0.9135**	0.7799*	−0.9892**	0.8216**
淀粉酶活性	−0.2168	0.1842	−0.0234	0.1577	−0.0386	0.1280

*表示在 $P<0.05$ 水平上差异显著；**表示在 $P<0.01$ 水平上差异极显著

　　刘美艳等（2012）进一步探讨了 1-甲基环丙烯（1-MCP）对'泰山早霞'苹果果实软化及相关基因表达量的影响。结果表明，1-MCP 处理后 2d，处理组乙烯释放速率比对照组降低了 75%，果实硬度下降速度显著减缓，处理组的果实硬度明显高于对照组，对照组室温存放 3d，果实硬度下降至 23N/cm² 以下，而处理组 5d 后果实硬度仍能维持在 25N/cm² 以上，1-MCP 处理明显延缓了果实软化（图 4-43）。荧光定量 PCR 结果表明，1-MCP 通过抑制 *PG*、*PME*、*β-Gal*、*α-L-Af*、*XET* 及 *LOX* 等基因的表达来延缓果实软化（图 4-44）。因此，'泰山早霞'苹果果实软化可能是 *PG*、*PME*、*β-Gal*、*α-L-Af*、*XET* 及 *LOX* 等多种基因协同作用的结果。

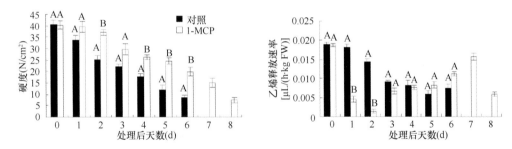

图 4-43　1-MCP 处理对'泰山早霞'苹果果实硬度及乙烯释放速率的影响（刘美艳等，2012）

不同大写字母表示在 $P<0.01$ 水平上差异极显著

2. 乙烯信号转导基因与'泰山早霞'苹果果实软化

　　在前期明确了 PG 等果实软化关键酶及其编码基因参与'泰山早霞'果实软化调控的基础上，本课题组进一步对乙烯参与苹果果实软化过程的分子机理进行了深入研究。结果表明，果实发育后期伴随着内源乙烯的大量积累，*ZMdERF1* 和 *ZMdEIL2* 基因表达水平明显升高。1-MCP 处理后，伴随着内源乙烯积累量的迅速降低，细胞壁代谢酶基因 *ZMdPG1* 及乙烯信号转导基因 *ZMdERF1*、*ZMdEIL1* 和 *ZMdEIL2* 的转录被明显抑制，*ZMdERF2* 的表达水平略有降低（图 4-45），表明 *ZMdPG1*、*ZMdERF1*、*ZMdEIL1* 和 *ZMdEIL2* 基因的表达响应内源乙烯的调控，并协同调节果实成熟软化。

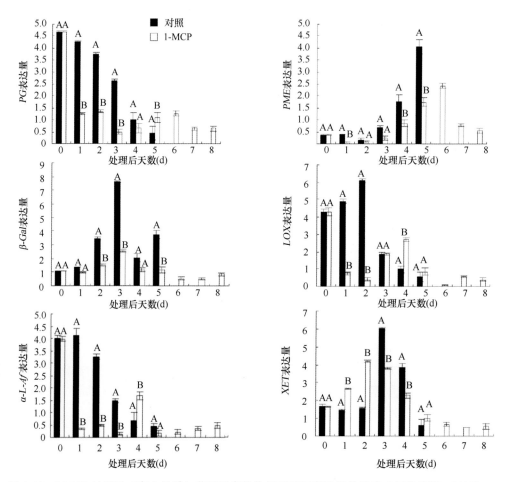

图 4-44　1-MCP 处理对 '泰山早霞' 苹果果实软化相关基因表达量的影响（刘美艳等，2012）

不同大写字母表示在 $P<0.01$ 水平上差异极显著

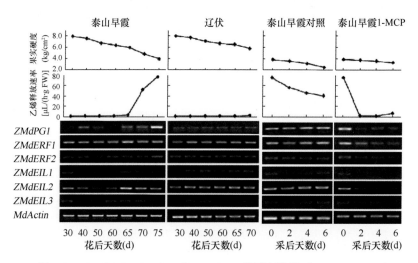

图 4-45　*ZMdERF*、*ZMdEIL* 和 *ZMdPG1* 基因表达量（Li et al.，2013）

在拟南芥中超表达 ZMdPG1 基因后进行 GUS 染色分析发现，在拟南芥花药、种子、果柄和果荚的结合部位、果皮的缝合处、胎座中均检测到报告基因 ZMdPG1 表达（图4-46），表明 ZMdPG1 基因主要在这些组织部位中起作用。超表达 ZMdPG1 基因加速了果皮细胞壁的降解，细胞间的结合力减弱引发果皮缝合处的细胞分离，导致果荚提早开裂，而反义表达 ZMdPG1 的转基因拟南芥则果荚的正常开裂受到抑制（图4-47）。在番茄中超表达 ZMdPG1 基因引起了大量落花和果实不完全发育（图4-48）。

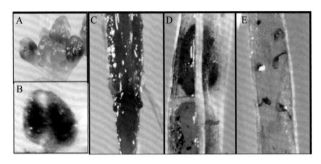

图 4-46　转基因拟南芥 GUS 染色分析（Li et al.，2013）

A、B. 花药；C. 果柄和果荚的结合部位；D. 果皮的缝合处（上）、种子（下）；E. 胎座

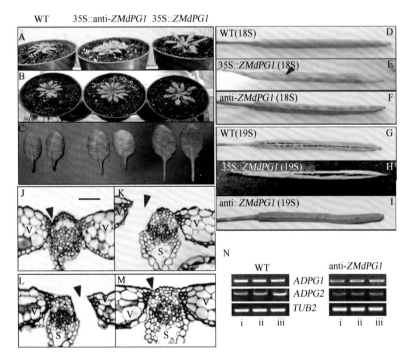

图 4-47　ZMdPG1 转基因拟南芥功能分析（Li et al.，2013）

A 和 B. 拟南芥表型；C. 拟南芥叶片表型；D. 野生型拟南芥的黄色果荚（18 时期）；E. 过表达 ZMdPG1 拟南芥的黄色果荚（18 时期）；F. 反义表达 ZMdPG1 转基因拟南芥的黄色果荚（18 时期）；G. 野生型拟南芥的成熟果荚（19 时期）；H. 过表达 ZMdPG1 拟南芥的成熟果荚（19 时期）；I. 反义表达 ZMdPG1 转基因拟南芥的成熟果荚（19 时期）；J. 野生型拟南芥的黄色果荚横切面；K. 过表达 ZMdPG1 拟南芥的黄色果荚横切面；L. 野生型拟南芥的成熟果荚横切面；M. 反义表达 ZMdPG1 转基因拟南芥的成熟果荚横切面；J~M 图中箭头指示果皮与膈膜缝合处分离区域；V. 角果皮，S. 膈膜；N. 反义表达 ZMdPG1 转基因拟南芥中 ADPG1 和 ADPG2 的表达，i. 幼果荚（17 时期），ii. 黄色果荚（18 时期），iii. 成熟果荚（19 时期）

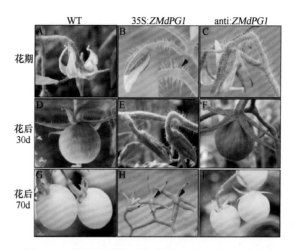

图 4-48　转基因番茄功能分析（Li et al.，2013）

A. 野生型番茄花的表型；B. 过表达 *ZMdPG1* 番茄花的表型；C. 反义表达 *ZMdPG1* 转基因番茄花的表型；D. 野生型番茄幼果的表型；E. 过表达 *ZMdPG1* 番茄幼果的表型；F. 反义表达 *ZMdPG1* 转基因番茄幼果的表型；G. 野生型番茄成熟果的表型；H. 过表达 *ZMdPG1* 番茄不完全发育；I. 反义表达 *ZMdPG1* 转基因番茄成熟果的表型

通过 Hi-tail PCR 技术克隆得到 *ZMdPG1* 的启动子序列并进行元件分析，发现 *ZMdPG1* 启动子上有多个调控元件，其中包括蛋白质结合元件 BOXIII，但由 *ZMdPG1* 启动子合成的探针不与 ERF1 蛋白结合（图 4-49），表明 *ZMdERF1* 并不直接调控细胞壁代谢酶基因 *ZMdPG1*。进一步通过双分子荧光互补实验证明了乙烯信号响应因子 ZMdERF1 蛋白和 ZMdERF2 蛋白均与 ZMdEIL2 蛋白存在互作关系（图 4-50）。因此，推测 ZMdERF1 和 ZMdEIL2 可能协同调控 *ZMdPG1* 的表达进而调节果实的成熟软化过程（Li et al.，2013）。

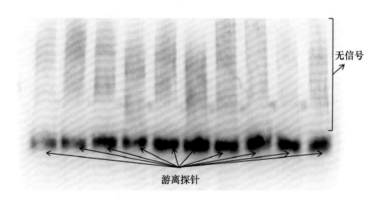

图 4-49　*ZMdERF1* 与 *ZMdPG1* 探针凝胶阻滞试验（Li et al.，2013）

3. 乙烯调控‘泰山早霞’苹果果实花青苷的积累

刘金等（2012）研究探讨了‘泰山早霞’苹果果实乙烯合成与花青苷积累间的关系。结果表明，‘泰山早霞’苹果果实成熟期花青苷含量与查耳酮异构酶（CHI）、UDP-葡萄糖类黄酮-3-*O*-糖基转移酶（UFGT）活性显著相关（图 4-51，表 4-3），苹果采收前有明显的乙烯释放高峰，并且乙烯释放高峰的出现早于花青苷的快速积累（图 4-52）；

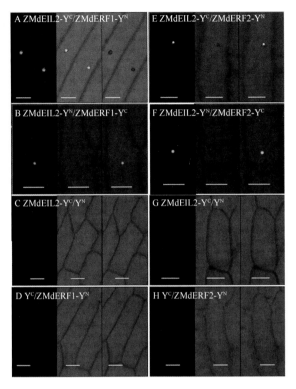

图 4-50　ZMdEIL2 蛋白与 ZMdERF1、ZMdERF2 蛋白双分子荧光互补分析（Li et al.，2013）

A～D. ZMdEIL2 与 ZMdERF1 互作及其对照；E～H. ZMdEIL2 与 ZMdERF2 互作及其对照；各分图自左到右依次为暗场、明场、混合场。标尺=50μm

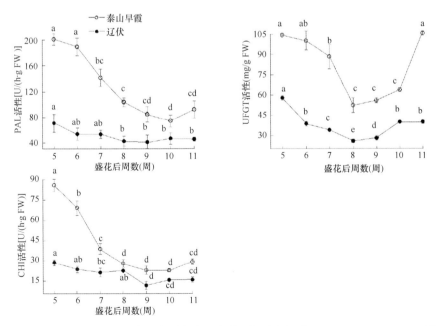

图 4-51　不同着色早熟苹果整个发育过程中果皮苯丙氨酸解氨酶（PAL）、CHI、UFGT 活性变化
（刘金等，2012）

不同字母表示在 $P<0.05$ 水平上差异显著

表 4-3　不同着色早熟苹果果皮花青苷含量与花青苷合成相关酶活性的相关性（刘金等，2012）

项目	花青苷含量			
	整个过程（5~11周）		成熟期（9~11周）	
	泰山早霞	辽伏	泰山早霞	辽伏
PAL 活性	−0.34	0.20	0.72	0.64
CHI 活性	−0.26	−0.12	0.99*	0.71
UFGT 活性	0.44	0.54	1.00**	0.87

* 表示 5% 的差异显著水平；** 表示 1% 的差异极显著水平

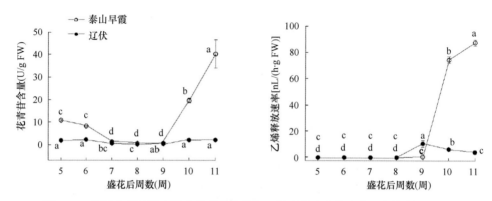

图 4-52　苹果发育过程中果皮花青苷含量与乙烯释放速率的变化（刘金等，2012）

不同小写字母表示在 $P<0.05$ 水平上差异显著

喷施 1-MCP 后果实的乙烯释放受到抑制，花青苷积累随之显著减少（图 4-53，图 4-54）。以上结果表明乙烯可能启动并调控了'泰山早霞'苹果成熟期花青苷的积累。

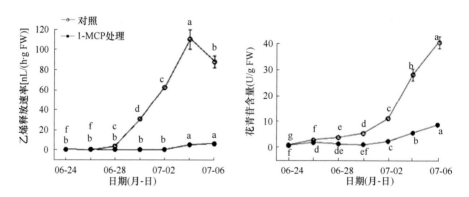

图 4-53　'泰山早霞'喷施 1-MCP 后果实乙烯释放速率及花青苷含量的变化（刘金等，2012）

不同小写字母表示在 $P<0.05$ 水平上差异显著

4. 乙烯调控'泰山早霞'苹果果皮软化、花青苷合成与香气物质合成

Zhang 等（2017）以呼吸跃变前后的'泰山早霞'果实为试材，成功构建了抑制性差减文库，并从文库中分离得到 648 个与果实成熟软化相关的差异表达基因，其中涉及细胞壁修饰（*XTH2*、*XTH10* 和 *β-Gal* 等）、花青苷合成（*4CL*、*ANR* 和 *bHLH137* 等）和香气合成（*FAD2*、*LOX* 等）等途径的 87 个基因与果实成熟软化密切相关。qRT-PCR 验

图 4-54 '泰山早霞'喷施 1-MCP 10d 后（下）与对照（上）果实着色的比较（刘金等，2012）

证和相关性分析表明（图 4-55，表 4-4），'泰山早霞'苹果果实质地发育、花青苷合成及香气合成均受乙烯调控，进一步从分子水平验证了本课题组前期的研究结果。

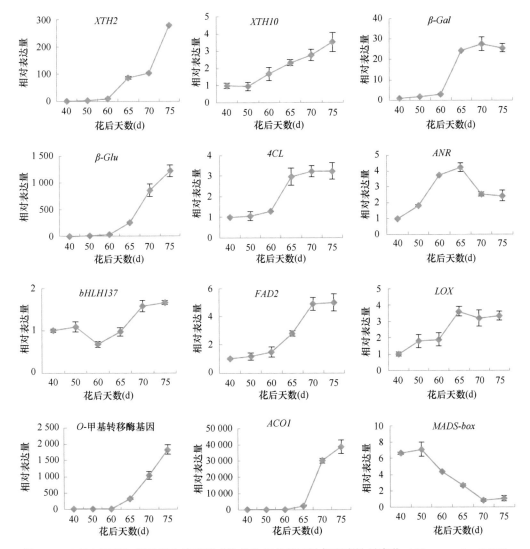

图 4-55 '泰山早霞'苹果果实发育期成熟软化相关基因的相对表达量变化（Zhang et al.，2015）

表4-4 '泰山早霞'苹果果实发育期差异表达基因表达量统计及相关性分析（Zhang et al.，2015）

基因名称	来源	$\dfrac{\text{花后}40\sim60\text{d基因表达量}}{\text{花后}40\sim75\text{d基因总表达量}}$ (%)	$\dfrac{\text{花后}65\sim75\text{d基因表达量}}{\text{花后}40\sim75\text{d基因总表达量}}$ (%)	与乙烯释放量的相关性
XTH2	FS	3	97	0.780*
XTH10	FS	30	70	0.898*
PE	RS	40	60	0.710
β-Glu	FS	2	98	0.949**
β-Gal	FS	7	93	0.812*
CAD	RS	24	76	0.863*
4CL	FS	26	74	0.822*
ANR	RS	42	58	−0.026
C4H	FS	37	63	0.511
bHLH137	FS	40	60	0.921**
FAD2	FS	22	78	0.962**
FAD5	FS	10	90	−0.008
乙酰辅酶A羧化酶基因	RS	36	64	0.172
LOX	FS	32	68	0.654
O-甲基转移酶基因	FS	0	100	0.909*
GDSL 酯酶/脂肪酶基因	RS	35	65	0.552
半胱氨酸蛋白酶基因	RS	46	54	0.151
醛脱氢酶基因	FS	32	68	0.258
AM	FS	30	70	0.757
ACO1	FS	0	100	0.917**
ERF2	FS	34	66	0.753
MADS-box	FS	80	20	−0.849*
F-box	FS	39	61	0.702
糖转运体基因	RS	26	74	0.632
UN376	FS	42	58	0.198
UN525	FS	23	77	0.869*

注：FS. 正向文库；RS. 反向文库。*表示5%差异显著水平，**表示1%差异极显著水平

二、'泰山早霞''富士'和'金帅'苹果 *ACS1* 基因型鉴定

鉴定发现'泰山早霞'苹果为 *ACS1-1/ACS1-1* 纯合子，而'富士'和'金帅'

分别为 *ACS1-2/ACS1-2* 纯合子和 *ACS1-1/ACS1-2* 杂合子（图 4-56），*ACS1-2* 启动子区反转录转座子的插入导致其转录活性和乙烯释放量大大降低。因此，'泰山早霞'苹果的 *ACS1-1/ACS1-1* 纯合基因型及 *ACS1*、*ACO1* 的高转录活性可能是其果实发育后期乙烯释放高峰出现的主要原因（图 4-57）。对从差减文库分离到的 *XTH* 基因家族表达模式进行分析发现，*XTH1*、*XTH3*、*XTH4*、*XTH5* 和 *XTH9* 主要参与发育前期的果实软化，而 *XTH2*、*XTH6*、*XTH7*、*XTH8*、*XTH10* 和 *XTH11* 主要参与发育后期的果实软化，并受乙烯调控（图 4-58，图 4-59）。将 *XTH2* 和 *XTH10* 在番茄中过表达，可引起乙烯生物合成、信号转导基因（*ACS2*、*ACO1*、*ERF2*）以及软化相关基因（*PG2A*、*Cel2*、*TBG4*）的上调表达（图 4-60）。因此，依赖或不依赖乙烯的 *XTH* 基因家族的差异表达在'泰山早霞'苹果果实成熟软化过程中起重要作用，其中，*XTH2/XTH10* 可能是反馈调节乙烯信号转导途径和果实软化的重要调控因子（Zhang et al.，2017）。

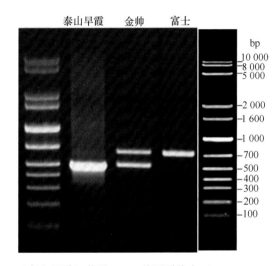

图 4-56 '泰山早霞'苹果 *ACS1* 基因型鉴定（Zhang et al.，2017）

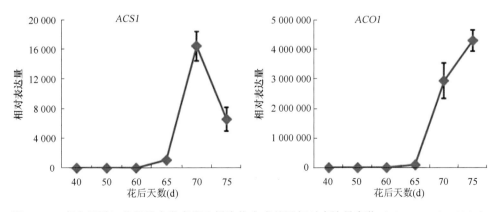

图 4-57 '泰山早霞'苹果果实发育期乙烯生物合成基因相对表达量变化（Zhang et al.，2017）

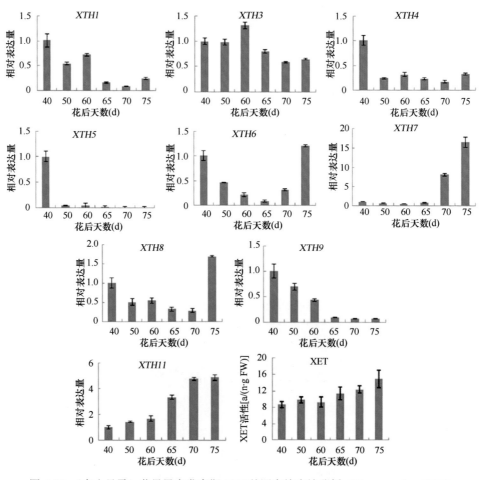

图 4-58 '泰山早霞'苹果果实发育期 *XTH* 基因家族表达分析（Zhang et al.，2017）

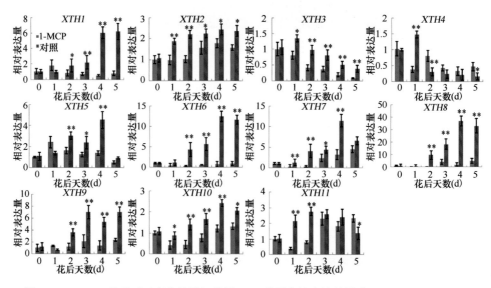

图 4-59 1-MCP 处理对'泰山早霞'苹果 *XTH* 基因家族表达的影响（Zhang et al.，2017）

*表示 5%差异显著水平，**表示 1%差异极显著水平；FS. 正向文库；RS. 反向文库

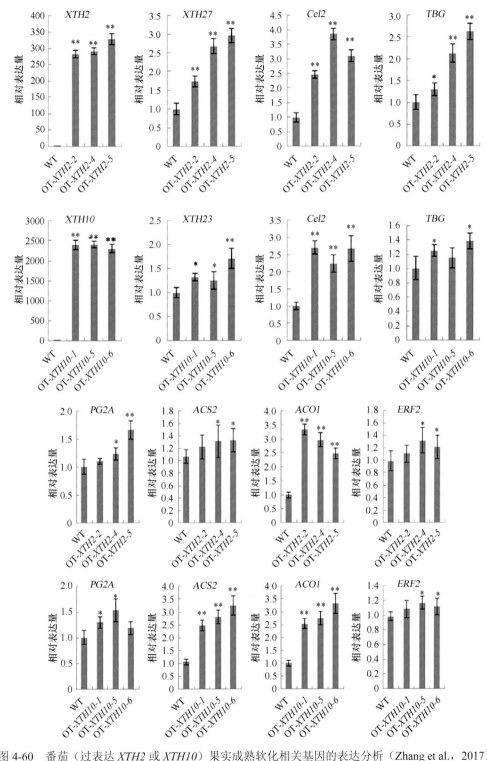

图 4-60　番茄（过表达 *XTH2* 或 *XTH10*）果实成熟软化相关基因的表达分析（Zhang et al.，2017）

*表示 5%差异显著水平，**表示 1%差异极显著水平；WT 是野生型番茄，OT-XTH10-1、OT-XTH10-5、OT-XTH10-6 分别代表过表达 XTH10 的 3 株番茄

三、'乔纳金'

对'乔纳金'苹果及其脆肉芽变果实的研究发现，虽然'乔纳金'苹果及其脆肉芽变果实发育后期的果实硬度与脆度整体均呈下降趋势，并在采前 35～50d 有个快速下降过程，但脆肉芽变的果实硬度与脆度均显著高于'乔纳金'（花后 113d、120d、155d 果实脆度除外）（图 4-61）。基因表达量分析表明，'乔纳金'苹果 ACO 基因表达量在花后 120d 有明显的表达峰，花后 113～120d 表达量占总表达量的 98.6%，而'乔纳金'脆肉芽变果实 ACS 和 ACO 基因表达量前后变化不大，总表达量仅分别相当于'乔纳金'的 73.9% 和 1.1%，且表达高峰均滞后于'乔纳金'（图 4-62）。'乔纳金'苹果 ACO、PG、PME、β-Gal、β-xyl、LOX 和 XET 7 个基因在花后 113～120d 表达量均占总表达量的 35% 以上，是引起'乔纳金'苹果果实硬度与脆度快速下降的主要原因，而'乔纳金'脆肉芽变果实参试的 12 个基因总表达量仅是'乔纳金'的 23.2%，其中 PG、α-L-Af、XET 和 β-Gal 4 个基因的表达量分别是'乔纳金'的 12.5%、62.7%、72.6% 和 75.3%（图 4-63，表 4-5）。因此，'乔纳金'苹果与其脆肉芽变果实质地的差异可能是 ACS、ACO、PG、β-Gal、β-xyl、α-L-Af 和 XET 等多基因协同作用的结果，其中 ACO、PG、β-Gal 和 XET 是关键基因。另外，'乔纳金'苹果酯类成分种类多、含量高，而脆肉芽变果实醇类和醛类成分种类多、含量高（表 4-6），印证了香气物质组成及其含量可以作为质地品质评价的指标之一（陈学森等，2014）。

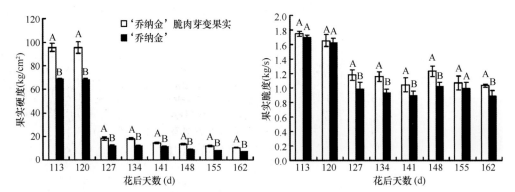

图 4-61 '乔纳金'及其脆肉芽变果实发育后期硬度与脆度的变化（陈学森等，2014）

不同字母表示相同时间'乔纳金'及其脆肉芽变果实在 0.01 水平上有极显著性差异

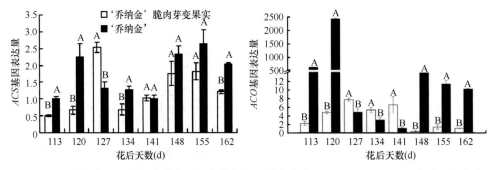

图 4-62 '乔纳金'及其脆肉芽变果实发育后期乙烯生物合成基因 ACS 和 ACO 表达量的变化
（陈学森等，2014）

不同字母表示相同时间'乔纳金'及其脆肉芽变果实在 0.01 水平上有极显著性差异

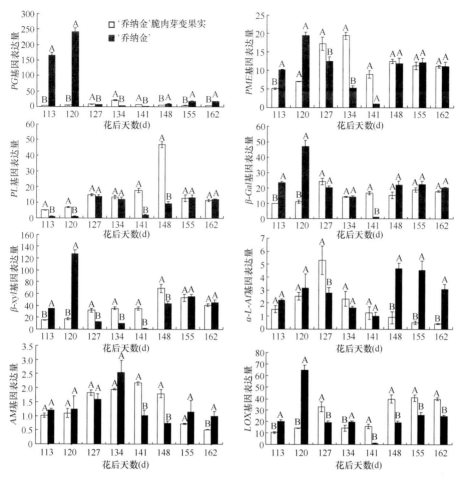

图 4-63 '乔纳金'及其脆肉芽变果实发育后期果实软化相关基因表达量的变化（陈学森等，2014）

不同字母表示相同时间'乔纳金'及其脆肉芽变果实在 $P=0.01$ 水平上有极显著性差异

表 4-5 '乔纳金'与其脆肉芽变苹果果实发育后期乙烯生物合成及软化相关基因表达量的比较（陈学森等，2014）

基因名称	'乔纳金'			'乔纳金'脆肉芽变果实			'乔纳金'脆肉芽变果实总表达量/'乔纳金'总表达量（%）
	总表达量	花后 113~120d 表达量	花后 113~120d 表达量/总表达量（%）	总表达量	花后 113~120d 表达量	花后 113~120d 表达量/总表达量（%）	
ACC 合酶基因（ACS）	13.8	3.3	23.9	10.2	1.2	11.8	73.9
ACC 氧化酶基因（ACO）	3039.6	2995.8	98.6	33.3	6.9	20.7	1.1
多聚半乳糖醛酸酶基因（PG）	458.0	406.7	88.8	57.2	7.8	13.6	12.5
果胶甲酯酶基因（PME）	84.0	29.7	35.4	92.7	12.1	13.1	110.4
果胶裂解酶基因（PL）	22.3	2.0	9.0	115.3	12.0	10.4	517.0
β-半乳糖苷酶基因（β-Gal）	171.0	70.3	41.1	128.8	21.2	16.5	75.3
β-木糖苷酶基因（β-xyl）	329.1	162.3	49.3	297.1	32.6	11.0	90.3
α-L-阿拉伯呋喃糖苷酶基因（α-L-Af）	23.3	5.5	23.6	14.6	4.0	27.4	62.7
淀粉酶基因（AM）	10.5	2.5	23.8	11.1	2.1	18.9	105.7
脂氧合酶基因（LOX）	194.3	84.7	43.6	208.0	24.8	11.9	107.1
纤维素酶基因（EG）	29.5	2.8	9.3	36.4	8.8	24.2	123.4
木葡聚糖内糖基转移酶基因（XET）	23.7	9.2	38.8	17.2	3.2	18.6	72.6
合计	4399.1	3774.8	85.8	1021.9	136.7	13.4	23.2

表 4-6 '乔纳金'苹果及其脆肉芽变果实各类挥发性化合物种类与含量的比较（陈学森等，2014）

化合物	'乔纳金'		'乔纳金'脆肉芽变果实	
	种类	含量（μg/g）	种类	含量（μg/g）
酯类	12	0.242	8	0.206
醇类	6	0.061	7	0.403
醛类	1	0.001	2	0.007

四、新疆红肉苹果杂交后代株系

以'富士'与新疆红肉苹果杂交 F_1 代中的 2 个绵肉株系和 2 个脆肉株系为试材，从生理层面研究探讨了果实硬度、脆度、乙烯释放速率和细胞壁降解酶活性在果实发育期的变化及其之间的相关性。结果表明，2 个脆肉株系各个时期的果实硬度和脆度均显著高于 2 个绵肉株系，绵肉株系发育前期果实硬度小且下降时间更早（图 4-64）。幼果期和果实膨大期，绵肉株系与脆肉株系的乙烯释放速率均较小，差异不明显，在花后 130d 的成熟期，2 个绵肉株系的乙烯释放速率约是 2 个脆肉株系的 10 倍（图 4-65）。2 个绵肉株系果实的果胶甲酯酶和 β-半乳糖苷酶活性在绝大部分发育时期高于 2 个脆肉株系，而 α-L-阿拉伯呋喃糖苷酶、β-木糖苷酶、淀粉酶和脂氧合酶的活性在发育前期差异较小，到发育后期 2 个绵肉株系显著高于 2 个脆肉株系（图 4-66）。相关分析显示，绵肉脆肉特性与多聚半乳糖醛酸酶、α-L-阿拉伯呋喃糖苷酶及淀粉酶活性密切相关（表 4-7）。因此，新疆红肉苹果杂交 F_1 代绵肉、脆肉特性，不仅与发育前期细胞生长膨大和细胞壁降解有关，而且果实发育后期乙烯释放量的快速增加引起果胶甲酯酶、糖苷酶及淀粉酶等多种酶活性的协同升高，可能是导致绵肉株系果实软化变绵的主要原因（高利平等，2013）。

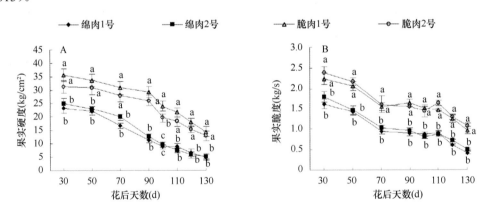

图 4-64 '富士'与新疆红肉苹果杂交 F_1 代 4 个株系果实发育期果实硬度和脆度的变化
（高利平等，2013）
不同字母表示在 $P<0.05$ 水平上有显著差异

以新疆红肉苹果杂交后代中的'红绵 2 号'和'红脆 2 号'为试材，进一步从分子层面研究探讨了绵肉株系和脆肉株系果实质地差异的机理。'红绵 2 号'和'红脆 2 号'苹果果实发育期间的硬度和脆度均呈下降趋势，但'红脆 2 号'各时期果实硬度和脆度均明显高于'红绵 2 号'（图 4-67）。'红绵 2 号'花后 120d 乙烯释放速率明显

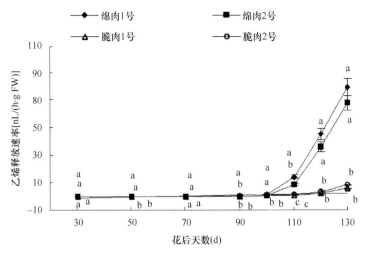

图 4-65　'富士'与新疆红肉苹果杂交 F_1 代 4 个株系果实发育期乙烯释放速率的变化
（高利平等，2013）

不同字母表示在 $P<0.05$ 水平上有显著差异

上升，并出现明显的乙烯释放峰，而'红脆 2 号'花后 120d 乙烯释放速率上升不明显，且无明显的乙烯释放峰（图 4-68）。基因表达量分析发现，'红脆 2 号'果实各时期的 *ACS1* 等乙烯生物合成相关基因表达量均明显低于'红绵 2 号'（图 4-69），且'红绵 2 号'的 *ACS1*、*ACO1* 和 *ACO2* 3 个基因在果实发育后期的表达量均占总表达量的 94% 以上（表 4-8）。果实软化相关的 34 个基因的表达量分析发现，其表达的时间顺序存在明显差异。其中 *PL*、*AF1*、*EG2* 及 *XET1* 等 15 个基因主要在果实发育前期表达，*PG*、*AF3*、*XET2*、*XET10* 和 *XET11* 5 个基因主要在果实发育后期表达，基因表达量均占总表达量的 70% 以上；除 *PL* 和 *AF1*、*XET1*、*EXP3*、*AM* 5 个基因外，'红脆 2 号'*PG* 等 29 个基因的总表达量均极显著低于'红绵 2 号'（图 4-70，表 4-8）。

因此，果实发育后期乙烯释放高峰的到来以及果实发育前、后期不同乙烯生物合成与果实软化相关基因的上调表达，是导致'红绵 2 号'果实在采收前就已软化变绵及其与'红脆 2 号'质地有差异的主要原因。'红脆 2 号'乙烯释放量低，软化相关基因表达水平低，表明能从新疆红肉苹果杂交后代中选育出乙烯合成能力低、耐贮性好、硬脆多汁的功能型苹果新品系（张芮等，2015）。

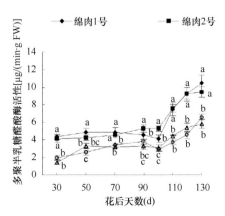

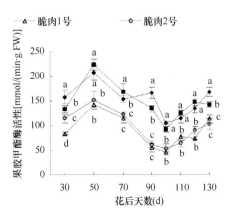

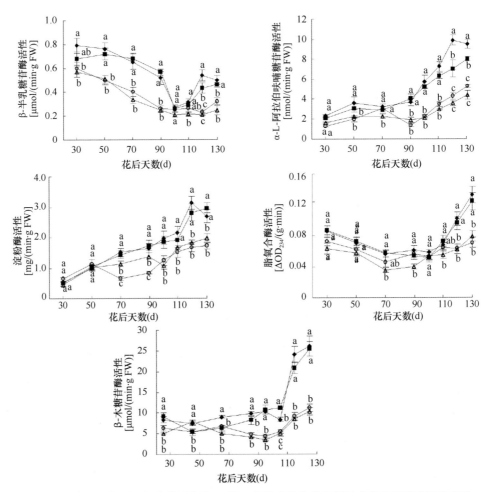

图 4-66 '富士'与新疆红肉苹果杂交 F₁ 代 4 个株系果实发育期果实软化相关酶活性变化
（高利平等，2013）

不同字母表示在 P<0.05 水平上有显著差异

表 4-7 新疆红肉苹果杂交 F₁ 代 4 个株系果实硬度、乙烯释放速率与细胞壁降解酶活性的相关性
（高利平等，2013）

指标	绵肉 1 号		绵肉 2 号		脆肉 1 号		脆肉 2 号	
	硬度	乙烯释放速率	硬度	乙烯释放速率	硬度	乙烯释放速率	硬度	乙烯释放速率
硬度	—	-0.6689	—	-0.6388	—	-0.8065*	—	-0.8113*
脆度	0.9456**	-0.7472*	0.9234**	-0.6396	0.9347**	-0.7682*	0.8709**	-0.6973*
PG 活性	-0.6831	0.9471**	-0.8650**	0.8750**	-0.9148**	0.7841*	-0.8170*	0.9192**
PME 活性	0.5398	-0.0079	0.5097	-0.0535	0.1968	-0.1996	0.5070	-0.0482
β-Gal 活性	0.7971*	-0.1830	0.8360**	-0.2729	0.7960*	-0.3765	0.7636*	-0.3380
α-L-Af 活性	-0.8558**	0.8571**	-0.9451**	0.8160*	-0.8980**	0.9121**	-0.8397**	0.8741**
β-Xyl 活性	-0.6789	0.9478**	-0.7398*	0.9580**	-0.5161	0.7810*	-0.5868	0.8746*
LOX 活性	-0.3921	0.9284**	-0.3136	0.8870**	-0.5174	0.7561*	-0.1772	0.4568
淀粉酶活性	-0.9321**	0.7540*	-0.9255**	0.8181*	-0.9013**	0.7173*	-0.8948**	0.7682*

*表示 5%的差异显著水平；　**表示 1%的差异极显著水平

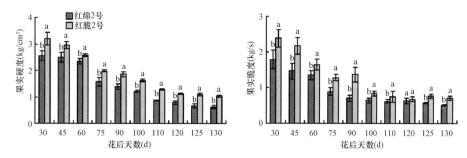

图 4-67 '红绵 2 号'和'红脆 2 号'苹果果实发育期间硬度和脆度的变化（张芮等，2015）

不同字母表示在 $P<0.05$ 水平上有显著差异

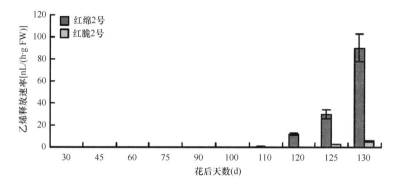

图 4-68 '红绵 2 号'和'红脆 2 号'苹果果实发育期间乙烯释放速率的变化（张芮等，2015）

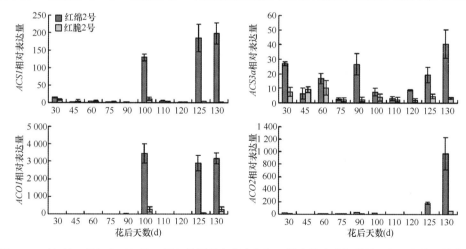

图 4-69 '红绵 2 号'和'红脆 2 号'苹果果实发育期间乙烯生物合成相关基因相对表达量的变化

（张芮等，2015）

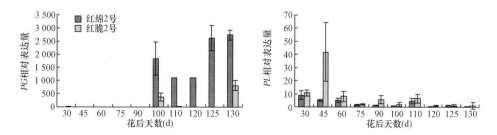

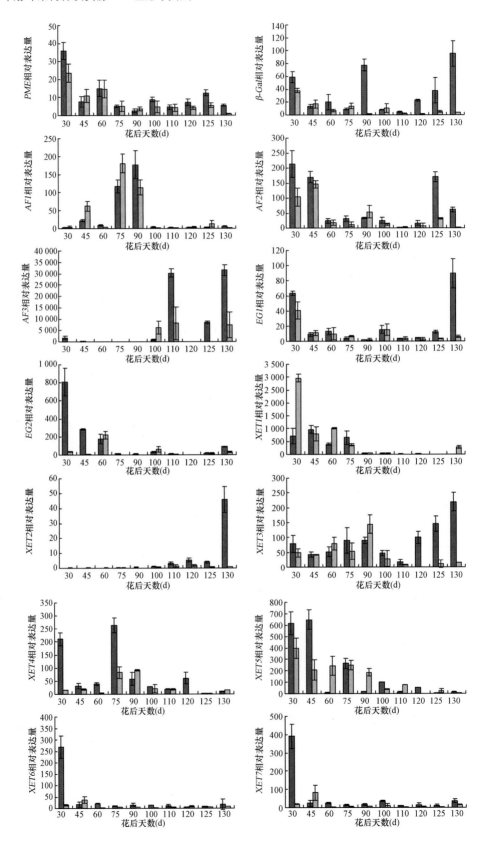

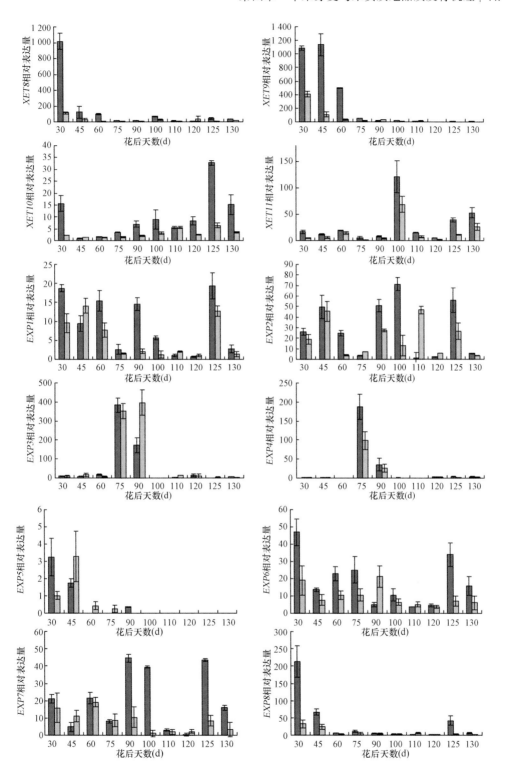

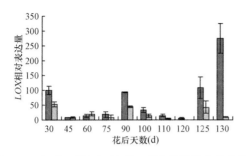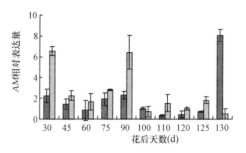

图 4-70 '红绵 2 号'和'红脆 2 号'苹果果实发育期间软化相关基因相对表达量的变化（张芮等，2015）

表 4-8 '红绵 2 号'和'红脆 2 号'苹果乙烯生物合成与果实软化相关基因表达量的比较（张芮等，2015）

基因名称	花后 30~90d 表达量/总表达量（%）		花后 100~130d 表达量/总表达量（%）		'红脆 2 号'总表达量/'红绵 2 号'总表达量（%）
	红绵 2 号	红脆 2 号	红绵 2 号	红脆 2 号	
ACS1	4.7	48.8	95.3	51.2	7.6
ACS3a	50.0	66.3	50.0	33.7	29.7
ACO1	0.4	0.6	99.6	99.4	5.9
ACO2	5.5	27.9	94.5	72.1	6.6
PG	0.1	1.2	99.9	98.8	13.0
PL	73.2	84.9	26.8	15.1	271.0
PME	62.9	74.8	37.1	25.2	74.2
β-Gal	51.4	77.3	48.6	22.7	28.8
AF1	94.8	94.5	5.2	5.5	111.5
AF2	63.2	86.0	36.8	14.1	52.2
AF3	2.8	0.9	97.2	99.1	29.9
EG1	42.3	68.8	57.7	31.2	47.2
EG2	89.6	70.0	10.4	30.3	26.5
XET1	97.6	94.5	2.4	5.5	193.0
XET2	2.2	17.1	97.8	82.9	10.3
XET3	40.2	85.4	59.8	14.6	48.8
XET4	83.2	78.2	16.8	21.8	37.0
XET5	89.5	89.5	10.5	10.5	82.4
XET6	85.7	66.6	14.3	33.4	24.3
XET7	81.3	74.0	18.7	26.0	26.9
XET8	88.8	62.1	11.2	37.9	18.1
XET9	98.4	95.4	1.6	4.6	21.8
XET10	29.0	28.5	81.0	71.5	29.8
XET11	20.9	20.9	79.2	79.1	49.8
EXP1	67.3	65.6	32.7	34.4	59.1
EXP2	53.1	51.7	46.9	48.3	68.2
EXP3	95.6	95.7	4.4	4.3	131.7
EXP4	95.9	96.3	4.1	3.8	56.5
EXP5	100.0	100.0	0.0	0.0	92.9
EXP6	62.4	70.6	37.6	29.4	53.4
EXP7	49.4	79.4	50.6	20.6	40.7
EXP8	84.8	82.5	15.2	17.5	23.4
AM	45.1	77.8	54.9	22.2	131.1
LOX	34.8	65.3	65.2	34.7	30.5

以新疆红肉苹果回交一代的'红心 7 号'和'红心 9 号'为试材，通过检测其贮藏期间香气成分、果实硬度及相关酶活性与基因表达量，研究探讨两个株系贮藏品质差异的机理。'红心 9 号'苹果贮藏期间果实硬度极显著低于'红心 7 号'（图 4-71），而乙烯释放速率在 120d 前均极显著高于'红心 7 号'（图 4-71）。整个贮藏期间，总香气物质、酯类含量（图 4-72）及 *MdAAT1*、*MdAAT2* 和 *MdLOX* 基因表达量大多极显著高于'红心 7 号'（图 4-73），而在贮藏后期（90～120d）果实醇类与醛类含量（图 4-72）及 *MdADH* 基因表达量均极显著低于'红心 7 号'（图 4-73）；*MdPG*、*MdXET*、*MdPME*、*MdAM*、*Mdα-L-Af* 和 *Mdβ-Gal* 6 个果实软化相关基因表达量及其酶活性大多极显著高于'红心 7 号'（图 4-73，图 4-74）。上述结果表明乙烯释放速率和酯类含量高及酯类生物

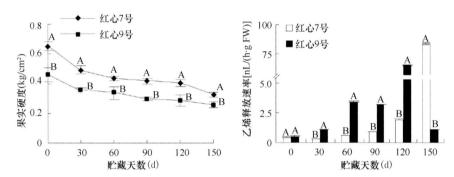

图 4-71 '红心 7 号'和'红心 9 号'苹果贮藏期间果实硬度与乙烯释放速率的变化（刘静轩等，2017）

不同字母表示在 $P<0.01$ 水平上差异极显著

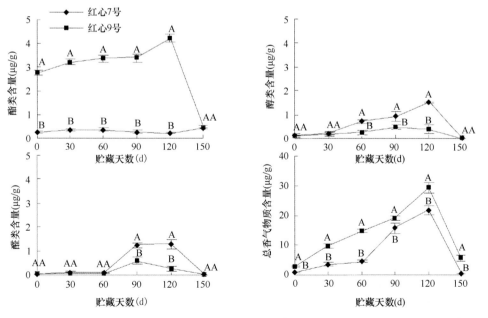

图 4-72 '红心 7 号'和'红心 9 号'苹果贮藏期间果实总香气物质及各主要组分含量的变化
（刘静轩等，2017）

不同字母表示在 $P<0.01$ 水平上差异极显著

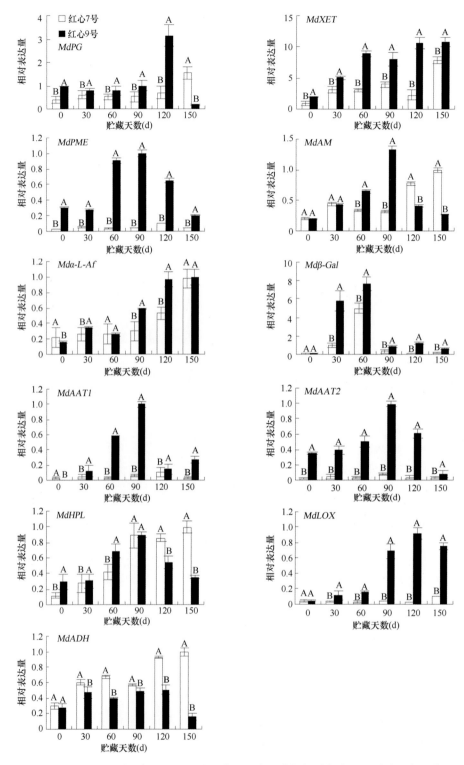

图 4-73　'红心 7 号'与'红心 9 号'苹果果实贮藏期间香气合成和质地发育相关基因
相对表达量的变化（刘静轩等，2017）

不同字母表示在 P<0.01 水平上差异极显著

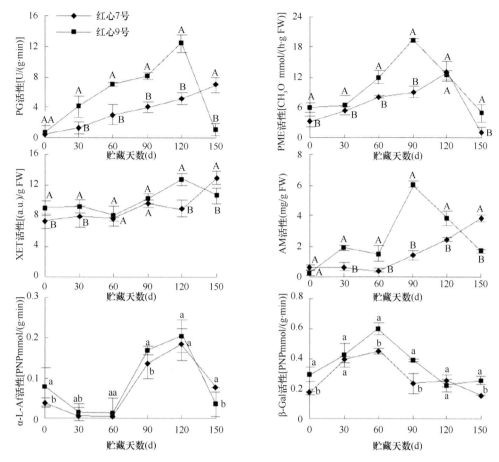

图4-74 '红心7号'与'红心9号'苹果贮藏期间软化相关酶活性的变化（刘静轩等，2017）

不同字母表示在 $P<0.01$ 水平上差异极显著

合成和果实软化相关基因上调表达可能是导致'红心9号'苹果贮藏期间果实硬度显著低于'红心7号'的主要原因。香气物质种类与含量能作为果实贮藏品质评价的指标之一，也进一步证明了能从新疆红肉苹果回交后代中选育出对乙烯敏感性差、贮藏性好、硬脆多汁的新品系（刘静轩等，2017）。

五、未来研究重点

乙烯在调控苹果果实成熟软化过程中具有至关重要的作用。乙烯释放量与乙烯生物合成基因（ACS1、ACS3a 和 ACO1）的表达水平密切相关。其中，ACS1、ACS3a 基因型可能是决定乙烯生物合成能力的关键。因此，进一步研究 ACS1、ACS3a 基因型与乙烯释放量、果实质地以及果实软化相关基因间的关系，有针对性地选择组合杂交育种亲本，对于降低育种成本，提高育种效率，加速选育硬脆多汁、耐贮藏的苹果新品系具有重要意义。

乙烯信号转导因子是连接乙烯信号与果实成熟软化的重要纽带。香气物质的种类及含量可以作为贮藏品质评价的指标之一，其与果实质地变化及乙烯释放量均存在相关性，但其内在联系的机理尚不明确。因此，进一步明确乙烯信号转导因子与果实软化及香气物质合成相关基因在蛋白质-蛋白质和蛋白质-DNA 等不同层面的互作关系及其调控网络，阐释不同苹果新品系果实质地品质差异的分子机理，是今后研究的重要切入点。

RIN-MADS 是位于乙烯信号上游调控番茄果实成熟软化的关键因子。对苹果的研究也发现了 MADS2.1、MADS8 和 MADS9 等是与苹果成熟软化密切相关的转录因子，进一步探讨 MADS 家族等转录因子调控乙烯信号转导基因及下游果实成熟软化相关基因表达的分子机理，对丰富和完善果实质地品质的发育及调控机理具有重要意义。

第五章 苹果类黄酮代谢机理

第一节 国内外植物类黄酮合成与调控研究进展

一、类黄酮生物合成的转录调控研究进展

近年来，植物类黄酮生物合成途径及其转录调控一直是人们关注的焦点，也是高等植物次生代谢研究最好的范例，研究人员已在模式植物拟南芥（刘晓芬等，2013；Saito et al.，2013；Patra et al.，2013），玉米、小麦和水稻等粮食作物（Liu et al.，2013），以及葡萄、苹果和柑橘等果树作物（刘晓芬等，2013；Kayesh et al.，2013；Czemmel et al.，2012）上取得了可喜的研究进展。类黄酮的合成是转录因子与结构基因协调表达的过程，并受到其他内因（内源激素、糖酸含量等）和外因（光照、温度等外界环境）的影响。因此，要全面认识苹果类黄酮代谢机理，必须从种性（遗传）和环境因素两个方面入手。类黄酮生物合成途径已经比较明确，各种植物间结构基因也基本一致，且 *PAL*、*CHS*、*ANS*、*UFGT* 及 *FLS* 等主要结构基因也已被克隆、鉴定和定位，但由 R2R3-MYB、bHLH 和 WD40 等转录因子（transcription factor，TF）及转录复合体 MBW 控制的时空转录调控网络，因植物种类、品种、发育时期及环境胁迫等不同而存在明显差异。最早有关类黄酮合成调控的研究大多集中在花青苷上，如在拟南芥中鉴定的 *MYBPAP1*，在葡萄中鉴定的 *MYBA1* 和 *MYBA2* 均能促进花青苷的合成。之后，与原花青素合成相关的转录因子相继在拟南芥（MYB123）、葡萄（MYBPA1/MYBPA2）、柿子（MYB4）中得到鉴定（Nesi et al.，2001；Deluc et al.，2006；Akagi et al.，2009）。而调控黄酮醇合成的 MYB 转录因子同样在拟南芥（MYB12/MYB11/MYB111）和葡萄（MYBF1）中有相关报道（Mehrtens et al.，2005；Czemmel et al.，2009）。研究表明，MYB 转录因子在 MBW 复合体中起关键作用。例如，葡萄的黄酮醇合成受 *MYBF1* 调控，而原花青素和花青苷合成分别受 *MYBPA* 和 *MYBA* 调控（Czemmel et al.，2012）。在拟南芥中，TT8 与 AtMYB75/PAP1 互作调控花青苷的合成，而当 TT8 与 AtMYB123/TT2 互作时，则变为调控原花青素的合成。在苹果中，调控苹果果皮花青苷生物合成的 *MdMYB1* 和 *MdMYBA* 最早被克隆、鉴定（Takos et al.，2006a；Ban et al.，2007）。随后，*MdMYB1* 和 *MdMYBA* 的等位基因 *MdMYB10* 也得到了分离和鉴定。研究表明，*MdMYB10* 能够调控苹果叶片和果肉中花青苷的合成，*MdMYB10* 过表达时可显著提高转基因苹果果肉中的花青苷含量，产生红肉表型（Espley et al.，2007）。调控苹果果实花青苷合成的另一个基因 *MdMYB110a* 也已被分离和鉴定，研究发现，它与 *MdMYB10* 的表达位置和表达模式均不同（Chagné et al.，2013）。

二、外界环境因素对类黄酮生物合成的影响

除了遗传因素外，光照、温度、水分、糖及激素等内外影响因子对类黄酮的生物合

成同样具有重要的调控作用。这些因素主要是通过调控类黄酮合成通路上的转录因子或者是结构基因的表达来调节类黄酮合成的。

1. 光照

光照是影响苹果果实类黄酮合成最重要的外部因素之一。光周期除了诱导植物开花，光照的时长在一定程度上也会影响花青苷的合成。例如，海棠叶片和愈伤组织中的花青苷含量会随着日照时间的延长而增加，相应结构基因和 *McMYB10* 的表达量也会增加（Lu et al.，2015）。强光照能够诱导花青苷合成通路上结构基因和转录因子的表达，在弱光照或黑暗条件下，这些基因的表达量都会下降（Takos et al.，2006a；Jeong et al.，2004）。在花青苷合成通路上许多结构基因的启动子都存在光响应元件（G-box 或 ACE），这些光响应元件可能会受光照的直接诱导。除了结构基因，许多转录因子也受光照的诱导。苹果中的 MdMYB1 在强光照条件下上调表达，促进花青苷的合成（Takos et al.，2006a）。Li 等（2012）研究发现泛素连接酶基因 *MdCOP1* 在黑暗条件下能够与 MdMYB1 互作，从而使 MdMYB1 被泛素化降解，而在光照条件下，*MdCOP1* 从核内转移到核外，其降解 MdMYB1 的作用消失，稳定了 MdMYB1 的功能，最终诱导了苹果果皮花青苷的合成和果实着色。此外，不同光质对花青苷合成的影响不同，在所有光质中，紫外光和蓝紫光诱导花青苷合成的效果最佳，而远红外光效果最差甚至有抑制作用（Mol et al.，1996）。现在关于紫外光诱导花青苷合成的报道越来越多，UV-A（波长 320～400nm）对苹果果皮有灼伤作用，使其变褐色，而 UV-B（波长 280～320nm）能够促进 PAL 等酶的活性和相关结构基因的表达，从而促进花青苷的合成（Song et al.，2009）。UV-B 的光受体是 UVR8，在其晶体结构中色氨酸是吸收 UV-B 的发色团。正常情况下，UVR8 以二聚体的形式存在，但 UV-B 能够诱导 UVR8 解聚成两个单体（Rizzini et al.，2011；Christie et al.，2012）。此外，在 UV-B 信号通路中还有两个非常重要的转录因子 COP1 和 HY5。COP1 具有泛素连接酶的活性，在黑暗条件下抑制植物的光形态建成，但在 UV-B 信号通路中正调控光形态建成（Oravecz et al.，2006；Lau and Deng，2012）。在黑暗条件下，COP1 与 HY5 互作，泛素化降解 HY5，抑制花青苷的合成。在 UV-B 条件下，单体的 UVR8 可以与 COP1 相互作用形成蛋白质复合物（Favory et al.，2014）。这种 UVR8-COP1 复合物能够重新结合 SPA（suppressor of phyA-105）蛋白，提高下游转录因子 HY5 的转录活性，从而调控花青苷合成相关基因的表达（Oravecz et al.，2006）。另外，两个 WD40 蛋白 RUP1 和 RUP2 也能够与 UVR8 互作，抑制 UV-B 反应（Henriette et al.，2010）。但是正调控因子 UVR8-COP1 复合物和负调控因子 UVR8-RUP1/2 复合物平衡 UV-B 反应的作用机理还不明确（Heijde and Ulm，2012）。

2. 温度

除了光照以外，温度是影响苹果类黄酮合成的另一个环境因素。已有大量研究表明，低温能够显著促进苹果花青苷的合成。在玉米、葡萄、红橙等多种植物中已发现低温可上调花青苷合成部分基因的表达，促进花青苷的积累（Christie et al.，1994；Mori et al.，2005；Piero et al.，2005）。Tian 等（2015）发现低温能够诱导苹果属海棠中 *McMYB10*、*McbHLH3*、*McbHLH33* 和 *McTTG1* 的表达，导致花青苷在海棠叶片中积累。也有研表明，低温能够使 *MdbHLH3* 发生磷酸化，增强了它与下游 DFR 和 UFGT 启动子的结合，进而促进苹果果皮中花青苷的合成（Xie et al.，2012）。相反，Lin-Wang 等（2011）研究发现，高温会抑制苹果中 *MdMYB10* 基因的表达，导致苹果果皮中花青苷的生物合成和积累减少。而 Patra 等（2013）则研究表明，植物在响应高温干旱胁迫时，能够积累花青苷等黄酮类物质。Ma 等（2014）研究发现，干旱处理后的小麦叶片中黄酮类物质含量显著增加，其代谢途径上的 *TaCHS*、*TaCHI*、*TaF3H*、*TaFLS*、*TaDFR* 及 *TaANS* 等结构基因表达量也显著升高。作为抗氧化物质，类黄酮在减轻和消除由干旱、高温等逆境引发的活性氧伤害方面直接发挥作用（Nakabayashi et al.，2014）。

3. 糖

作为类黄酮合成的前体物质，糖同样是调节类黄酮生物合成的重要信号物质（Smeekens，2000）。可溶性糖在库器官中的积累取决于其降解、合成、转运和贮存（Katz et al.，2007）4 个方面。细胞质中的蔗糖可以被转化酶或蔗糖合酶水解成单糖参与代谢，单糖也可以通过蔗糖磷酸合酶合成蔗糖（Nguyen-Quoc and Foyer，2001）；液泡是植物细胞绝大多数代谢产物的贮存场所，植物细胞内的可溶性糖绝大部分在液泡中贮存，随着对液泡膜上的糖转运相关蛋白分离和功能研究的深入，初步解析了糖跨液泡膜运输的机理。例如，液泡膜定位的蔗糖转运子，参与液泡内蔗糖偶联质子的同向运输过程，向细胞质输出蔗糖（Schulz et al.，2011；Schneider et al.，2012）；液泡膜定位的葡萄糖转运蛋白（VGT）和单糖转运蛋白（TMT）类单糖转运子通过偶联质子的反向运输介导单糖输入液泡膜（Wormit et al.，2006；Aluri and Büttner，2007；Wingenter et al.，2010；Schulz et al.，2011）；ERDL6 是一类葡萄糖易化扩散子或偶联质子的同向转运子，向细胞质输出单糖（Klemens et al.，2014；Yamada et al.，2010）。最近鉴定的糖外排转运蛋白（SWEET）家族的液泡膜定位成员，是一类向细胞质输出糖的易化扩散子（Guo et al.，2013b；Klemens et al.，2013）。Vogt 和 Jones（2000）研究表明花青苷等黄酮类物质合成的底物是糖，合成场所是细胞质；Solfanelli 等（2006）研究表明蔗糖可以诱导拟南芥花青苷的合成，另有研究表明拟南芥中的 AtSUT1 可以参与蔗糖诱导的花青苷合成（Sivitz et al.，2008）。

4. 激素

激素作为调控植物类黄酮合成的重要环境因子之一，近几年的研究也取得了重要进展。在胡萝卜细胞组织培养中，高浓度的 2,4-二氯苯氧乙酸（2,4-D）可以强烈抑制花青苷的合成（Ozeki and Komamine，1986）；在过表达 *PAP1* 的转基因烟草中，2,4-D 与萘乙酸（NAA）浓度从 0.02mg/L 分别提高到 0.2mg/L 与 2mg/L 时花青苷含量最低（Zhou et al.，2008）。*MYBD* 是 *MYBH* 的同源基因（Nguyen et al.，2015），在拟南芥中提高细胞分裂素浓度可以促进 *MYBD* 的表达，有利于类黄酮的合成。外施茉莉酸甲酯可以快速降解 MdJAZ2，破坏 MdJAZ2 与 MdbHLH3 的竞争性结合进而促进类黄酮的合成（An et al.，2015）。油菜素内酯作为一种新型植物激素，可以协同细胞分裂素促进拟南芥中类黄酮的合成（Yuan et al.，2015）。乙烯与生长素可以共同调控包括类黄酮合成在内的植物次生代谢（Schaffer et al.，2013）。脱落酸作为外源激素可以促进葡萄与草莓中花青苷的合成，有利于其果实成熟期的着色（Su，1994；Sun et al.，2013）。

虽然对国内外苹果类黄酮生物合成的调控机理研究取得了很大进展，但主要成果集中在花青苷合成与果皮着色上，有关整个类黄酮的合成调控网络鲜有系统的研究。为全面认识苹果类黄酮合成机理，本课题组以新疆红肉苹果及其杂交后代为研究材料，围绕资源的科学保护与持续高效利用，开展了群体遗传结构分析、遗传多样性评价、核心种质构建、杂种分离群体构建、再生体系建立、遗传变异分析、RNA 测序与转录因子挖掘、类黄酮调控基因的功能验证等工作，从种性（遗传）和环境因素两个方面入手深入研究了类黄酮的合成调控网络。

第二节　红肉苹果愈伤组织诱导及愈伤组织平台创建

一、红肉苹果愈伤组织诱导

愈伤组织培养就是将外植体接种到无菌培养基上，在植物生长调节剂的作用下，脱分化形成愈伤组织，进行愈伤组织增殖培养或通过再分化形成再生植株。一般情况下，植物组织均能诱导形成愈伤组织，由外植体形成愈伤组织，标志着植物组织培养的开始。

利用离体培养的愈伤组织研究类黄酮合成，具有培养条件可控、生长周期短以及便于进行基因功能验证等优势。为此，本课题组以新疆红肉苹果 F_1 代杂交群体中的'紫红 3 号'优株叶片为试材，开展了红肉苹果愈伤组织的诱导，创建了愈伤组织，为苹果类黄酮合成及代谢机理的研究奠定了材料基础。

'紫红 3 号'是从 F_1 代杂交分离群体中挑选出来的红色优株，具有显著的红色表型，其叶片、花瓣和当年生新梢均为红色，果皮和果肉为深红色，经 PCR 鉴定为 *MdMYB10* 纯合型，具有大量合成花青苷的遗传基础。用其刚展开的红色叶片作为外植体，通过激素组合实验、生长素和细胞分裂素浓度梯度实验、糖源种类实验、蔗糖浓度梯度实验以及氮浓度梯度实验等探究出红肉苹果愈伤组织的诱导培养基及继代培养基配方（Ji et al.，2015a）。在诱导培养基上培养出愈伤组织，愈伤组织为红色，后转移到继代培养基上，愈伤组织生长旺盛并且维持红色表型（图 5-1）。

1. 激素组合实验

生长素（NAA 和 2,4-D）和细胞分裂素 [6-苄基腺嘌呤（6-BA）和 TDZ] 共设置 16 个激素组合，分别为 1：0.3mg/L NAA+0.5mg/L 6-BA；2：0.3mg/L NAA+1.0mg/L 6-BA；3：0.3mg/L NAA+1.5mg/L 6-BA；4：0.3mg/L NAA+2.0mg/L 6-BA；5：0.6mg/L NAA+0.5mg/L 6-BA；6：0.6mg/L NAA+1.0mg/L 6-BA；7：0.6mg/L NAA+1.5mg/L 6-BA；8：0.6mg/L NAA+ 2.0mg/L 6-BA；9：0.3mg/L 2,4-D+0.5mg/L TDZ；10：0.3mg/L 2,4-D+1.0mg/L TDZ；11：0.3mg/L 2,4-D+1.5mg/L TDZ；12：0.3mg/L 2,4-D+2.0mg/L TDZ；13：0.6mg/L 2,4-D+ 0.5mg/L TDZ；14：0.6mg/L 2,4-D+1.0mg/L TDZ；15：0.6mg/L

图 5-1　红肉苹果愈伤组织的诱导过程（Ji et al.，2015）

2,4-D+1.5mg/L TDZ；16：0.6mg/L 2,4-D+2.0mg/L TDZ，将红肉苹果愈伤组织分别接种到这 16 种激素组合的 MS 培养基上，先经过 3 次继代，第 4 次继代分别准确接种 0.3g 愈伤组织，光照培养箱正常培养 20d 后测定愈伤组织生长量和花青苷含量。

2. 生长素和细胞分裂素浓度梯度实验

生长素 NAA 设置 0.05mg/L、0.25mg/L、0.75mg/L、1.5mg/L、2.5mg/L 和 5.0mg/L 6 个浓度梯度，2,4-D 设置 0.05mg/L、0.1mg/L、0.15mg/L、0.3mg/L 和 0.6mg/L 5 个浓度梯度，将红肉苹果愈伤组织准确称取 0.3g 进行接种，光照培养箱正常培养 20d 后测定愈伤组织生长量和花青苷含量。

细胞分裂素 6-BA 和 TDZ 均设置 0.1mg/L、0.5mg/L、1.0mg/L、1.5mg/L 和 2.0mg/L 5 个浓度梯度，一组分别在不同浓度下添加 0.3mg/L NAA，另一组不添加，进行细胞分裂素单用和与生长素共用的比较，准确称取 0.5g 红肉苹果愈伤组织进行接种，光照培养箱正常培养 20d 后测定愈伤组织生长量和花青苷含量。

3. 糖源种类实验

分别以葡萄糖、蔗糖、半乳糖、果糖、木糖、L-鼠李糖、D-甘露糖和 D-阿拉伯糖作为培养基中唯一糖源，浓度均为 3%，激素均为 NAA 0.3mg/L+6-BA 1.0mg/L，准确称取 0.5g 红肉苹果愈伤组织进行接种，光照培养箱正常培养 20d 后测定愈伤组织生长量和花青苷含量。

4. 蔗糖浓度梯度实验

蔗糖设置 1%、3%、5%、8%、10% 和 12% 6 个浓度梯度，激素均为 NAA 0.3mg/L+6-BA

1.0mg/L，准确称取 0.5g 红肉苹果愈伤组织进行接种，光照培养箱正常培养 20d 后测定愈伤组织生长量和花青苷含量。

5. 氮浓度梯度实验

氮浓度设置正常 MS 培养基氮水平、1/2 正常水平、1/4 正常水平、0.2 倍正常水平和无氮 5 个处理，均在蔗糖浓度 3%、激素 NAA 0.3mg/L+6-BA 1.0mg/L 的条件下，准确称取 0.3g 红肉苹果愈伤组织进行接种，光照培养箱正常培养 7d、14d、21d 和 28d 后分别测定愈伤组织生长量和花青苷含量。

二、利用组织培养法生产苹果类黄酮

1. 利用组织培养法生产类黄酮的技术背景

组织或细胞的大规模培养为植物次生代谢产物的生产提供了新途径。与从植物中直接提取相比，细胞培养具有空间利用率高、成本低、可周年生产不受季节限制、可稳定地生产较高纯度目的产物的特点，便于实现工业化生产，具有良好的应用前景。自 20 世纪 30 年代以来，已经对超过 1000 种植物进行过细胞培养方面的研究，分离出 600 多种次生代谢产物。生产的次生代谢产物可用于药品、香料、色素、食品、化妆品和杀虫剂等，其中包括不少广为应用的临床药物，如长春碱、青蒿素、小檗碱和奎宁等。

前文提到，本课题组开展了红肉苹果愈伤组织的诱导，并成功创建了愈伤组织，为苹果类黄酮合成及代谢机理的研究奠定了材料基础。由于红肉苹果愈伤组织具有很高含量的类黄酮成分，是工业化生产类黄酮的极好材料，因此，本课题组进一步创建了"利用组织培养法生产苹果类黄酮"的技术体系（ZL201410315266.5）。

2. 利用组织培养法生产类黄酮的技术指标

愈伤组织培养的关键是在愈伤组织具有较高类黄酮含量的前提下，使其具有较大的生长量，从而具有较高的类黄酮生物产量，即愈伤组织继代培养的关键是要平衡好愈伤组织生长与类黄酮合成这一对矛盾，避免愈伤组织生长太快而影响类黄酮合成，以及类黄酮强势合成而影响愈伤组织生长。因此，以 MS 为基本培养基，选取两种生长素（NAA 和 2,4-D）及两种细胞分裂素（TDZ 和 6-BA）进行激素组合实验与生长素和细胞分裂素浓度梯度实验，共设计了 16 种固体继代培养基。

将得到的叶片愈伤组织置于上述 16 种固体继代培养基中，在 24℃恒温培养室中16h/8h（光/暗）进行光培养，光照强度 50μmol/（m²·s），培养 2 周，得到继代后愈伤组织；观察继代后愈伤组织的生长状况及颜色变化，继代后第 15 天测定继代后愈伤组织花青苷含量及生长量，由检测结果可以看出，细胞分裂素的种类对愈伤组织花青苷合成影响不大，生长素的种类和浓度对愈伤组织花青苷合成影响很大（图 5-2）。通过综合比较分析，最佳继代培养基为含 0.3mg/L NAA、1.0mg/L 6-BA 的 MS 固体培养基。

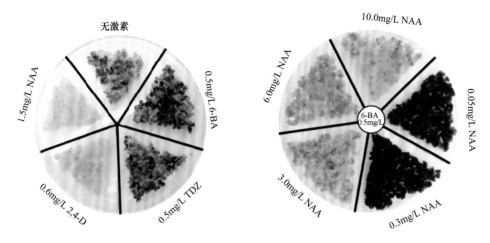

图 5-2　不同浓度激素对红肉苹果愈伤组织花青苷生物合成的影响

第三节　新疆红肉苹果杂种后代类黄酮差异的分子机理

一、新疆红肉苹果杂种后代类黄酮合成分析

本课题组以"高类黄酮苹果育种"为核心，构建了杂种分离群体，并通过时空表达连锁分析、RNA-seq 转录组测序、RT-qPCR 验证及同源基因比对等方法，挖掘出与类黄酮合成调控相关的基因。

1. 新疆红肉苹果杂交 F_1 代转录组分析

Wang 等（2015）以新疆红肉苹果 F_1 群体中 20 株红色单株和 20 株绿色单株为试材，构建了极端表型差异的红肉与白肉 RNA 池，进行了 RNA-seq 转录组测序、代谢途径分析及 RT-qPCR 验证。首先，分别测定了红肉与白肉苹果的果实类黄酮含量，发现红肉苹果中类黄酮含量普遍高于白肉苹果 2 倍左右，而花青苷含量更是白肉苹果的 4 倍左右（图 5-3）。

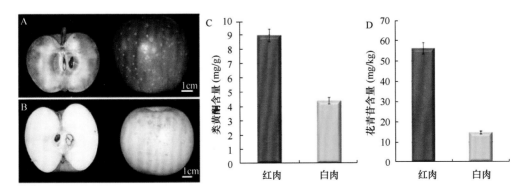

图 5-3　红肉与白肉苹果的果实类黄酮及花青苷含量（Wang et al.，2015）

A. 红肉苹果果实；B. 白肉苹果果实；C. 红肉与白肉苹果果实类黄酮含量；D. 红肉与白肉苹果果实花青苷含量

转录组测序结果表明，每个库的干净读段总数为 720 万～920 万个。红肉苹果中平均有 6 664 834 个（81.8%）干净读段，白肉苹果中平均有 6 628 959 个（84.6%）干净读段能够比对到苹果参考基因组序列中。为了评估每个样品的全基因组表达水平，以 RPKM 值代表样品中每个基因的相对表达量。差异表达分析结果显示，总共有 114 个显著差异表达基因，其中有 88 个基因在红肉苹果中显著上调表达，而有 26 个显著下调表达。为进一步探究差异表达基因的功能，这些差异表达基因被分成 20 个功能类别。其中最大的一组是编码热激蛋白（HSP20）的基因（21.05%），其次是编码其他蛋白（14.91%）、未知蛋白（9.65%）、查耳酮合酶（6.14%）、氧化还原酶（5.26%）、膜联蛋白（4.39%）、转录因子（4.39%）、UDP-谷胱甘肽转移酶（4.39%）、锌指蛋白（4.39%）以及花青苷合成酶（3.52%）等的基因（图 5-4）。

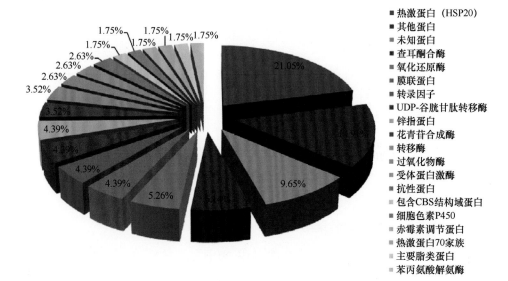

图 5-4　差异表达基因的功能分类（Wang et al.，2015）

对差异表达基因进行 GO 功能富集分析，结果表明上调基因被分为 68 个不同的 GO 功能类别，下调基因被分成 32 个不同的 GO 功能类别。图 5-5 显示了前 30 项主要的功能类别。在红肉苹果 88 个上调表达的基因中，30 个基因（34.1%）参与了植物的次生代谢途径，包括 22 个与类黄酮合成相关的基因，16 个与花青苷合成相关的基因，表明在红肉苹果中类黄酮的合成调控比白肉苹果更为活跃。除此之外，本课题组意外发现在 88 个上调表达基因中有 68 个参与了不同的抗逆途径，包括化学胁迫、非生物胁迫、光照胁迫以及温度胁迫等（图 5-5）。

MYB 转录因子在调控植物次生代谢、植物发育、信号转导和抗病等方面发挥着广泛的作用。因此，本课题组进一步用筛选的差异表达的 MYB 转录因子与其相应的拟南芥同源基因构建了进化树。构建的进化树显示，这些 MYB 转录因子被分成几个进化分支，包括与花青苷合成相关分支、原花青素合成分支、黄酮醇合成分支以及胁迫响应途径分支。它们在苹果中的功能可以通过与拟南芥的同源基因比较进行分析。为了验证转录组测序得到的结果，本课题组挑选了 30 个显著差异表达基因（20 个上调表达，10 个

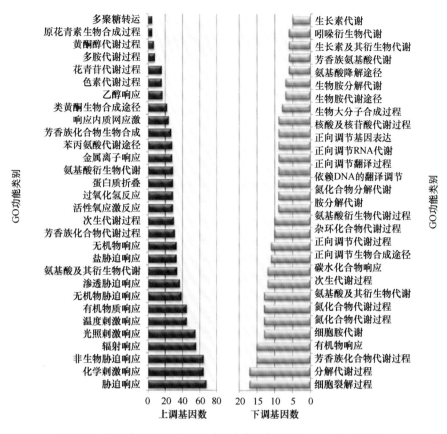

图 5-5　差异表达基因的 GO 功能富集分析（Wang et al.，2015）

下调表达）对其进行荧光定量 PCR 验证（图 5-6）。上调表达的 20 个基因中，有 10 个基因与类黄酮的生物合成有关，2 个为 MYB 转录因子，8 个基因编码多种应激蛋白。结果发现，大部分的上调表达基因的 RPKM 值与荧光定量 PCR 得到的结果高度一致。不同的是，*ANS*（MDP0000788934）、*GST*（MDP0000252292）、*UFGT*（MDP0000543445）以及 *4CL*（MDP0000293578）这 4 个基因的荧光定量 PCR 结果比转录组测序结果更高。此外，MDP0000788934、MDP0000252292、MDP0000388415、MDP0000543445、MDP0000175240 及 MDP0000293578 在红肉与白肉苹果中的表达量均相差 10 倍以上，表明这些基因可能在苹果的红肉表型形成中起着决定性的作用（图 5-6）。

2. 新疆红肉苹果杂种一代株系类黄酮含量及相关基因表达分析

除了转录组测序，本课题组还充分利用已有的材料，通过时空连锁表达及同源序列比较分析等方法挖掘与类黄酮合成相关的功能基因。

以'紫红 2 号''红脆 1 号''红脆 2 号''红脆 4 号'4 个红肉程度存在明显差异的苹果株系发育后期的果实为试材，研究了它们的类黄酮含量及其合成相关基因的表达模式（许海峰等，2016）。结果发现，在果实近成熟期（花后 110～125d），'红脆 1 号'和'紫红 2 号'果实类黄酮含量总体呈上升趋势，其中成熟期（花后 125d），二者果实

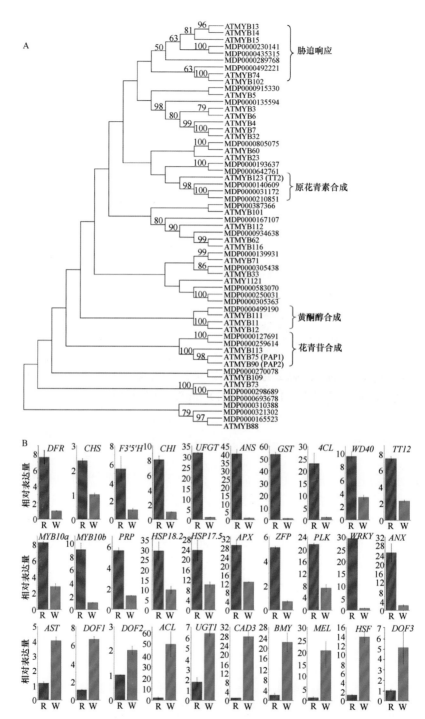

图 5-6　进化树分析（A）及荧光定量 PCR 检测（B）（Wang et al.，2015）

R. 红肉苹果；W. 白肉苹果

类黄酮含量分别为（3.0±0.16）mg/g 和（3.1±0.18）mg/g；而'红脆 2 号'和'红脆 4 号'果实类黄酮含量总体呈下降趋势，其中成熟期（花后 125d），二者果实类黄酮含量分别仅为（2.1±0.05）mg/g 和（1.9±0.08）mg/g，'红脆 1 号'和'紫红 2 号'与'红脆

2 号'和'红脆 4 号'差异极显著（$P<0.01$）；4 个株系果实发育后期花青苷含量存在极显著差异（$P<0.01$），在成熟期'紫红 2 号'最高 [（23.9±0.63）U/g FW]，'红脆1 号''红脆 4 号'和'红脆 2 号'分别为（12.2±0.37）U/g FW、（7.5±0.43）U/g FW和（2.2±0.14）U/g FW（图 5-7）。

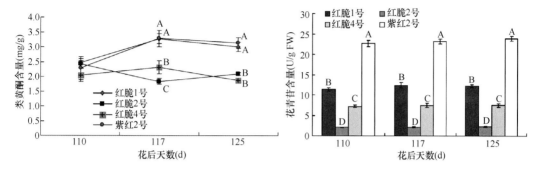

图 5-7　4 个苹果株系果实发育后期类黄酮及花青苷含量（许海峰等，2016）
不同大写字母表示差异极显著（$P<0.01$）

4 个苹果株系成熟期果实类黄酮组分及其含量存在明显差异，其中从'红脆 1 号'成熟果实中检测到黄烷醇、二氢查耳酮和黄酮醇等 3 类 11 种组分，总含量高达（2355.0±15.9）mg/kg，而'红脆 2 号'成熟果实中检测到黄烷醇、二氢查耳酮和黄酮醇等 3 类 8 种组分，总含量仅为（1247.1±12.4）mg/kg（表 5-1）。

表 5-1　4 个苹果株系成熟期果实类黄酮组分含量（许海峰等，2016）（单位：mg/kg）

类黄酮组分		红脆 1 号	红脆 2 号	红脆 4 号	紫红 2 号
黄烷醇	儿茶素	478.1±10.3A	94.1±5.9D	116.6±3.7C	270.8±5.2B
	表儿茶素	1197.2±28.3A	716.1±10.4D	760.5±6.4C	855.9±6.7B
	原花青素 B_2	19.7±2.8A	4.5±0.5C	4.2±0.1C	13.3±0.8B
二氢查耳酮	根皮苷	250.8±9.0A	182.7±4.3B	140.7±1.8D	156.2±3.8C
	根皮素-葡萄糖苷	2.48±0.07C	3.5±0.09B	2.36±0.03C	5.26±0.07A
黄酮醇	槲皮素	387.4±5.7A	239.6±7.2C	305.1±5.3B	320.5±10.5B
	槲皮素-半乳糖苷	6.34±0.08A	2.1±0.04C	2.38±0.03B	2.37±0.04B
	槲皮素-葡萄糖苷	9.9±0.6A	4.5±0.2B	5.4±0.5B	9.4±0.5A
	槲皮素-木糖苷	1.84±0.07A	0	0.21±0.01C	1.6±0.06B
	槲皮素-阿拉伯糖苷	0.87±0.02	0	0	0
	槲皮素-鼠李糖苷	0.38±0.01	0	0	0
合计		2355.0±15.9A	1247.1±12.4D	1337.5±5.1C	1635.3±15.2B

注：同行不同字母表示差异极显著（$P<0.01$）

'紫红 2 号'MYB10、bHLH3、TTG1 等转录因子及花青苷合成相关基因 *ANS* 和 *UFGT* 在果实发育后期（花后 110～125d）均具有较高的表达量，而 *CHI*、*F3H*、*DFR*、*FLS*、*LAR*、*ANR* 6 个类黄酮生物合成相关结构基因表达量较低；'红脆 4 号'的 MYB10

虽然在果实发育后期（花后 110～125d）表达量较高，但 bHLH3、TTG1、*ANS* 和 *UFGT* 表达量较低；'红脆 1 号' MYB12 转录因子及 *FLS*、*LAR* 和 *ANR* 等类黄酮生物合成相关结构基因表达量较高，而 MYB16 和 MYB111 表达量较低；'红脆 2 号' MYB12 转录因子及 *FLS*、*LAR* 和 *ANR* 等类黄酮生物合成相关结构基因表达量较低，而 MYB16 和 MYB111 转录因子表达量较高（图 5-8，图 5-9）。

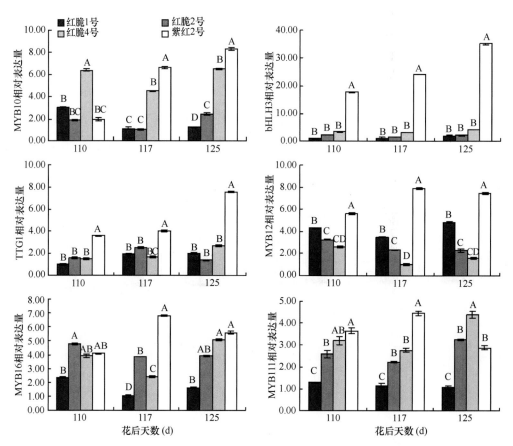

图 5-8　4 个苹果株系果实发育后期类黄酮合成相关转录因子表达分析（许海峰等，2016）

不同大写字母表示差异极显著（*P* < 0.01）

本课题组研究发现，从'红富士'（R1R1）等苹果品种与新疆红肉苹果（R6R1）杂种一代群体选育的'紫红 2 号'，在参试的 4 个株系中红肉程度最大，果肉深红色，成熟期果实花青苷含量（23.9 U/g FW）是'红脆 1 号'（12.2U/g FW）的 2 倍，MYB10、bHLH3、TTG1 等转录因子及 *ANS* 和 *UFGT* 等花青苷合成关键基因在果实发育后期（花后 110～125d）均具有较高的表达量；'红脆 4 号'虽然在果实发育后期（花后 110～125d）MYB10 表达量较高，但 bHLH3、TTG1、*ANS* 和 *UFGT* 表达量较低。因此，其成熟期果实花青苷含量（7.5U/g FW）仅是'紫红 2 号'的 31.4%。以上结果表明，MYB10、bHLH3 和 TTG1 是'紫红 2 号'苹果花青苷生物合成的关键转录调控因子，这与已有的研究结果一致。因此，进一步探讨 MYB10、bHLH3 和 TTG1 在调控'紫红 2 号'苹果花青苷生物合成进程中的互作关系是今后研究的重要切入点。

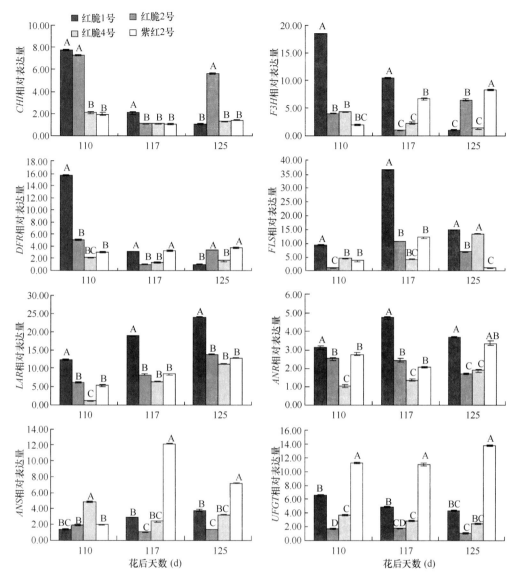

图 5-9　4 个苹果株系果实发育后期类黄酮合成相关结构基因表达量（许海峰等，2016）

不同字母表示差异极显著（$P < 0.01$）

除此之外，本课题组还研究发现'红脆 1 号''红脆 2 号''红脆 4 号'类黄酮组分含量分别为 2355.0mg/kg、1247.1mg/kg 和 1337.5mg/kg，差异极显著；'红脆 1 号'MYB12 等转录因子及 *CHI*、*F3H*、*DFR*、*FLS*、*LAR* 和 *ANR* 类黄酮生物合成相关结构基因表达量较高，而 MYB16 和 MYB111 表达量较低；'红脆 2 号''红脆 4 号'MYB12 表达量较低，而 MYB16 和 MYB111 表达量较高。因此，MYB12、MYB16 和 MYB111 等转录因子及 *DFR*、*FLS*、*LAR* 和 *ANR* 类黄酮生物合成相关结构基因的差异表达，可能是导致 MYB10 启动子基因型均为 R6R1 型的'红脆 1 号''红脆 2 号''红脆 4 号'3 个株系类黄酮组分及其含量差异的主要原因。进一步探讨 MYB12、MYB16 和 MYB111 等转录因子在功能型苹果株（品）系类黄酮生物合成中的调控机理，是今后研究的重要切入点之一。

二、苹果类黄酮生物合成相关基因挖掘与功能验证

通过转录组测序及同源序列比对，本课题组获得了与类黄酮合成相关的各种转录因子及调节基因，对它们进行一系列功能验证是探究类黄酮合成调控的关键。

1. MYB12 和 MYB22 参与苹果类黄酮合成

通过转录组测序及同源序列比对，从'紫红1号'中分别分离出调控果实黄烷醇和黄酮醇合成的 MYB12 和 MYB22（Wang et al.，2017）。从红肉苹果中克隆的 MYB12 序列与 GenBank 中的序列相匹配，但是第 151 个氨基酸发生改变，从丝氨酸变为了脯氨酸。而克隆的 MYB22 序列却比 GenBank 中的序列长 121 个氨基酸，并且第 136 个氨基酸从缬氨酸变为丝氨酸。在拟南芥中，R2R3-MYB 蛋白的氨基酸序列是保守的，分为 25 个亚组，其中第五、第六和第七亚组参与类黄酮生物合成的调节。本研究的进化树分析表明，MYB12 属于第五亚组，MYB22 属于第七亚组。氨基酸序列比对表明，N 端的 R2R3 结构域是保守的，但其 C 端序列是不同的。而 MYB12 的氨基酸序列包含保守的 SG5（IRTKA[I/L]RC）结构域，MYB22 的氨基酸序列包含 SG7（[K/R][R/x][R/K]xGRT[S/x][R/G]xx[M/x]K）和 SG7-2（[W/x][L/x]LS）保守结构域。为了进一步探究 MYB12 和 MYB22 与 F_1 代杂交群体中果实类黄酮的代谢是否相关，本课题组选择了 6 株红肉单株（R6R1）、6 株白肉单株（R1R1）及 3 株紫红单株（R6R6），并测定了它们的原花青素和黄酮醇含量，以及 MYB12 和 MYB22 的表达量，相关性分析结果表明，MYB22 表达量与果实中的黄酮醇含量密切相关，相关系数为 0.787；MYB12 表达量与果实中的原花青素含量密切相关，相关系数为 0.684（图 5-10）。

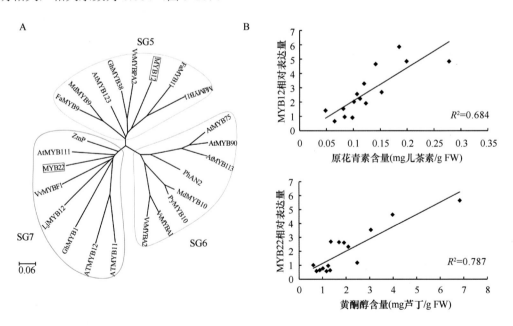

图 5-10　进化树分析（A）及相关性分析（B）（Wang et al.，2017）

　　为探究 MYB12 和 MYB22 是否参与了类黄酮的合成，本课题组用时空表达分析了它们的相对表达量及其与原花青素和黄酮醇合成途径中的关键酶基因（*LAR*、*ANR*、*FLS*）的关系。在 R6R6 型苹果发育期，MYB12 的表达量先降低，而后在花后 130d 升到最高值。在 R6R1 型苹果发育期，MYB12 的表达量一直处于较低水平。对比发现，MYB12 的表达模式与 *LAR* 比较同步，而与 *ANR* 并无显著关系。MYB22 的表达量在 R6R6 和 R6R1 型苹果中均在花后 75d 有最高表达量，而在 R1R1 型苹果中，却在花后 105d 时有最高表达量。黄酮醇合成酶基因（*FLS*）与 MYB22 有着同样的表达模式。MYB12 在苹果花、果皮、果肉、叶片中有着共同的表达模式，都是在 R6R6 型苹果中有最高的表达量，在 R6R1 型苹果中表达量最低。*LAR* 基因在果皮和果肉中的表达模式与 MYB12 相同。在果皮和果肉中，MYB22 在 R6R6 型苹果中有最高的表达量，是 R6R1 型苹果中的 2 倍，R1R1 型苹果中的 4 倍。*FLS* 的表达量在果皮中没有显著差异，但在果肉中的表达模式与 MYB22 是一致的（图 5-11）。通过对发育期以及不同组织中的表达模式分析，可以看到在果肉中 MYB12 和 MYB22 的表达模式分别与 *LAR* 和 *FLS* 较为一致，表明它们与原花青素和黄酮醇的合成显著相关。

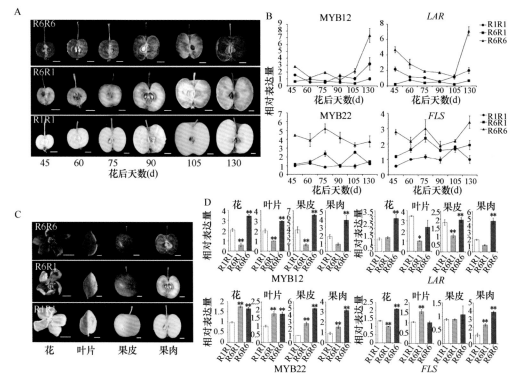

图 5-11　时空表达分析相关基因的相对表达量（Wang et al.，2017）
A. R6R6、R6R1、R1R1 三种基因型果实图片，标尺=1cm；B. MYB12、MYB22、*LAR*、*FLS* 在不同基因型果实的表达水平；
C. 三种基因型苹果不同器官图片；D. MYB12、MYB22、*LAR*、*FLS* 在不同器官中的表达量

　　通过酵母双杂交、双分子荧光互补、免疫共沉淀等试验分别从体内体外验证了 MYB12 与 bHLH3 和 bHLH33 能够形成蛋白质复合体，共同调控原花青素的合成。与之不同的是，调控黄酮醇合成的 MYB22 并不能与 bHLH3 或 bHLH33 形成蛋白质复合体，

而是单独与 *FLS* 启动子结合直接调控黄酮醇的合成。为了验证 MYB12 对原花青素合成的调控作用，本课题组将 MYB12 在'王林'苹果愈伤组织中过表达。通过对二甲氨基肉桂醛（DMACA）染色实验（DMACA 可以将原花青素染成蓝色），发现过表达 MYB12 的'王林'愈伤组织被染成了深蓝色，而野生型的愈伤组织只被染成浅红色。测定其中的原花青素含量，结果也表明，过表达 MYB12 的愈伤组织中的原花青素含量是野生型的 12 倍。为进一步验证转基因结果，本课题组测定了原花青素代谢途径中的关键酶基因的表达量。结果表明，*CHI*、*UFGT*、*LAR* 和 *bHLH33* 基因的表达量随着 MYB12 的过表达而显著提高，而 *ANS* 的表达量却降低了。同样的，为了验证 MYB22 对黄酮醇合成的调控作用，本课题组将 MYB22 在红肉苹果愈伤组织中过表达，发现过表达 MYB22 的红肉苹果愈伤组织逐渐变为黄色。测定其中的类黄酮含量，结果表明，在过表达 MYB22 的红肉苹果愈伤组织中类黄酮含量显著增加，而花青苷含量显著降低。测定类黄酮代谢途径中的关键酶基因的表达量，结果表明，*FLS* 基因的表达量随着 MYB22 的过表达而显著提高，而 *CHS*、*CHI*、*F3H*、*DFR* 和 *ANS* 的表达量均有不同程度的降低（图 5-12）。

拟南芥中的 AtMYB123/TT2 能够调控种皮中原花青素合成。因此，我们将 MYB12 在拟南芥 *AtTT2* 突变体中异源表达。结果表明，*AtTT2* 突变体的种子并不能被 DMACA 染成蓝色，而过表达 MYB12 的 *AtTT2* 突变体种子能够被 DMACA 染色，表明 MYB12 能够积累原花青素，弥补 *AtTT2* 的原花青素缺陷表型。为了验证 MYB22 参与黄酮醇的合成，本课题组将 MYB22 在拟南芥 *AtMYB12/-11/-111* 三突变体中异源表达。过表达 MYB22 的拟南芥幼苗有显著的黄色荧光，表明有黄酮醇的积累，而在三突变体的拟南芥幼苗中并没有荧光。结果表明 MYB22 能够促进黄酮醇的合成，弥补 *AtMYB12/-11/-111* 三突变体的黄酮醇缺陷表型（图 5-13）。

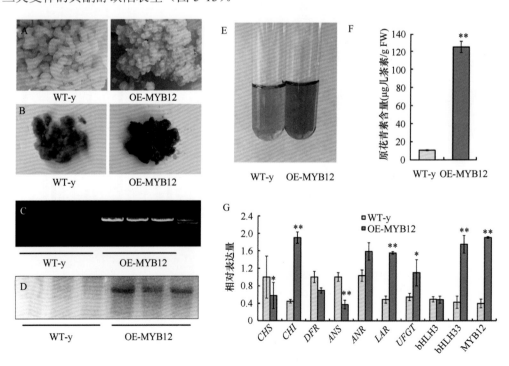

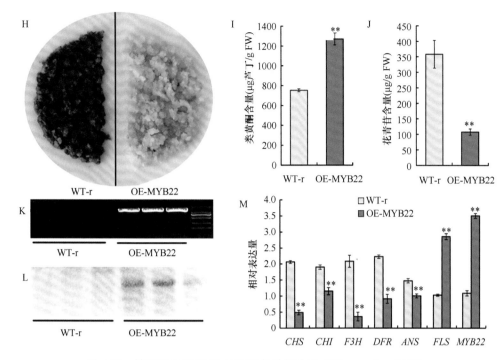

图 5-12　转基因 *MYB12* 和 *MYB22* 的功能验证（Wang et al.，2017）

A. 在'王林'愈伤组织中过表达 MYB12，WT-y 表示野生'王林'愈伤组织；B. DMACA 染色后的愈伤组织；C、D. 转基因愈伤组织的 PCR、蛋白质验证；E. 愈伤组织提取液；F. 野生愈伤组织及转基因愈伤的原花青素含量；G. 野生型及过表达 MYB12 愈伤组织中类黄酮合成相关基因的表达量；H. 在红肉愈伤组织中过表达 MYB22，WT-r 表示野生型红肉愈伤组织；I、J. 野生型红肉愈伤组织及转基因愈伤组织的类黄酮含量及花青苷含量；K、L. 转基因愈伤组织的 PCR、蛋白质验证；M. 野生型及过表达 MYB22 愈伤组织中类黄酮合成相关基因的表达量

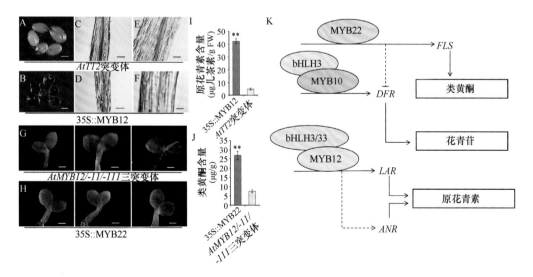

图 5-13　MYB12 与 MYB22 在拟南芥中的异源表达（Wang et al.，2017）

A、C、E. 拟南芥 *AtTT2* 突变体种子及根 DMACA 染色图；B、D、F. 在 *AtTT2* 突变体中过表达 MYB12 后的 DMACA 染色图；G. 拟南芥 *AtMYB12/-11/-111* 三突变体的 DPBA 染色图；H. 在 *AtMYB12/-11/-111* 三突变体中过表达 MYB22 的 DPBA 染色图；I. 突变体及过表达 MYB12 的原花青素含量；J. 三突变体及过表达 MYB22 的类黄酮含量；K. 调控模式图

2. MYB16 和 bHLH33 参与苹果花青苷合成

通过转录组测序和序列比对，从苹果中分离鉴定了花青苷合成的抑制因子 MYB16（Xu et al.，2017）。本课题组以'红脆 1 号''红脆 2 号''红脆 3 号''红脆 4 号''红脆 5 号'苹果株系为试材，通过测定其花青苷含量和 MYB16 等相关转录因子表达水平，发现花青苷含量越高的苹果株系，MYB16 的表达水平越低；进一步通过进化树分析，我们发现，MYB16 与拟南芥 AtMYB4 等在同一个进化分支上，因此推测其与 AtMYB4 具有相似的功能；序列比对分析发现其蛋白质 N 端存在 bHLH 结合基序，C 端存在 EAR 抑制序列。

在红肉苹果愈伤组织中过表达 MYB16，发现能抑制花青苷的合成，降低 *UFGT* 和 *ANS* 的表达量；但在红肉苹果愈伤中过表达敲除 EAR 抑制序列的 MYB16 时，它不再具有抑制花青苷合成的功能，且不能降低 *UFGT* 和 *ANS* 的表达量；在过表达 MYB16 的愈伤组织中过表达 bHLH33，bHLH33 能够减弱 MYB16 对花青苷合成的抑制作用（图 5-14）。

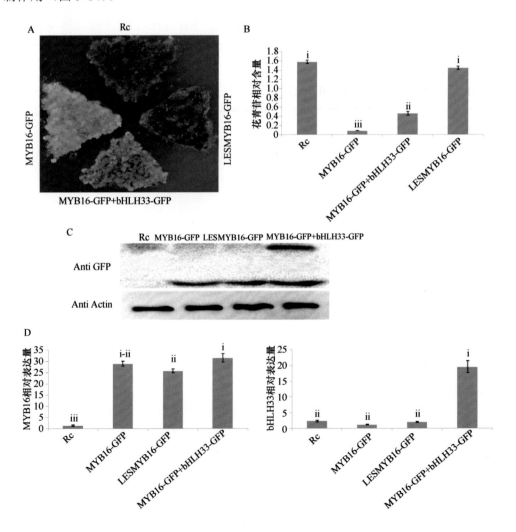

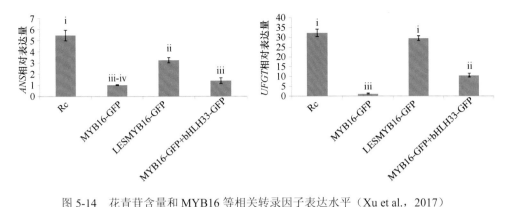

图 5-14　花青苷含量和 MYB16 等相关转录因子表达水平（Xu et al.，2017）

A. 红肉愈伤组织及转基因愈伤组织图；B. 红肉愈伤组织及转基因愈伤组织花青苷相对含量；C. Western blot 检测转基因结果；D. MYB16、bHLH33、*ANS* 及 *UFGT* 在不同愈伤组织的相对表达量。Rc. 红肉愈伤组织；MYB16-GFP. MYB16 在红肉愈伤组织中过表达；MYB16-GFP+bHLH33-GFP. bHLH33 在转基因愈伤组织中过表达；LESMYB16-GFP. 敲除 EAR 抑制序列的 MYB16 过表达；显著性检验，柱状上不同小写罗马字母表示差异极显著（*P*<0.01）

　　为了分析 MYB16 对下游结构基因的调控作用，本课题组克隆了 1692bp 的 *ANS* 启动子序列和 1725bp 的 *UFGT* 启动子序列，并将其连接到 pHIS2 载体中，转化 Y187 酵母细胞并将其培养在含有 3-AT 的-T-H 二缺培养基。通过筛选不同的 3-AT 浓度，最终确定 *ANS* 和 *UFGT* 启动子能够被 80mmol/L 的 3-AT 抑制。最后，将含有 MYB16 的 pGADT7 重组质粒与含有 *ANS* 和 *UFGT* 启动子的 pHIS2 重组质粒共同转化 Y187 酵母细胞，在含有 80mmol/L 3-AT 的-T-H-L 三缺培养基上进行酵母单杂交实验，结果表明，MYB16 可以结合 *UFGT* 和 *ANS* 的启动子，并且 EAR 抑制序列的存在与否并不影响其自身的结合作用（图 5-15）。

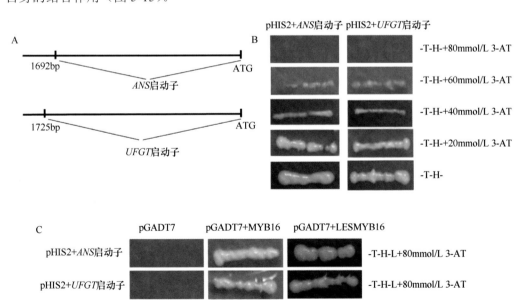

图 5-15　酵母单杂交验证 MYB16 与下游启动子结合（Xu et al.，2017）

A. 选择 1692bp 长的 *ANS* 启动子和 1725bp 长的 *UFGT* 启动子进行分析；B. 将 pHIS2-*ANS* 启动子和 pHIS2-*UFGT* 启动子分别转化到 Y187 酵母菌株中以筛选不同浓度的 3-AT；C. MYB16 和 LESMYB16 可以与 *ANS* 和 *UFGT* 的启动子结合，LESMYB16. 不含 EAR 基序的 MYB16

　　为了验证 MYB16 能否与 bHLH 家族蛋白形成复合体共同行使功能，本课题组利用酵母双杂交，pull-down 实验、双分子荧光互补分析进行蛋白质-蛋白质互作验证，结果发现，MYB16 可以与自己互作形成同源二聚体，不仅如此，MYB16 还可以和 bHLH33 互作形成异源二聚体（图 5-16）。

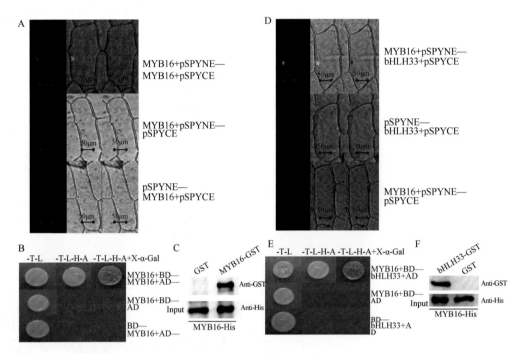

图 5-16　MYB16 能形成同源二聚体且能与 bHLH33 互作（Xu et al.，2017）

A. 双分子荧光互补（BiFC）实验证明 MYB16 与自身相互作用形成同源二聚体；B. 酵母双杂交实验证明 MYB16 与自身相互作用；C.pull-down 实验证明 MYB16 与自身相互作用；D. 双荧光素互补（BiFC）实验证明 MdMYB16 与 MdbHLH33 相互作用；E. 酵母双杂交实验证明 MYB16 与 bHLH33 相互作用；F. pull-down 实验证明 MYB16 与 bHLH33 相互作用

　　本课题组发现，当敲除 MYB16 的 bHLH 结合基序后，并不影响 MYB16 对花青苷合成的抑制作用，但 MYB16 与 bHLH33 不能互作，在过表达敲除 bHLH 结合基序的 MYB16 的愈伤组织中过表达 bHLH33，bHLH33 不会减弱 MYB16 对花青苷合成的抑制作用（图 5-17）。本研究发现了新的 MYB 类蛋白同源二聚体（MYB16-MYB16），其自身的二聚化作用增强了 MYB16 对花青苷合成的抑制作用，但这种二聚化抑制复合体可以被 bHLH33 竞争性打破，这为以后花青苷代谢途径的研究提供了新的思路。

3. MdMYBPA1 响应低温信号促进花青苷积累

　　对拟南芥的研究表明，*AtTT2* 是原花青素合成的关键基因。而且在其他物种中，*AtTT2* 的同源基因也得到了克隆及鉴定，包括葡萄中的 *VvMYBPA2*、苹果中的 *MYB9/-11/-12* 以及草莓中的 *MYB9/-11* 等，它们均属于 TT2 型调节基因。有趣的是，一种不同于 TT2 型的 MYB 转录因子同样被鉴定能调控原花青素的合成，称为 PA1 型调控因子。PA1 型调控因子只在少部分木本植物中有研究，如葡萄中的 *VvMYBPA1*、柿子

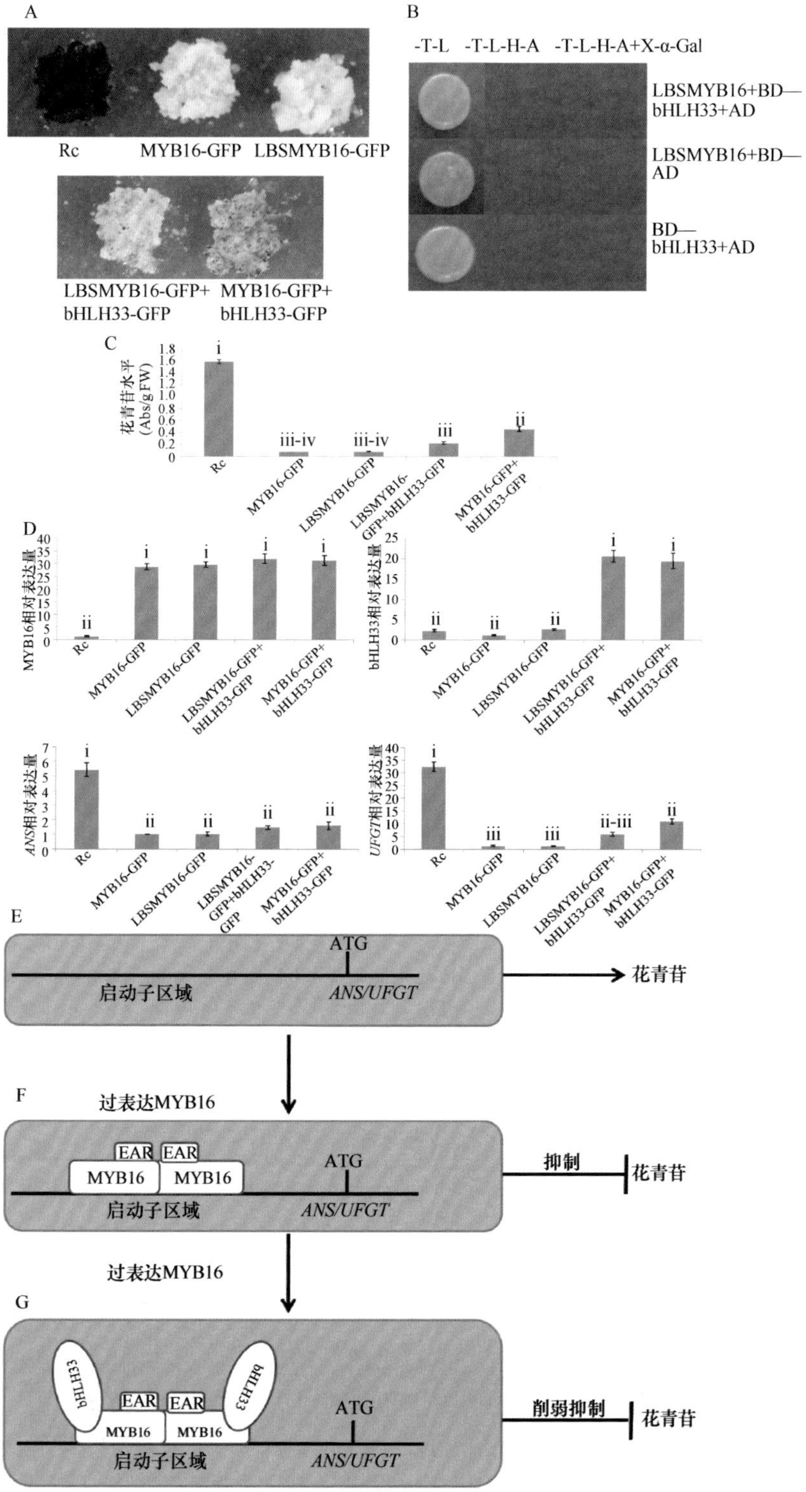

图 5-17　转基因验证及模式图（Xu et al.，2017）

A. 红肉愈伤组织及转基因愈伤组织；B. 酵母双杂交试验；C. 不同愈伤组织中花青苷相对含量；D. 不同愈伤组织中相关基因表达量；E～G. 调控模式图

中的 DkMYB4 以及杨树中的 MYB115，而在拟南芥中并不存在 PA1 型调控因子。Wang 等（2018）从'紫红 1 号'中分离鉴定了调控果实原花青素合成的 PA1 型调控因子 MdMYBPA1，并探究了 MdMYBPA1 在红肉和白肉苹果果实发育期的表达模式。结果发现，MdMYBPA1 的表达量自花后 45d 显著降低。不同的是，在红肉苹果中，MdMYBPA1 的表达量会自花后 105d 又重新升高，而在白肉苹果中表达量一直较低。与此相一致的是，在红肉苹果中原花青素的含量同样是先降低后升高。对原花青素代谢途径中的所有基因进行荧光定量分析发现，所有的基因在红肉苹果中的表达量均高于白肉苹果（图 5-18）。此外，亚细胞定位分析了 MdMYBPA1 在苹果原生质体中的表达，结果表明其主要在细胞核中表达。

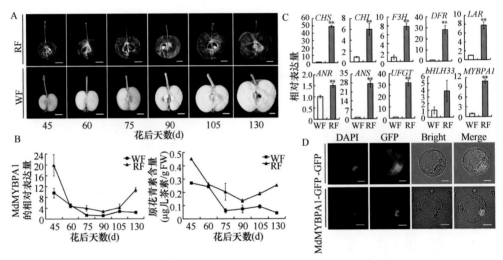

图 5-18　MdMYBPA1 在红肉和白肉苹果果实发育期的表达模式（Wang et al.，2018）

A. 在花后第 45、60、75、90、105 或 130 天收获的红、白果肉苹果，RF. 红肉苹果，WF. 白肉苹果，比例尺代表 1cm；B. 红肉、白肉苹果果实发育过程中 MdMYBPA1 的表达模式及原花青素含量；C. 在花后 130d 时，红肉和白肉苹果中 MdMYBPA1 及原花青素合成途径结构基因的相对表达量，**表示在 P<0.01 水平上差异极显著；D. MdMYBPA1 在苹果原生质体中的亚细胞定位；DAPI. 4',6-二脒基-2-苯基吲哚；GFP. 绿色荧光蛋白；Bright. 明场；Merge. 混合场

　　为进一步验证 MdMYBPA1 对原花青素合成的调控作用，本课题组利用酵母单杂交实验及 EMSA 实验验证了 MdMYBPA1 与下游原花青素合成途径中的结构基因的启动子结合。酵母单杂交实验结果表明，MYBPA1 不仅能够与原花青素合成的关键酶基因 LAR 和 ANR 的启动子结合，还能够与花青苷合成的关键酶基因 ANS 和 UFGT 结合。EMSA 实验结果表明，MdMYBPA1 不仅能够与 UFGT、ANR 以及 LAR 启动子上的 MBS 元件[CNGTT（A/G）]结合，而且能够与 ANS 启动子上的 MRE 元件（ACCTACC）结合。不仅如此，本课题组将 MdMYBPA1 在'王林'苹果愈伤组织中过表达，通过 DMACA 染色实验（DMACA 可以将原花青素染成蓝色），发现过表达 MdMYBPA1 的'王林'愈伤组织被染成了蓝紫色，而野生型的愈伤组织只被染成浅粉色。测定其中的原花青素含量，结果表明，在过表达 MdMYBPA1 的愈伤组织中的原花青素含量是野生型的 3~4 倍。为进一步验证转基因结果，本课题组测定了原花青素代谢途径中的关键酶基因的表达量，结果表明，ANR 和 LAR 基因的表达量随着 MdMYBPA1 的过表达而显著提高。这表明，MdMYBPA1 确实能够调控苹果中原花青素的合成（图 5-19）。

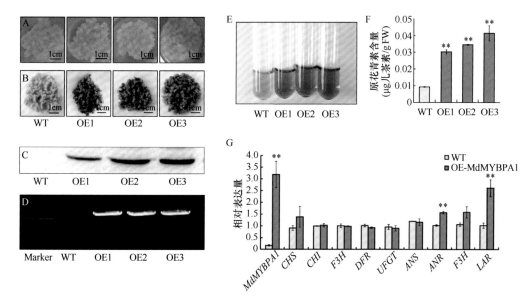

图 5-19　*MdMYBPA1* 的转基因功能验证（Wang et al.，2018）

A. 处于自然生长状态的野生型'王林'愈伤组织（WT）和三个独立的 MdMYBPA1 过表达转基因系（OE1～OE3）；B. WT 和 OE1～OE3 愈伤组织的 DMACA 染色；C. 通过蛋白质免疫印迹证实 OE1～OE3 愈伤组织中存在转基因；D. 通过 PCR 扩增证实 OE1～OE3 愈伤组织中存在转基因；E. DMACA 染色后的原花青素提取液；F. WT 和 OE1～OE3 愈伤组织的原花青素含量；G. WT 和 OE 愈伤组织中 MdMYBPA1 及原花青素合成途径结构基因的相对表达量，**表示在 P<0.01 水平上差异极显著

　　虽然 TT2 型与 PA1 型调控因子均能调控原花青素的合成，但研究发现，*MdMYBPA1* 是受 TT2 型基因调控的。在过表达 *MYB9/11/12* 的苹果愈伤组织中，*MdMYBPA1* 的表达量显著提高。此外，酵母单杂交、EMSA、ChIP-qPCR 及 LUC 报告实验结果表明，苹果中的 TT2 型基因 *MYB9/11/12* 能够与 *MdMYBPA1* 启动子的 MBS 结合，促进它的表达（图 5-20）。虽然 *MdMYBPA1* 本身是原花青素合成的调节基因，但当受到低温诱导时，GUS 活性实验表明 *MdMYBPA1* 能够显著提高下游结构基因 *ANS* 和 *UFGT* 的启动子活性，从而促进愈伤组织中花青苷的积累（图 5-21）。

　　MdbHLH3 和 MdbHLH33 是已知的能参与花青苷合成的关键转录因子，为验证它们与 *MdMYBPA1* 的关系，本课题组首先利用酵母单杂交、EMSA 实验以及 ChIP 实验探究了 MdbHLH3 和 MdbHLH33 能否结合 *MdMYBPA1* 的启动子。结果表明，MdbHLH33 能够与 *MdMYBPA1* 启动子上的 LTR 顺式作用元件结合调控 *MdMYBPA1* 的表达，而 MdbHLH3 不能与之结合。此外，LUC 报告实验结果也表明，MdbHLH33 能够显著提高 *MdMYBPA1* 的启动子活性。之后，本课题组进一步通过酵母双杂交、双分子荧光互补、pull-down 实验分别从体内体外验证了 MdMYBPA1 与 MdbHLH33 能够形成蛋白质复合体（图 5-22）。

　　为验证 MdMYBPA1-MdbHLH33 复合体在花青苷合成中的作用，本课题组除了单独将 *MdMYBPA1* 和 *MdbHLH33* 转到愈伤组织，还将 *MdMYBPA1* 和 *MdbHLH33* 共转到愈伤组织。当低温诱导后，共转 *MdMYBPA1* 和 *MdbHLH33* 的愈伤组织积累了更多的花青苷，其花青苷含量是单转 *MdMYBPA1* 的 2.5 倍，是单转 *MdbHLH33* 的 4 倍。免疫共沉淀实验发现，低温能够促进 MdMYBPA1-MdbHLH33 复合体的形成（图 5-23）。

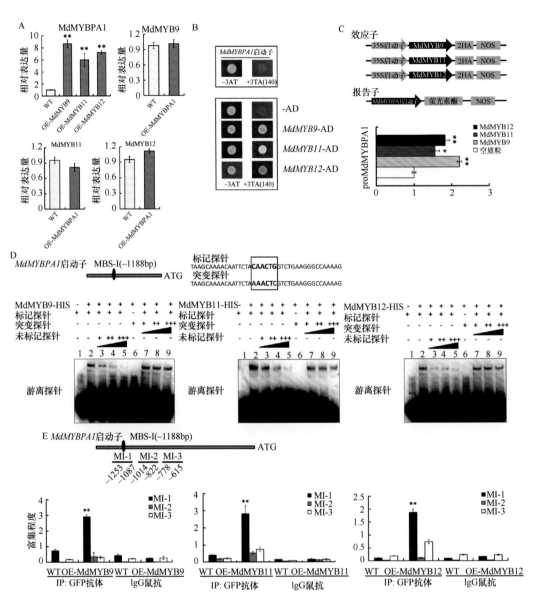

图 5-20 *MdMYBPA1* 的表达受 TT2 型基因 *MYB9/11/12* 的调控（Wang et al.，2018）

A. 野生型'王林'愈伤组织（WT）和过表达 MdMYBPA1 愈伤组织（OE-MdMYBPA1）中 MdMYB9、MdMYB11 和 MdMYB12 的转录水平以及 WT、OE-MdMYB9、OE-MdMYB11 和 OE-MdMYB12 愈伤组织中 MdMYBPA1 的转录水平，**表示在 *P*<0.01 水平上差异极显著；B. 酵母单杂交实验显示 MdMYB9、MdMYB11 和 MdMYB12 与 MdMYBPA1 启动子结合；C. 萤光素酶报告实验显示 MdMYB9、MdMYB11 和 MdMYB12 对 MdMYBPA1 启动子活性有影响；D. 电泳迁移率变动分析（EMSA）显示 MdMYB9、MdMYB11 和 MdMYB12 与 MdMYBPA1 启动子中 MYB 结合位点结合；E. 染色质免疫沉淀（ChIP）-qPCR 测定显示 MdMYB9、MdMYB11 和 MdMYB12 在体内与 MdMYBPA1 启动子的 MYB 结合位点结合，从 OE-MdMYB9、OE-MdMYB11 和 OE-MdMYB12 愈伤组织中提取交联染色质样品，并用 GFP 抗体（anti-GFP）进行免疫沉淀（immunoprecipitation，IP）；洗脱的 DNA 用于 qPCR 扩增，研究了三个 MYB 结合位点区域（MI-1、MI-2、MI-3）的富集程度，以无特异性免疫的 IgG 鼠抗（mouse IgG）作为对照，**表示在 *P*<0.01 水平上差异极显著

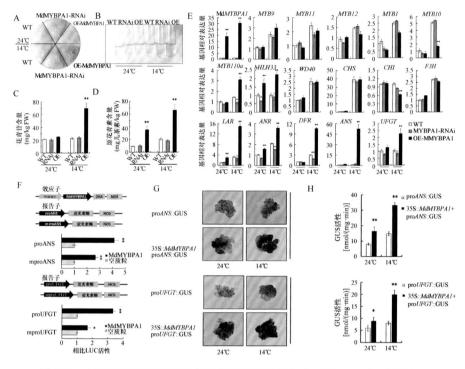

图 5-21　*MdMYBPA1* 能够响应低温促进花青苷的合成（Wang et al.，2018）

A. 野生型'王林'愈伤组织（WT）、*MdMYBPA1*-RNAi 沉默表达愈伤组织和 OE-*MdMYBPA1* 过表达愈伤组织在常温（24℃）和低温（14℃）下培养；B. 用 1%（*V*/*V*）HCl-甲醇提取的各个处理的花青素；C、D. 野生型'王林'愈伤组织（WT）、*MdMYBPA1*-RNAi 沉默表达愈伤组织和 OE-*MdMYBPA1* 过表达愈伤组织在常温（24℃）与低温（14℃）下培养的花青苷含量及原花青素含量；E. 常温（24℃）和低温下（14℃）WT、OE-*MdMYBPA1* 和 *MdMYBPA1*-RNAi 愈伤组织中花青素和原花青素合成相关的 MYB 转录因子及结构基因的表达量；F. 萤光素酶报告实验分析 MdMYBPA1 对 *ANS* 和 *UFGT* 启动子活性的影响，mProANS 及 mProUFGT 表示 *ANS* 及 *UFGT* 的启动子中的 MYB 结合位点含有两个核苷酸的突变；G. *MdMYBPA1* 在 GUS 活性测定中激活 *ANS* 和 *UFGT* 启动子；H. 转基因苹果愈伤组织的 GUS 活性分析，** 表示在 *P*<0.01 水平上差异极显著

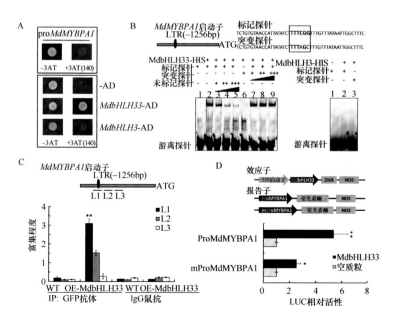

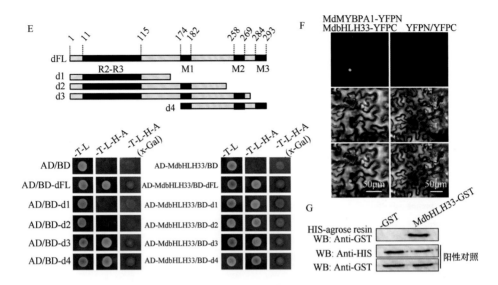

图 5-22　MdbHLH33 与 *MdMYBPA1* 之间的相互作用（Wang et al.，2018）

A. 酵母单杂交实验显示 MdbHLH3 和 MdbHLH33 与 *MdMYBPA1* 启动子之间的相互作用。B. EMSA 显示 MdbHLH33 与 *MdMYBPA1* 启动子的 LTR 顺式作用元件结合，而 MdbHLH3 不结合。C. ChIP-qPCR 分析显示 MdbHLH33 在体内与 *MdMYBPA1* 启动子的 LTR 顺式作用元件结合，研究了 LTR 前后的三个启动子区域（L1～L3）。从 WT 和 OE-MdbHLH33 愈伤组织中提取交联染色质样品，并用 GFP 抗体（anti-GFP）进行免疫沉淀（immunoprecipitation，IP），洗脱的 DNA 用于 qPCR 扩增，无特异性免疫的 IgG 鼠抗（mouse IgG）作为对照；**表示在 $P<0.01$ 水平上差异极显著。D. 萤光素酶报告实验分析了 MdbHLH33 对 *MdMYBPA1* 启动子活性的影响；mProMdMYBPA1 表示 *MdMYBPA1* 启动子的 LTR 中含有两个核苷酸突变，突变后减弱了 MdbHLH33 对 *MdMYBPA1* 启动子活性的影响；**表示在 $P<0.01$ 水平上差异极显著，*表示在 $P<0.05$ 水平上差异显著。E. 酵母双杂交分析显示 MdbHLH33 和 MdMYBPA1 之间相互作用；全长（dFL）MdMYBPA1 分为 4 个片段（d1～d4）。F. 双分子萤光互补（BiFC）分析显示 MdbHLH33 和 MdMYBPA1 在体内的相互作用；暗场、明场和合并通道从上到下依次显示，比例尺=50 μm。G. pull-down 实验验证 MdbHLH33 和 *MdMYBPA1* 之间的相互作用；HIS-agrose resin 表示 HIS 标签蛋白琼脂糖纯化树脂，能特异性吸附 HIS 标签蛋白

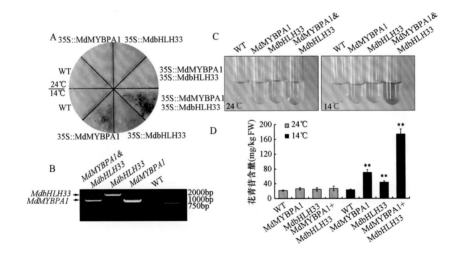

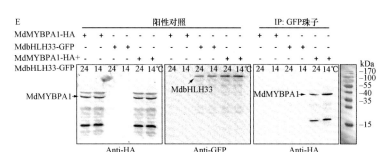

图 5-23 低温诱导 MYBPA1-bHLH33 复合体（Wang et al.，2018）

A. 野生型'王林'愈伤组织（WT）和转基因愈伤组织（35S::MdMYBPA1、35S::MdbHLH33 和 35S::MdMYBPA1+Md bHLH33）在常温（24℃）和低温（14℃）下培养。B. 通过 PCR 扩增证实转基因愈伤组织中存在转基因。C. 用 1%（V/V）HCl-甲醇提取的各个愈伤组织的花青苷。D. WT、OE-MdMYBPA1、OE-MdbHLH33 和 OE-MdMYBPA1+MdbHLH33 转基因愈伤组织在常温（24℃）与低温（14℃）下的花青苷含量；**表示在 P<0.01 水平上差异极显著。E. 免疫共沉淀检测 MdMYBPA1 与 MdbHLH33 的体内相互作用；常温（24℃）或低温（14℃）下的 OE-MdMYBPA1-HA 愈伤组织、OE-MdbHLH33-GFP 愈伤组织和 OE-MdMYBPA1+bHLH33 愈伤组织用于免疫沉淀

第四节 环境因素对苹果类黄酮生物合成的调控机理

一、光、温度交互作用对红肉苹果愈伤组织花青苷合成的影响

研究了不同光、温度条件下培养的红肉苹果愈伤组织的生长状况。结果表明，在不同光、温度条件下培养的红色苹果愈伤组织在生长量及花青苷含量上都具有显著差异。由图 5-24 可以看出，愈伤组织生长量由大到小的顺序依次为：24℃/黑暗>24℃/光照>32℃/黑暗>32℃/光照>16℃/黑暗>16℃/光照；不管在光照还是遮光条件下，愈伤组织都在 24℃培养条件下有最大生长量，而 32℃、16℃条件下生长受到抑制，生长量增长减缓，可知高温和低温都能抑制愈伤组织的生长，其中低温条件下抑制作用尤其明显。此外，对比光照和黑暗处理的愈伤组织发现，在相同温度下，黑暗处理的愈伤组织生长量增加得更多，表明黑暗条件有利于诱导细胞的分裂，加快愈伤组织的生长。

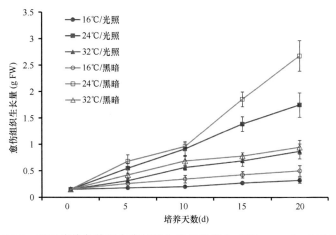

图 5-24 不同培养条件下愈伤组织生长量的变化（Wang et al.，2016a）

　　不同光、温度条件下培养的红色苹果愈伤组织中花青苷的相对含量存在明显差异。由图 5-25 可以看出，黑暗培养的愈伤组织由红色变为黄色。光照培养下，16℃条件下愈伤组织接近暗红色，24℃、32℃条件下为粉红色。红色苹果愈伤组织在光照条件下培养，有较高的花青苷相对含量，是在黑暗处理下花青苷相对含量的 4～5 倍。花青苷相对含量由大到小依次为：16℃/光照>24℃/光照>32℃/光照>16℃/黑暗>24℃/黑暗>32℃/黑暗（图 5-25）。由此可见，同样的光照环境中，低温胁迫会明显促进花青苷的合成。此外，红色苹果愈伤组织经过遮光培养后花青苷相对含量明显减少，其中 32℃尤其明显，培养 20d 后的花青苷相对含量为 0.1Abs/g FW 左右。

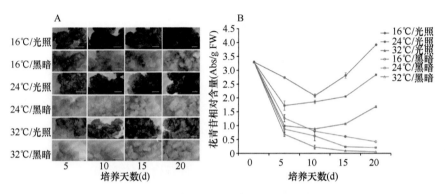

图 5-25　光、温度交互作用下愈伤组织中花青苷的相对含量（Wang et al.，2016a）

　　为探寻花青苷合成结构基因在不同光照、温度条件下的表达情况，测定了花青苷合成途径中 *MYB10*、*bHLH3*、*bHLH33*、*CHS*、*CHI*、*UFGT*、*F3H*、*DFR* 等基因在不同光、温度条件下的红色苹果愈伤组织中的表达量（图 5-26）。由图 5-26 可以看出，黑暗与光照条件下红肉苹果愈伤组织细胞花青苷合成相关基因的表达量具有显著差异。光照培养下各个基因的表达量显著高于黑暗培养，其中尤以 16℃差异最为显著，各个基因在 16℃/光照的表达量是 16℃/黑暗的 7 倍以上，24℃/光照的表达量是 24℃/黑暗的 4～5 倍。表明光照是红色苹果愈伤组织中花青苷积累的关键因素，能够有效诱导花青苷合成相关基因的表达。

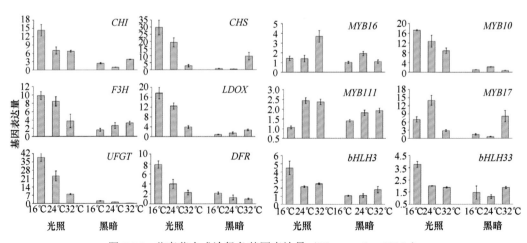

图 5-26　花青苷合成途径各基因表达量（Wang et al.，2016a）

　　而在相同光照条件下，对比 3 个温度梯度发现，所测基因大部分在 16℃下有最高的表达量，是 24℃下的 1.5～3 倍，是 32℃下的 2～4 倍。表明低温对花青苷合成基因的表达有促进作用。此外，*MYB10*、*UFGT* 等基因在 32℃的表达量明显低于 24℃，表明高温不利于花青苷合成相关基因的表达。但图 5-26 显示，温度对各基因表达的调控作用在黑暗条件下并未体现，16℃/黑暗条件下各个基因表达量并未增加，甚至低于 32℃/黑暗。表明温度对花青苷合成的调控机理比较复杂，低温对花青苷合成基因表达的促进作用需要依赖于光照。

二、紫外光与温度对苹果花青苷合成的调控机理

1. MdBBX20 参与了 UV-B 和低温信号系统调控的花青苷合成

　　BBX 蛋白是一类锌指结构转录因子，其包含一个或两个 B-box 结构域，有的还有一个 CCT（CONSTANS，CO-like and TOC1）结构域。根据 B-box 结构域的序列保守性和锌结合残留物的间距，其可以分为 B-box1 和 B-box2 两种类型。BBX 蛋白在植物生长发育调控网络中发挥着重要作用。近些年来，关于 BBX 蛋白的功能研究越来越深入。本课题组在果实摘袋前搭建了两个试验棚。一个试验棚（FL+UV-B）装有荧光灯和 4 根紫外灯管，UV-B 强度为（85.6±4.91）μW/cm^2；另一个试验棚（FL−UV-B）装有过滤掉紫外光的荧光灯，UV-B 强度为（15.1±1.40）μW/cm^2。每天照射 10h。从果实摘袋当天开始，分别在摘袋后 0d、2d、4d、6d、8d、12d 采样。结果表明 FL−UV-B 试验棚里的果实几乎不着色，而 FL+UV-B 试验棚里的果实上色更快（图 5-27）。

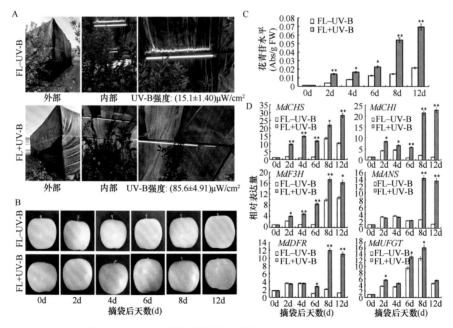

图 5-27　UV-B 促进苹果果皮着色（Fang et al.，2019a）

A. 不同紫外光强度的温室内外结构比较；B. '富士'苹果在不同温室里摘袋 0d、2d、4d、6d、8d、12d 的着色情况；C. 不同温室里不同 UV-B 条件下苹果果皮的花青苷含量；D. 不同温室里不同 UV-B 条件下苹果果皮花青苷合成途径中结构基因的相对表达量。**表示在 *P*<0.01 水平上差异极显著，*表示在 *P*<0.05 水平上差异显著

BBX 转录因子在拟南芥中有 32 个成员，根据其结构可分为 5 个亚家族。其中关于 BBX 转录因子参与植物光形态建成的研究越来越多，尤其是 BBX 转录因子第Ⅳ亚家族。本课题组通过序列比对在苹果数据库中找到了与 *AtBBX18-BBX25* 同源的基因，分别是 *MdBBX18*（MDP000015482）、*MdBBX19*（MDP0000128008）、*MdBBX20*（MDP0000800387）、*MdBBX21*（MDP0000551876）、*MdBBX22*（MDP0000298804）、*MdBBX23*（MDP0000222881）、*MdBBX24*（MDP0000664576）和 *MdBBX25*（MDP0000232445）。其中 *MdBBX22/MdBBX23* 和 *MdBBX24/MdBBX25* 分别是两对同源基因。荧光定量 PCR 表明，在 UV-B 条件下，8 个 BBX 基因中只有 *MdBBX20* 的表达量明显上调，且每个采样时期的表达量都很高，并在第 8 天达到高峰。这个结果表明 UV-B 促进 *MdBBX20* 的表达。利用 MEGA5.1，将 *MdBBX20* 的同源基因与拟南芥上的 BBX 转录因子进行了多序列比较并构建了进化树（图 5-28）。进化树结果表明，*MdBBX20*、*MdBBX24* 均属于第Ⅳ亚家族，因此推测 *MdBBX20* 在 UV-B 条件下促进苹果果皮花青苷的合成，接下来本课题组对这两个基因进行了功能的挖掘和验证。

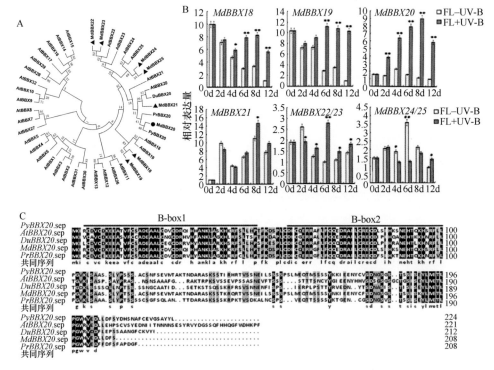

图 5-28　BBX 转录因子的进化树分析及差异基因筛选（Fang et al.，2019a）

A. BBX 家族进化树分析；B. BBX 家族部分基因相对表达量；C. *MdBBX20* 同源基因氨基酸序列比对

为进一步验证 *MdBBX20* 对花青苷合成的调控作用，本课题组利用酵母单杂交实验及 EMSA 实验验证了 *MdBBX20* 与下游花青苷合成途径中的结构基因的启动子结合（Fang et al.，2019a）。酵母单杂交结果表明，*MdBBX20* 不仅能够与花青苷合成的关键酶基因 *DFR* 和 *ANS* 的启动子结合，还能够与 *MdMYB1* 的启动子结合。EMSA 实验结果表明，*MdBBX20* 能够与 *MYB1*、*DFR* 及 *ANS* 启动子上的 G-box 元件（CACGTT/G）结合。本课题组将 *MdBBX20* 在'王林'苹果愈伤组织中过表达。然后对 *MdBBX20* 过表达的'王林'愈伤组织（OE-1～OE-3）和野生型'王林'愈伤组织（WT）进行 UV-B 处理，处理 2 周后，过表达的'王林'愈伤组织慢慢变红，积累花青苷，而 WT 无变化。测定 OE-1～OE-3 和 WT 中花青苷的含量，结果也表明，在过表达的'王林'愈伤组织中花青苷含量是 WT 的 4 倍左右。此外，为了进一步验证 *MdBBX20* 过表达的功能，本课题组测定了花青苷合成通路上关键酶基因和关键转录因子基因的表达量，结果表明，*MdCHI*、*MdDFR*、*MdANS*、*MdMYB1* 和 *MdbHLH3* 的表达量在转基因愈伤组织中明显高于野生型愈伤（图 5-29）。

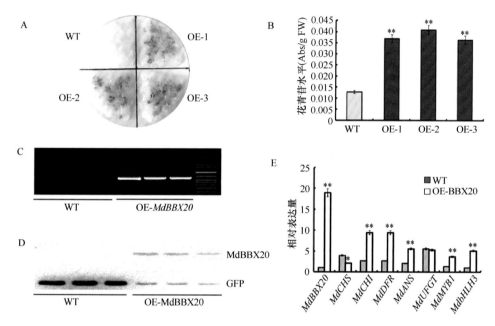

图 5-29　'王林'苹果愈伤组织中 *MdBBX20* 过表达的功能验证（Fang et al.，2019a）
A. UV-B 条件下野生型愈伤组织（WT）和过表达 *MdBBX20* 愈伤组织（OE1～OE3）的表型；B. 野生型愈伤组织（WT）和过表达愈伤组织（OE-*MdBBX20*）中花青苷水平；C. PCR 验证 *MdBBX20* 转化愈伤组织的结果；D. 免疫印迹（Western blot）验证 MdBBX20 转化愈伤组织的结果；E. *MdBBX20* 自身以及与花青苷合成相关的 *MdMYB1*、*MdbHLH3* 转录因子基因及结构基因的相对表达量。**表示在 $P<0.01$ 水平上差异极显著，*表示在 $P<0.05$ 水平上差异显著

利用 PlantCARE 数据库，对 *MdBBX20* 的启动子序列进行了分析。本课题组发现在 *MdBBX20* 启动子上存在很多顺式作用元件，其中在启动子-866bp 处存在一个低温响应元件 LTR。因此课题组怀疑 *MdBBX20* 除了响应紫外光，也能响应低温。为了证明这个假设，将生长状况良好的'王林'苹果愈伤组织放到低温（14℃）条件下处理。RT-qPCR 的结果表明 *MdBBX20* 和 *MdbHLH3* 在低温条件下表达量较高。这说明 *MdBBX20* 能够响应低温。将野生型'王林'愈伤组织和 *MdBBX20* 转基因'王林'愈伤组织同时放到不同的 UV-B 和温度条件下，培养一段时间后，结果发现在 UV-B 和低温条件下，*MdBBX20* 转基因'王林'愈伤组织积累的花青苷最多，其次是 UV-B 常温条件下。有趣的是，*MdBBX20* 转基因'王林'愈伤组织在无 UV-B 低

温条件下也能够积累花青苷，这足以说明 *MdBBX20* 能够响应低温促进花青苷的合成（图 5-30）。

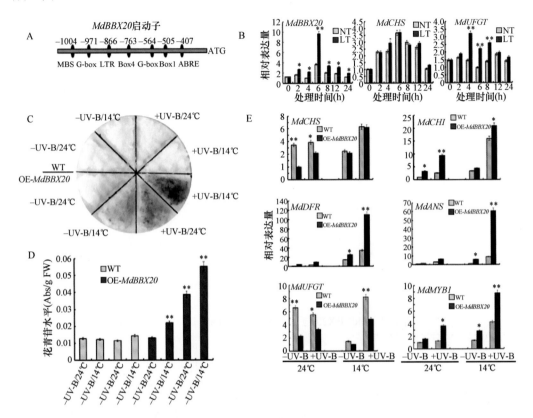

图 5-30　*MdBBX20* 响应低温促进花青苷的合成（Fang et al.，2019a）

A. *MdBBX20* 启动子的顺式作用元件分析。B. 低温处理 24h 过程中 *MdBBX20*、*MdCHS* 及 *MdUFGT* 的表达量；NT. 常温；LT. 低温。C. 不同 UV-B 和不同温度条件下 OE-*MdBBX20* 愈伤组织与 WT 愈伤组织的表型。D. 不同 UV-B 和不同温度条件下 OE-*MdBBX20* 愈伤组织与 WT 愈伤组织的花青苷含量。E. 不同 UV-B 和不同温度条件下 OE-*MdBBX20* 愈伤组织与 WT 愈伤组织中 *MdMYB1* 及花青苷合成结构基因的相对表达量。**表示在 *P*<0.01 水平上差异极显著，*表示在 *P*<0.05 水平上差异显著

　　近些年好多研究表明，MdHY5 是植物光形态建成过程中非常重要的转录因子。在 UV-B 信号通路上，MdHY5 能够促进下游基因的表达，从而促进花青苷的合成。在苹果中，*MdHY5* 能够通过促进下游 *MdMYB10* 的表达来促进花青苷的积累。为了探究 MdBBX20 能否与 MdHY5 发生互作形成蛋白质复合体，本课题组通过酵母双杂交、pull-down 实验和双分子荧光互补（BiFC）实验从体内、体外两个方面验证了 MdBBX20 与 MdHY5 的互作关系。同时，本课题组还探究了 MdBBX20-MdHY5 互作关系中结构域的功能，结果表明 MdBBX20 中的 B-box2 结构域和 MdHY5 中的 b-ZIP 结构域是二者形成蛋白质复合体必不可少的（图 5-31）。

2. *MdBBX24* 在高温条件下抑制花青苷的合成

　　之前研究已经发现 *MdBBX24* 在 UV-B 条件下表达量呈现下调的趋势，而之前研究

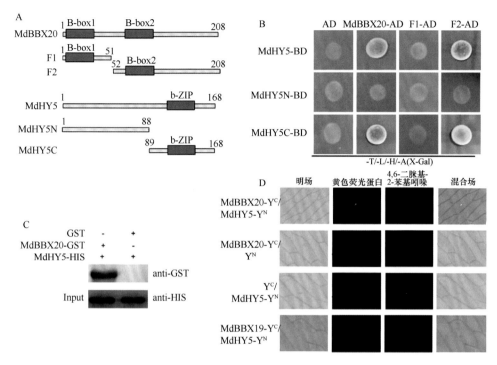

图 5-31　MdBBX20 与 MdHY5 互作（Fang et al.，2019a）

A. MdBBX20 与 MdHY5 的结构分析，MdBBX20 被分为 F1、F2 两段，MdHY5 被分为 N 端和 C 端两段；B. 酵母双杂交验证 MdBBX20 与 MdHY5 的各段之间的互作关系；C. pull-down 实验验证 MdBBX20 与 MdHY5 的互作关系；D. 双分子荧光互补实验验证 MdBBX20 与 MdHY5 的互作关系

表明在水稻中 *OsBBX24* 能够响应热胁迫，在高温条件下表达量升高。因此本研究对 *MdBBX24* 在 UV-B 和高温条件下的表达量进行了探究（Fang et al.，2019b）。将刚摘袋的苹果放到不同温度（24℃/34℃）和 UV-B 条件下的光照培养箱里培养 72h。结果发现在 UV-B/24℃条件下的苹果果皮最红，UV-B/34℃条件下次之。而缺少 UV-B 条件，苹果不变红。相应的测定花青苷含量的结果表明 UV-B/24℃条件下的苹果果皮花青苷含量最多。RT-qPCR 的结果表明 *MdBBX24* 在 UV-B 条件下表达量下降，而在高温条件下表达量上升（图 5-32）。为了进一步验证这个结果，本课题组将红肉苹果愈伤组织放到不同温度和 UV-B 组合的光照培养箱里培养，结果表明 UV-B 抑制 *MdBBX24* 表达，而高温促进其表达。

同样的，为了验证 *MdBBX24* 在花青苷合成途径中的作用，本研究将 *MdBBX24* 连接到带有 GFP 标签的 pRI101 载体上。pRI101 载体是由 35S 强启动子驱动的过表达载体。*MdBBX24*-pRI101 转化到红肉苹果愈伤组织中，经过几代培养后，红肉苹果愈伤组织会逐渐变黄。其转化结果通过免疫印迹（Western blot）（GFP 抗体）和 PCR 扩增（根据 35S 启动子设计的上游引物）进行验证。测定花青苷含量的结果表明，在 *MdBBX24* 过表达红肉苹果愈伤组织（OE1～OE3）中的花青苷含量极显著降低。测定花青苷合成过程中关键基因的表达量，结果表明，随着 *MdBBX24* 表达量的升高，与野生型相比，过表达 *MdBBX24* 红肉苹果愈伤组织中 *MdF3H*、*MdDFR*、*MdANS*、*MdUFGT*、*MdHY5* 和 *MdMYB1* 的表达量显著或极显著下降（图 5-33）。

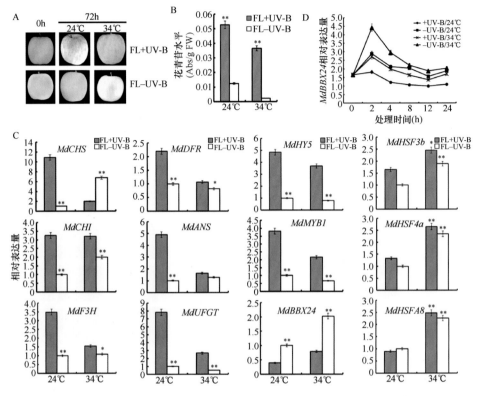

图 5-32　UV-B 抑制 *MdBBX24* 的表达，而高温促进其表达（Fang et al., 2019b）

A. 不同温度和 UV-B 条件下苹果果皮着色情况；B. 不同温度和 UV-B 条件下苹果果皮花青苷水平；C. 不同温度和 UV-B 条件下苹果果皮中与花青苷合成相关的转录因子及结构基因的相对表达量；D. 不同温度和 UV-B 条件下红肉愈伤中 *MdBBX24* 的表达量。**表示在 *P*<0.01 水平上差异极显著，*表示在 *P*<0.05 水平上差异显著

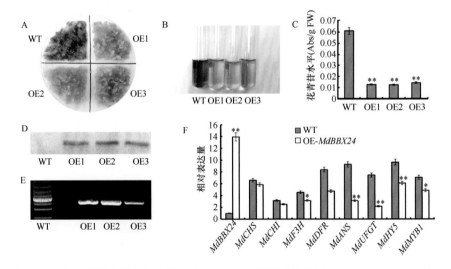

图 5-33　红肉苹果愈伤组织中过表达 *MdBBX24* 进行功能验证（Fang et al., 2019b）

A. 野生型红肉愈伤组织（WT）和过表达 *MdBBX24* 的红肉愈伤组织（OE1~OE3）；B. 野生型红肉愈伤组织和过表达 *MdBBX24* 愈伤组织花青苷的提取液；C. 野生型红肉愈伤组织和过表达 *MdBBX24* 愈伤组织花青苷水平；D. 免疫印迹（Western blot）验证 MdBBX24 在红肉愈伤组织中的转化结果；E. PCR 验证 *MdBBX24* 在红肉愈伤组织中的转化结果；F. *MdBBX24* 及花青苷合成途径结构基因的相对表达量。**表示在 *P*<0.01 水平上差异极显著

利用 PlantCARE 数据库，对 *MdBBX24* 启动子序列进行了分析。本课题组发现在
MdBBX24 启动子序列上存在很多顺式作用元件，其中在启动子–675bp 处存在一个热激
响应元件（HSE）。而之前的研究结果已经表明高温促进 *MdBBX24* 基因的表达，因此
MdBBX24 与高温响应通路上的热激转录因子的关系值得研究。本课题组利用酵母单杂
交实验、LUC 报告实验以及 EMSA 实验验证了热激转录因子 MdHSF3b/4a 能够与
MdBBX24 启动子上的 HSE 元件结合（图 5-34）。

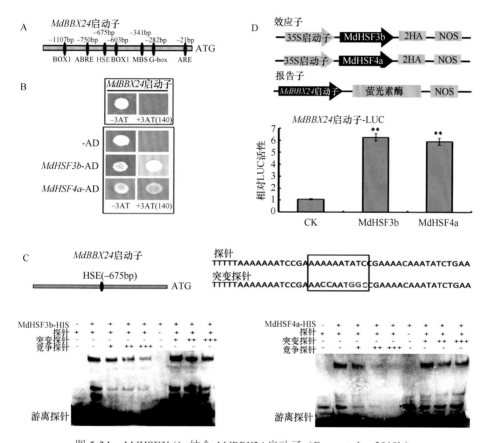

图 5-34　*MdHSF3b/4a* 结合 *MdBBX24* 启动子（Fang et al.，2019b）

A. *MdBBX24* 的启动子序列分析；B. 酵母单杂交验证 MdHSF3b 与 MdHSF4a 结合 *MdBBX24* 的启动子；C. EMSA 实验验证
MdHSF3b 与 MdHSF4a 结合 *MdBBX24* 的启动子；D. LUC 报告实验验证 MdHSF3b 与 MdHSF4a 提高 *MdBBX24* 的启动子活
性。**表示在 $P<0.01$ 水平上差异极显著

三、干旱调控苹果类黄酮合成的机理

本课题组研究了聚乙二醇（PEG）模拟干旱条件下苹果组培苗的生长状况。结果表明，
随着 PEG 浓度的升高，干旱处理的苹果组培苗中花青苷及类黄酮含量明显升高。由图 5-35
可以看出，苹果组培苗随着干旱增强，其生长量受到限制，但花青苷与类黄酮含量均明显
提高，且类黄酮合成途径中的结构基因 *FLS*、*ANS*、*UFGT* 的表达量明显增加。

通过对 Hsf 家族转录因子的表达分析，发现干旱处理显著促进了苹果中 *MdHsfA8*
的表达。为了验证 *MdHsfA8* 响应干旱以及对类黄酮合成的调控作用，本课题组将

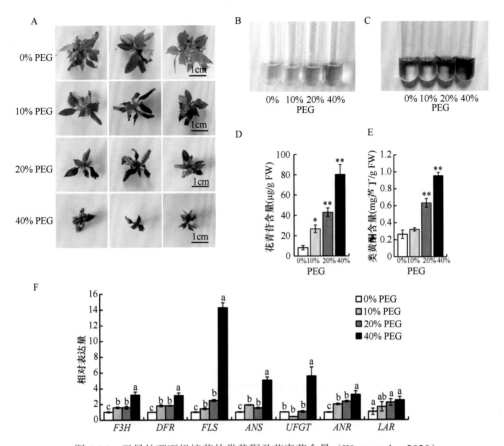

图 5-35 干旱处理下组培苗的类黄酮及花青苷含量（Wang et al.，2020）

A. 模拟干旱处理后苹果植株的生长状况，用不同浓度的 PEG 来模拟干旱胁迫，PEG 浓度代表模拟干旱程度，PEG 浓度越高，则模拟干旱程度越高；B. 不同 PEG 浓度处理苹果苗的花青苷提取液；C. 不同 PEG 浓度处理苹果苗的类黄酮提取液；D. 不同 PEG 浓度处理苹果苗的花青苷含量；E. 不同 PEG 浓度处理苹果苗的类黄酮含量；F. 不同 PEG 浓度处理苹果苗的类黄酮合成途径结构基因的相对表达量，不同小写字母表示在 $P<0.01$ 水平上差异极显著。**表示在 $P<0.01$ 水平上差异极显著，*表示在 $P<0.05$ 水平上差异显著

MdHsfA8 在苹果组培苗中过表达以及沉默表达。结果表明，过表达 *MdHsfA8* 的苹果组培苗能够在干旱处理下显著积累花青苷和类黄酮；而沉默表达 *MdHsfA8* 的组培苗中，花青苷和类黄酮含量均低于野生型（图 5-36）。为进一步验证转基因结果，本课题组测定了类黄酮合成途径中的关键酶基因的表达量。结果表明，*DFR*、*FLS*、*LAR* 和 *ANS* 基因的表达量随着 *MdHsfA8* 的过表达而显著提高（图 5-37）。

通过图 5-38 的研究内容可得出 *MdHsfA8* 能够提高类黄酮合成途径中 *ANS*、*FLS* 结构基因的启动子活性，也能提高 *MdMYB12*（调控黄烷醇合成的转录因子）的启动子活性，结果表明 *MdHsfA8* 能够促进类黄酮合成，本课题组分析了各个结构基因的启动子序列，并利用酵母单杂交以及 EMSA 实验探究了 *MdHsfA8* 能否与调控类黄酮合成的 MYB 转录因子和结构基因上的 HSE 顺式作用元件结合。结果表明，*MdHsfA8* 能够与 *MdANS*、*MdFLS* 以及 *MdMYB12* 启动子上的 HSE 元件结合。此外，LUC 报告实验结果也表明，*MdHsfA8* 能够显著提高 *MdANS*、*MdFLS* 以及 *MdMYB12* 的启动子活性（图 5-38）（Wang et al.，2020）。

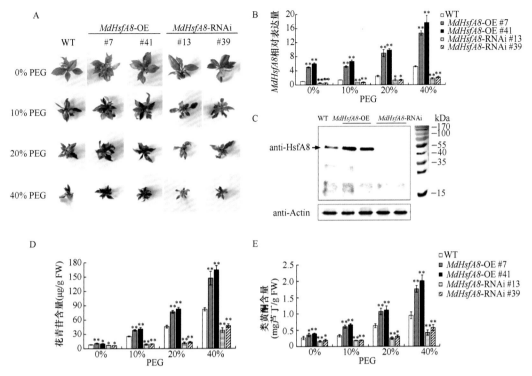

图 5-36　过表达及沉默表达 *MdHsfA8*（Wang et al.，2020）

A. 在模拟干旱胁迫下培养的野生型苹果植株（WT）、过表达苹果植株（*MdHsfA8*-OE）和沉默表达苹果植株
（*MdHsfA8*-RNAi）；B. 在模拟干旱胁迫下培养的野生型、过表达和沉默表达苹果植株中 *MdHsfA8* 的相对表达量；C. 在模
拟干旱胁迫下培养的野生型、过表达和沉默表达苹果植株中 MdHsfA8 的蛋白质丰度；D. 在模拟干旱胁迫下培养的野生型、
过表达和沉默表达苹果植株中的花青苷含量；E. 在模拟干旱胁迫下培养的野生型、过表达和沉默表达苹果植株中的类黄酮
含量。**表示在 $P<0.01$ 水平上差异极显著，*表示在 $P<0.05$ 水平上差异显著

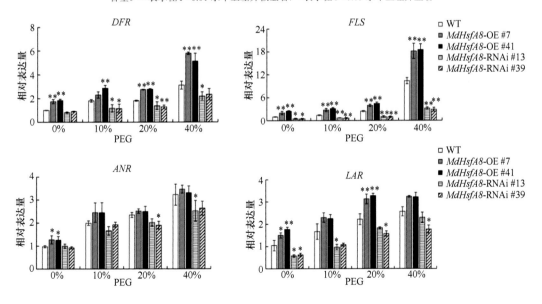

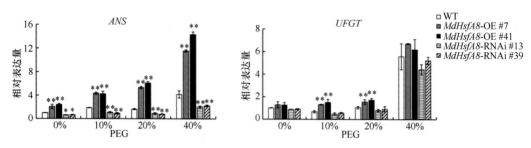

图 5-37 类黄酮合成相关结构基因的表达量（Wang et al.，2020）

**表示在 *P*<0.01 水平上差异极显著，*表示在 *P*<0.05 水平上差异显著

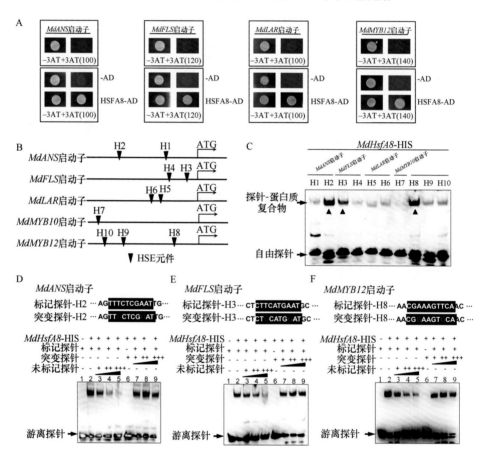

图 5-38 *MdHsfA8* 与 *MdANS*、*MdFLS* 以及 *MdMYB12* 启动子结合（Wang et al.，2020）

A. 酵母单杂交验证 *MdHsfA8* 与 *MdANS*、*MdFLS*、*MdLAR* 及 *MdMYB12* 的启动子互作；B. *MdANS*、*MdFLS*、*MdLAR*、*MdMYB10* 及 *MdMYB12* 启动子的 HSE 元件分析；C. EMSA 实验验证 *MdHsfA8* 与 *MdANS*、*MdFLS*、*MdLAR*、*MdMYB10* 及 *MdMYB12* 启动子的 HSE 元件结合；D～F. EMSA 实验验证 *MdHsfA8* 与 *MdANS*（D）、*MdFLS*（E）及 *MdMYB12*（F）启动子的 HSE 元件结合，突变探针为包含两个碱基突变的探针

四、植物激素调控花青苷合成的机理

近几年的研究发现，除了温度、光照等环境因子，植物激素同样能够影响花青苷的生物合成。围绕生长素、细胞分裂素、茉莉酸甲酯等植物激素信号调控花青苷合成机理

的研究已成为近年来的热点，并取得一定研究进展。

1. 不同激素处理的红肉苹果愈伤组织细胞系转录组分析

为了挖掘激素调控类黄酮合成中的相关基因，本课题组分别对 0.3mg/L NAA 和 0.03mg/L 2,4-D 诱导的红肉苹果愈伤组织及 10mg/L NAA 和 0.6mg/L 2,4-D 诱导的黄色苹果愈伤组织进行了转录组测序（Ji et al., 2015b）。NAA 和 2,4-D 诱导的红色苹果愈伤组织及黄色苹果愈伤组织培养 15d 后提取 RNA，分别构建了"2,4-D-Red""2,4-D-Yellow""NAA-Red""NAA-Yellow" 4 个 RNA-seq 文库。同时，对样品花青苷含量进行了测定分析，结果表明 NAA 及 2,4-D 低浓度处理下的红色苹果愈伤组织花青苷含量均分别显著高于高浓度下的黄色苹果愈伤组织；0.3mg/L NAA 诱导的红色苹果愈伤组织花青苷含量要高于 0.03mg/L 2,4-D 诱导的红色苹果愈伤组织，10mg/L NAA 诱导的黄色苹果愈伤组织花青苷含量也高于 0.6mg/L 2,4-D 诱导的黄色苹果愈伤组织（图 5-39）。

A

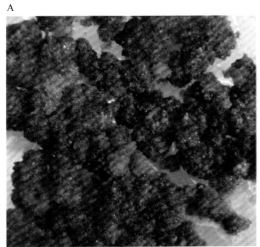

NAA 0.3mg/L+ 6-BA 1.0mg/L　　　　　　　　　NAA 10mg/L+ 6-BA 1.0mg/L

2,4-D 0.3mg/L+ 6-BA 1.0mg/L　　　　　　　　2,4-D 0.6mg/L+ 6-BA 1.0mg/L

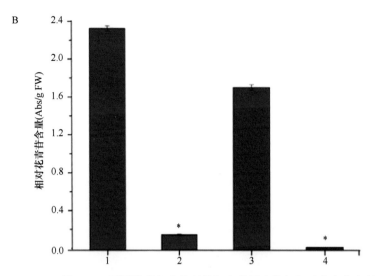

图 5-39　不同激素组合处理的红肉苹果愈伤组织及花青苷含量（Ji et al.，2015）

A. 不同激素组合处理的红肉苹果愈伤组织；B. 不同激素组合处理的红肉苹果愈伤组织中花青苷含量：1. NAA 0.3mg/L+6-苯基腺嘌呤（6-BA）1mg/L；2. NAA 10mg/L+6-BA 1mg/L；3. 2,4-D 0.3mg/L+6-BA 1mg/L；4. 2,4-D 0.6mg/L+6-BA 1mg/L。
*表示在 $P<0.05$ 水平上差异显著

　　去除低质量的读段后 4 个文库分别得到了 12 484 863 条、12 462 309 条、12 211 985 条和 12 561 898 条干净读段。4 个文库在测序量达到 10Mb 后均不再有新的基因被测出，而总的测序量均在 12Mb 以上，说明测序已经达到饱和，结果能够全面地反映样品基因组水平的转录情况。将得到的干净读段与 2010 年公布的'金冠'苹果基因组进行了比对，大约 85% 的干净读段可以成功匹配，其中约 6Mb 为唯一匹配而 4Mb 为多位点匹配。4 个文库比对到的基因数量分别为 33 374 个、33 633 个、32 858 个和 33 656 个。4 个文库干净读段与'金冠'苹果基因组匹配的分布模式基本一样，说明 4 个文库的构建和测序是一致而没有偏差的（图 5-40）。

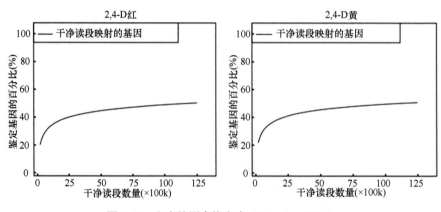

图 5-40　文库的测序饱和度（Ji et al.，2015）

　　以 $\log_2$ 比率≥2 且 $P≤0.0001$ 作为筛选条件，分析了 2,4-D 和 NAA 处理中黄色苹果愈伤组织相对于红色苹果愈伤组织的差异表达基因。2,4-D 和 NAA 处理分别得到了 3052

个和 2515 个差异表达基因，2,4-D 处理比 NAA 处理得到了更多的差异表达基因，说明 2,4-D 引起了更为全面和广泛的基因表达，从而导致了更为强烈的花青苷合成的抑制。利用维恩图对这些差异表达基因进行了分类分析，高浓度 NAA 和 2,4-D 相对于低浓度对愈伤组织全基因组基因表达的影响既有共性也有个性。其中 937 个基因共同上调表达，902 个基因共同下调表达，348 个基因仅在 NAA 处理中上调表达，277 个基因仅在 NAA 处理中下调表达，563 个基因仅在 2,4-D 处理中上调表达，599 个基因仅在 2,4-D 处理中下调表达，另外 41 个基因在 NAA 处理中上调表达但在 2,4-D 处理中下调表达，10 个基因在 2,4-D 处理中上调表达但在 NAA 处理中下调表达。根据差异表达的程度绘制了热图（heat map），其反映的信息与韦恩图相似，但能更形象地反映差异表达的程度，可以看出上调或下调表达的基因在 NAA 处理和 2,4-D 处理间也存在着广泛的差异（图 5-41）。

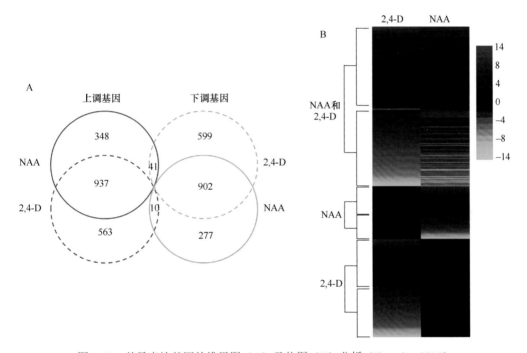

图 5-41　差异表达基因的维恩图（A）及热图（B）分析（Ji et al.，2015）

　　根据拟南芥基因组数据库对差异表达基因进行了功能注释，并按其功能分成了以下几大类：细胞（cell）、DNA、RNA、信号转导（signal transduction）、初级代谢（primary metabolism）、次级代谢（secondary metabolism）、光合作用（photosynthesis）、激素（hormone）、转运（transport）、发育（development）、胁迫和解毒（stress and detoxification）、蛋白质（protein）、细胞壁（cell wall）、转录因子（transcription factor）、离子通道（ion channel）、金属离子绑定（metal ion binding）、氧化还原作用（redox）、电子传递（electron transport）、代谢（metabolism）等，另外还有一些基因由于未能注释或有其他功能而分到未分类组（unclassified）。按照含有差异表达基因的个数从少到多进行排列，得到了金字塔形的横向柱状图。NAA 和 2,4-D 诱导的差异表达基因具有相似的功能分类模式，说明 NAA 和 2,4-D 同属于植物体内天然生长素 IAA 的化学类似物，它们对基因组转录的影响具有很大的共性。除了未分类组，信号转导和转录因子也在 NAA 与 2,4-D 处理的差异表达基因中占大多数。生长素作为植物体内重要的激素，参与了绝大多数的生理反应，自然需要复杂的信号转导机理，调控大量的转录因子，进而影响下游结构基因的表达。2,4-D 在高浓度下可以作为除草剂，对细胞是不利的，10mg/L NAA 和 0.6mg/L 2,4-D 虽然是细胞能够接受的生长浓度，但可能对于细胞已经是胁迫，所以诱导了解毒相关基因表达。生长素还参与了植物的先天免疫，诱导了大量的胁迫相关基因表达。高浓度 NAA 和 2,4-D 均促进了初级代谢，但抑制了次级代谢。这可能是由于初级代谢和次级代谢存在着竞争。为了深入挖掘 NAA 和 2,4-D 对花青苷合成的抑制机理，Ji 等（2015）主要从以下 5 个方面分析了响应生长素信号的差异表达基因：①花青苷和苯丙氨酸代谢相关的基因；②生长素活性和信号途径相关的基因；③转录调控相关的基因；④蛋白质降解相关的基因；⑤其他激素信号相关的基因（图 5-42）。

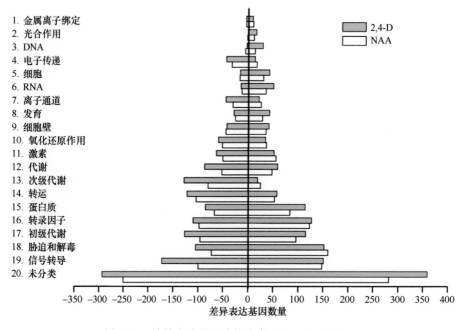

图 5-42　差异表达基因功能分类（Ji et al.，2015）

正数表示上调表达，负数表示下调表达

花青苷是通过苯丙氨酸代谢途径合成的，苯丙氨酸代谢除了合成花青苷，还可以合成黄酮醇、原花青素和木质素等其他次级代谢产物。转录组测序结果显示了生长素处理后包括花青苷代谢在内的整个苯丙氨酸代谢途径合成基因转录水平的变化。花青苷合成相关基因，如 *CHS*、*CHI*、*F3H*、*F3'H*、*DFR*、*LDOX* 和 *UFGT* 的转录均被高浓度 NAA 和 2,4-D 抑制。黄酮醇和原花青素合成基因，如 *FLS*、*LAR* 与 *ANR*，以及木质素合成基因 *CCoAOMT*、*CCR* 和 *CAD* 的转录也均被高浓度 NAA 和 2,4-D 抑制。这些基因中除了 *F3H* 和 *UFGT* 只有一个拷贝存在表达差异，其他基因均有多个拷贝存在表达差异。同一基因的不同拷贝大部分均被高浓度 NAA 和 2,4-D 抑制，但有的拷贝仅响应 NAA 或 2,4-D，有的拷贝对 NAA 和 2,4-D 的响应出现相反的行为。说明同一基因的不同拷贝在功能上可能是冗余的但也存在各自的特点。

花青苷和原花青素是在细胞质中合成后转运到液泡中贮存的。拟南芥中 TT12（At3g59030）、TT19（At5g17220）和 AHA10（At1g17260）参与了花青苷与原花青素往液泡内的转运。*TT12* 编码一个多药及毒性化合物外排转运蛋白（MATE）膜转运蛋白参与原花青素的转运。*TT19* 编码一个 GST 蛋白参与花青苷的转运。*AHA10* 编码一个 P 型的 H⁺-ATP 酶与 TT12 一起参与原花青素的转运。本研究发现，2 个与拟南芥 TT12 同源的基因 *MDP0000147216* 和 *MDP0000163588*、2 个与拟南芥 *AHA10* 同源的基因 *MDP0000290422* 和 *MDP0000303799*，以及 1 个与拟南芥 *TT19* 同源的基因 *MDP0000252292* 均被 0.6mg/L 2,4-D 和 10mg/L NAA 抑制，说明不但花青苷的合成被高浓度 NAA 和 2,4-D 抑制，花青苷向液泡的转运也被抑制（图 5-43）。

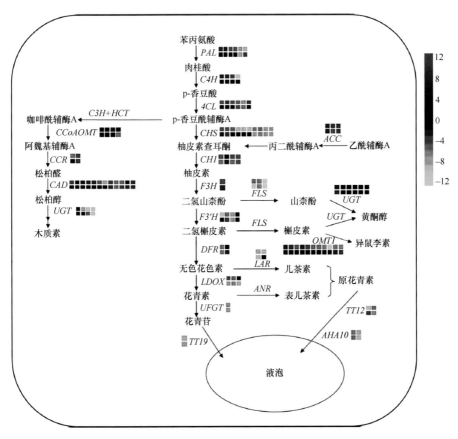

图 5-43　苯丙氨酸代谢基因转录组分析（Ji et al.，2015）

红色代表上调，绿色代表下调

2. 茉莉酸甲酯对花青苷合成的影响

茉莉酸甲酯（MeJA）调控植物的多个生命过程，包括对生物和非生物胁迫的防御、器官发育及次级代谢物的生物合成。研究表明，外施茉莉酸甲酯可以诱导拟南芥中茉莉酸 ZIM 域（jasmonate ZIM-domain，JAZ）蛋白的降解，导致 bHLH 和 MYB 转录因子的释放从而促进花青素积累。本研究利用茉莉酸甲酯处理'Orin'愈伤组织，在转录水

平检测 *MYB* 基因的表达（Wang et al.，2019）。本课题组发现了一个响应茉莉酸甲酯并可能参与花青苷合成的 *MYB* 基因——*MdMYB24L*（图 5-44）。

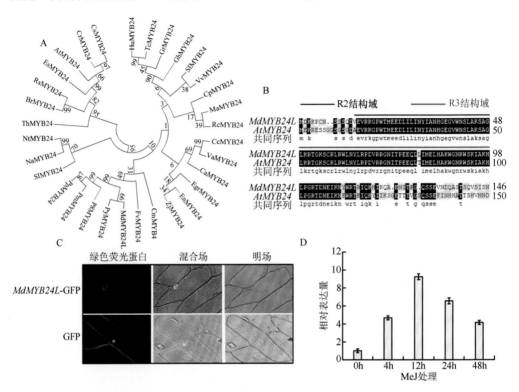

图 5-44　鉴定苹果中茉莉酸甲酯诱导 *MYB* 基因的表达（Wang et al.，2019）

A. 不同物种中 MYB24 蛋白的系统发育分析；B. 苹果 *MdMYB24L* 及其拟南芥同源基因 *AtMYB24* 的同源蛋白序列比对分析；C. 苹果 *MdMYB24L* 的亚细胞定位分析；D. 用 MeJA 处理愈伤组织 48h 过程中 *MdMYB24L* 的相对表达量变化

JAZ 蛋白作为阻遏物可以与其他转录因子相互作用介导 MeJA 调节的多个生命过程。酵母双杂交实验结果显示，*MdMYB24L* 可与 *MdJAZ8* 和 *MdJAZ11* 相互作用。有趣的是，*MdMYC2* 充当茉莉酸（JA）信号转导的转录激活因子，也可以与 *MdMYB24L* 结合。与上述结果一致，BIFC 与 pull-down 实验结果表明，*MdJAZ8*、*MdJAZ11* 和 *MdMYC2* 与 *MdMYB24L* 在体内、体外均可以相互作用。这些结果证明 JA 信号因子 MdJAZ8 和 MdJAZ11 可以与 MdMYB24L 形成转录复合物从而影响苹果花青苷的合成（图 5-45）。

JA 转录因子由 26S 蛋白酶体降解从而传递 JA 信号。利用体外蛋白质降解实验测定 MdJAZ8 与 MdJAZ11 的转录后调节。结果表明，加入 JA 后，MdJAZ11-GST 快速降解，而 MdJAZ8-GST 在 1h 后降解趋势最明显。因此，MdJAZ8 和 MdJAZ11 都响应于 MeJA 处理，但是 MdJAZ11 可能比 MdJAZ8 更有效地结合 26S 蛋白酶体（图 5-46）。

在苹果愈伤组织中过表达 *MdMYB24L*，愈伤组织从黄色变为粉红色，花青素含量增加。RT-qPCR 分析显示，与野生型相比，转基因愈伤组织中花青苷结构基因的表达显著升高。特别是，*MdUFGT* 和 *MdDFR* 转录水平是野生型对照的 3~5 倍。此外，与花青苷生物合成相关的转录因子基因，如 MYB 转录因子基因（*MdMYB1*、*MdMYB9* 和 *MdMYB11*）和 bHLH 转录因子基因（*MdbHLH3* 和 *MdbHLH33*）的表达水平也在不同程度上调（图 5-47）。

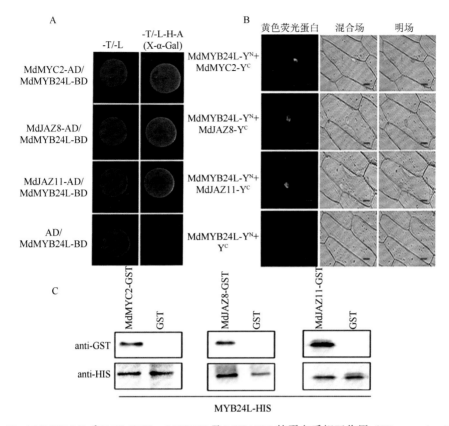

图 5-45　MdMYB24L 和 MdMYC2、MdJAZ8 及 MdJAZ11 的蛋白质相互作用（Wang et al.，2019）

A. 酵母双杂交验证 MdMYB24L 和 MdMYC2、MdJAZ8 及 MdJAZ11 的蛋白质相互作用；B. 双分子荧光互补验证 MdMYB24L
和 MdMYC2、MdJAZ8 及 MdJAZ11 的蛋白质相互作用，标尺长度为 10μm；C. pull-down 实验验证 MdMYC24L 和 MdMYC2、
MdJAZ8 及 MdJAZ11 的蛋白质相互作用

　　酵母单杂交实验结果证明 MdMYB24L 蛋白可以结合 *MdDFR* 和 *MdUFGT* 的启动子。使用 PlantCARE 对它们的启动子进行分析，本课题组确定 *MdUFGT* 和 *MdDFR* 启动子含有 MYB 结合元件。根据它们的不同位置，将这些元件命名为 U1、U2、U3（*MdUFGT*）和 D1、D2（*MdDFR*）。体内 ChIP-PCR 结果证明，与对照相比，含有 MYB 结合元件的 U2 和 D1 启动子区域在转基因 *MdMYB24L* 材料中被富集。该结果提供了 *MdMYB24L*

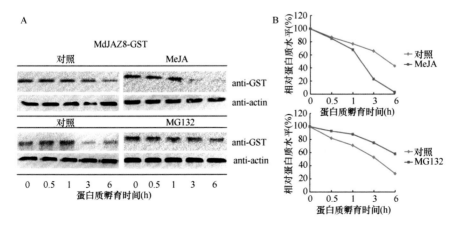

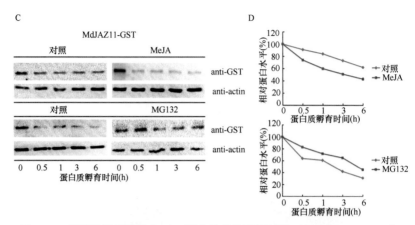

图 5-46　茉莉酸信号通路中 JAZ 蛋白的体外降解试验（Wang et al.，2019）

A. 用二甲基亚砜（DMSO）或 100μmol/L MeJA 处理野生型苹果愈伤组织，将愈伤组织提取物与 MdJAZ8-GST 蛋白混合并孵育 6h，以肌动蛋白（actin）作为对照，蛋白酶体抑制剂 MG132 处理能够抑制 JAZ 蛋白的降解；B. 不同处理的 MdJAZ8 的相对蛋白水平；C. 用 DMSO 或 100μmol/L MeJA 处理野生型苹果愈伤组织，将愈伤组织提取物与 MdJAZ11-GST 蛋白混合并孵育 6h，以肌动蛋白作为对照，MG132 处理能够抑制 JAZ 蛋白的降解；D. 不同处理的 MdJAZ11 的相对蛋白质水平

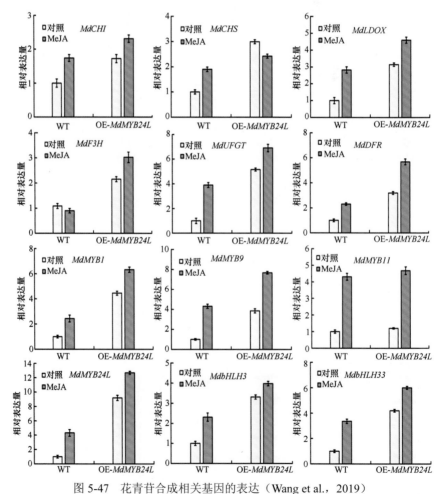

图 5-47　花青苷合成相关基因的表达（Wang et al.，2019）

WT. 野生型王林苹果愈伤组织；OE-*MdMYB24L*. 过表达 *MdMYB24L* 的转基因'王林'苹果愈伤组织

析并确定只有 *MdDFR* 启动子中含有 AUXRE 元件。随后，通过蛋白质-DNA 结合实验验证 MdARF13 可与 *MdDFR* 启动子相互作用，并表明 MdARF13 抑制 *MdDFR* 的表达（图 5-54）。

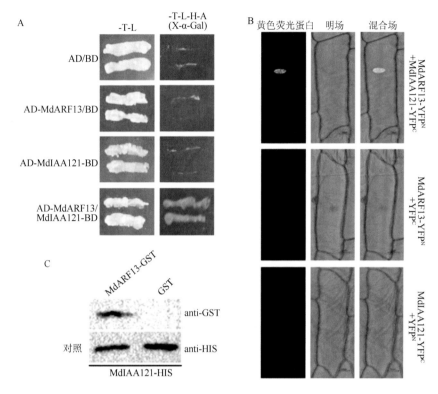

图 5-50 MdARF13 与 MdIAA121 的蛋白质互作验证（Wang et al.，2018）

A. 酵母双杂交验证 MdARF13 与 MdIAA121 的相互作用；B. 双分子荧光互补实验验证 MdARF13 与 MdIAA121 的相互作用；C. pull-down 实验验证 MdARF13 与 MdIAA121 的相互作用

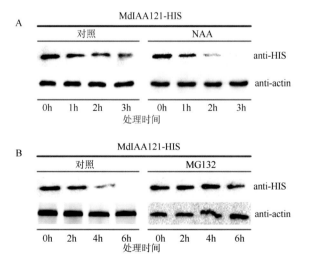

图 5-51 MdIAA121 蛋白的体外降解验证（Wang et al.，2018）

A. 用 NAA 处理野生型愈伤组织，用 MdIAA121-HIS 融合蛋白处理愈伤组织提取物，然后孵育到指定的时间。以肌动蛋白作为对照；B. 蛋白酶体抑制剂（MG132）处理抑制了 MdIAA121 的降解

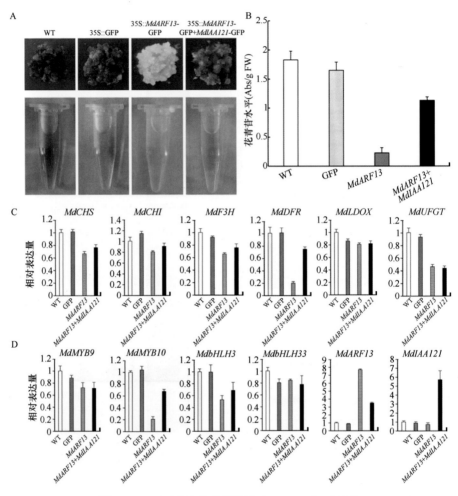

图 5-52 *MdARF13* 的功能验证（Wang et al.，2018）

A. 野生型红肉愈伤组织及过表达 *MdARF13* 和 *MdIAA121* 的转基因红肉苹果愈伤组织，35S::GFP 表示空质粒转愈伤组织；
B. 野生型红肉愈伤组织及过表达 *MdARF13* 和 *MdIAA121* 的转基因红肉苹果愈伤组织的花青苷水平；C. 野生型红肉愈伤组织及过表达 *MdARF13* 和 *MdIAA121* 的转基因红肉苹果愈伤组织中花青苷合成途径结构基因的相对表达量；D. 野生型红肉愈伤组织及过表达 *MdARF13* 和 *MdIAA121* 的转基因红肉苹果愈伤组织中调控花青苷合成的转录因子的相对表达量

五、糖对苹果类黄酮生物合成的调控机理

1. 液泡膜蔗糖转运蛋白 MdSUT4 的表达特性和功能分析

液泡膜蔗糖转运蛋白作为植物所特有的一类载体蛋白，其在蔗糖进出韧皮部和库器

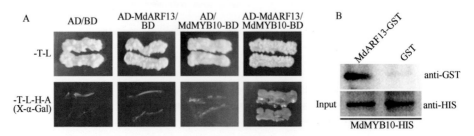

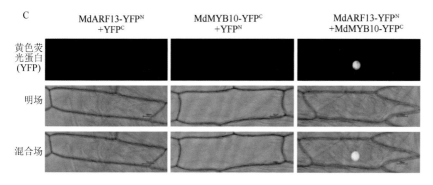

图 5-53 MdARF13 与 MdMYB10 的蛋白质互作验证（Wang et al.，2018）

A. 酵母双杂交验证 MdARF13 与 MdMYB10 的相互作用；B. pull-down 实验验证 MdARF13 与 MdMYB10 的相互作用；

C. 双分子荧光互补实验验证 MdARF13 与 MdMYB10 的相互作用

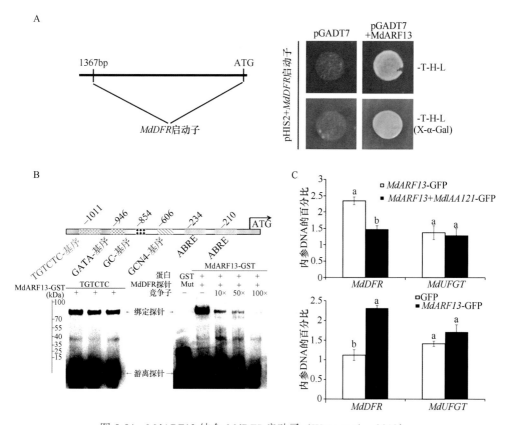

图 5-54 MdARF13 结合 MdDFR 启动子（Wang et al.，2018）

A. MdDFR 的启动子序列分析，酵母单杂交实验证 MdARF13 与 MdDFR 启动子的相互作用；B. MdDFR 启动子中的顺式

作用元件分析，EMSA 实验验证 MdARF13 与 MdDFR 启动子的结合；C. ChIP-qPCR 数据显示 MdARF13 在体内与 MdDFR

启动子相互作用，而 MdIAA121 抑制这种相互作用

官，以及蔗糖的供给与贮藏、转运与调控等多种生理过程中发挥重要作用。拟南芥等 SUT4 类蛋白在细胞中主要调控蔗糖在液泡中的积累，从而调控整个细胞的蔗糖稳态。在拟南芥中过表达 AtSUC4 后降低了叶片蔗糖含量，说明 AtSUC4 介导液泡蔗糖向细胞质运输；在烟草原生质体中过表达 NtSUT4，促进了纤维素的合成，推测是由于增加了

细胞质蔗糖浓度，为纤维素合成提供了更多的底物（许海峰等，2017）。研究发现，苹果 MdSUT4 同样定位于液泡膜，其基因在花、果实、根、茎、叶中都有表达，其中在叶、花和果实中具有较高的表达量。在果实发育过程中 *MdSUT4* 相对表达量逐渐降低，蔗糖含量不断上升，SPSS 软件相关性分析得出，*MdSUT4* 表达量与蔗糖含量在 $P < 0.05$ 水平上呈显著负相关关系，相关系数为–0.98（图 5-55）。

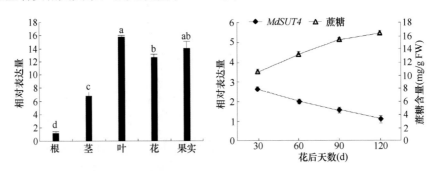

图 5-55　*MdSUT4* 的时空表达特性（许海峰等，2017）

不同小写字母表示在 $P<0.05$ 水平上差异显著

在'王林'苹果愈伤组织中过表达 *MdSUT4*（OESUT4）后，本课题组发现愈伤组织颜色由白色变为黄色，且类黄酮含量由 0.52mg/g FW 上升到 0.84mg/g FW，但蔗糖含量由 14.27mg/g FW 降低到了 11.32mg/g FW（图 5-56）。

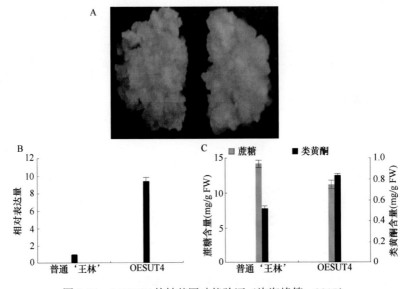

图 5-56　*MdSUT4* 的转基因功能验证（许海峰等，2017）

A. 野生型王林愈伤组织及过表达 *MdSUT4* 的愈伤组织；B. 野生型王林愈伤组织及过表达 *MdSUT4* 的愈伤组织中 *MdSUT4* 的相对表达量；C. 野生型王林愈伤组织及过表达 *MdSUT4* 的愈伤组织中的蔗糖含量及类黄酮含量

2. MYB6 能够与 TMT1 互作参与苹果果实类黄酮和糖代谢

在植物正常生理活动中，糖能够提供能量和作为碳骨架，也可以在生理活动和应答逆境胁迫中起到信号分子的作用。在拟南芥中，AtTMT1 作为液泡膜单糖转运蛋白，能够将细胞质中的单糖转运到液泡中存储，当 *AtTMT1* 和 *AtTMT2* 基因被敲除时，葡萄糖和果糖在液泡中的积累明显减少。在苹果果实发育阶段，许海峰等（2017）发现 *TMT1* 表达水平与葡萄糖和果糖的含量呈正相关关系，亚细胞定位表明其定位于苹果液泡膜；在红肉苹果愈伤组织中过表达 *TMT1*，能够将葡萄糖和果糖从细胞质转运到液泡内，增加液泡内单糖含量，同时降低了细胞质中葡萄糖和果糖的含量，而葡萄糖等单糖为矢车菊素-葡萄糖苷等类黄酮糖苷合成的底物，可降低类黄酮糖苷的含量（图 5-57）。

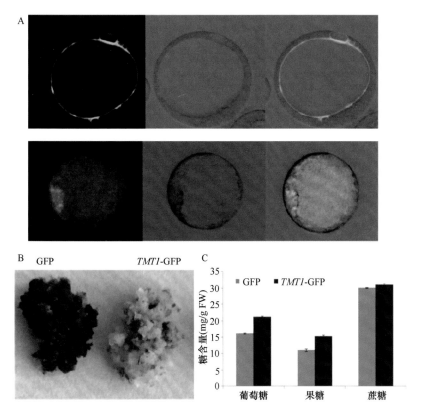

图 5-57　*TMT1* 的转基因功能验证

A. *TMT1* 在苹果原生质体中的亚细胞定位；B. 空质粒转基因（GFP）及 *TMT1* 转基因（*TMT1*-GFP）的红肉苹果愈伤组织；C. 空质粒转基因及 *TMT1* 转基因愈伤组织中葡萄糖、果糖及蔗糖含量

在过表达 *TMT1* 的红肉苹果愈伤组织中过表达 *MdMYB6*，发现 *MdMYB6* 能够增强 *TMT1* 的作用，酵母双杂交实验、双分子荧光互补分析表明 *MdMYB6* 能够与 *TMT1* 互作，进一步通过 EMSA 和 ChIP-PCR 实验证明 MdMYB6 能够结合 *TMT1* 启动子中的 MBS 位点。综上所述，MYB6 与 TMT1 在液泡膜上互作形成异源二聚体，促进 TMT1 向液泡内转运葡萄糖和果糖，并降低类黄酮含量（图 5-58）。

六、未来研究重点

苹果类黄酮生物合成调控机理的复杂性是种质资源多样性的具体体现。随着分子生物学技术和手段的飞速发展，人们将逐步加深对类黄酮代谢及其调控机理的了解，进而

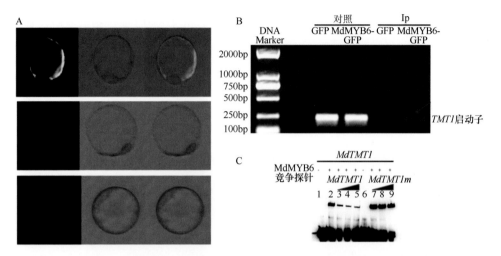

图 5-58　MYB6 能够与 TMT1 互作增强其表达

A. 双分子荧光互补实验验证 MdMYB6 与 TMT1 的相互作用；B. ChIP-PCR 试验验证 MdMYB6 与 TMT1 启动子的结合作用；C. EMSA 实验验证 MdMYB6 与 TMT1 启动子的结合作用，MdTMT1m 表示有两个碱基突变的突变探针

提高果实的类黄酮含量，增强果实品质。因此，有效利用现代分子生物学技术，及时地以新疆红肉苹果杂种后代株系为试材，进行类黄酮合成机理的研究，对于丰富苹果类黄酮代谢调控的理论体系及新疆野苹果资源的保护利用和高类黄酮苹果育种具有重要意义。类黄酮的代谢及其调控机理非常复杂，生物因素、非生物因素以及转录因子均可影响类黄酮的合成。目前有关类黄酮合成的研究主要集中在转录水平与翻译水平上，外界因素对类黄酮的合成调控主要依赖于蛋白质翻译后的修饰，其复杂化、精细化的调控机理是制约人们对类黄酮代谢途径进行广泛深入了解的重要因素。因此，在当今大数据时代背景下，综合基因组学、蛋白质组学、代谢组学等各种技术分析未知的类黄酮调控模型及代谢途径，完善类黄酮的合成及调控网络将成为今后的研究方向。

育种技术与优质品种

第六章　落叶果树优质高效育种技术体系创建

中国苹果种植面积、产量均占世界的 50% 以上，年产总值达 2100 亿元，是增加农民收入的支柱产业。但与美国、法国、日本等苹果产业强国相比，中国苹果产业的转型升级与可持续高效发展面临降水在时间和空间上的不均衡性、果园基础地力差与土壤有机质含量低、机械化水平低和劳动力成本高，以及果园规模小和一家一户的分散性 4 个共性问题，其中在品种和育种技术方面存在如下两大问题。

一是品种单一，特色多样化品种严重不足；新疆红肉苹果及近几年引进的'红色之爱'等红肉苹果品种肉质绵，酸、涩味重，不能满足市场需求；苹果育种特别是高类黄酮（红肉）苹果育种的目标主要是实现营养、鲜食、风味、质地、外观及贮运品质等多个品质性状（基因）的有效集成与平衡，要实现该育种目标，培育出综合品质性状优良的高类黄酮苹果新品种，所需育种周期更长，并且缺乏优异种质。

二是主栽品种'红富士'的结果习性、着色等性状需要进一步改良，需要红色芽变早期鉴定技术。

第一节　新疆红肉苹果与'红富士'挖掘利用及高类黄酮苹果高效育种技术

一、果树杂交育种的连被去雄法

（一）研发过程

果树杂交育种的一个重要环节是人工有性杂交。由于果树存在自花结实，在人工授粉前需要将雄蕊去掉，为了防止外来花粉的污染，人工授粉后需要套袋。传统的方法是用镊子将每朵花的 20 个左右的花药逐个摘除，人工授粉后再套袋和解袋，杂交效率非常低，在有限的可授粉时间内难以完成规定的杂交数量。因此，急需研发一种高效的杂交去雄法。

世界上许多国家曾进行过果树杂交去雄方法的研究。苏联早在 20 世纪 30 年代就尝试用手工将萼片、花瓣和雄蕊一次去掉来完成去雄（以下简称连被去雄法），该方法显著地提高了杂交速率。为了进一步探讨连被去雄法在果树杂交育种中的应用价值，1982年以来，本课题组以梨、桃和杏等果树为试材，用自制的"V"形去雄刀作为连被去雄的去雄工具（图 6-1A），以常规去雄为对照，设置连被去雄授粉套袋及连被去雄不授粉不套袋等 6 个处理，进行了连续 4 年的杂交授粉试验，结果发现：①重力或风媒传粉对梨等果树的坐果没有影响；②连被去雄对梨、桃和杏等果树的坐果、果实发育及单果种子粒数均无影响；③连被去雄后植株基本上失去了对昆虫的引诱力，无昆虫的光顾，偶尔有个别的蜜蜂会飞落到去被的花上试图采蜜，但"飞机想着陆没有飞机场"，蜜蜂后腿上携带的花粉不会对裸露柱头造成花粉污染。

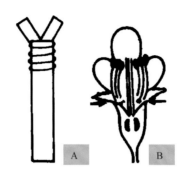

图 6-1　自制的"V"形去雄刀（A）及苹果花去雄部位（B）

因此，利用连被去雄法构建的杂种分离群体，不仅可用于育种，而且可作为遗传研究的试材。

（二）技术要点

在技术研发过程中，主要用自制的"V"形去雄刀作为连被去雄的去雄工具（图 6-1A）。在近几年的苹果杂交育种过程中，改用右手大拇指和食指的指甲将萼片、花瓣和雄蕊一次掐掉（图 6-1B），比"V"形去雄刀操作更加简便，去雄效率进一步提高。采用连被去雄法去雄后，不仅可免套袋，而且在采集杂交果实时，凡是杂交成功的果实，萼片均已被掐除，因此萼片完整的果实为非杂交果实。

（三）技术效果

连被去雄、人工授粉后不套袋，杂交效率是传统去雄套袋法的 20 倍以上，尤其在近几年的高类黄酮苹果杂交育种过程中，为实现育种目标，采用了"多组合、大群体"的育种策略。为保证杂种群体数量，在有限的可授粉时间内完成杂交任务，改用右手大拇指和食指的指甲将萼片、花瓣和雄蕊一次掐掉，杂交效率进一步提高，每年 3～4 人可完成 1 万朵花的杂交授粉任务。

二、高类黄酮苹果优异种质 CSR6R6

（一）研发过程

本课题组首次提出了苹果果实大小进化的二步进化模型，明确了新疆野苹果是世界栽培苹果的祖先种，其遗传变异丰富，进一步挖掘利用的潜力很大，其中新疆红肉苹果 MsMYB10 转录因子不受组织器官、发育时期及环境等因素的影响，具有组成型表达特性，没有时空特异性（红肉、绵肉）；对 100 份苹果品种和种质进行 *ACS1* 基因型分析，发现'红富士'属 *ACS1-2/ACS1-2* 纯合的乙烯迟钝型（白肉、脆肉）。为了创制红肉脆肉苹果新种质，率先构建了新疆红肉苹果与'红富士'苹果品种杂种 F$_1$ 代分离群体；揭示了苹果高类黄酮形成的分子机理，正调控转录因子 MYB12 能够与 bHLH3/bHLH33 互作调控黄烷醇的合成，而 MYB22 能够直接与 *FLS* 启动子结合促进黄酮醇合成；提出了全红肉表型、分子标记及基因表达量检测三结合的高效筛选方法，创制出首个高类黄酮苹果优异新种质 CSR6R6（发明专利号 ZL201611138572.1）（图 6-2）。

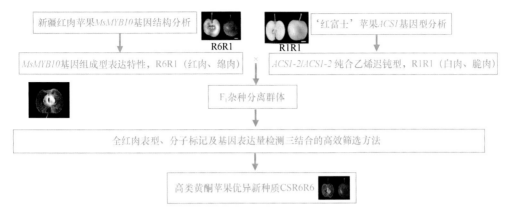

图 6-2 高类黄酮苹果优异种质 CSR6R6 研发过程

（二）种质特点

高类黄酮苹果优异种质 CSR6R6 从西洋苹果（*Malus domestica*）与新疆野苹果红肉变型（*M. sieversii* f. *niedzwetzkyana*）间远缘杂种后代分离群体选育而来，并按照国家知识产权局发明专利申请的要求，其种子已保藏在中国科学院微生物研究所，保藏中心登记入册编号为 CGMCCNo.13783，*MsMYB10* 的基因型为 R6R6，叶、花、果皮、果肉均为深红色，类黄酮含量为 2.51mg/g，抗氧化能力是白肉苹果品种的 7 倍，平均单果重 20.4g，肉质细脆，果实发育期 120d。

（三）应用效果

以高类黄酮苹果优异种质 CSR6R6 为杂交亲本，先后育成了'福红''美红''满红'等高类黄酮苹果新品种，其中'美红'和'满红'的基因型虽然为 R6R1，但果肉全红，表明 CSR6R6 是高类黄酮苹果育种的优异种质。

三、果树多种源品质育种法

（一）研发过程

2015 年是《中国农业科学》创刊 55 周年，应主编刘旭院士的邀请，著者组织国内柑橘、苹果、桃、梨和葡萄等果树遗传育种领域的专家撰写并发表了题为《主要果树果实品质遗传改良与提升实践》专刊论文，论文通过对国内外育成的苹果和梨等优质新品种进行亲本溯源分析，发现复杂的遗传背景和目标性状的遗传多样性是品质育种亲本选择的关键，并公开了'山农酥'梨和'美红'苹果的系谱图。根据果树育种技术发明专利的公益性和知识性的特点，为了进一步扩大"复杂的遗传背景和目标性状的遗传多样性是品质育种亲本选择的关键"这一结论的社会效益，著者在论文在线发表前，以'山农酥'梨和'美红'苹果的育种为实施例，申报了"果树多种源品质育种法"发明专利（ZL201510428448.8）（图 6-3）。

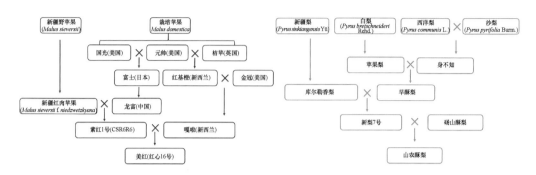

图 6-3 果树多种源品质育种法（ZL201510428448.8）及'美红'苹果和'山农酥'梨系谱图

（二）技术要点

杂交育种是果树育种的主要途径，而杂交亲本的选择与选配是杂交育种成效大小的关键。因此，本发明专利提出了品质育种亲本选择的关键就是"复杂的遗传背景和目标性状的遗传多样性"，并提供了具体的实施案例。

（三）技术效果

利用"果树多种源品质育种法"发明专利技术，先后育成了'幸红''福红''美红''满红'4 个高类黄酮（红肉）苹果新品种及优质、耐贮、晚熟梨新品种'山农酥'，其中以高类黄酮苹果优异种质 CSR6R6 为关键杂交亲本，实现了红肉、脆肉、高类黄酮等多个品质性状（基因）的快速聚合，而'山农酥'是以同时含有新疆梨、沙梨、西洋梨及白梨 4 个种血缘且优质、早熟、耐贮、雄性败育型梨新品种'新梨 7 号'为母本，以需要进一步改造提升的白梨系统传统地方名产品种'砀山酥'为父本杂交选育而成的。

四、易着色苹果品种培育法

（一）研发过程

苹果的套袋栽培技术是由中国人最先发明的，日本最早将套袋栽培技术产业化应用，起初推广套袋技术的主要目的是解决新育成的'富士'苹果新品种着色差和剧毒农药残留等问题，随着'富士'苹果红色芽变品种'红富士'（着色系富士）的选育和大规模普及应用以及生产上良好操作规范（good manufacturing practice，GMP）的推行，苹果着色和农药残留问题已经基本解决。国内外近几年的研究和生产实践表明，果园生草化是无袋化的根本保障。日本 30 年前开始无袋栽培，目前已实现了苹果栽培无袋化。近几年的调研结果表明，不仅日本，美国、法国及新西兰等世界苹果生产先进国家均实行了果园生草和无袋化栽培技术。

我国于 20 世纪 90 年代开始引进和推广日本的苹果套袋栽培技术，农业部（现为农业农村部）于 2005 年设立"苹果套袋关键技术示范补贴项目"，进一步加速了套袋栽培的推广与普及。我国多年坚持清耕除草，但有机肥投入不足，土壤有机质含量不足 1%，特别是 2009 年以来，苹果价格快速上升，广大果农为了眼前利益，以化肥为主、超负荷生产，使得果园郁闭，树势减弱，苹果风味品质和可持续发展的能力明显下降，枝干轮纹病发病率达 100%，不得不套袋。因此，苹果套袋栽培逐渐发展成为一种定型的栽培制度。

目前我国苹果种植面积有 3700 万余亩，平均成本 5000 元/亩，其中买袋、套袋和解袋成本 2000～3000 元/亩，每年增加生产成本 1000 余亿元，因此，无袋化栽培已成为当前我国苹果产业最迫切的技术需要。

无袋栽培并不是简单的不套袋，而是一项栽培制度变革，也是一个非常复杂的系统工程，涉及多项配套技术的改革，必须做好顶层设计，全面谋划，稳步推进，其中最关键的配套技术包括 5 个方面。①优美的生态环境是苹果无袋栽培的根本保障。②中国苹果产业若想实现 10 年或 20 年后的无袋化，当务之急是生草化。为此，本课题组提出了单一性与多样性有机结合的"春种长柔毛野豌豆+秋季自然生草"的果园生草模式，取得了培肥、节水、省力的显著效果。③要生草化，首先要解决果园郁闭问题，给果园的小草一点阳光。因此，必须研究建立适合我国国情的现代宽行、高干、集约、高效苹果栽培模式。④研究建立无袋栽培下的苹果病虫害高效防控方案。⑤培育推广易着色苹果品种，选择适合不套袋品种。因此，以新疆红肉苹果资源的挖掘利用为重点，在高类黄酮苹果优异种质 CSR6R6 创制和"'三选两早一促'的苹果育种法"等发明专利的基础上，本课题组进一步提出了"一种易着色苹果品种培育法"发明专利（ZL201510890141.X）。

（二）技术要点

研究发现，新疆红肉苹果 MdMYB10 转录因子启动子含有 6 个 23bp 的重复序列（R6），具有自激活及组成型表达特性，因此，"一种易着色苹果品种培育法"发明专利主要是利用常规杂交育种技术，将具有组成型表达特性的新疆红肉苹果 MdMYB10（R6）转录因子转移到苹果品种中（图 6-4）。

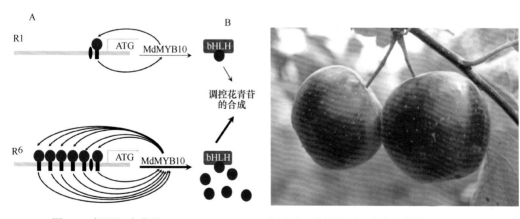

图 6-4 新疆红肉苹果 MdMYB10 R6（A）基因型及其新品系果实自然着色状况（B）

（三）技术效果

采用"易着色苹果品种培育法"培育的'幸红''福红''美红''满红'等高类黄酮

苹果新品种,在不套袋的情况下,易着色,果面光洁、光亮。研究人员还创建了行间生草免套袋轻简化栽培技术,为我国苹果免套袋栽培技术体系的创建提供了技术支撑。

五、"三选两早一促"的苹果育种法

(一)研发过程

研究发现,新疆红肉苹果与'红富士'等苹果品种杂交,后代童期短,果肉总酚含量等性状遗传能力强,在F_1分离群体发现了能稳定遗传的红肉-脆肉和红肉-绵肉等4种类型;利用MdMYB10的R6R1基因型分子标记研究发现,叶片为红色的杂种实生幼苗均为红肉株系。据此,本课题组发明了"'三选两早一促'的苹果育种法"(ZL201310205419.6)。

(二)技术要点

选新疆红肉苹果与'红富士'苹果进行有性杂交(一选),杂交种子在温室内早播种育苗(一早),初果期从F_1分离群体筛选红肉脆肉株系并早回(杂)交(二选二早),选留红色叶片的F_2代实生苗定植于选种圃(三选),前促后控缩童期(一促),就是在实生苗的童期采取农业措施,加速实生苗的营养生长,使实生苗尽快达到一定的高度(节位);当实生苗达到一定的高度(节位)后,采用树干环剥等措施,控制实生苗的营养生长,促进开花结果(图6-5,图6-6)。

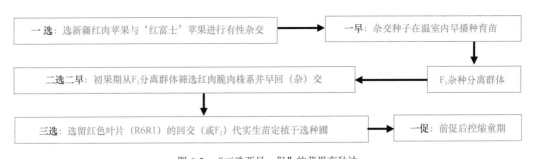

图6-5 "三选两早一促"的苹果育种法

图6-6 苹果杂种实生苗组培室培育(A)、F_1红肉与白肉株系分离(B)及F_2红肉株系开花状况(C)

为保障技术的顺利实施，本课题组组建了 3 个基地和团队，并明确了任务分工。泰安基地及研究生团队，主要任务是'红富士'等苹果品种与新疆红肉苹果杂种 F_1 分离群体的定植与管理、F_1 分离群体中的红肉脆肉株系花粉采集及在泰安温室或组培室进行杂种实生苗培育；烟台牟平基地及其团队，主要任务是采用本课题组研发的"连被去雄法"进行杂交授粉及杂交果实的采集；冠县基地及其团队，主要任务是新疆红肉苹果 F_2 杂种实生苗的定植与管理、高类黄酮（红肉）苹果新品系的选育、品种（系）比较试验及区域栽培试验。

（三）技术效果

利用该技术从 F_2 杂种群体选育出'幸红''福红''美红''满红' 4 个高类黄酮苹果新品种，育种年限由传统方法的 20 年缩短至 15 年，效果非常显著。

六、高类黄酮苹果新品系的组培快繁法

（一）研发过程

针对中国苹果产业品种单一及同质化问题，本课题组以新疆红肉苹果资源的挖掘利用为重点，在高类黄酮苹果育种理论与技术创新的基础上，先后培育出果肉红色、酸甜适口、酥脆多汁、营养价值高、鲜食品质优良、成熟期不同的'幸红''福红''美红''满红'等高类黄酮苹果系列新品种，这些品种市场前景广阔。因此，研究建立高类黄酮苹果系列新品系的组培快繁技术体系，可为这些品种的推广应用提供技术支撑，本课题组提出了"一种适用于高类黄酮苹果新品系的组培快繁法"，并获得发明专利（ZL201710236032.5）。

（二）技术要点

1. 无菌苗的获得

取高类黄酮苹果新品系'美红'的一年生枝条上抽生出来的 10cm 左右的新梢，截取 1.0～1.5cm 茎段，每个茎段上具有一个腋芽，去除展开叶，在自来水下冲洗 40min，用 75%乙醇溶液浸泡 30s，再用 0.1% $HgCl_2$ 溶液浸泡 10min，然后用无菌水冲洗。将茎段接种到含 0.8mg/L 6-BA、0.15mg/L NAA、500mg/L 聚乙烯吡咯烷酮 40000（PVP40000）和 30g/L 蔗糖的 MS 固体培养基上培养 2h，再转接到新的培养基上培养 10h，然后转接到新的培养基上培养 24h，多次转接的目的是解决褐化问题，最后转接到新的培养基上培养至腋芽萌发的新梢长度为 2～3cm。

2. 多丛芽诱导与增殖

从基部切取腋芽萌发的新梢，接种到含 0.8mg/L 6-BA、0.2mg/L NAA 和 30g/L 蔗糖的 MS 固体培养基中，在 26℃、16h 光照/8h 黑暗、光照强度 2000lx 的条件下培养，增殖系数高达 6.58，且芽生长势壮（图 6-7）。

图 6-7　高类黄酮苹果新品系的组培快繁
左、中、右分图分别表示多丛芽培养、生根培养和移栽

3. 生根培养与试管植株的获得

增殖培养的不定梢长度达到 1.5cm 时，从基部切取整个不定梢，接种于含 0.5mg/L IBA 和 20g/L 蔗糖的 MS 固体培养基中，在 26℃、16h 光照/8h 黑暗、光照强度 2000lx 的条件下培养，生根率高达 78.9%，且根系粗壮，产生了大量侧根。

4. 基质筛选与移栽

生根培养的植株根长度达到 2cm 时，转移到温室培养 7d 左右，将组培瓶口打开，开瓶炼苗 2～4d，取出植株，将根部放入 0.1%多菌灵溶液中浸泡 5min，并把根部多余的培养基清洗干净，最后用清水冲洗 2～3 次后，将植株移栽到装有栽培基质的容器中，适时浇水。

（三）技术效果

本研究建立了高类黄酮苹果系列新品种的组培快繁技术体系，显著提高了增殖系数，为高类黄酮苹果系列新品种的推广应用提供了技术支撑。

第二节　芽变选种与红皮苹果高效育种技术

一、研发过程

苹果芽变选种是对主栽品种个别性状的改良，是"优中选优"。一经选出，即可通过嫁接等无性繁殖的方法将变异性状固定下来长期利用，具有投入少、见效快、操作简便的特点，且容易被果农掌握，便于开展群众性的芽变选种工作。因此，芽变选种不仅是无性繁殖果树作物特有的有效育种途径，同时也是生产上提质增效的重要技术措施。芽变选种在苹果品种的更新换代过程中发挥了巨大作用，没有芽变选种，就很难有当今世界的苹果产业，但芽变机理一直不清楚。为此，本课题组以'长富 2 号'、'烟富 3 号'（'长富 2 号'的红色芽变）和'烟富 8 号'（'烟富 3 号'的红色芽变）3 个苹果芽变品种为试材开展相关研究。结果发现，苹果的果皮红色属于 DNA 甲基化引起的表观遗传性状，*MYB1* 启动子甲基化水平与果皮花青苷含量显著负相关，揭示了苹果红色芽变 DNA 甲基化差异及花青苷合成的分子机理：苹果 AGO4s 识别 *MYB1* 启动子的 ATATCAGA 序列并招募 DRM2s 对 *MYB1* 启动子进行 CHH 甲基化修饰，进而调控花青苷结构基因及转运蛋白 GSTF6 的表达，影响花青苷的合成。在此基础上，本课题组发明了基于 *MYB1* 启动子甲基化水平检测的苹果红色芽变早期分子鉴定技术，提出了常规芽变选种技术与早期分子鉴定技术有机结合的持续多代芽变选种及其与杂交育种联合对苹果红色性状持续改良的方法，并获发明专利（ZL201710092300.0）。

二、技术要点

（一）进一步明确了苹果红色芽变的 3 个特点

1. 苹果红色芽变的重演性

调研发现，苹果的红色芽变可在国内外不同地区及不同年份重复发生，表现出芽变的重演性，这为有效利用芽变选种技术对苹果红色性状持续改良提供了科学依据。

2. 苹果红色芽变的多效性

对多个苹果红色芽变品种进行调研发现，尽管它们均是红色芽变，但不同芽变品种（系）在着色类型（条红或片红）、着色速度以及对光的敏感程度等方面存在明显差异，这为有效利用芽变选种技术选育特色多样化品种、满足消费者和栽培者的多样化需求提供了科学依据。

3. 苹果红色芽变的稳定性

对多个苹果红色芽变品种嫁接繁殖后的稳定性进行调研，结果表明苹果红色芽变具有很好的遗传稳定性和一致性，这为苹果红色芽变品种大面积推广应用提供了科学依据。

（二）明确了苹果的红色芽变属于 DNA 甲基化引起的表观遗传

苹果的红色芽变属于 DNA 甲基化引起的表观遗传。因此，在晚熟、耐贮特性不改变的前提下，可有效利用芽变选种技术对'红富士'苹果品种红皮性状进行持续改良。

（三）提出了果农与专家结合、常规技术与分子技术结合的苹果红色芽变选种程序和技术标准

芽变选种是"优中选优"，操作简便，容易被果农掌握，便于开展群众性的选种工作，其过程是果农群众发现自然变异，科技人员到现场进行考察和鉴定，被群众戏称为"一把尺子，一杆秤，用牙咬，用眼瞪"，虽然形象、简单，但不够科学、规范，为此，根据苹果红色芽变分子机理的研究结果，本课题组提出了果农与专家结合、常规技术与分子技术结合的苹果红色芽变选种程序和技术标准。

1）果农或基层技术干部采用"一把尺子，一杆秤，用牙咬，用眼瞪"的常规方法，在苹果园里发现苹果红色变异的枝条或单株。

2）按照花青苷含量是原品种 2 倍以上、DNA 甲基化水平为原品种 1/2 以下的标准，早期鉴定苹果红色变异为红色芽变（图 6-8）。

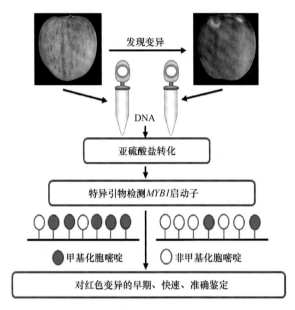

图 6-8　苹果红色变异的早期分子鉴定技术

3）对早期鉴定为红色芽变的苹果红色变异，可不经过初选程序，直接参加复选程序，即品种比较试验和区域栽培试验，最后通过决选程序即品种审定而形成新品种。

（四）提出并实施了持续多代芽变选种对'红富士'苹果红色性状持续改良的思路

在发明专利 ZL 201710092300.0 中，依据苹果红色芽变重演性的特点，本课题组提出并实施了持续多代芽变选种对'红富士'苹果红色性状持续改良的思路。第一代是日本以'国光'和'元帅'为亲本杂交育成的'富士'苹果品种；针对'富士'苹果着色差的问题，日本采用芽变选种技术选育出了'长富 2 号'等第二代着色系'富士'（'红富士'）苹果品种；'长富 2 号'等'红富士'品种被引种到我国山东烟台后，着色很差，为此，烟台市果树工作站等单位组织了大规模的芽变选种工作，从'长富 2 号'等品种中选育出第三代烟富 1～6 号系列红色芽变品种，其中以'烟富 3 号'表现最优；近几年来，又进一步从'烟富 3 号'中选育出着色性能更好的'元富红'等第四代品种；第五代品种则是近几年山东及甘肃等地从'长富 2 号'中选育出的'龙富''沂源红''成纪 1 号'等短枝、红色双芽变优质短枝型苹果新品种，这些品种萌芽率高，成枝力、早果性与丰产性强，着色快，优质果率高，果实可溶性固形物含量均在 15.0% 以上，综合品质性状及生产性能优良（图 6-9）。

（五）红色芽变品种与 CSR6R6 杂交，培育出果肉全红、果面光亮的高类黄酮苹果新品系

以第三代红色芽变品种'烟富 3 号'为亲本，与高类黄酮优异种质 CSR6R6 杂交，可培育出果肉全红或粉红的'幸红''福红''美红''满红'等高类黄酮苹果系列新品种（图 6-9）。

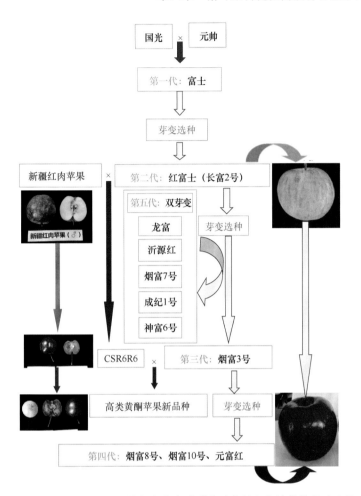

图6-9 持续多代芽变选种及其与杂交育种联合对苹果红色性状持续改良的方法

三、技术效果

（一）提高了苹果芽变选种的效率和准确度

本课题组与烟台龙口和蓬莱等地合作，利用发明专利技术，先后选育出'龙富'及'元富红'等红色芽变新品种，果实的着色、风味品质及结果习性等性状得到了有效改良，均成为生产主栽品种。该技术实现了对苹果红色变异的早期、快速、准确鉴定，提高了苹果芽变选种效率和准确度，使育种年限缩短2～3年。

（二）持续多代芽变选种及其芽变机理揭开了'红富士'在中国苹果产业独占鳌头、成为世界龙头的谜底

目前中国有3700万亩苹果，其中2600万亩（70%）是'红富士'苹果品种。这个品种结构非常独特，具有中国特色。现根据近几年苹果芽变选种及芽变机理的研究结果，从经济社会发展水平及消费习惯等角度，对中国苹果产业的品种结构形成原因解读如下。

1. 多年的持续品种改良

通过持续多代的芽变选种，'红富士'苹果的生长结果习性、果实着色及风味品质等性状得到有效改良，其"好看、好吃（亚洲人比较喜欢以甜味为主的'红富士'等品种）、好卖、好管"，从而出现了"栽的愿栽，卖的愿卖，买的愿买，吃的愿吃"，以及产业兴旺、市场繁荣的美好格局，推动了中国苹果产业的高速发展。

2. 品种特殊遗传特性

'红富士'的红色和短枝型芽变属 DNA 甲基化引起的表观遗传，其中控制苹果着色（花青苷合成）的 MdMYB1 转录因子能直接调节花青苷和苹果酸向液泡中运输，促进其在果实中的积累，但目前没有发现 MdMYB1 转录因子对晚熟和耐贮这两个性状具有调控作用。因此，'红富士'的红色和短枝型芽变品种着色好了，果实的风味品质改善了，易成花好管理了，但晚熟和耐贮这两个性状始终没有改变。

3. 消费群体大，贮藏成本低

拥有约 14 亿人口的中国是处在社会主义初级阶段的发展中国家，也是世界上鲜食苹果最大的消费国。以优质、晚熟、耐贮的'红富士'为主的品种结构，给果农和零售商留足了空间，而较低的贮藏保鲜成本则保障了世界上最大鲜食苹果消费市场的周年供应。因此，'红富士'在中国苹果产业独占鳌头是国内一大批科技工作者与果农群众协同创新、共同努力的结果，是中国苹果人创造的中国特色。

第三节　新疆库尔勒香梨挖掘利用及梨多种源品质育种技术

一、我国优质中早熟梨品种培育成就斐然，但不能有效解决冬春市场优质梨供应问题

梨是我国落叶果树的第二大树种，我国梨栽培面积和产量均占世界的50%以上，是世界上最大的梨资源生产和消费国，梨育种尤其是优质中早熟梨新品种培育为我国梨产业发展做出了巨大贡献。

20 世纪 80 年代，我国早、中、晚熟梨品种的比例为 7∶23∶70，存在晚熟品种比例过大、优质早熟品种相对缺乏的问题。培育优质早、中熟梨新品种是我国梨育种的重要目标之一，近几年取得了突破性进展，成就斐然。据王苏珂等（2016）的统计，我国 40 家育种单位近 20 年（1995～2014 年）共选育出梨新品种 110 个，其中 6 月、7 月成熟的早熟品种有 27 个（24.5%），8 月成熟的中熟品种有 32 个（29.1%），9 月成熟的晚熟品种有 48 个（43.6%），10 月、11 月成熟的极晚熟品种有 3 个（2.7%），早、中熟品种与晚熟品种的比例为 59∶51，晚熟品种比例过大的问题已经得到有效解决。

陈学森等（2019d）对国内近 11 年（2008～2018 年）杂交育成并在《园艺学报》或《果树学报》上发表的梨新品种进行了统计，结果发现，在 39 个新品种中，果实发育期为 80～150d，在 6～8 月成熟的早、中熟品种有 26 个（表 6-1），这些品种不仅进一步解决了晚熟品种比例过大的问题，而且满足了 6～8 月市场时令性水果的多样化需求，但这些季产季销的时令性中早熟品种不能有效解决冬春市场优质梨供应问题。

表 6-1　近 11 年（2008～2018）育成的梨新品种（陈学森等，2019d）

序号	品种	亲本	发育期（d）	成熟期	育种单位
1	红酥脆	火把梨×幸水	165	晚	中国农业科学院果树研究所
2	甘梨早 6	四百目×早酥	85	极早	甘肃省农业科学院林果花卉研究所
3	甘梨早 8	四百目×早酥	95	早	甘肃省农业科学院林果花卉研究所
4	满天红	火把梨×幸水	175	极晚	中国农业科学院果树研究所
5	初夏绿	西子绿×翠冠	105	早	浙江省农业科学院园艺研究所
6	华丰	新高×幸水	160	晚	中南林业科技大学
7	美人酥	幸水×火把梨	165	晚	中国农业科学院果树研究所
8	寒露梨	延边大香水×杭青	135	中	吉林省农业科学院果树研究所
9	寒酥梨	大梨×晋酥梨	135	中	吉林省农业科学院果树研究所
10	玉绿	慈梨×太白	120	早中	湖北省农业科学院果茶研究所
11	冀玉	雪花梨×翠云梨	150	中晚	河北省农业科学院石家庄果树研究所
12	早伏酥	砀山酥×伏茄梨	85	极早	安徽农业大学
13	早金酥	早酥×金水酥	120	早中	辽宁省果树科学研究所
14	红月梨	红茄梨×苹果梨	120	早中	辽宁省果树科学研究所
15	早金香	矮香×三季梨	90	早	中国农业科学院果树研究所
16	玉酥梨	砀山酥×猪嘴梨	160	晚	山西省农业科学院果树研究所
17	晋早酥	砀山酥×猪嘴梨	130	中	山西省农业科学院果树研究所
18	苏翠 2 号	西子绿×翠冠	115	早	江苏省农业科学院园艺研究所
19	红香蜜	库尔勒香梨×鹅梨	130	中	中国农业科学院果树研究所
20	玉香	伏梨×金水酥	107	早	湖北省农业科学院果茶研究所
21	翠玉	西子绿×翠冠	100	早	浙江省农业科学院园艺研究所
22	苏翠 1 号	华酥×翠冠	110	早	江苏省农业科学院园艺研究所
23	山农脆	黄金梨×圆黄梨	150	中晚	山东农业大学
24	华幸	大鸭梨×雪花梨	160	晚	中国农业科学院果树研究所
25	中梨 4 号	早美酥×七月酥	100	早	中国农业科学院果树研究所
26	早酥蜜	七月酥×砀山酥	80	极早	中国农业科学院果树研究所
27	寒雅梨	奥利亚×鸭梨	120	早中	吉林省农业科学院果树研究所
28	金蜜	华梨 2 号×二宫白梨	110	早	湖北省农业科学院果茶研究所
29	中矮红梨	矮香×贺新村	100	早	中国农业科学院果树研究所
30	红宝石	八月红×酥梨	145	中	中国农业科学院果树研究所
31	红日梨	红茄梨×苹果梨	130	中	辽宁省果树科学研究所
32	宁霞	满天红×幸水	135	中	南京农业大学
33	冀酥	黄冠×金花	140	中	河北省农业科学院石家庄果树研究所
34	中梨 2 号	栖霞大香水×兴隆麻梨	110	中	中国农业科学院果树研究所
35	山农酥	新梨 7 号×砀山酥	180	极晚	山东农业大学
36	新慈香	新梨 7 号×莱阳慈	180	极晚	山东农业大学
37	新梨 10 号	库尔勒香梨×鸭梨	145	中晚	新疆生产建设兵团第二师农业科学研究所
38	冀翠	黄冠×金花	150	中晚	河北省农业科学院石家庄果树研究所
39	晚玉梨	蜜梨×砀山酥	160	晚	河北省农业科学院昌黎果树研究所

二、我国梨产业的高效发展需要优质、耐贮、极晚熟品种的撬动

梨能生津润燥、止咳化痰，在秋燥和春燥时节（当年 10 月至次年 5 月），市场和消费者需要更多优质大梨的稳定供应，但目前我国栽培的 1800 万亩梨中，主栽品种仍然是'砀山酥'梨及鸭梨等晚熟品种，存在"晚熟而不优质"的问题，不仅果农和经销商的盈利空间均有限，而且严重挫伤了消费者的消费积极性，从而出现了"栽的不愿栽，卖的不愿卖，买的不愿买，吃的不愿吃"的尴尬局面，严重影响了我国梨产业的高效发展。因此，借鉴我国苹果产业高效发展的成功经验，需要培育一个优质、耐贮、极晚熟梨骨干品种，提振消费者的消费信心，撬动中国梨产业的高效发展。

三、新疆库尔勒香梨优质和耐贮特性的遗传能力很强

我国梨产业的高效发展需要优质、耐贮、极晚熟这三大性状的有效集成，缺一不可。优质就是肉质酥脆甘甜，无石细胞，这是基础，是核心，好吃才能好卖，好卖才能愿栽；耐贮是把"果品"变为"商品"的重要特性，是我国梨产业实现高效发展的重要保障；极晚熟是我国特色，利用优质、耐贮、极晚熟梨品种来满足我国高端市场周年供应需求最经济有效。

库尔勒香梨是东、西方梨的杂交种，也是新疆梨（*Pyrus sinkiangensis*）的代表性品种之一，具有肉质细、耐贮藏的显著优点，不足之处是果个小、果心大。对国内近几年以新疆库尔勒香梨为亲本育成的'玉露香''新梨 10 号''红香酥''山农酥''新慈香'梨品种特性进行研究发现，无论是中熟品种还是极晚熟品种，其共同的特点都是果肉细，几乎没有石细胞，鲜食品质优良，耐贮性好，表明新疆库尔勒香梨优质、耐贮的特性遗传能力很强，是梨育种不可或缺的重要亲本资源（表 6-2）。

表 6-2　以新疆库尔勒香梨为亲本育成的优质、耐贮梨新品种（陈学森等，2019d）

序号	品种	亲本组	成熟期	主要特性
1	玉露香	库尔勒香梨×雪花梨	中熟	优质、耐贮
2	新梨 10 号	库尔勒香梨×鸭梨	中晚	优质、耐贮
3	红香酥	库尔勒香梨×郑州鹅梨	晚熟	优质、耐贮
4	山农酥	新梨 7 号（库尔勒香梨×早酥）×砀山酥	极晚	优质、耐贮
5	新慈香	新梨 7 号（库尔勒香梨×早酥）×莱阳慈	极晚	优质、耐贮

四、新疆库尔勒香梨挖掘利用及优质、耐贮、极晚熟梨多种源育种技术

（一）研发过程

借鉴通过优质、晚熟、耐贮'红富士'苹果的引种和持续多代的芽变选种推动苹果产业高效发展的成功经验，本课题组全面分析了中国梨产业可持续高效发展的品种需求，按照"复杂的遗传背景和目标性状的遗传多样性是品质育种亲本选择关键"的原则，

以'山农酥'的育种为实施例，提出了以新疆库尔勒香梨挖掘利用为核心的优质、耐贮、极晚熟梨多种源育种技术（ZL201510428448.8）。

（二）技术要点

杂交亲本的选择选配是育种成效大小的关键，优质、耐贮、极晚熟梨新品种'山农酥'的培育就是一个典型案例。

'山农酥'的母本'新梨 7 号'不仅含有库尔勒香梨优质、耐贮遗传能力很强的特性，还含有新疆梨、沙梨、西洋梨及白梨 4 个种的血缘，遗传背景复杂；父本'砀山酥'是白梨系统传统地方名产品种，晚熟、耐贮藏，目标性状多样。也正是对'山农酥'系谱图的解读，才形成了"复杂的遗传背景和目标性状的遗传多样性是品质育种亲本选择关键"的科学结论，本课题组申报了"果树多种源品质育种法"的发明专利，以充分发挥农业发明专利的公益性及其知识传播的作用（见前文图 6-3）。

（三）技术效果

采用上述技术路线育成的优质、耐贮、极晚熟大梨新品种'山农酥'，皮薄、肉细、汁多、味甜，采取适当措施就能满足高端市场周年供应需求，其已经成为更新换代品种。目前，通过校企联合的方式，已在山东菏泽、聊城、济宁、临沂、泰安、莱芜及淄博等地推广 1 万余亩，有效解决了中国梨"晚熟而不优质"的问题，受到市场和消费者的普遍欢迎，推动了中国梨产业优质高效发展。

进一步的加工试验结果表明，'山农酥'不仅鲜食品质优良，而且加工性能优异。为此，本课题组又申报了"一种梨优异加工品质新品种的创制与应用"（ZL201710356335.0）发明专利。目前以梨清膏为原料的润肺膏生产龙头企业、烟台市的山东润中药业有限公司正在菏泽筹建原料基地，校企联合，推动一、二、三产业融合发展，培植新六产，即春赏梨花、秋品梨果、企业增效、农民增收、产业兴旺、乡村振兴。

第四节　核果类果树种质创制及育种技术

一、利用远缘杂交创造核果类果树新种质的三级放大法

（一）研发过程

远缘杂交（distant hybridization）是种质创新的重要技术途径之一，但远缘杂交的不亲和性及远缘杂种的不育性严重影响了这一技术的有效利用。远缘杂交的不亲和性主要包括：①由于异种植物的柱头分泌物差异太大，花粉在柱头上不能萌发；②花粉管生长缓慢或花粉管太短，不能进入子房到达胚囊；③花粉管虽然能进入胚囊，但不能受精，或只有卵或极核发生单受精。远缘杂种的不育性主要包括：①受精后的幼胚不发育、发育不正常或中途停止；②杂种幼胚、胚乳和子房组织之间缺乏协调性，特别是胚乳发育不正常，影响胚的正常发育，致使杂种胚中途死亡；③虽然能得到包含杂种胚的种子，但种子不能发育，或虽然能发芽，但在苗期或成株前夭亡；④杂种植株不能开花，或雌

雄配子不育，因而造成杂种的结实性差，甚至完全不能结实。以上现象发生在受精之后，又称为杂种衰亡。

针对上述问题，本课题组首次提出并实施了"三级放大"的研究思路与研究方案，即利用静电场、激光等处理花粉和蕾期授粉等措施克服核果类果树远缘杂交的不亲和性，提高远缘杂交的坐果率（一级放大）；对远缘杂种的幼胚进行胚抢救，获得更多的远缘杂种或基因型（二级放大）；在杂种胚的培养过程中，利用了植物茎尖培养及其多丛芽再生技术，研究并建立杂种胚培苗多丛芽再生技术体系，扩大每个杂种或基因型的群体，保证每个杂种胚培苗在田间定植成活，防止因杂种胚培苗中途死亡而导致基因型丢失（三级放大）。

（二）技术要点

1. 一级放大（增强亲和性）

研究发现，在识别能力弱的铃铛花期授粉，并结合父本花粉用原光斑直径 7mm 的氦氖激光处理 8min 或强度为 434.8kV/m 的负高压平板静电场处理 30min 等措施，可有效增强远缘杂交的亲和性，各处理的坐果率比对照提高 2 倍以上。

2. 二级放大（幼胚胚抢救技术）

针对远缘杂种幼胚早期败育问题（图 6-10A），本课题组提出了胚抢救技术即在幼胚败育前及时进行胚培养，确定了胚抢救的有效时期为授粉后的 21～35d（图 6-10B），并通过生长素与细胞分裂素配比试验，得到杏、甜樱桃及李等幼胚萌发生长最佳培养基配方（图 6-10C，D）。

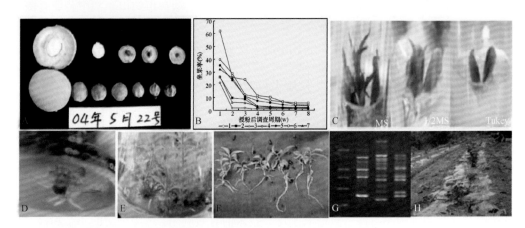

图 6-10　远缘杂种胚败育（A）、败育时期确定（B）、幼胚培养（C，D）、多丛芽诱导（E）、生根培养（F）、杂种分子鉴定（G）及大田移栽（H）

3. 三级放大（胚培苗多丛芽再生技术）

针对胚培苗中途大量死亡问题，本课题组提出了胚培苗多丛芽再生技术，确立了多丛芽诱导培养基配方（图 6-10E），每个杂种胚可获得 100 株以上试管苗，确保每个杂种胚培苗能在田间定植成活（图 6-10F，G，H）。

研究明确了杂种幼胚苗、多丛芽胚培苗和生根胚培苗培养的专用培养基配方，其中：幼胚苗培养基配方，李树为 MS + BA 2mg/L + IAA 0.3mg/L，樱桃树为 1/2MS + BA 2mg/L + IAA 1mg/L +维生素 C 10mg/L；多丛芽诱导及增殖胚培苗培养基配方，李树为 MS + BA 1.5mg/L + IAA 0.3mg/L，樱桃树为 1/2MS+ BA 2mg/L+ IAA 1mg/L+ NAA 0.1mg/L+ 维生素 C 10mg/L；胚培苗生根培养基配方，李树为 1/2MS + IAA 0.8mg/L，樱桃树为 1/2MS + IBA 0.2mg/L +维生素 C 10mg/L，并利用 S 等位基因专一 PCR 及 RAPD 技术对远缘杂种胚培苗进行早期鉴定。

（三）技术效果

利用三级放大法，创制了桃×杏等 32 份核果类果树远缘杂种新种质，其中甜樱桃×欧李远缘杂种新种质及挖掘的樱桃抗根癌砧木具有明显抗根癌特性，提高了育种效率。

二、早熟杏胚培育种技术

（一）研发过程

本课题组 1985 年研究发现，早熟杏品种'红荷包'果实发育期为 55～58d，种胚干物质含量仅占鲜重的 30%，常规层积播种不能萌发成苗。因此，本课题组提出了胚培育种技术。

（二）技术要点

选取早熟品种为母本，取成熟杂种果实在 1～3℃下处理 80d，然后将种胚接种到 Tukey+BA 0.2mg/L 的培养基上培养，成苗后移栽，胚培苗成活率达 95%以上。建立了早熟杏胚培育种技术，解决了杂种胚常规培养方法不能萌发成苗的问题（图 6-11）。

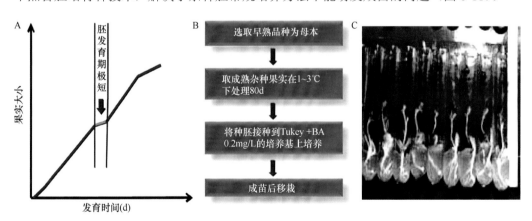

图 6-11 早熟杏品种'红荷包'胚的发育（A）、胚培育种关键技术（B）及胚在试管内萌发生长状况（C）

（三）技术效果

利用胚培育种技术体系，育成了早熟杏新品种'新世纪'和'红丰'，果实发育期为 55～57d，比'金太阳'杏早熟 4～7d，而花期晚 5～8d，可有效避开晚霜危害；进一步利用'新世纪'作为亲本育成'极早红','极早红'是迄今为止成熟期最早的杏品种,果实发育期仅 51d(图 6-12)。

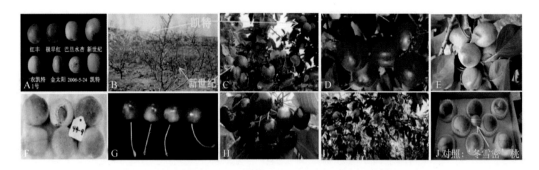

图 6-12　核果类果树极早熟和极晚熟新品种

'极早红'杏与对照(A)、'新世纪'杏开花晚(B)但成熟早(C)、'红丰'杏(D)、'山农凯新 1 号'和'山农凯新 2 号'(E、F)、'泰山蜜脆'(G)和'岱红'甜樱桃(H)、'沂蒙霜红'桃极晚熟(I)、果个大(J)

三、晚熟桃资源挖掘利用及极晚熟优质大桃培育技术

(一)研发过程

山东省是我国桃的重要产区,桃栽培面积与产量均居全国首位,仅次于苹果,桃是山东省第二大水果树种。经劳动人民的长期栽培实践与系统选育,形成了'肥城桃''青州蜜桃''青岛寒露蜜'及'莱州蜜桃'等名优特地方品种。近几年来,山东省又先后从当地资源中选育出了'中华寿桃'、'冬雪蜜'('青州蜜桃'优系)、'天宝蜜'、'红世界'与'寒香蜜'等晚熟毛桃品种,形成了山东桃品种资源特色。其中'中华寿桃'虽然具有成熟晚、果个大、品质好等特点,但近几年栽培实践表明,'中华寿桃'裂果较严重,在北京等地冻害较严重,严重影响了该品种的进一步发展;'青州蜜桃''冬雪蜜''天宝蜜''红世界'与'寒香蜜'等毛桃品种,虽然晚熟或极晚熟,味甜,风味较浓,但果个偏小,市场竞争力较差。因此,针对晚熟毛桃品种存在的上述问题,按照多种源及双亲性状互补的原则,本课题组提出了极晚熟优质大桃培育技术。

(二)技术要点

以果实发育期 200d 以上、味甜、果个较小的极晚熟毛桃品种'寒香蜜'为母本,以平均单果重 350g 以上、果实发育期 170d 以上的晚熟毛桃品种'桃王九九',以及果实发育期 200d 以上、味甜、果个小的极晚熟毛桃品种'冬雪蜜'的混合花粉为父本进行有性杂交。

(三)技术效果

采用混合花粉杂交技术,育成了优质极晚熟桃新品种'沂蒙霜红',其果实发育期 205d 左右,平均单果重 375.2g,可溶性固形物含量 14.4%,是目前成熟最晚、果个最大的优质极晚熟桃新品种(图 6-12,表 6-3)。

表 6-3 '沂蒙霜红'与晚熟毛桃品种果实特性比较

品种	平均单果重（g）	成熟期（月/日）	果实发育期（d）
沂蒙霜红	375.2	10/25	205
桃王九九	386.6	9/25	175
中华寿桃	387.4	9/25	175
寒香蜜	98.7	10/28	208
冬雪蜜	60.8	10/28	208
天宝蜜	80.8	10/25	205

四、南疆杏的孟德尔群体及 300 余万亩南疆杏的良种化

全世界的栽培杏几乎都属于杏属中的普通杏（*Armeniaca vulgaris*），但由于生态环境的多样性和栽培杏品种间对生态环境适应能力的差异性与选择性，加上人为的长期驯化栽培和选择，演化形成了中亚细亚生态群（在中国包括李光杏和南疆杏）、准噶尔-外伊犁生态群（新疆野杏）、欧洲生态群和华北生态群，以及包括位于我国新疆南部的环塔里木盆地各绿洲地带的库车、喀什及和田 3 个不同亚群在内的中亚生态群。利用分子系统学的原理及荧光 AFLP 分子标记技术，本课题组分析了普通杏四大生态群和中亚生态群的 3 个亚群的遗传多样性与群体遗传结构，研究结果表明，新疆是世界杏起源演化中心之一，由于多年来沿用实生繁殖、沙漠隔绝及封闭的文化传统，南疆杏的库车、和田及喀什 3 个亚群是相对独立的孟德尔群体，虽然在杏的起源演化中占有重要地位，但这不利于南疆杏产业的高效发展。为此，本课题组开展了良种选育与嫁接繁殖，先后初选出优良品系 160 余个，优选出'色买提 1 号'等 9 个优质甜仁油杏品种（系），并在新疆南部进行广泛的推广应用，打破了 3 个自然群体的封闭状态，为 300 余万亩南疆杏的良种化提供了支撑（图 6-13）。

图 6-13 '色买提 1 号'杏果实特征（A）及南疆杏坐果状况（B）

五、新疆野生樱桃李资源品种化的迁地种植选育法

樱桃李（*Prunus cerasifera* Ehrh.）是蔷薇科李亚科李属的一个种，也是李属最原始

的一个种，在中亚、俄罗斯高加索、伊朗、小亚细亚及巴尔干半岛均有分布，在国内仅分布于新疆伊犁谷地以北博罗霍洛山南麓的霍城县大西沟和小西沟的10多条支沟中，喜温暖的小气候，对环境的选择十分严格，集中分布在海拔1100～1300m 的溪沟两旁、多石砾的阴坡及半阴坡，变异类型多样，十分珍贵，在《中国珍稀濒危保护植物名录》中，已被列为国家Ⅱ级重点保护野生植物。为此，本课题组于2005年在山东青岛胶州市建立了新疆野生樱桃李种质资源迁地种植圃，并进行了表型性状变异分析及优异种质挖掘等方面的研究工作。

对新疆野生樱桃李自然分布区伊犁霍城县和迁地种植基地青岛胶州市的气温与降雨量及其与新疆野生樱桃李单果重变异的关系进行研究，结果发现，在野生樱桃李果实成熟的8月，青岛胶州市与伊犁霍城县的气温差异不明显，而青岛胶州市8月的降雨量为179.6mm，是伊犁霍城县13.3mm 的13.5倍。在伊犁霍城县水、温不匹配，基因效益不能有效发挥，单果重的变异系数仅为9.1%，而青岛胶州市水、温匹配合理，基因效益得到了有效发挥，单果重变异系数高达70.1%，有利于优异种质挖掘，本课题组从种植圃的2.8万份野生樱桃李自然杂交实生苗中选育出‘森果佳人’和‘森果红露’两个新品种，2011年通过了山东省良种审定，实现了新疆野生樱桃李资源的品种化（表6-4，图6-14）。

表6-4　伊犁霍城县与青岛胶州市8月气温与降雨量及其野生樱桃李单果重变异系数的比较

地区	8月日平均气温（℃）	8月总降雨量（mm）	单果重变异系数（%）
青岛胶州市	25.6	179.6	70.1
伊犁霍城县	23.1	13.3	9.1

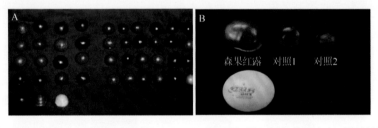

图6-14　新疆野生樱桃李果实形态多样性（A）及‘森果红露’新品种果实与对照的比较（B）

第七章　落叶果树新品种创制

利用第六章创建的落叶果树优质高效育种技术体系，本课题组培育了落叶果树新品种 22 个，其中苹果 10 个、梨 3 个、杏 5 个、樱桃李 2 个、甜樱桃和桃各 1 个。

1. 培育幸福美满，助力健康中国，服务乡村振兴

利用高类黄酮苹果优异种质CSR6R6 及"三选两早一促"的苹果育种法等多项发明专利技术，从新疆红肉苹果杂种F_2分离群体中选育出'幸红''福红''美红'和'满红' 4 个高类黄酮（红肉）苹果新品种，这些品种均易着色，可免套袋，果肉粉红或全红，花青苷含量高，营养保健值高，肉质细脆，酸甜适口，鲜食品质优良，明显优于瑞士的'红色之爱'（Redlove）系列品种，市场前景广阔，可助力健康中国，服务乡村振兴。

2. 苹果红色芽变及实生新品种 6 个

根据芽变重演性的特点，利用发明的苹果红色芽变早期分子鉴定技术，分别从山东龙口和蓬莱等地'红富士'品种中选育出'龙富'及'元富红'等优质红色芽变苹果新品种 4 个。其中短枝型'龙富'易成花，早果性和丰产性强，成枝力强，不易早衰，果形端庄，着色速度快，品质优，解决了'红富士'着色差、成花难及短枝型品种易早衰的问题；从'国光'中选育出红色芽变新品种'山农红'，解决了'国光'着色差、果个小的问题；从苹果种子繁殖的实生群体中选育出成熟前快速着色、综合品质性状优良的极早熟新品种'泰山早霞'，丰富了苹果品种的多样性。

3. 育成了优质、耐贮、极晚熟梨新品种'山农酥'

利用以新疆库尔勒香梨挖掘利用为核心的梨多种源品质育种技术，育成了优质、耐贮、极晚熟梨新品种'山农酥'，解决了中国梨"晚熟而不优质"的问题，受到市场和消费者的普遍欢迎，推动了中国梨产业的优质高效发展。

4. 育成极早熟杏和极晚熟桃等核果类果树新品种 9 个

利用胚培育种等技术，育成了果实发育期仅 50～55d 的'极早红'杏和果实发育期 175d 以上的极晚熟优质大桃'沂蒙霜红'等核果类果树新品种 9 个，有效延长了市场供应期。

第一节　高类黄酮（红肉）苹果新品种

"医食同源，吃营养，吃健康"已经成为人们的共识，苹果耐贮性好，供应周期长，果实含有较高比例的人体比较容易吸收的游离多酚，具有很好的抗氧化、抗肿瘤、预防心脑血管疾病及保肝等作用，营养保健价值高，有"一天一苹果，医生远离我"（An apple a day keeps the doctor away！）的美誉，因此，苹果不仅是增加农民收入的支柱产业，也是人们食疗的重要果品。本课题组进一步以新疆红肉苹果和'红富士'资源的评价挖掘与创新利用为重点，以高类黄酮（红肉与红皮）苹果为主线，采用"理论与技术创新并重和良种良法配套"的研究思路，明确了栽培苹果起源演化及品质性状遗传与发育机理，创建了优质高效育种技术体系，育成了营养保健价值高、鲜食品质优良的'幸红''福红''美红'和'满红'等红肉苹果新品种及'龙富'和'山农红'等红色芽变新品种，研发了新品种配套栽培与加工技术，形成了"理论、技术、品种和产品"系统创新成果，并采用"自主推广、集成示范、技术转让、网络媒体、技术培训和科普文章"有机结合的推广模式，有力推动了项目技术成果的大面积推广应用，切实把论文写在了大地上，挂在了枝头上，把 SCI 论文影响因子的点数转化为农民的经济收益。因此，本课题组的工作是培育幸福美满，助力健康中国，服务乡村振兴。

一、'幸红'

'幸红'是采用多项发明专利技术从新疆红肉苹果杂种 F₂分离群体选育而来的，于2019年5月获植物新品种权证书（品种权号为 CNA20180157.7），2019年12月通过了山东省林木品种审定委员会的良种审定，良种编号为鲁 S-SV-MD-010-2019，正式定名为'幸红'，其育种亲本及系谱图如图7-1所示。

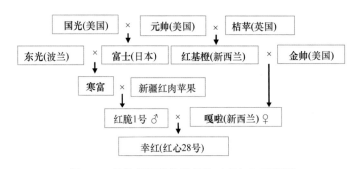

图 7-1　高类黄酮苹果新品种'幸红'系谱图

'幸红'树姿开张，树型分枝形，树势强，萌芽率、成枝力中等。多年生枝红褐色，一年生发育枝红褐色，茸毛中密。新梢生长量36～95cm，节间长度一般在2.0～3.5cm，平均2.4cm，新梢粗度0.6～0.9cm，平均0.7cm。皮孔中多，白色，中大，圆或椭圆形。叶片长 9.8cm，宽 6.0cm，成熟叶绿色，叶尖渐尖，叶缘锐锯齿。花红色，单瓣离生，每花序由4～5朵花组成，花冠直径4.8～6.4cm，花瓣卵形，花丝深红色，花药黄色。

中大型果，果实近圆形，高桩，平均单果重149.3g，纵径 6.2cm，横径 6.9cm，果形指数 0.9；在不套袋的情况下，果面着红色，果面光洁、光亮，可免套袋；果肉略带粉红色，肉质细脆，酸甜适口，果肉硬度10.9kg/cm²，可溶性固形物含量 13.6%，花青苷含量10.3mg/kg，鲜食及营养品质优良。在山东冠县 8 月下旬成熟，果实发育期 140d左右，是鲜食型高类黄酮苹果新品种（图 7-2）。

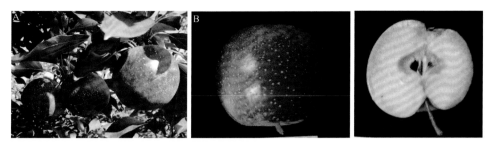

图7-2 高类黄酮苹果新品种'幸红'田间坐果状（A）及果实特征（B）

二、'福红'

'福红'是采用多项发明专利技术从新疆红肉苹果杂种 F$_2$分离群体选育而来的，于2019年5月获植物新品种权证书（品种权号为 CNA20180156.8），2018年11月通过了山东省林木品种审定委员会的良种审定，良种编号为鲁 S-SV-MD-008-2018，正式定名为'福红'，其育种亲本及系谱图如图7-3所示。

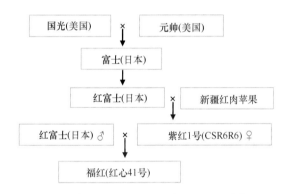

图7-3 高类黄酮苹果新品种'福红'系谱图

'福红'树姿开张，树型分枝形，树势强，萌芽率、成枝力中等。多年生枝红褐色，一年生发育枝红褐色，茸毛密。新梢生长量 38～98cm，节间长度一般在 1.7～3.8cm，平均2.8cm，新梢粗度 0.7～1.1cm，平均0.9cm。皮孔中多，白色，中大，圆或椭圆形。叶片长 11.3cm，宽 4.4cm，幼叶紫红色，成熟叶红绿色，叶尖渐尖，叶缘锐锯齿。花紫红色，单瓣离生，每花序由 4～5 朵花组成，花冠直径 4.6～6.2cm，花瓣卵形，花丝深红色，花药黄色。

果实近圆形，平均单果重 171.9g，纵径 5.6cm，横径 6.7cm，果形指数 0.83；底色黄绿，着色类型片红，着色程度在 100%以上，全果面鲜红色，果面光洁、光亮。果点小、中疏、平。萼片闭合，萼洼深宽。果梗中粗，梗洼深广、无锈。果肉红色，肉质细脆，酸甜可口，果肉硬度 11.6kg/cm^2，可溶性固形物含量 13.7%，花青苷含量 28.2mg/kg，鲜食及营养品质优良。在山东冠县 9 月下旬成熟，果实发育期 170d 左右，是鲜食型高类黄酮苹果新品种（图7-4）。

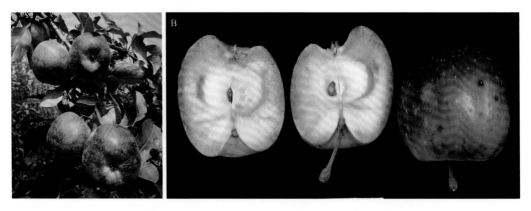

图 7-4　高类黄酮苹果新品种'福红'田间坐果状（A）及果实特征（B）

三、'美红'

'美红'是采用多项发明专利技术从新疆红肉苹果杂种 F_2 分离群体选育而来的，于 2019 年 5 月获植物新品种权证书（品种权号为 CNA20180160.2），2018 年 11 月通过了山东省林木品种审定委员会的良种审定，良种编号为鲁 S-SV-MD-010-2018，正式定名为'美红'，其育种亲本及系谱图如图 7-5 所示。

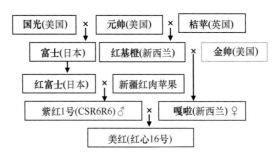

图 7-5　高类黄酮苹果新品种'美红'系谱图

'美红'树姿开张，树型分枝形，树势强，萌芽率、成枝力中等。多年生枝红褐色，一年生发育枝紫红色，茸毛密。新梢生长量 36～95cm，节间长度一般在 1.7～3.0cm，平均 2.1cm，新梢粗度 0.4～0.8cm，平均 0.6cm。皮孔中多，白色，中大，圆或椭圆形。叶片长 11.3cm，宽 5.4cm，幼叶紫红色，成熟叶红绿色，叶尖渐尖，叶缘锐锯齿。花紫红色，单瓣离生，每花序由 4～5 朵花组成，花冠直径 4.6～6.2cm，花瓣卵形，花丝深红色，花药黄色。

果实近圆形，平均单果重 89.2g，纵径 5.4cm，横径 6.6cm，果形指数 0.82；在不套袋的情况下，全果面鲜红色，果面光洁、光亮，可免套袋；全果肉鲜红色，肉质细脆，酸甜适口，果肉硬度 9.7kg/cm²，可溶性固形物含量 12.6%，花青苷含量 76.6mg/kg，鲜食及营养品质优良。在山东冠县 8 月下旬成熟，果实发育期 140d 左右，是鲜食型高类黄酮苹果新品种（图 7-6）。

图 7-6　高类黄酮苹果新品种'美红'田间坐果状（A）及果实特征（B）

四、'满红'

'满红'是采用多项发明专利技术从新疆红肉苹果杂种 F_2 分离群体选育而来的，于 2019年5月获植物新品种权证书（品种权号为 CNA20180159.5），2018年11月通过了山东省林木品种审定委员会的良种审定，良种编号为鲁 S-SV-MD-009-2018，正式定名为'满红'，其育种亲本及系谱图如图7-7所示。

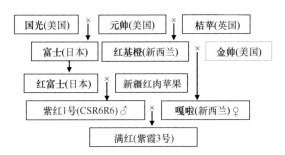

图 7-7　高类黄酮苹果新品种'满红'系谱图

'满红'树姿开张，树型分枝形，树势强，萌芽率、成枝力中等。多年生枝红褐色，一年生发育枝红褐色，茸毛密。新梢生长量 32～90cm，节间长度一般在 1.7～3.2cm，平均 2.3cm，新梢粗度 0.5～0.9cm，平均 0.7cm。皮孔中多，白色，中大，圆或椭圆形。叶片长 9.2cm，宽 4.3cm，幼叶紫红色，成熟叶红绿色，叶尖渐尖，叶缘锐锯齿。花紫红色，单瓣离生，每花序由 4～5 朵花组成，花冠直径 4.6～6.2cm，花瓣卵形，花丝深红色，花药黄色。

果实近圆形，平均单果重 78.8g，果形指数 0.88；在不套袋的情况下，全果面鲜红色，果面光洁、光亮，可免套袋；全果肉鲜红色，肉质细脆，涩味略重，果肉硬度12.2kg/cm²，可溶性固形物含量 12.1%，花青苷含量 152.4mg/kg，可用于高类黄酮苹果酒、苹果汁加工。在山东冠县 9 月上中旬成熟，果实发育期 150d 左右，是鲜食加工兼用型高类黄酮苹果新品种（图 7-8）。

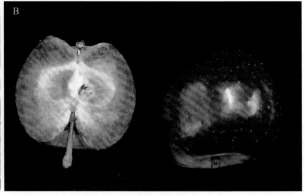

图 7-8　高类黄酮苹果新品种'满红'田间坐果状（A）及果实特征（B）

4 个高类黄酮（红肉）苹果新品种'幸红''福红''美红'和'满红'均是采用多项发明专利技术从新疆红肉苹果杂种 F_2 分离群体选育而来的，其中'福红''美红'和'满红'均是高类黄酮苹果优异种质 CSR6R6 的杂交后代。

4 个品种果实均易着色，在不套袋的情况下，果面光洁、光亮，可免套袋；4 个品种的果肉红色程度及花青苷含量存在显著差异，其中以果肉为粉红色的'幸红'果肉花青苷含量最低，仅为 10.3mg/kg，但采用同样的测定方法，'红富士'及'嘎啦'等白肉苹果品种的果肉花青苷几乎检测不到。因此，4 个品种均具有一定的营养保健价值。除了鲜食加工兼用型的'满红'果肉花青苷含量最高（152.4mg/kg）、涩味略重外，鲜食型的'幸红''福红'和'美红'均肉质细脆、酸甜适口、鲜食品质优良，明显优于瑞士的'红色之爱'（Redlove）系列品种，尤其是'美红'，果肉全红，果肉花青苷含量高达 76.6mg/kg，鲜食与营养品质优良，市场前景广阔（表 7-1）。

表 7-1　高类黄酮（红肉）苹果新品种'幸红''福红''美红'和'满红'育种亲本及果实特征

项目	幸红	福红	美红	满红
果实照片				
杂交组合	嘎啦×（新疆红肉苹果×寒富）	红富士×CSR6R6	嘎啦×CSR6R6	嘎啦×CSR6R6
果肉花青苷含量（mg/kg）	10.3	28.2	76.6	152.4
可溶性固形物含量（%）	13.6	13.7	12.6	12.1
鲜食品质	肉质细脆，酸甜适口	肉质细脆，酸甜适口	肉质细脆，酸甜适口	肉质细脆，涩味略重
果实发育期（d）	140	170	140	150

第二节　苹果红色芽变及实生新品种

一、'龙富'

'龙富'是从'长富2号'选出的短枝型芽变新品种，于2012年通过了山东省农作物品种审定委员会的审定，良种号为鲁农审2012054号，正式定名为'龙富'。

'龙富'平均节间长度2.0cm，新梢长度42.7cm，萌芽率68.6%，均介于'长富2号'和'烟富6号'之间，比'长富2号'树冠紧凑，不会因旺长而造成果园郁闭，比'烟富6号'枝条更新能力强，不易早衰。平均叶片厚度0.2mm，叶片长9.2cm，明显大于'长富2号'（0.14mm和8.0cm）和'烟富6号'（0.16mm和8.1cm），容易形成叶丛果枝。具有成花容易、早果性强、丰产性与稳产性好及连续结果能力强的特点。

'龙富'果实近圆形或长圆形，萼洼较浅，梗洼深，平均单果重222.3g，最大单果重262.6g，纵径6.3～7.8cm，横径7.8～8.4cm，果形指数0.87，果实整齐度高。果面光洁，着片状红色，脱袋7～9d着全色，着色速度快，优质果率90%以上，果肉白色，肉质细嫩，香味浓郁，口感极佳；果肉硬度9.2kg/cm^2，可溶性固形物含量16.2%，可溶性糖含量11.7%，可滴定酸含量0.39%，糖酸比30.43，含有丁酸乙酯等6种特征香气物质，品质优。抗逆性与'长富2号'相近（图7-9）。

图7-9　'龙富'苹果新品种田间坐果状（A）及果实特征（B）

为加速新品种的推广应用，针对东部渤海湾和西部黄土高原我国两大优势产区干旱少雨和土壤瘠薄的问题，本课题组利用中国原产的八棱海棠和新疆野苹果等抗性实生砧木及'龙富'和'成纪1号'等优质短枝型苹果新品种，发明了良种、良砧、良法三位一体的中国式苹果宽行高干省力高效栽培法（图7-10）（详见第八章），并在生产上大面积推广应用，推动了我国苹果产业转型升级。

二、'成纪1号'

'成纪1号'是从'长富2号'枝变中选出的苹果新品种，于2007年通过了甘肃省林木品种审定委员会审定，林木良种编号为甘S-SV-MPU-08-2007，正式定名为'成纪1号'。

图 7-10　三位一体的中国式苹果宽行高干省力高效栽培法

'成纪 1 号'枝条节间长度 2.3cm，树势健壮，短枝比例高，早果性和丰产性强。叶片肥厚，卵圆形，叶缘锯齿锐，叶柄短。果实圆形，果形指数 0.89，平均单果重 245.0g，果实鲜红色，色相为片红；果肉白色，肉质致密、脆，可溶性固形物含量 15.8%，汁液多，品质好（图 7-11）。极耐贮藏，在简易贮藏条件下可贮藏 120d。

图 7-11　'长富 2 号'苹果红色短枝型芽变新品种'成纪 1 号'

三、'沂源红'

'沂源红'是'红富士'红色短枝型芽变新品种，于 2013 年通过了山东省农作物品种审定委员会的审定，良种号为鲁农审 2013052 号，正式定名为'沂源红'。

'沂源红'树体健壮，树姿半开张，树势中庸，枝条萌芽率高，树冠紧凑，具有明显的短枝型性状，早果性强，丰产稳产，无大小年结果现象。果实长圆形，平均单果重 335.2g，果面条红色，色泽艳丽；果肉黄白色，细脆多汁，可溶性固形物含量 15.7%，果肉硬度 8.6kg/cm^2，风味香甜，综合性状优良（图 7-12）。

四、'元富红'

'元富红'是'烟富 3 号'的红色芽变新品种，于 2017 通过了山东省林木品种审定委员会审定，良种编号为鲁 S-SV-MD-038-2016，正式定名为'元富红'。

'元富红'为大型果，平均单果重 267.0g；果实长圆形，果形端正，果形指数 0.91；果面光洁，色泽艳丽，色相片红，色调为宝石红色，全红果比例达 98% 以上；上色特别快，基本不受气候影响，且长时间保持艳丽；果肉淡黄色，爽脆多汁，酸甜爽口，可溶

图 7-12 '红富士'苹果红色短枝型芽变新品种'沂源红'

性固形物含量 15.6%，果肉硬度 8.5kg/cm^2，品质上等；果实发育期 180d 左右，在烟台市 10 月下旬成熟（图 7-13）。

图 7-13 '烟富 3 号'苹果红色芽变新品种'元富红'

五、'山农红'

'山农红'是从'国光'红色芽变中选出的新品种，于 2013 年通过了山东省农作物品种审定委员会的审定，良种号为鲁农审 2013051 号，正式定名为'山农红'。

'山农红'多年生枝淡褐色，皮孔大，一年生枝深褐色，枝条光滑，有光泽，粗壮，节间较短，皮孔中等大，较密。叶片大，卵圆形或椭圆形，长 10.5～11.5cm，宽 6.5～8.5cm，先端渐尖，基部宽楔形或圆形，叶缘复式锯齿。花瓣长卵圆形，雄蕊 18～23 个，花丝长 0.9cm，花柱长 1.2cm，花柱基部深红色，而对照'国光'为绿白色。初果期以中、长果枝结果为主，盛果期以短果枝结果为主，间有少量腋花芽。

果实中等大小，扁圆形，纵径 6.5～7.5cm，横径 8.0～9.0cm，平均单果重 182.9g，最大单果重达 260g；果面光滑，底色黄绿，充分着色时全果面鲜红色，着色指数明显高于'国光'；果肉黄白色，质细密而脆，果汁中多，酸甜适口，风味与'国光'相近，可溶性固形物含量 14.5%，味浓，有芳香，品质上等。在山东烟台牟平区 10 月中下旬成熟，果实发育期 180d 左右，抗性与'国光'相近（图 7-14）。

六、'泰山早霞'

'泰山早霞'是从苹果种子繁殖的实生苗中选育出的极早熟苹果新品种，于 2010 年

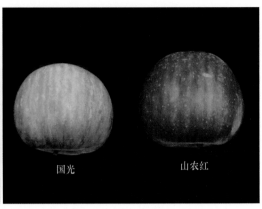

图 7-14　'国光'苹果红色芽变新品种'山农红'

获植物新品种权证书（品种权号为 CNA20070365.X）；2008 年通过了山东省农作物品种审定委员会的审定，良种号为鲁农审 2008062 号，正式定名为'泰山早霞'。

'泰山早霞'幼树长势较旺，成龄树树势中庸，树姿开张，萌芽率和成枝力较强，一年生枝红褐色，节间较短，茸毛较多。叶片深绿色，叶缘钝锯齿。花蕾红色，盛开花粉红色，花瓣重叠。

果实宽圆锥形，萼洼浅，梗洼较深，平均单果重 138.7g，最大单果重 216.1g，纵径 6.0～6.5cm，横径 6.5～7.5cm，果形指数 0.93。果面光洁，底色淡黄，着均匀鲜红彩条，着色优者整个果面为鲜红色。果肉白色，肉质细嫩，可溶性糖含量 12.8%，可滴定酸含量 0.6%，糖酸比 21.2，味美清香，酸甜适口，品质上等。在山东泰安 4 月中旬开花，6 月 25 日前后成熟上市，果实发育期 70～75d，比'贝拉'和'早捷'晚熟 2～3d，比'萌'和'藤牧 1 号'早熟 10～15d。具有腋花芽结果能力，表现出较强的早果性和丰产性，一般 3 年结果，4～5 年丰产，适应性良好，无果实病虫害（图 7-15）。

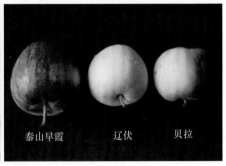

图 7-15　极早熟苹果新品种'泰山早霞'

第三节　梨新品种

一、'山农酥'

'山农酥'是从'新梨 7 号'（库尔勒香梨×'早酥'）×'砀山酥'杂种后代选育出

的新品种，于 2015 年通过了山东省农作物品种审定委员会的审定，良种号为鲁农审
2008062 号，正式定名为'山农酥'。

'山农酥'一年生枝褐色，皮孔数量中多，节间长度 4.5cm。叶片长 11.7cm，宽 6.1cm，
呈卵圆形，叶基宽楔形，叶尖急尖，叶缘锐锯齿状，有刺芒，无裂刻，叶背无茸毛，叶
面平展；叶柄长 5.2cm。

果实大，纺锤形，纵径 10.8cm，横径 9.8cm，平均单果重 460.0g，最大单果重 738.0g；
果实底色黄绿色，果面光滑；果梗斜生，长 4.2cm，粗 3.4mm，基部无膨大，梗洼深度
浅；萼片宿存，呈聚合态，萼洼隆起；果肉白色，质地细密，酥脆，汁多味甜，具香味，
可溶性固形物含量达 12.7%，品质优良；在山东冠县 4 月上旬开花，9 月底成熟，果实
发育期 175d 左右；对梨黑星病、轮纹病、叶斑病与褐斑病等病害具有较强抗性，坐果
率高，丰产性强，属大果型优质、耐贮、极晚熟梨新品种（图 7-16）。

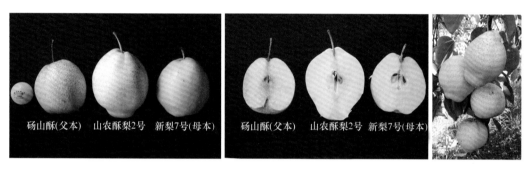

图 7-16 优质、耐贮、极晚熟梨新品种'山农酥'

二、'新慈香'

'新慈香'是从'新梨7号'（库尔勒香梨×'早酥'）×'莱阳慈'杂种后代选育出的
梨新品种，于2015年通过了山东省农作物品种审定委员会的审定，良种号为鲁农审
2008062 号，正式定名为'新慈香'。

'新慈香'一年生枝灰褐色，皮孔数量中少，节间长度 3.4cm。叶片长 13.0cm，宽
7.9cm，呈卵圆形、椭圆形或披针形，叶基宽楔形或圆形，叶尖急尖，叶缘锐锯齿状，
有齿刻和刺芒，无裂刻，叶背无茸毛，叶面平展或反卷；叶柄长 4.9cm。

果实圆形，纵径 10.5cm，横径 10.6m，平均单果重 597g，最大单果重 780g，呈黄
绿色，果点不明显；果梗基部膨大，斜生，梗洼深度、广度中，有棱沟；萼片宿存，呈
聚合态，萼洼隆起；果心居中，种子椭圆形，心室 5；果肉白色细腻，汁多，味甘甜，
香气独特，品质优良；在山东冠县 4 月上旬开花，9 月底成熟，果实发育期 170～180d；
对梨黑星病、轮纹病、叶斑病与褐斑病等病害具有较强抗性，坐果率高，丰产性强，属
大果型优质、耐贮、极晚熟梨新品种（图 7-17）。

三、'山农脆'

'山农脆'是从'黄金梨'×'圆黄梨'杂种后代群体中选育出的梨新品种，于 2012

年通过了山东省农作物品种审定委员会的审定，良种号为鲁农审2012056号，正式定名为'山农脆'。

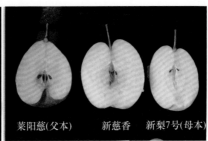

图7-17　优质、耐贮、极晚熟梨新品种'新慈香'

'山农脆'幼树生长势强，树姿较开张，有腋花芽结果特性，高接树第二年结果株率达100%，全部为腋花芽结果，二三年生以上树以短果枝结果为主，早果性及丰产性强，一般在自然授粉条件下，花序坐果率为75%，花朵坐果率为26%左右，需严格疏果。一年生枝黄褐色，皮孔大而密，浅褐色，椭圆形或长梭形。叶片大而厚，长13.5cm，宽8.6cm，卵圆形或长椭圆形，叶缘锯齿特大，齿刻深而宽，常为复锯齿，且具长针芒。

果实圆形或扁圆形，平均单果重445.6g，最大单果重800g，纵径7.6cm，横径9.8cm，果形指数0.78；果皮淡黄褐色；果肉细脆，洁白如玉，味甜质优，可溶性固形物含量15.0%，果肉硬度7.7kg/cm^2，酯类等香气物质含量高达0.58μg/g，明显高于'早酥''绿宝石''黄冠'等对照品种，表现出味甜、香味浓的优良品质；在山东冠县4月8～10日盛花，8月底至9月初果实成熟，果实发育期150d左右（图7-18）。

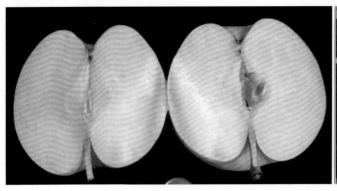

图7-18　优质中熟梨新品种'山农脆'

第四节　核果类果树新品种

一、'新世纪'

'新世纪'是采用有性杂交（'二花槽'דエ荷包'）与胚培技术育成的早熟杏新品种，于2001年获植物新品种权证书（品种权号为2001001），2007年通过国家品种审定，良种号为国 S-SV-PA-021-2007，正式定名为'新世纪'。

'新世纪'果实卵圆形，果顶平，平均单果重 73.0g，最大单果重 108.0g，纵径 5.2～6.5cm，横径 4.8～5.4cm，缝合线深而明显，两侧不对称；果面光滑，底色为橙红色，彩色为粉红色；香味浓，风味极佳，可溶性固形物含量 15.2%，品质上等，离核，仁苦，在泰安 5 月 27 日成熟，果实发育期 58d。

树冠开张，枝条自然下垂，一年生速成苗具有斜生习性，萌芽率及成枝力均高，二年生成枝力明显下降，极易形成短果枝，早果性强。幼树定植或高接第二年就能开花结果，长、中、短果枝均坐果良好；三年生以上树以短果枝为主，成花能力强，平均每芽3～5 朵花，最多 7 朵；在泰安 3 月底开花，比泰安'巴旦水杏'及'二花槽'等品种花期晚 5～7d，可减少晚霜危害；雌蕊败育花比例，幼树为 60% 左右，成龄树为 40% 左右，丰产性强；对杏早期落叶病、细菌性穿孔病及褐腐病具有较强抗性（详见前文图 6-12）。

二、'红丰'

'红丰'是'新世纪'的姊妹系，是有性杂交（'二花槽'×'红荷包'）与胚培技术相结合育成的早熟杏新品种，于 2001 年获植物新品种权证书（品种权号为 2001002），2007年通过国家品种审定，良种号为国 S-SV-PA-020-2007，正式定名为'红丰'。

'红丰'果实近圆形，稍扁，果顶平，平均单果重 56.0g，最大单果重 70.0g，纵径4.2～4.8cm，横径 4.4～5.0cm，缝合线较明显，两侧对称；梗洼圆形，中深；果面光洁，底色为黄色，2/3 果面着鲜红色；肉质细，纤维少，汁液中多，具香味，味甜微酸，风味浓，可溶性固形物含量 15.0%，品质上等；半离核，仁苦；在泰安 5 月 26 日成熟，果实发育期 57d 左右。

树冠开张，枝条自然下垂，一年生速成苗具有斜生习性，萌芽率高（85.6%），成枝力低（6.5%），极易形成短果枝；早果性强，幼树定植或高接第二年就能开花结果，长、中、短果枝均坐果良好；三年生以上树以短果枝结果为主；在泰安 3 月底开花，比泰安'巴旦水杏'及'二花槽'等品种花期晚 5～8d，可减少晚霜危害；雌蕊败育花比例，幼树约 29.5%，成龄树约 12.5%，自然授粉坐果率高达 22.3%，丰产性强；对杏早期落叶病、细菌性穿孔病具较强抗性，抗冻性强（图 7-19）。

图 7-19　'红丰'败育花比例低（A）、丰产性强（B）

三、'极早红'

'极早红'是从'新世纪'自然授粉的杂种胚培苗中选出的极早熟杏新品种，于2011年通过了山东省农作物品种审定委员会的审定，良种号为鲁农审2011041号，正式定名为'极早红'。

'极早红'树势健壮，树冠半开张，干性强；多年生枝条的阳面红褐色；叶片浓绿色，卵圆形，叶尖渐尖，长7.5～9.0cm，宽4.5～6.2cm；成花能力强，平均每芽3～5朵花，最多7朵；幼树雌蕊败育花比例为60%左右，成龄树为40%左右。

果实近圆形，果顶平，缝合线明显，果面光洁被红色，底色浅黄。平均单果重48g，最大单果重68g，纵径4.8～5.2cm，横径4.1～5.0cm，香味浓，风味佳，可溶性固形物含量14.4%，品质上等，离核，仁甜；早果性强，幼树定植或高接第二年就能开花结果。一年生萌芽率及成枝力均高，二年生成枝力明显下降，极易形成短果枝，三年生以上树以短果枝为主，长、中、短果枝均坐果良好。在山东泰安3月中旬开始萌动，3月下旬开花，花期5～7d。5月中下旬果实成熟，果实发育期50～55d（图7-20）。

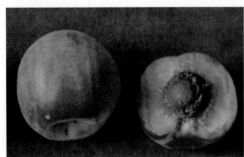

图7-20 胚培极早熟杏新品种'极早红'

四、'山农凯新1号'

'山农凯新1号'是从'凯特'×'新世纪'杂种后代分离群体选育出的杏新品种，于2004年获植物新品种权证书，品种权号为20040007。

'山农凯新1号'树冠开张，多年生枝紫褐色，当年生枝浅红色，皮孔白色，扁圆，节间长度1.8～3.2cm。叶片中大，卵圆形，浓绿，长7.3～8.5cm，宽5.5～6.6cm，叶尖渐尖，叶基圆形，叶面光滑，叶背无茸毛，叶缘锐锯齿。萌芽率及成枝力均较高，易形成短果枝，早果性极强，幼树定植或高接第二年就能开花结果，幼树长、中、短果枝均坐果良好，三年生以上树以短果枝结果为主。在泰安3月中下旬开花，雌蕊败育花比例较低，自花授粉坐果率为25.9%。

果实近圆形，稍扁，果顶平，平均单果重50.6g，最大单果重68.0g，纵径4.5～5.3cm，横径4.6～5.2cm，缝合线浅而不明显，两侧对称；梗洼圆形，中深；果面光洁，橙红色，美观。肉质细，纤维少，汁液中多，香味浓，味甜，可溶性固形物含量15.5%，品质优；离核，仁苦；在泰安6月初成熟，果实发育期60～63d，比'凯特'早熟7～12d（图7-21）。

图 7-21 '凯特'与'新世纪'杂种后代果实性状变异（A）及新品种'山农凯新 1 号'（B）

五、'山农凯新 2 号'

'山农凯新 2 号'是从'巴旦水杏'×'凯特'杂种后代分离群体选育出的杏新品种，于 2004 年获植物新品种权证书，品种权号为 20040008。

'山农凯新 2 号'生长势强，枝条较直立；多年生枝紫褐色，当年生枝黄绿色，其阳面稍带红晕，皮孔白色，扁圆，节间长度 1.8～3.2cm。叶片大，卵圆形，浓绿色，长8.3～9.5cm，宽 6.5～7.6cm，叶尖渐尖，叶基圆形，叶面光滑，叶背无茸毛，叶缘锐锯齿。萌芽率及成枝力均较高，易形成短果枝，早果，幼树定植或高接第二年就能开花结果，幼树长、中、短果枝均坐果良好，四年生以上树以短果枝结果为主；雌蕊败育花比例幼树为 24.5%，成龄树为 11.6%，自花授粉坐果率为 13.8%。

果实近圆形，稍扁，果顶平，平均单果重 108.6g，最大单果重 130.0g，果实整齐度高，纵径 5.5～6.5cm，横径 5.6～6.5cm，缝合线浅而不明显，两侧对称；梗洼圆形，中深；果面光洁，底色为黄色，阳面红色，美观；肉质细，纤维少，汁液中多，具香味，味甜，品质上等；离核，仁苦，在泰安 6 月上旬成熟，果实发育期 65～70d，比'凯特'早熟 3～5d（见前文图 6-12）。

六、'泰山蜜脆'

'泰山蜜脆'是从乌克兰引进的樱桃品种'抉择'自然授粉的杂种胚培苗中选出的甜樱桃新品种，于 2011 年通过了山东省农作物品种审定委员会的审定，良种号为鲁农审 2011048 号。

'泰山蜜脆'树势强健，树姿较直立，萌芽率高，成枝力较低。外围新梢平均节间长度为 1.6cm。叶片较大，长椭圆形，叶厚，深绿色，叶缘锯齿钝，叶尖急尖，中部大叶平均长 18.5cm，宽 8.7cm；叶柄长 3.95cm。高接三年生幼树叶丛枝成花率为 57.5%，中枝成花率为 82.6%，长枝成花率为 57.1%，各类枝均可成花，以花束状短果枝和中果枝成花效果最佳，平均每花序花朵数为 2.73 朵，多于'红灯'和'大紫'。

果实心形，果形端正，果面光洁，果实底色黄色，阳面呈鲜红色，有光泽。平均单果重 7.8g，最大单果重 10.2g，纵径 2.5cm，横径 2.6cm；果肉浅黄色，肉质硬脆，肥厚多汁，可溶性固形物含量为 20.6%，品质极佳。在山东泰安 4 月上旬开花，5 月中下旬果实成熟（见前文图 6-12）。

七、'森果佳人'

'森果佳人'樱桃李新品种是从新疆野生樱桃李（*Prunus cerasifera* Ehrh.）种质资源迁地种植圃（山东胶州）自然授粉实生后代中选育而来的，于 2011 年通过了山东省农作物品种审定委员会的审定，良种号为鲁农审 2011050 号，正式定名为'森果佳人'。

'森果佳人'生长势较强，树姿开张，萌芽率和成枝力较强。一年生枝绿色，阳面紫红色，节间长 1.5cm 左右。叶片卵圆披针形，深绿色，长 3.6~5.6cm，宽 2.3~3.4cm；叶柄长 1.2cm。花白色，花冠直径 2.2cm，花药黄色。

果实卵圆形，果尖不明显，梗洼较浅，平均单果重 15.5g，最大单果重 18.0g，纵径 2.7~3.4cm，横径 2.8~3.4cm；果面有果粉，底色淡黄色，果面鲜红色；果肉黄色，肉质细嫩多汁，可溶性固形物含量为 16.3%，总糖含量为 166.4mg/g FW，总酸含量为 2.42mg/g FW，甜酸适口，风味浓。在胶州正常年份 4 月初萌芽，4 月下旬开花，7 月初果实开始成熟，7 月中下旬完全成熟，果实发育期 95d，10 月下旬开始落叶，11 月上旬完全落叶。全年生育期 210d（图 7-22）。

图 7-22　樱桃李新品种'森果佳人'

八、'森果红露'

'森果红露'是从青岛胶州新疆野生樱桃李（*Prunus cerasifera* Ehrh.）种质资源迁地种植圃内的自然授粉实生后代中选育而来的，于 2011 年通过了山东省农作物品种审定委员会的审定，良种号为鲁农审 2011051 号，正式定名为'森果红露'。

'森果红露'幼树长势较旺，针刺多，成龄树树势中庸，树姿开张，萌芽率和成枝力较强，枝条下垂，自然坐果率高，具有自花结实能力。一年生枝绿色，阳面紫红色，节间较短，长 1.5cm 左右。叶片卵圆披针形，黄绿色，长 3.9~5.7cm，宽 2.5~4.1cm。花白色，花冠直径 2.2cm，花粉多。

果实卵圆形，果尖明显，梗洼较浅，平均单果重 18.89g，最大单果重 22.88g，纵径 2.97~3.51cm，横径 2.98~3.60cm，果形指数 1.19；果面有果粉，底色淡黄，成熟时 80% 着红色，着色优者整个果面为紫红色；果肉黄色，肉质细嫩多汁，总糖含量 127.35mg/g FW，总酸含量 4.14mg/g FW，酸中带甜，风味独特。在胶州正常年份 4 月初开始萌动，4 月下旬开花，8 月上旬果实成熟，果实发育期 105d，10 月下旬开始落叶，11 月上旬完全落叶。全年生育期 210d 左右（见前文图 6-14）。

九、'沂蒙霜红'

'沂蒙霜红'是以'寒香蜜'为母本，以'桃王九九'和'冬雪蜜'的混合花粉为父本杂交育成的极晚熟桃新品种，该品种于 2010 年通过了山东省农作物品种审定委员会的审定，良种号为鲁农审 2010080 号，正式定名为'沂蒙霜红'。

'沂蒙霜红'植株生长较旺，树势强健，树冠紧凑；一年生枝条黄褐色，节间较短。叶片呈宽披针形，长 14.60cm，宽 4.00cm，叶柄长 1.00cm，顶端渐尖，叶缘钝锯齿状，春梢叶片平均长 10.2cm，平均宽 3.5cm；在一般管理条件下，四年生树平均高 236.7cm；生长健壮，一年抽梢 3~4 次；幼树以秋梢为主要结果母枝，随着树龄增大，春梢结果母枝比例增加。花期与其他多数桃品种一致，以自花授粉为主，早果性及丰产性强。

果实扁圆形至近圆球形，纵径 59.2mm，横径 68.0mm。成熟时果面橙色至橙红色，果皮厚度 2.8~4.0mm。平均单果重 375.2g，最大单果重 550g，果实鲜红色；黏核，果肉白色，肉质细脆，风味甜，品质优良；可溶性固形物含量为 14.4%，可溶性糖含量为 10.6%，可滴定酸含量为 0.22%，维生素 C 含量为 42.5mg/kg；果实 10 月下旬至 11 月初成熟，果实发育期 200d 左右，是极晚熟品种（见前文图 6-12）。

下 篇

配套栽培与贮藏加工技术

第八章　落叶果树新品种配套栽培技术

按照"良种良法配套"的研究思路，本章主要介绍了苹果连作障碍形成机理与调控技术、现代宽行高干省力高效栽培模式创建技术及果园生草地力培肥技术，实现了良种良法配套，推动了新品种的大面积推广应用和果树产业转型升级。

1. 苹果连作障碍形成机理与调控技术

苹果连作障碍是制约我国苹果产业可持续发展的重要因素。本章概述了引起苹果连作障碍的主要原因，以及国内外防控苹果连作障碍的主要方法，并着重介绍了本课题组对我国苹果主产区苹果连作障碍的形成机理及防控措施方面的研究成果，明确了引起我国苹果连作障碍的主要有害真菌是镰孢菌属真菌，阐明了连作土壤中实测浓度的酚酸类物质的自毒作用，明确了根皮苷等酚酸类物质与镰孢菌的关系，研究提出了防控苹果连作障碍的多项关键技术，即首次提出"葱树混栽"技术，发明了施用高锰酸钾优化连作土壤环境的方法，分离、鉴定了酚酸类物质降解菌和病原拮抗菌，研制出防控苹果连作障碍的专用菌肥，并研究集成了苹果连作障碍防控技术体系。在此基础上，对今后苹果连作障碍机理的进一步研究及防控技术的发展方向进行了展望。

2. 现代宽行高干省力高效栽培模式创建技术

针对我国水果产业提质增效面临的果园基础地力差及劳动力成本高等四大共性问题，应实施现代宽行高干省力高效栽培模式创建工程等四大工程，以推进果园机械化、生草化和轻简化；应按照"因地制宜与高效发展"的原则，创建适合我国国情的现代宽行高干省力高效栽培模式。因此，按照"先结果、后整形"的整形修剪方式，本课题组发明了"三位一体的中国式苹果宽行高干省力高效栽培法"，实现了节本增效和提质增效；按照"快整形、早结果"的整形修剪方式，本课题组发明了"果树三芽二度一单轴快速整形早期丰产栽培法"，实现了早果丰产。

3. 果园生草地力培肥技术

近几年国内外大量的调研结果表明，全世界果树生产先进国家的果园都生草，土壤有机质含量为 3%～7%，唯有中国在锄草，土壤有机质含量不足 1%。中国果品产量与效益的提升 80%靠化肥，而世界果树生产先进国家 80%靠果园基础地力。作为果树种质资源与遗传育种专家，著者关注果园生草十余年，发表了 9 篇有关果园生草的学术研究论文和科普文章，解析了果园生草不能在我国有效推广应用的原因，提出了"果园基础地力差，有机质含量低"是我国果树产业新旧动能转换的卡脖子问题，研究明确了持续多年全园自然生草可显著优化黄河三角洲梨园土壤环境，提出了我国苹果园生草的五项原则，明确了一年生豆科植物长柔毛野豌豆的六大优点，发明了单一性与多样性有机结合的果园生草新模式，取得了培肥、节水、省力的显著效果，提出了"给果园小草一点阳光，苹果更灿烂"及"给草施肥"的现代果园管理新理念。

第一节　苹果园连作（重茬）障碍研究进展

我国苹果栽培面积、总产量、人均占有量与出口量均居世界第一，已经成为世界上最大的苹果生产和消费国（翟衡等，2005；陈学森等，2010）。2015 年我国苹果栽培面积有 230 万 hm²，2016 年我国苹果产量约为 4380 万 t，但品种以'红富士'为主，其产量占我国苹果总产量的 65%。苹果主产省山东'富士'栽培面积和产量分别占全省苹果栽培面积和产量的 70.2% 和 76.2%，其他苹果主产区陕西、北京、河南、河北、甘肃和山西的'富士'品种比例也占其苹果生产总量的 60% 以上。山东近 900 万亩水果中，苹果有 400 余万亩，年产值巨大，是推动区域经济社会发展、增加农民收入的重要产业。在今后 5 年，山东有 6.7 万～10 万 hm² 苹果园面临更新（陈学森等，2015）。由于土地资源有限，在对老果园更新时，苹果树重茬栽培无法避免，导致连作障碍的发生具有普遍性（Bai et al.，2009；Mazzola and Manici，2012）。苹果连作障碍又称苹果再植病、重茬病，是在苹果重茬栽培时普遍发生的一种综合病，具体病症表现为再植苹果幼树的生长发育迟缓、病虫害加重，甚至植株死亡等，导致再植果树寿命缩短，严重阻碍了苹果产业的可持续发展（St. Laurent et al.，2010）。围绕这个问题，著者根据近年来苹果连作障碍的研究进展，总结了苹果连作障碍产生的原因及防控措施，以期为老果园的更新和苹果连作障碍的综合防控提供依据。

一、连作障碍发生原因

作物连作障碍的原因复杂，是植物有机体与土壤诸多因素综合作用结果的外观表现。综合国内外学者的研究成果，将苹果连作障碍发生的主要原因概述如下。

1. 土壤微生物区系失衡

前人研究认为，连作障碍的发生与土壤微生物群落结构失衡密切相关，长期连作可导致土壤微生物群落结构失衡，降低有益微生物数量，增加土传病害菌数量，土传病害加重可导致作物减产（Kelderer et al.，2012；Li et al.，2010a；Urashima et al.，2012；Yang et al.，2012；Yim et al.，2013）。前人研究发现，从苹果再植土壤中可分离出大量腐霉属（*Pythium*）、镰孢属（*Fusarium*）和柱孢属（*Cylindrocarpon*）真菌及少量丝核属（*Rhizoctonia*）真菌，其中，柱孢属真菌以 *C. macrodidymum* 分布最广，有害菌的数量大量增加，导致土壤微生物群落结构发生变化（Tewoldemedhin et al.，2011；van Schoor et al.，2009）。Spath 等（2015）研究发现氯化苦灭菌土壤中的苹果幼苗具有较高的生物量与较低的微生物量碳，这主要是由于氯化苦灭菌后，大量有害真菌被灭杀，土壤中的微生物群落组成发生了变化。Strauss 和 Kluepfel（2015）研究发现 γ 射线处理过的土壤中微生物群落明显发生变化，使其向有利于有益微生物种群重新定植的方向发展（Caputo et al.，2015）。

在多数地区，连作土壤中有害真菌数量的增加是造成连作障碍的主要原因（吴凤芝等，2000；Manici et al.，2003；Tewoldemedhin et al.，2011），已报道与苹果连作障碍有关的主要有害真菌属有柱孢属、镰孢属、丝核属、疫霉属和腐霉属等（van Schoor et al.，2009；Tewoldemedhin et al.，2011）。不同地区、不同果园连作土壤中的有害真菌不同，Manici 等（2013）调查德国、奥地利和意大利 3 个国家 3 个连作苹果园时，发现土赤壳属（*Ilyonectria*）和乳突赤壳属 （*Thelonectria*）真菌是 3 个连作苹果园中的主要致病真菌，而腐霉仅是德国连作苹果园的致病真菌。Tewoldemedhin 等（2011）采用实时定量 PCR 技术研究南非连作果园时，发现腐霉属真菌畸雌腐霉（*Pythium irregulare*）是引起苹果连作障碍的主要有害真菌。van Schoor 等（2009）研究发现在南非所有连作苹果园中土壤有害真菌镰孢属、柱孢属及腐霉属真菌是引起连作障碍的主要原因。Franke-Whittle 等（2015）采用高通量测序手段研究了连作果园和临近休耕土壤中细菌及真菌群落结构的差异，发现支顶孢属（*Acremonium*）、柱孢属和镰孢属真菌与苹果植株生长呈明显的负相关关系，是引起苹果连作障碍的重要有害菌。Kelderer 等（2012）研究表明，腐皮镰孢菌（*Fusarium solani*）、尖孢镰孢菌（*F. oxysporum*）、柱孢属真菌（*Cylindrocarpon* spp.）和双核丝核菌（binucleate *Rhizoctonia* sp.）是引起意大利苹果连作障碍的主要病原菌。综上，不同地区、不同果园连作土壤中的有害真菌种类不同，甚至同一地区、不同果园连作土壤中的有害真菌也存在差异。

2. 化感自毒作用

早期研究认为，植物根系分泌和残体分解所产生的化感物质是引起连作障碍的重要因子（Bomer，1959；Guenzi and McCalla，1962）。这些植物可通过地上部淋溶、根系分泌和植株残茬腐解等途径来释放一些化感物质对同茬或下茬同种或同科植物生长产生抑制作用，这种现象称为自毒作用（autotoxicity）。自毒作用是一种发生在种内的生长抑制作用，植物的各个部位，包括叶片、枝条、根系、种子和果实等都可能具有自毒作用（Singh et al.，1999），这些化感物质主要是以酚类化合物为主的一些大分子物质，可分为酚酸、有机酸、直链醇、单宁、醛类、萜类、氨基酸和生物碱等。其中酚酸类物质又包括根皮苷、根皮素、苯甲酸、间苯三酚、阿魏酸、对羟基苯甲酸、香草醛、丁香酸、咖啡酸等（张江红，2005；张江红等，2009）。

前人众多研究表明酚酸类物质是引起苹果连作障碍的一种重要物质（张江红，2005；Bai et al.，2009）。酚酸类物质的作用强度会因酚酸种类的不同而有所不同，会随着其浓度的升高而加强（陈遂中和谢慧琴，2010）。酚酸类物质可以增加细胞膜通透性，导致细胞内溶物外流，诱导脂质过氧化，最终抑制植物生长或导致组织坏死（邱立友等，2010；Li et al.，2010b）。土壤酚酸类物质积累到一定浓度会对作物根系造成逆境胁迫（Han et al.，2012），酚酸类物质不仅对作物地下部的生长发育产生抑制作用，而且对地上部的生长发育也起到阻碍作用（Liu and Herbert，2002；Asao et al.，2003；Seal et al.，2004）。另外，刘苹等（2013）研究连作土壤中的豆蔻酸、软脂酸和硬脂酸与连作障碍关系时指出，高含量的脂肪酸可能是引起连作障碍的一个因素。总之，前茬作物分泌或腐烂产生的毒素化合物，能直接或间接地抑制新定植植株的生长。因此，研究这些化感物质及其对作物的作用机理，对生产中采取相应措施减轻连作障碍具有重要意义。

3. 土壤理化性质恶化

前人研究发现土壤经长期连作后，土壤结构遭到严重破坏，表现为土壤容重变大，土壤通气孔隙比例下降，同时由于生产上重视氮和磷的应用而忽视钾肥的施用，土壤中氮和磷的含量高，钾含量低，造成土壤养分失衡（吴凤芝等，2002；吕卫光等，2006）。果树为多年生植物，根系分布深而广，同类果树根系在土壤中吸收的营养成分基本相同，往往造成土壤中某些元素的积累或缺乏。因此，在苹果连作障碍最初的研究中，大多数研究都向土壤养分亏缺的方向深入，但研究结果表明大量补充肥料并不能改善苹果连作障碍，如施用磷酸铵（MAP）对重茬果园植株的生长有促进作用，但实验往往是配合使用土壤消毒或其他措施，连续23年不添加磷肥，在建园15年的苹果再植园土壤表层添加磷酸铵或换土后在栽植树穴添加磷酸铵，却得到2倍的生长量，但叶片的养分含量在适宜范围内，证明磷酸铵对植株生长的改善与营养无关（Wilson et al.，2004；Brown and Koutoulis，2006；Tustin，2006）。

前人研究发现氮和磷的大量应用很容易导致土壤酸化，在碱性土壤中pH的下降有助于提高微量元素的利用率，但在酸性土壤中pH的下降则使锌、钙、镁等相对缺乏，作物容易得缺素症。土壤酸化通过营养元素缺乏和毒效应来影响植物的正常生长，酸化土壤的肥力差等众多因素限制了植物生长，亚耕层土壤酸化能更为严重地影响植物生长，通过持续地限制根系扩展的深度，导致细根减少以及根系分布上移，影响养分和水分的吸收。土壤酸化也可导致土壤中微生物群落发生变化，在强酸性土壤中，硝化细菌、固氮菌、硅酸盐菌、磷细菌等的活性受到抑制，不利于碳、氮、磷、钾、硫、硅等的转化（Rengel，2003）。目前山东果园土壤出现严重酸化的现象，从全省主要果品产区来看，以棕壤为主的胶东地区果园土壤酸化最为严重，招远果园土壤平均pH为4.22，呈极强酸性；栖霞、文登、蓬莱、莱西果园土壤平均pH分别为4.69、4.86、5.14、5.26，呈强酸性（王见月等，2010）。于忠范等（2010）对胶东268个果园进行了土壤pH测试，发现胶东果园土壤酸化十分严重，种植果树必须改良的强酸性、酸性土壤果园占全部果园总数的60.5%，再加上弱酸性土壤果园，胶东偏酸性果园占全部果园的比例高达88.4%。土壤酸化造成土壤理化性质恶化、根系养分吸收障碍以及土壤微生物群落结构的改变，影响了再植植株的正常生长发育。

4. 根际微生态与连作障碍

根际作为植物、土壤和微生物相互作用的重要界面，是物质和能量交换的节点，是土壤中活性最强的小生境。根际微生态系统是一个以植物为主体，以根际为核心，以植物-土壤-微生物及其环境条件相互作用过程为主要内容的生态系统。一方面，连作可导致植物根系分泌物积累，进而对植物根系造成逆境胁迫、自毒作用（Han et al.，2012），使根系活力下降，直接影响根系对矿质营养的吸收（Abenavoli et al.，2001；Cesco et al.，2010，2012），进而影响植物生长；另一方面，根系分泌物能影响植物根际土壤中微生物群落结构（Akiyama et al.，2005；Landi et al.，2006）。根系分泌物可为微生物提供丰富的碳源和能源，从而使微生物数量和种类较丰富，多样性指数较高（赵小亮等，2009）。

前人研究表明连作后根系分泌物数量的增多会诱导土壤真菌数量的增加（张淑香等，2000；谭秀梅等，2006；蔺姗姗等，2009；刘金波等，2009），而增加的真菌大部分是连作障碍的致病菌（王树起等，2007）。

二、减轻苹果连作障碍的措施

（一）农艺措施

1. 合理的轮作、间作、套种和混作

用一年生草本植物与苹果轮作、间作、混作等能非常有效地应对连作障碍。轮作可以提高土壤微生物群落的多样性，同时因大多数病原菌都是专性寄生的，通过与病原菌非寄主植物的轮作，可有效降低土传病害的发病率（张爱君等，2002）。合理的轮作是能够减轻或避免连作障碍发生的最佳防范措施（肖新等，2015），但耗时太长，一般轮作时间不能低于 3 年，生产中不易推广。

前人研究发现，小冠花、三叶草和苜蓿作为果树的间作物和轮作物都较好。在很多情况下，为了提高经济效益，又必须进行作物连作，所以采用间作、套种或混作的种植方式防治连作障碍是可行的（吴凤芝等，2000）。在果树行间作小麦（Mazzola and Gu，2000）、大麦（Manici et al.，2015；Mazzola et al.，2015）、紫花苜蓿（Manici et al.，2015）、万寿菊（Manici et al.，2015）等，不仅可以合理利用土地，增加收益，还可以促进果树生长。

2. 深翻客土

深翻客土常被看作是一种防治果树连作障碍的有效措施（薛炳烨等，1989），但此法费时费工，并且适宜栽植苹果的土地资源有限，因此在生产上不宜大面积应用。植株残体及枯枝落叶中含有大量的病原菌，它们会成为病害发生的侵染源，另外植株残体腐解后产生的化感物质也是连作障碍产生的重要原因之一，因此应尽量消除残根、落叶。在连续种植的情况下最好深翻改土，如不能客土，最好避开原来栽植穴的位置。

（二）化学与物理防治

土壤化学熏蒸是防治连作病害的有效措施，溴甲烷（Mao et al.，2012）、氯化苦（Spath et al.，2015）、1,3-二氯丙烯（Qiao et al.，2010；Liu et al.，2015）等化学试剂常被用来对土壤进行灭菌以防止土传病害的发生。虽然这种方法具有良好的控制效果，但存在成本高、污染严重等诸多问题，因此不能被大面积推广，而且，由于溴甲烷对大气臭氧层有一定的破坏作用，根据国际有关公约，其大规模的农业利用受到限制，并将被逐步淘汰。用二甲基二硫（DMDS）熏蒸土壤可减轻平邑甜茶幼苗的连作障碍（王方艳等，2011）。

另外，利用太阳辐射和蒸汽等物理措施也能达到土壤消毒的目的，但应用范围和有效性有限。张利英等（2010）研究发现，利用太阳能对连作土壤进行日晒消毒能控制土壤中病原菌数量。将连作苹果园土壤置于 $60 \sim 70^{\circ}\mathrm{C}$ 蒸汽中一段时间，进行巴氏灭菌，可促进苹果幼树的生长（Jaffee et al.，1982a）。Jaffee 等（1982b）报道 γ 射线可消除苹果

连作障碍，但此法应用成本太高。土壤熏蒸剂的高毒性和大田应用的高成本，使得化学药剂防治逐渐被其他防治措施所取代。

（三）抗性砧木

砧木的抗性与连作障碍的发生程度密切相关（张江红等，2009），通过育种选育对连作障碍耐受能力强、适应性强的品种或砧木有望从根本上解决苹果连作障碍问题。Mazzola 和 Brown（2010）研究发现，在华盛顿州再植园中，Geneva 砧木系列根霉腐感染率显著低于 M26、MM111 和 MM166。Rumberger 等（2004）比较了 CG 系砧木 CG16、CG30、CG210 和 M7、M26 对连作障碍的反应，发现 CG20 和 CG210 的根际微生物群落组成相似，而常规砧木 M7 和 M26 相似，认为砧木能影响树体生长和根际微生物群落组成，CG210 和 CG30 砧木较为耐病。此外，Leinfelder 和 Merwin（2006）也认为 CG210 和 CG30 砧木耐连作障碍。Fazio 等（2009）研究发现，苹果砧木资源中存在抗连作障碍的遗传基因，希望利用新疆野苹果（*Malus sieversii*）种质获得抗连作障碍的砧木。综上，苹果砧木抗连作障碍的机理可能是砧木能影响树体生长、土壤酚酸含量和土壤微生物群落组成，也有可能是砧木本身存在抗连作障碍的遗传基因，还需进一步研究。

（四）生物防治

1. 拮抗细菌的应用

再植时向土壤中施入一些拮抗细菌对土传植物病原菌有一定的控制作用。目前已发现的拮抗细菌中，尤其在植物土传病原真菌和生物防治工作中，经常报道的有芽孢杆菌（*Bacillus* spp.）、假单胞菌（*Pseudomonas* spp.）、放射土壤杆菌（*Agrobacterium radiobacter*）等（蒋汉林等，2007）。前人研究发现，枯草芽孢杆菌 TS06、苏云金芽孢杆菌及解淀粉芽孢杆菌 W19 在控制土传病害方面有一定的效果（Zhang et al.，2012a；Santiago et al.，2015；Wang et al.，2016a）。

2. 拮抗真菌的应用

杨兴洪等（1992）研究发现，在连作幼树上接种丛枝菌根真菌能大大减轻苹果连作障碍。苏春沧等（2016）研究表明，内生真菌拟茎点霉 B3 和苍术粉复合处理能缓解连作障碍。

3. 生物熏蒸（拮抗植物）

前人研究发现某些植物能够有效地拮抗与再植病害相关的病原菌的生长，被称为拮抗植物（蒋汉林等，2007），这些植物能够释放挥发性的有毒气体抑制或杀死土壤中有害生物。目前，芸薹属植物、菊科植物、葱属植物等均被用作生物熏蒸材料以有效防治土传病害及植物根结线虫（李明社等，2006；范志宏等，2010；Chamorro et al.，2014）。有研究表明，在苹果连作土壤中添加芥菜籽粉和白芥子粉等生物熏蒸剂后，能明显缓解苹果连作障碍（Mazzola and Zhao，2010；Mazzola et al.，2009；Weerakoon et al.，2012；Yim et al.，2016）。

但该方法存在有益微生物（拮抗菌）在土壤中定植能力差、抑制病原菌的效果不稳定等不足，拮抗植物能够明显地减轻苹果连作障碍现象，但需结合其他方法才能发挥更好效果。

三、有待进一步研究的问题

1. 发病机理需进一步明确

国内外对连作障碍的研究虽然较多，但多集中于探讨连作驱动的土壤微生物群落的变化，或单纯地定性定量分析土壤中化感物质的组成和含量，或单纯地分析连作后土壤理化性状的变化，很少综合分析各个因素的联系及相互影响。

目前，关于连作苹果园土壤中微生物区系的研究取得了一些进展，研究人员也分离出了一些病原微生物，但引起苹果连作障碍的微生物种类是多样的，其对苹果产生危害的机理尚不明确。为了更好地确认与苹果连作障碍相关微生物群落的组成及作用机理，需要进一步采用基因组学、代谢组学、转录组学及其蛋白质组学等现代分子生物学技术手段，深入研究苹果连作土壤病原菌在苹果根际的定植过程及其对苹果致病性的机理，确定与苹果连作障碍直接相关的病原菌以及其对苹果连作障碍产生的贡献机理，可以从微生物角度找到缓解苹果连作障碍的有效措施。

酚酸类化感物质已经被证明是单一连作体系中的重要化感物质。酚酸类物质造成的苹果连作障碍机理，是现代农业可持续生产研究的热点课题之一。而酚酸类物质在土壤中的变化趋势、何种酚酸类物质引起病原菌增殖，以及酚酸类物质造成的苹果连作障碍各因子间的相互关系等问题将是今后研究的重点。

2. 防控措施需进一步集成

苹果连作障碍的产生涉及作物、土壤、环境等生物的、非生物的诸多复杂因素，加上这些因素的相互影响，这一问题变得更加复杂，任何单一的措施或通过少数几个措施都很难收到理想的效果。苹果连作障碍的控制应结合不同的方法，并应注重高效性和无害化。

在对苹果连作障碍机理充分研究的基础上，必将会产生有效的控制方法。其中利用生物之间的化感作用生产各种生物调控剂、土壤添加剂，培育抗性品种和砧木，利用无害化土壤消毒，多种防治方法综合运用等将是未来苹果连作障碍综合防控的理想手段。

第二节　苹果连作障碍形成机理与调控技术

在国家苹果产业技术体系、国家重点研发计划、国家自然科学基金、农业科技成果转化资金项目及山东省农业重大应用技术创新工程项目等的连续资助下，山东农业大学苹果连作障碍防控技术研究课题组历经 15 年，探究了引起我国苹果连作障碍发生的机理，针对机理研究防控技术，集成了一系列简便、绿色、高效的苹果连作障碍防控技术体系并在我国苹果主产区示范、推广，取得了预期效果。

一、我国苹果主产区苹果连作障碍的形成机理

（一）明确了引起我国苹果连作障碍的主要有害真菌是镰孢菌

1. 环渤海苹果主产区连作果园土壤真菌菌落结构分析

对环渤海苹果主产区山东、河北和辽宁三省 10 个连作果园土壤进行了理化性质分析，并以盆栽试验的方法验证了各地区连作障碍发生程度。结果表明：不同地区连作土壤的理化性质和连作障碍发生程度差异很大。环渤海地区连作土壤有机质含量普遍较低。不同地区连作土壤氮、磷、钾含量差异也较大。土壤偏酸性，pH 为 4.20～6.90。用灭菌土和连作土对植株鲜重的抑制程度评价连作障碍的发生程度，结果表明，牟平、莱州、普兰店和大连连作障碍较为严重，蓬莱、龙口和金州连作障碍程度中等。其余地区（栖霞、昌黎和兴城）连作障碍程度较轻（表 8-1）。

表 8-1　不同地区连作土壤理化性质和连作障碍程度分析（王功帅，2018）

土壤编号	鲜重抑制率（%）	连作障碍程度	有机质含量（g/kg）	碱解氮含量（mg/kg）	速效磷含量（mg/kg）	速效钾含量（mg/kg）	土壤pH
A	172.7	严重	0.83	30.12	75.14	230.48	6.40
B	61.92	中等	1.06	20.54	272.45	193.31	6.90
C	72.50	中等	1.16	24.65	94.90	166.76	6.20
D	48.26	轻微	1.95	21.91	135.53	254.38	4.20
E	158.85	严重	1.32	39.71	300.20	387.15	5.90
F	31.07	轻微	1.43	28.75	714.98	365.91	5.70
G	37.53	轻微	1.11	21.91	48.78	182.69	5.20
H	172.43	严重	0.93	13.69	261.38	461.50	4.50
I	54.49	中等	1.12	28.07	87.86	230.48	6.40
J	382.69	严重	0.56	17.80	95.16	97.72	5.90

注：A. 牟平；B. 蓬莱；C. 龙口；D. 栖霞；E. 莱州；F. 昌黎；G. 兴城；H. 普兰店；I. 金州；J. 大连

鲜重抑制率（%）=（灭菌土植株鲜重–连作土植株鲜重）/ 连作土植株鲜重 ×100

连作障碍程度：严重，鲜重抑制率≥100%；中等，100%＞鲜重抑制率≥ 50%；轻微，鲜重抑制率＜50%

图 8-1 表明，环渤海连作土壤真菌主要由子囊菌门（Ascomycota）、担子菌门（Basidiomycota）和毛霉菌门（Mucoromycota）组成。在属水平上，在环渤海各地区 10 个连作果园中，共计 108 个真菌属被检测到。酵母属（Saccharomyces）、青霉属（Penicillium）、Halenospora、镰孢菌属（Fusarium）、假丝酵母属（Pseudeurotium）、被孢霉属（Mortierella）、地丝霉属（Geomyces）和腐质霉属（Humicola）等在各地区广泛存在。其中酵母属和镰孢菌属在所有地区都被检测到，并且丰度较高。

图 8-2 表明，酵母属在牟平、蓬莱、龙口、栖霞、莱州、昌黎、兴城、普兰店、金州和大连连作土壤中的相对丰度分别为 4.17%、33.17%、29.38%、7.57%、7.56%、13.96%、

25.27%、3.67%、50.22%和5.56%。镰孢菌属相对丰度在各地区分别为36.46%、11.54%、9.79%、4.78%、1.68%、5.41%、10.22%、2.04%、6.61%和27.78%。腐质霉属和地丝霉属真菌不仅在各地区连作土壤中广泛存在，并且相对丰度也较高。

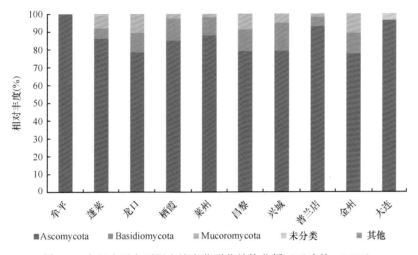

图8-1 在门水平上不同土壤真菌群落结构分析（王功帅，2018）

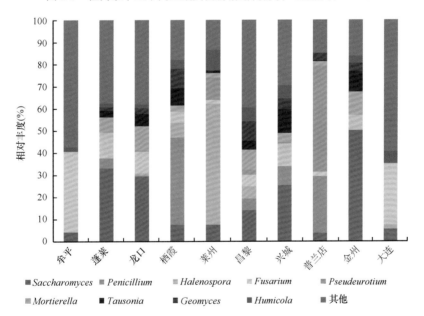

图8-2 在属水平上不同土壤真菌群落结构分析（王功帅，2018）

利用环渤海产区连作土壤中占主导地位真菌的相对丰度与连作作物的鲜重抑制率进行相关性分析来衡量连作障碍程度。表8-2表明，腐质霉属、假丝酵母属、*Halenospora*、青霉属、酵母属、地丝霉属、陶氏菌属、被孢霉属与连作障碍程度呈负相关关系。其中被孢霉属真菌与连作障碍程度相关性达到显著水平（$r=-0.684$，$P<0.05$），镰孢菌属真菌与连作障碍程度呈显著正相关关系（$r=0.703$，$P<0.05$）。

表 8-2 主要真菌相对丰度与连作障碍程度的相关性分析（王功帅，2018）

属名	相关系数（r）
镰孢菌属（*Fusarium*）	0.703[*]
腐质霉属（*Humicola*）	−0.030
假丝酵母属（*Pseudeurotium*）	−0.110
Halenospora	−0.153
青霉属（*Penicillium*）	−0.177
酵母属（*Saccharomyces*）	−0.492
地丝霉属（*Geomyces*）	−0.566
陶氏菌属（*Tausonia*）	−0.606
被孢霉属（*Mortierella*）	−0.684[*]

*代表相关性在 0.05 水平上显著水平

由图 8-3 可知，检测不同地区所有连作土壤中的尖孢镰孢菌（*F. oxysporum*）含量。与其他地区相比，在牟平、莱州、普兰店和大连连作发生障碍程度严重的土壤中尖孢镰孢菌含量较多，龙口、栖霞、昌黎和兴城土壤中的尖孢镰孢菌含量较低，说明这些地方连作障碍发生程度较轻。

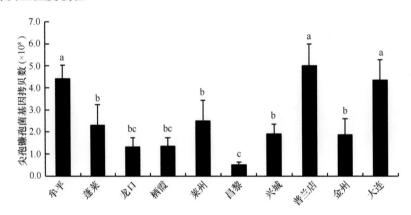

图 8-3 不同地区连作土壤尖孢镰孢菌基因拷贝数的差异（王功帅，2018）

不同小写字母表示不同处理间差异显著（$P<0.05$）

通过环渤海苹果主产区连作土壤主要有害真菌相对丰度与幼苗连作障碍程度的相关性分析，发现镰孢菌属相对丰度与连作障碍程度呈正相关关系。因此本实验只对镰孢菌属真菌进行了分离鉴定和致病性检测。通过稀释平板法从连作土壤中共计分离出 58 株镰孢菌。根据其在 PDA 培养基上的菌落形态和分子鉴定方法，将 58 株镰孢菌归为 4 个种（图 8-4），分别是尖孢镰孢菌、层出镰孢菌（*F. proliferatum*）、腐皮镰孢菌（*F. solani*）和串珠镰孢菌（*F. moniliforme*）。

根据 4 种镰孢菌 ITS 序列测序结果，在 NCBI 数据库中进行 Blast 比对，选出同源性达到 100%的菌株序列利用 MEGA4.1 作序列分析树状聚类图（图 8-5），结果表明分子鉴定结果与形态鉴定结果一致。

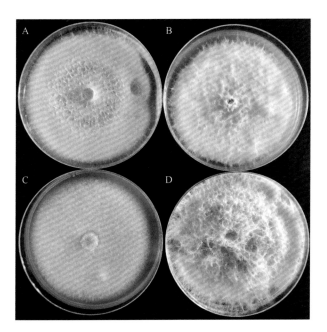

图 8-4　4 种镰孢菌在 PDA 培养基上的菌落形态（王功帅，2018）

A. 尖孢镰孢菌（*F. oxysporum*）；B. 层出镰孢菌（*F. proliferatum*）；C. 腐皮镰孢菌（*F. solani*）；D. 串珠镰孢菌（*F. moniliforme*）

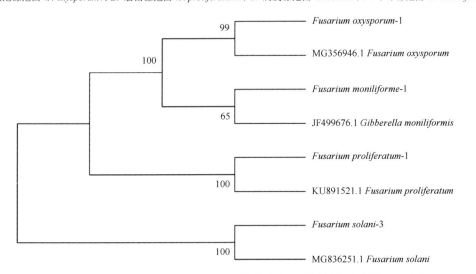

图 8-5　4 种镰孢菌 5.8S rDNA-ITS 区核苷酸序列分析树状聚类图（王功帅，2018）

2. 4 种镰孢菌对苹果的危害

由图 8-6 可以看出，4 种镰孢菌对平邑甜茶（苹果砧木）幼苗生长具有严重的抑制作用。生长 1 周后，对照处理生长迅速，叶片增大增多，株高显著增加，茎逐渐变粗。然而，处理组接种后，幼苗逐渐停止生长，叶片边缘出现黄化现象。第 2 周，接种处理和对照处理生长差异越来越显著。对照植株生长茂盛，接种处理生长缓慢，且叶片黄化更为严重，黄化部位由边缘逐渐扩展到中间，其中 4 种镰孢菌处理的幼苗都出现落叶现象，严重的植株出现干枯。

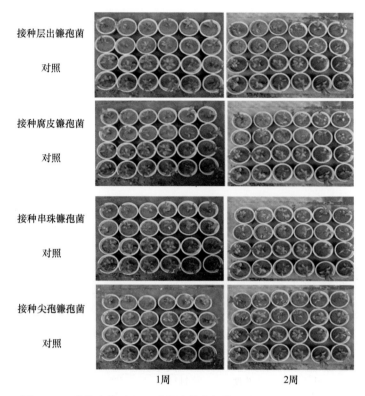

接种层出镰孢菌

对照

接种腐皮镰孢菌

对照

接种串珠镰孢菌

对照

接种尖孢镰孢菌

对照

1周　　　　　　　　　　2周

图 8-6　4 种镰孢菌对平邑甜茶幼苗生长的影响（王功帅，2018）

由表 8-3 可以看出，4 种镰孢菌显著抑制了平邑甜茶幼苗的株高和干重，4 个接种处理差异不大。接种 1 周后，与对照相比，接种尖孢镰孢菌、层出镰孢菌、腐皮镰孢菌、串珠镰孢菌幼苗的株高分别减少了 45.58%、51.85%、52.80%、55.08%；接种 2 周后，4个接种处理的株高与对照相比减少了 55.43%、59.00%、60.03%、60.45%；接种 1 个月后，4 种镰孢菌处理的干重较对照分别减少了 35.60%、51.92%、40.96%、40.96%。

表 8-3　4 种镰孢菌对平邑甜茶幼苗生长的影响（王功帅，2018）

处理	1 周株高（cm）	2 周株高（cm）	1 月干重（g）
T1	5.73±0.38b	7.10±0.12b	3.33±0.23b
T2	5.07±0.41b	6.53±0.19bc	2.50±0.15b
T3	4.97±0.35b	6.33±0.23c	3.07±0.18b
T4	4.73±0.26b	6.30±0.15c	3.07±0.18b
CK	10.53±0.66a	15.93±0.24a	5.20±0.32a

注：T1. 接种尖孢镰孢菌；T2. 接种层出镰孢菌；T3. 接种腐皮镰孢菌；T4. 接种串珠镰孢菌；CK. 对照；数值后不同小写字母表示不同处理间差异显著（$P<0.05$）

由图 8-6 可以清晰地看到，接种 2 周后，4 个接种处理都出现了叶片脱落、植株干枯死亡的现象。由表 8-4 可知，接种 2 个月后，4 个接种处理的幼苗都出现了大面积的死亡。其中 T3 接种腐皮镰孢菌处理幼苗死亡率最高，达到 78%。其次是 T2 接种层出镰孢菌处理，幼苗死亡率达到 67%。T4 接种串珠镰孢菌处理和 T1 接种尖孢镰孢菌处理的幼苗死亡率分别是 61%和 53%。结果说明，这 4 种镰孢菌对平邑甜茶幼苗有强烈的致病性。接种镰孢菌后幼苗都出现了生长停滞，叶片黄化、脱落的现象，死亡率超过 50%。因此，这 4 种镰孢菌是引起环渤海地区苹果连作障碍的致病菌。

表 8-4　4 种镰孢菌对平邑甜茶幼苗死亡率的影响（王功帅，2018）

处理	死亡率（%）
T1	53
T2	67
T3	78
T4	61
CK	—

3. 西北黄土高原苹果产区连作果园土壤真菌菌落结构分析

表 8-5 列出了 20 个连作果园土壤的 4 种理化性质。4 种指标因管理、施肥和地域的不同而不同，但各地区土壤有机质含量普遍较低。试验结果显示，土壤理化性质与连作

表 8-5　土壤性状及苹果连作障碍的严重程度（王晓宝等，2018）

果园所在地区	鲜重抑制率（%）	连作障碍程度	碱解氮含量（mg/kg）	速效磷含量（mg/kg）	速效钾含量（mg/kg）	有机质含量（g/kg）
1 清水县	79	中度	212.36	28.25	87.87	14.63
2 秦州区	16	低	63.02	5.03	107.54	11.15
3 静宁县	20	低	67.13	100.01	173.11	15.14
4 庄浪县	79	中度	52.06	15.04	94.43	9.56
5 崆峒区	88	中度	82.2	30.89	61.64	15.67
6 礼泉县	54	中度	34.94	9.69	48.52	7.90
7 乾县	76	中度	137	34.58	55.08	11.52
8 彬县	25	低	16.44	29.81	68.2	11.70
9 旬邑县	8	低	89.74	30.56	114.1	12.08
10 富平县	160	严重	50.01	25.34	71.48	13.59
11 白水县	71	中度	52.75	6.31	74.75	15.67
12 黄陵县	3	低	9.59	3.59	45.25	6.13
13 洛川县	6	低	101.38	28.4	81.31	9.26
14 富县	25	低	28.77	21.81	45.25	10.69
15 平陆县	107	严重	26.03	13.67	61.64	17.92
16 芮城县	15	低	28.77	26.73	55.08	9.10
17 临猗县	47	低	6.85	41.16	97.7	10.72
18 万荣县	11	低	24.66	62.2	74.75	10.36
19 盐湖区	175	严重	39.05	30.4	114.1	10.66
20 吉县	64	中度	189.07	6.37	61.64	12.08
与鲜重抑制率的相关性分析（r）			0.107	−0.155	−0.09	0.402

注：鲜重抑制率（%）=（熏蒸土壤的植株鲜重−未熏蒸处理土壤的植株鲜重）/未熏蒸处理土壤的植株鲜重×100%
苹果连作障碍测试结果：严重，鲜重抑制率≥100%；中度，100%>鲜重抑制率>50%；低，鲜重抑制率≤50%

障碍严重程度无相关性。以灭菌土和未处理土壤中再植幼苗的鲜重抑制率来计算各土壤中苹果连作障碍的严重程度，可分为 3 种等级程度指标，即严重（富平县、平陆县、盐湖区）、中度（清水县、庄浪县、崆峒区、礼泉县、乾县、白水县、吉县）和低（秦州区、静宁县、彬县、旬邑县、黄陵县、洛川县、富县、芮城县、临猗县、万荣县）。这次试验中有 10 个地区的苹果连作障碍程度表现为低，3 个地区表现为严重，7 个地区表现为中度。

　　图 8-7 所示为 20 个地区在门水平上土壤真菌的群落结构。研究发现子囊菌门（Ascomycota）是丰度较高的真菌门。另外，土壤中不可培养的真菌占比较大，4 号（庄浪县）、7 号（乾县）、11 号（白水县）、12 号（黄陵县）地区比重较高，其中 7 号（乾县）和 12 号（黄陵县）地区以不可培养真菌为主，比例分别高达 56.07% 和 66.37%。

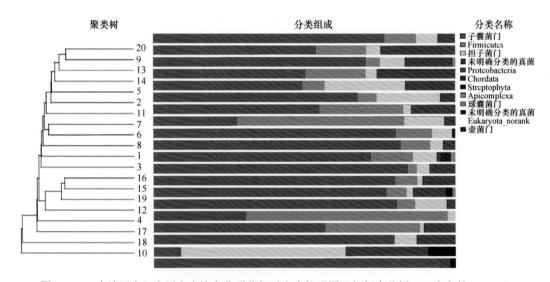

图 8-7　20 个地区在门水平上土壤真菌群落相对丰度柱形图及相似度分析（王晓宝等，2018）

　　20 个地区在属水平上真菌群落结构柱形图（图 8-8）表明，3 个省的 20 个地区间菌群分布的地域性不明显。除个别地区所属相同省份相似度较高外，其余地区不存在同一个省份或相邻地区间菌群分布一致的情况。

　　在属水平上，从 20 个果园土壤中共获得 70 个真菌属，从不同地区土壤获得的真菌种类和百分比存在差异。镰孢菌属、被孢霉属、毛壳菌属、隐球酵母属、地丝霉属、腐质霉属、梭孢壳属和酵母属是连作土壤中的优势菌属（图 8-8）。镰孢菌几乎存在于每个地区且相对丰度较高，尤其是在 2 号（秦州区）、6 号（礼泉县）、8 号（彬县）、10 号（富平县）、15 号（平陆县）和 16 号（芮城县）地区中，相对丰度分别占到 30.86%、53.26%、57.53%、90.74%、41.94% 和 50.00%。

　　为了确定某些优势真菌属与苹果连作障碍严重程度的相关性以及土壤的健康状况，将土壤中优势菌属的丰度与植株鲜重抑制率进行相关性分析。由表 8-6 可知，被孢霉属、隐球酵母属、地丝霉属、腐质霉属、梭孢壳属和酵母属的丰度与植株鲜重抑制量的相关系数为负数。镰孢菌属和毛壳菌属的丰度与植株鲜重抑制量的相关系数为正数。镰孢菌属的丰度与苹果连作障碍的严重程度呈极显著正相关关系（$r=0.585$，$P<0.01$）；而被孢霉属的丰度与苹果连作障碍的严重程度呈显著负相关关系（$r=-0.473$，$P<0.05$）。

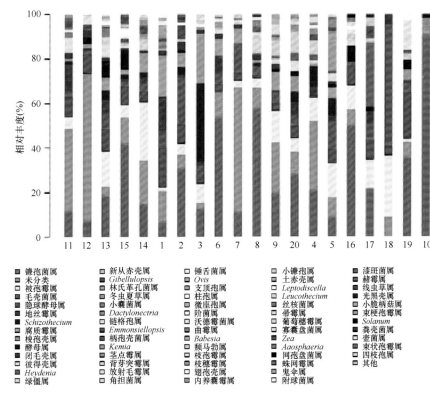

图 8-8　20 个地区在属水平上真菌群落结构柱形图（王晓宝等，2018）

表 8-6　优势菌属丰度与植株鲜重抑制量相关系数

优势菌属	与植株鲜重抑制率相关系数
镰孢菌属（*Fusarium*）	0.585**
被孢霉属（*Mortierella*）	−0.473*
毛壳菌属（*Chaetomium*）	0.227
隐球酵母属（*Cryptococcus*）	−0.296
地丝霉属（*Geomyces*）	−0.90
腐质霉属（*Humicola*）	−0.206
梭孢壳属（*Thielavia*）	−0.038
酵母属（*Saccharomyces*）	−0.206

**表示在 0.01 水平上极显著相关；*表示在 0.05 水平上显著相关

（二）阐明了连作土壤中实测浓度的酚酸类物质的自毒作用

1. 酚酸处理对平邑甜茶幼苗形态指标的影响

由图 8-9 可以看出，各处理均降低了平邑甜茶幼苗的地上部和地下部干鲜重，以混合酚酸（T2）处理降低最明显，根鲜重、茎鲜重分别为对照的 27.3%、51.7%；单个酚酸处理间相比较,根皮苷对平邑甜茶幼苗伤害最大,根鲜重、茎鲜重分别为对照的42.3%、60.6%;各处理对平邑甜茶幼苗的伤害大小排序为:混合酚酸(T2)处理>根皮苷(T4)处理>根皮素(T1)处理>香草醛(T3)处理>水杨酸(T5)处理>苯甲酸(T6)处理。

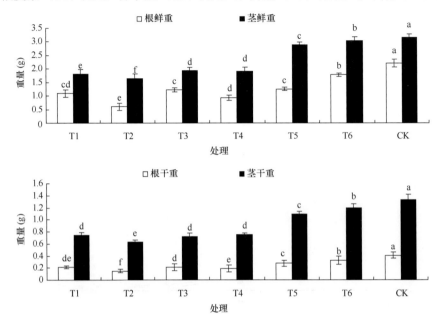

图 8-9　不同处理对平邑甜茶幼苗干鲜重的影响(尹承苗等,2016)

T1. 根皮素;T2. 5 种酚酸混合液;T3. 香草醛;T4. 根皮苷;T5. 水杨酸;T6. 苯甲酸;CK. 0.2%无水乙醇溶液;不同小写字母表示不同处理间差异显著($P<0.05$)

如图 8-10 所示,所有处理的根系活力均呈现持续下降的趋势,处理时间越长,根系活力降低越显著,在处理后的第 1 天、第 3 天、第 5 天以 T2 处理降低最显著,分别为对照的73%、71.7%和76.1%;在处理后第 10 天,T4 处理的根系活力是对照的85.5%。第 15 天,T4 处理的根系活力是对照的54.4%。

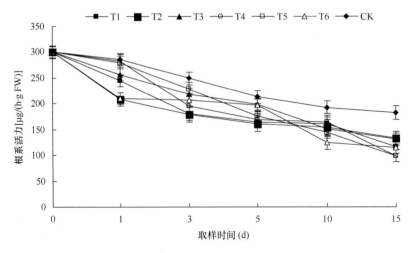

图 8-10　不同处理对平邑甜茶幼苗根系活力的影响(尹承苗等,2016)

T1. 根皮素;T2. 5 种酚酸混合液;T3. 香草醛;T4. 根皮苷;T5. 水杨酸;T6. 苯甲酸;CK. 0.2%无水乙醇溶液

2. 酚酸处理对平邑甜茶幼苗生理指标的影响

线粒体悬浮液在 540nm 处的吸光度能够反映线粒体膜通透性转换孔（MPTP）的变化，吸光度越低，MPTP 的开放程度越大。由图 8-11 可知，不同酚酸处理均使平邑甜茶幼苗根系线粒体膜的吸光度降低，其中在处理后的第 1 天、第 3 天、第 5 天、第 10 天、第 15 天以 T2 处理降低最显著，分别为对照的 30.3%、9.42%、5.52%、1.19%和 0.59%；其次为 T4 处理，在处理后的第 1 天、第 3 天、第 5 天、第 10 天、第 15 天，分别为对照的 31.8%、10.9%、1.11%、1.02%和 0.89%。

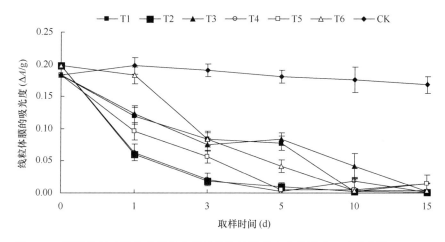

图 8-11　不同处理对平邑甜茶幼苗根系线粒体膜吸光度的影响（尹承苗等，2016）
T1. 根皮素；T2.5 种酚酸混合液；T3. 香草醛；T4. 根皮苷；T5. 水杨酸；T6. 苯甲酸；CK. 0.2%无水乙醇溶液

3.3 种酚酸胁迫对平邑甜茶根系蛋白质组的影响

基于以上生理指标数据分析，深入研究根皮苷、根皮素和苯甲酸 3 种酚酸胁迫对平邑甜茶根系蛋白质组的影响。将扫描后的图像文件通过 PDQuest 分析软件进行蛋白质点的检测，并对根皮苷、根皮素和苯甲酸处理与对照的平邑甜茶根系蛋白质分别在第 1 天、第 5 天、第 15 天的双向电泳图像进行分析（图 8-12，以根皮苷为例），得到了较好的蛋白质点。基于根皮苷处理的质谱鉴定结果，共鉴定出 16 个蛋白质点，其中有 10 种蛋白质的表达显著上调，这些上调表达的蛋白质大多与根皮苷造成的连作逆境密切相关，主要包括病原相关蛋白（核糖核酸酶样 PR-10b、Ap15）、代谢相关蛋白（推定的 ATP 合酶 β 链未知蛋白质、谷氨酰胺合成酶 GS56）、自由基清除相关蛋白（醛/酮还原酶 AKR、醌氧化还原酶 QR2、苯醌还原酶）（表 8-7）。

（三）明确了根皮苷等酚酸类物质与镰孢菌的关系

1. 根皮苷对串珠镰孢菌的影响

由图 8-13 可以看出，随着培养时间的延长，碳化硅（SiC）量子点已标记成功的串珠镰孢菌荧光强度随着该菌对溶液的不断吸收和碳化硅量子点逐步渗入菌内而逐渐增强，使得在荧光显微镜下观测到的串珠镰孢菌数目和形态更加清晰。

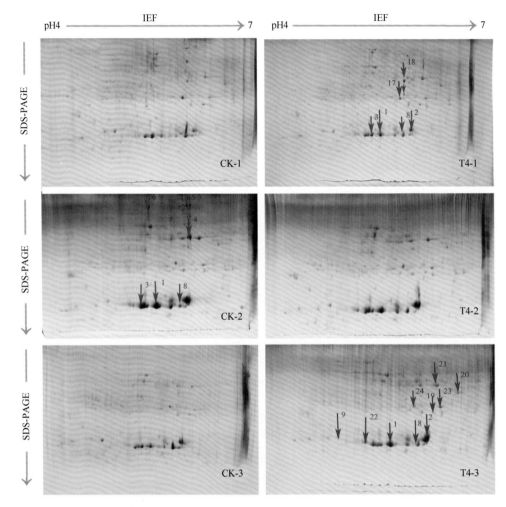

图 8-12　根皮苷对平邑甜茶根系蛋白质组的影响（Yin et al.，2018）

SDS-PAGE. SDS 聚丙烯酰胺凝胶电泳；箭头标注代表两个处理之间根系蛋白质的表达水平差异达到显著性

表 8-7　根皮苷处理的蛋白质质谱鉴定结果（Yin et al.，2018）

蛋白质点编号	上调下调	登录号	蛋白质鉴定	品种	分子质量（Da）	等电点	序列覆盖率	质谱结果评分
1	↑	15418738	核糖核酸酶样 PR-10b	*Malus domestica*	17 552	5.500	0.840	252
2	↑	862307	Ap15	*Malus domestica*	17 528	5.620	0.830	765
3	↓	60460787	Mal d 1.03G01	*Malus domestica*	17 753	5.230	0.770	127
4	↓	60280787	主要过敏原 Mal d 1.01	*Malus domestica*	17 666	5.670	0.620	491
5	↓	41323952	Mal d 1 样	*Malus domestica*	17 528	5.620	0.690	398

续表

蛋白质点编号	上调下调	登录号	蛋白质鉴定	品种	分子质量（Da）	等电点	序列覆盖率	质谱结果评分
6	↓	55820068	茎形成层区肌动蛋白	*Eucommia ulmoides*	41 948	5.310	0.580	349
8	↑	60460777	Mal d 1.03D02	*Malus domestica*	17 552	5.500	0.890	702
9	↓	60280845	主要过敏原 Mal d 1.03B	*Malus domestica*	17 568	5.500	0.890	470
17	↓	38532363	ASR 蛋白	*Ginkgo biloba*	20 099	5.330	0.110	78
18	↑	49328022	推定的 ATP 合酶β链未知蛋白质	*Oryza sativa* Japonica Group	59 012	5.950	0.500	411
19	↑	118481011	未知蛋白	*Populus trichocarpa*	27 395	6.450	0.330	242
20	↑	62526573	醛/酮还原酶 AKR	*Manihot esculenta*	38026	6.380	0.180	249
21	↑	40457326	谷氨酰胺合成酶 GS56	*Nicotiana attenuata*	39 396	5.810	0.200	233
22	↑	3309647	主要过敏原 Mal d 1	*Malus domestica*	17 528	5.620	0.800	686
23	↑	90811717	醌氧化还原酶 QR2	*Striga asiatica*	21 848	6.970	0.090	133
24	↑	124488472	苯醌还原酶	*Gossypium hirsutum*	21 789	6.200	0.200	93

　　根皮苷对平邑甜茶根系蛋白质组的影响。处理后 1d（CK-1、T4-1）、5d（CK-2、T4-2）和 15d（CK-3、T4-3）采集样品提取根蛋白。

　　根据相对于同步标准蛋白质的位置计算蛋白质点的分子量。等电点聚焦（IEF）点直接根据 IEF 试纸的 pH 范围确定。使用软件获取每个蛋白质点的丰度。通过自动检查和功能匹配检查蛋白质点。对检测到并匹配的蛋白质点进行了某些必要的人工编辑。

　　图 8-14 表明，菌液中添加了根皮苷的串珠镰孢菌可生长成串珠形态，进而形成团絮状菌丝，这一过程比菌液中未添加根皮苷的串珠镰孢菌要迅速很多，其分裂形态有着很大程度的差别。这说明菌液中根皮苷的添加促进了串珠镰孢菌的分裂，从分裂形态上证明了根皮苷的添加促进了串珠镰孢菌的生长。

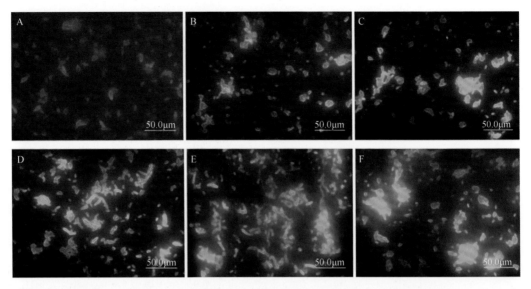

图 8-13　不含根皮苷串珠镰孢菌活体细胞长时程荧光成像（Yin et al.，2017）

A. 3d；B. 5d；C. 7d；D. 10d；E. 20d；F. 40d

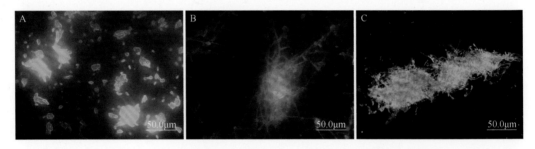

图 8-14　同一时间（40d）不同根皮苷含量菌液中串珠镰孢菌分裂程度（Yin et al.，2017）

A. 无根皮苷；B. 0.5mmol/L 根皮苷；C. 1.0mmol/L 根皮苷

从图 8-14 可以看出，不同的根皮苷含量对串珠镰孢菌生长态势的影响程度不尽相同，不难发现，1.0mmol/L 根皮苷添加量的菌液中串珠镰孢菌数量和分裂强度高于 0.5mmol/L 根皮苷添加量的菌液式样。这表明随着根皮苷含量的增加（在一定范围内），串珠镰孢菌的数量、分裂强度呈上升趋势。

将图 8-13A～F 与图 8-15A～F 对比可以得出，在根皮苷环境下仍能实现串珠镰孢菌的碳化硅量子点标记及活体细胞长时程荧光成像，且在根皮苷环境中串珠镰孢菌的生长速度、繁殖速度和菌丝分裂速度明显加快。

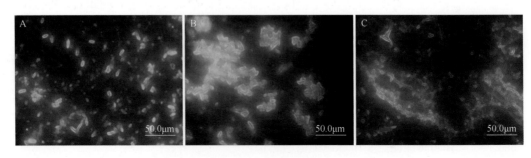

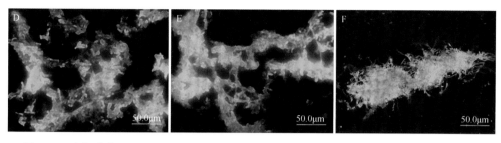

图 8-15　含根皮苷（1.0mmol/L）串珠镰孢菌活体细胞长时程荧光成像（Yin et al.，2017）

A. 3d；B. 5d；C. 7d；D. 10d；E. 20d；F. 40d

2. 不同酚酸对土壤真菌多样性及群落结构的影响

本研究对 7 月取样的不同酚酸处理的土壤真菌进行主成分分析，前两个主成分特征值的贡献率总和为 94.800%，其中主成分 1 的贡献率占到了 90.6%，说明在酚酸作用初期（图 8-16），不同酚酸处理的土壤真菌群落结构与连作土壤对照的土壤真菌群落结构所含的主成分基本一致，群落结构极为相似，而在酚酸作用后期，不同酚酸处理的土壤真菌群落结构与连作土壤对照的土壤真菌群落结构明显为两个独立的群落结构，说明酚酸可能促使连作土壤中的有害真菌富集，使其成为连作土壤中的优势种群，酚酸进一步加剧了连作土壤真菌群落结构的失衡。因此，对苹果连作障碍机理的研究必须建立在系统功能的水平上，若仅从苹果植株、土壤微生物和根系分泌物等某一个侧面进行探讨，很难真正反映连作障碍的成因，各因子与连作障碍之间的关系见图 8-17。苹果连作障碍的形成过程涉及苹果根系、土壤、微生物等多个因素，并受环境因子的调控。因此，苹果根际微生态系统综合功能失调是造成苹果连作障碍的主要原因。

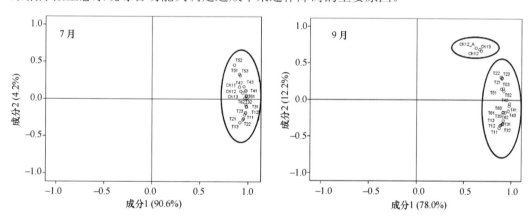

图 8-16　不同酚酸处理的土壤真菌的主成分分析（7 月→9 月）（尹承苗等，2017）

T1. 根皮素；T2. 5 种酚酸混合液；T3. 香草醛；T4. 根皮苷；T5. 水杨酸；T6. 苯甲酸；CK. 0.2%无水乙醇溶液；每个处理 3 个重复，各处理最后面数字代表重复次数

二、防控苹果连作障碍的多项关键技术

（一）首次提出"葱树混栽"技术，揭示了其减轻苹果连作障碍的机理

幼树定植后前 3 年，于 9 月上旬在半径 30cm 的树盘范围内撒播 4～5g 葱种，即幼

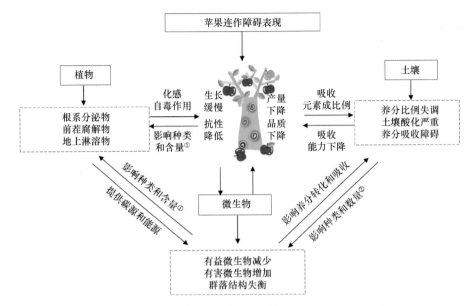

图 8-17　苹果连作障碍发生机理示意图（尹承苗等，2017）

①通过地上部淋溶、根系分泌和植株残茬腐解等途径来释放的化感物质的种类和含量；②根际土壤微生物群落中各种微生物的种类和数量

树生长在葱中，第二年 4 月底前去掉葱。该技术显著减少了土壤中 4 种镰孢菌数量，优化了微生物群落结构，减轻了连作障碍现象。

表 8-8 反映了盆栽条件下混栽葱和芥菜对连作幼树在 2015～2016 年生长的影响。结果表明，混栽葱和芥菜可以显著提高连作幼树的株高、茎粗、总枝长和干重。

表 8-8　盆栽条件下混栽葱和芥菜对连作幼树生长的影响（王功帅，2018）

处理	2015 年				2016 年			
	株高（cm）	茎粗（mm）	总枝长（cm）	干重（g）	株高（cm）	茎粗（mm）	总枝长（cm）	干重（g）
T1	204.67±6.33a	26.08±1.40a	589.67±32.11a	890.07±69.07a	218.33±0.88a	143.33±3.18a	678.00±18.00a	1164.00±34.49a
T2	171.33±3.53b	202.98±0.47b	477.00±47.35b	669.14±38.41b	196.67±2.91b	134.67±0.67b	574.33±34.84b	1037.33±32.44b
T3	170.33±3.76b	22.83±0.30b	536.00±19.70ab	682.28±34.27b	197.67±1.67b	133.00±3.06b	612.33±20.22ab	1098.67±20.18b
CK	152.00±2.31c	19.91±0.35c	312.67±15.17c	540.24±25.55c	184.67±3.48c	123.33±1.20c	455.67±34.36c	834.67±11.85c

注：T1. 连作土壤溴甲烷处理；T2. 连作幼树与葱混栽；T3. 连作幼树与芥菜混栽；CK. 连作对照

由图 8-18 可知，连作土壤经过不同处理后，真菌群落结构发生了巨大变化。根据末端限制性片段长度多态性（terminal-restriction fragment length polymorphism，T-RFLP）图谱中的运算分类单位（operational taxonomic unit，OUT）数量、种类丰度，分别计算了不同处理土壤真菌多样性指数。连作土混栽葱和芥菜可以显著改善连作土壤真菌的群落结构，具体表现为，与连作处理相比，混栽葱和芥菜处理土壤真菌的 Ace 指数、香农-维纳指数和 Chao 指数显著提高，辛普森指数显著降低。

由表 8-9 可知，连作土壤中有害真菌尖孢镰孢菌、层出镰孢菌、腐皮镰孢菌和串珠镰孢菌的拷贝数最高，显著高于其他 3 个处理。在 2015 年溴甲烷处理的土壤中 4 种镰孢菌数量最低。混作葱和芥菜显著降低了连作土壤中 4 种镰孢菌的拷贝数。

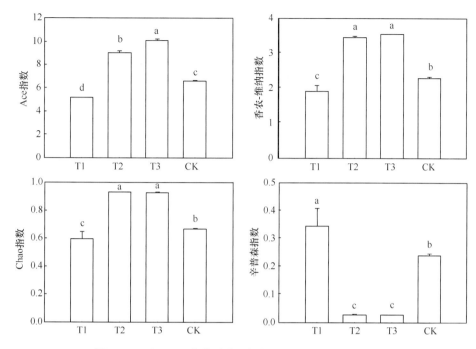

图 8-18　不同处理真菌群落多样性分析（王功帅，2018）

不同小写字母表示不同处理间差异显著（*P*<0.05）

表 8-9　混作葱和芥菜对连作土壤中 4 种镰孢菌的影响（王功帅，2018）

处理	2015 年				2016 年			
	尖孢镰孢菌（×10⁸ 基因拷贝数）	层出镰孢菌（×10³ 基因拷贝数）	腐皮镰孢菌（×10⁸ 基因拷贝数）	串珠镰孢菌（×10³ 基因拷贝数）	尖孢镰孢菌（×10⁸ 基因拷贝数）	层出镰孢菌（×10³ 基因拷贝数）	腐皮镰孢菌（×10⁸ 基因拷贝数）	串珠镰孢菌（×10³ 基因拷贝数）
T1	2.04±0.72b	7.37±0.20c	1.44±0.19c	1.25±0.22c	2.73±0.17d	2.11±1.83c	2.25±0.31c	2.42±0.14c
T2	3.09±0.21b	10.70±0.31b	17.10±5.03b	6.25±0.31b	4.40±0.29c	1.24±0.31b	2.67±6.01b	8.21±0.26b
T3	3.04±0.56b	10.63±0.18b	13.13±1.11b	7.79±0.69b	5.49±0.46b	1.45±0.58b	1.76±3.76b	8.58±0.33b
CK	4.44±0.67a	15.23±0.38a	68.87±2.92a	10.18±1.04a	9.61±0.30a	7.23±0.38a	8.30±1.19a	18.47±2.43a

注：T1. 连作土壤溴甲烷处理；T2. 连作幼树与葱混栽；T3. 连作幼树与芥菜混栽；CK. 连作对照

通过气相色谱-质谱法（GC-MS）对葱根系分泌物的主要成分进行了鉴定，由表 8-10 可知，共有 55 种含量较高的化学物质被鉴定，包括碳氢化合物、酯类化合物、苯类化合物、醇类化合物、苯酚类化合物、硫醚类化合物、杂环类化合物等。苯类化合物在根系分泌物中的相对丰度较高，如间二甲苯（8.02%）、邻二甲苯（3.93%）和乙苯（3.25%）。碳氢化合物和酯类化合物的种类与相对丰度也相对较高。在葱根系分泌物中，硫醚类化合物二甲基二硫醚和二烯丙基二硫醚被鉴定出，且其相对丰度分别为 1.04% 和 0.7%。通过对两种硫醚类物质进一步定量分析，分别测定了根系分泌物中二甲基二硫醚和二烯丙基二硫醚的浓度分别为 22.4μg/mL 和 15.2μg/mL。

表 8-10　葱根系分泌物主要成分分析（王功帅，2018）

成分	相对丰度（%）	成分	相对丰度（%）
2,6,10-三甲基十二烷	0.31	棕榈酸甲酯	0.51
2-溴十四烷	0.31	邻苯二甲酸二丁酯	0.46
3-乙基-3-甲基庚烷	0.11	乙酸十八酯	0.23
十八甲基环壬硅氧烷	0.33	亚硫酸二异丁酯	0.18
正癸烷	0.14	1,2,4,5-四甲苯	0.34
碘癸烷	0.27	五甲苯	0.38
4,6-二甲基十二烷	0.47	乙苯	3.25
十二烷	0.46	间二甲苯	8.02
正二十烷	0.32	邻二甲苯	3.93
8-甲基十七烷	0.21	苯甲醇	0.64
十六烷	0.61	异十三醇	0.36
3,3-二甲基己烷	0.45	甲硫醇	1.84
5-甲基-5-丙基壬烷	0.21	乙二硫醇	1.02
2,3,6,7-四甲基辛烷	0.26	萘	0.51
4-甲基十五烷	0.19	甲基萘	1.81
4-甲基十四烷	0.33	2,3-二甲基萘	0.33
十四烷	0.71	2,6-二甲基萘	0.42
4,8-二甲基十一烷	0.28	2,2′-亚甲基双（6-叔丁基-4-甲基）苯酚	0.2
4-甲基十九烷	0.36	2,6-二叔丁基苯酚	0.16
三十二烷	0.74	十五烷基苯酚	0.4
1,2-苯二甲酸二环己酯	0.77	二甲基二硫醚	1.04
十六烷基乙酸酯	0.37	二烯丙基二硫醚	0.70
邻苯二甲酸二乙酯	0.15	二苯并呋喃	0.29
邻苯二酸二异辛酯	2.26	芴	0.39
16-甲基十七烷酸叔丁酯	0.18	3-甲基-1,1-二苯基脲	50.61
13-甲基十四烷酸甲酯	0.57	N-苯基-2-萘胺	0.98
硬脂酸甲酯	0.42	甲磺酰乙酸	0.86
邻苯二甲酸二异丁酯	1.36	其他	6.99

　　由表 8-11 可知，葱根系浸提液、二甲基二硫醚和二烯丙基二硫醚可以显著抑制 4 种镰孢菌菌丝的生长，5 倍浓度的二甲基二硫醚抑制效果最为显著。与对照相比，葱根系浸提液、5 倍浓度二甲基二硫醚和 5 倍浓度二烯丙基二硫醚处理的腐皮镰孢菌菌丝生长分别减少了 43.2%、52.5% 和 39.9%。

　　表 8-12 反映了葱根系分泌物和硫醚类化合物对 4 种镰孢菌孢子萌发的影响。结果表明，葱根系浸提液、二甲基二硫醚和二烯丙基二硫醚可以显著抑制 4 种镰孢菌的孢子萌发。5 倍浓度的二甲基二硫醚抑制效果最为显著，其次是葱根系浸提液。其中，5 倍

浓度的二甲基二硫醚和葱根系浸提液处理的腐皮镰孢菌与层出镰孢菌的孢子萌发没有显著性差异。二甲基二硫醚的抑制效果好于二烯丙基二硫醚。

表 8-11　葱根系分泌物对镰孢菌菌丝生长的影响（王功帅，2018）

处理	腐皮镰孢菌（cm）	尖孢镰孢菌（cm）	串珠镰孢菌（cm）	层出镰孢菌（cm）
RE	4.57±0.13d	4.93±0.27c	5.15±0.13d	5.23±033b
LCDMDS	5.25±0.05c	4.98±0.20c	6.00±0.18c	5.33±0.23b
HCDMDS	3.82±0.16e	4.17±0.16d	3.88±0.14e	3.99±0.09c
LCDADS	6.16±0.06b	6.73±0.13b	7.19±0.21b	5.51±0.22b
HCDADS	4.84±0.19d	5.56±0.20c	5.55±0.18cd	4.41±0.14c
UN	8.05±0.06a	8.23±0.22a	8.15±0.11a	8.32±0.11a

注：RE. 葱根系浸提液；LCDMDS. 低浓度的二甲基二硫醚；HCDMDS. 5 倍浓度的二甲基二硫醚；LCDADS. 低浓度的二烯丙基二硫醚；HCDADS. 5 倍浓度的二烯丙基二硫醚；UN. 无菌水对照
不同小写字母表示不同处理间差异显著（$P<0.05$）

表 8-12　葱根系分泌物对镰孢菌孢子萌发的影响（王功帅，2018）

处理	腐皮镰孢菌（$\times10^6$）	尖孢镰孢菌（$\times10^6$）	串珠镰孢菌（$\times10^6$）	层出镰孢菌（$\times10^6$）
RE	20.33±2.40cd	27.67±3.76d	26.67±2.60d	23.00±2.65de
LCDMDS	28.33±1.76c	38.33±1.76c	42.00±2.08c	31.33±1.45c
HCDMDS	16.67±2.03d	17.67±0.88e	18.00±2.08e	19.67±1.40e
LCDADS	46.33±2.91b	57.67±2.40b	56.00±4.58b	48.67±1.45b
HCDADS	27.67±1.76c	37.00±2.31c	33.67±1.76d	29.00±2.52cd
UN	79.00±4.04a	75.00±4.16a	86.00±1.53a	77.00±2.31a

注：RE. 葱根系浸提液；LCDMDS. 低浓度的二甲基二硫醚；HCDMDS. 5 倍浓度的二甲基二硫醚；LCDADS. 低浓度的二烯丙基二硫醚；HCDADS. 5 倍浓度的二烯丙基二硫醚；UN. 无菌水对照。10^6 代表孢子萌发的数量。不同小写字母表示不同处理间差异显著（$P<0.05$）

（二）明确了生物炭配施甲壳素可减少土壤中镰孢菌数量、降低酚酸类物质含量

生物炭与甲壳素配合施用优化了连作土壤的真菌群落结构，增加了土壤细菌/真菌值，减少了土壤中尖孢镰孢菌基因拷贝数，降低了酚酸类物质含量。

由表 8-13 可以看出，与 CK 相比，T2、T3 和 T4 可显著提高平邑甜茶幼苗株高、地径、干重和鲜重。

表 8-13　不同处理对平邑甜茶幼苗生物量影响（王艳芳等，2017）

处理	株高（cm）	地径（mm）	鲜重（g/plant）	干重（g/plant）
CK	24.6±2.8d	3.21±0.3c	11.2±1.2d	3.8±0.7d
T1	29.13±2.1c	4.02±0.9b	15.0±1.1c	4.7±0.5cd
T2	33.40±1.1.1b	4.11±0.2b	18.6±1.1bc	5.9±1.1bc
T3	35.57±1.2b	4.27±0.2b	19.8±1.4b	6.5±0.7b
T4	42.67±1.5a	5.68±0.4a	24.3±2.2a	8.5±0.9a

注：CK. 连作土壤；T1. 甲壳素；T2. 生物炭；T3. 甲壳素和生物炭；T4. 溴甲烷熏蒸
不同小写字母表示不同处理间差异显著（$P<0.05$）

图 8-19 显示，T1、T2、T3 和 T4 处理的平邑甜茶幼苗根系呼吸速率分别是对照的 1.37 倍、1.70 倍、1.87 倍和 2.02 倍。

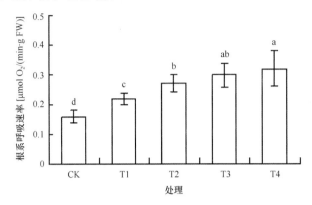

图 8-19　不同处理对平邑甜茶幼苗根系呼吸速率的影响（王艳芳等，2017）

CK. 连作土壤；T1. 甲壳素；T2. 生物炭；T3. 甲壳素和生物炭；T4. 溴甲烷熏蒸。不同小写字母表示不同处理间差异显著（$P<0.05$）

图 8-20 结果表明，溴甲烷熏蒸、生物炭配施甲壳素处理土壤中尖孢镰孢菌基因拷贝数均显著低于连作土壤。

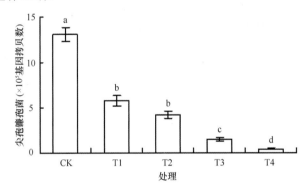

图 8-20　不同处理对土壤尖孢镰孢菌基因拷贝数的影响（王艳芳等，2017）

CK. 连作土壤；T1. 甲壳素；T2. 生物炭；T3. 甲壳素和生物炭；T4. 溴甲烷熏蒸。不同小写字母表示不同处理间差异显著（$P<0.05$）

由表 8-14 可以看出，生物炭处理以及生物炭配施甲壳素处理可显著降低土壤中酚酸类物质的含量，但两种处理之间根皮苷等酚酸类物质含量差异不显著。

表 8-14　不同处理对土壤中酚酸类物质的影响（王艳芳等，2017）

酚酸种类	处理				
	CK	T1	T2	T3	T4
根皮苷 µg/kg 土壤	43.43±6.93a	38.43±6.93b	30.02±1.38c	31.23±2.32c	38.39±3.21b
根皮素 µg/kg 土壤	43.26±2.01a	43.26±2.01a	30.13±1.56b	30.03±1.68b	42.30±1.32a
肉桂酸 µg/kg 土壤	6.16±0.23a	5.45±0.23a	2.88±0.56b	3.03±1.03b	5.38±0.98a
对羟基苯甲酸 µg/kg 土壤	31.81±5.37a	31.81±5.37a	21.03±1.23c	21.12±1.36c	25.03±3.68b
间苯三酚 µg/kg 土壤	56.78±6.4a	55.98±4.4a	31.16±1.3b	30.52±2.4b	55.86±3.8a

不同小写字母表示不同处理间差异显著（$P<0.05$）

（三）发明了施用高锰酸钾优化连作土壤环境的方法

向树穴土壤中拌入高锰酸钾，施氮量为土壤质量的 0.5‰（单个树穴土壤质量为83kg），可使土壤中根皮苷含量降低 57.8%（表 8-15），有利于再植植株的生长，显著减轻了连作障碍。

表 8-15　高锰酸钾对苹果连作土壤中酚酸类物质含量的影响（张素素等，2017）

处理	根皮苷（mg/kg）	根皮素（mg/kg）
麦田土	0.000 ± 0.000 c	0.000 ± 0.000 b
苹果园土	0.391 ± 0.019 a	0.029 ± 0.003 a
高锰酸钾处理苹果园土	0.165 ± 0.025 b	0.026 ± 0.004 a

不同小写字母表示不同处理间差异显著（$P<0.05$）

本课题组对 T-RFLP 图谱的主成分分析（PCA）发现，各处理均改变了连作土壤真菌群落结构（图 8-21），其中，高锰酸钾、高锰酸钾与木霉菌肥两者联用对真菌群落结构的改变较为明显，更有利于减轻苹果连作障碍。

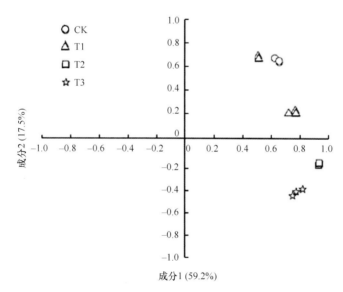

图 8-21　不同处理间真菌 T-RFLP 图谱主成分分析（徐少卓等，2018）
CK. 原状果园土壤；T1. 施木霉菌肥；T2. 高锰酸钾消毒；T3. 高锰酸钾消毒+施木霉菌肥

（四）分离、鉴定了酚酸类物质降解菌和病原拮抗菌，研制出防控苹果连作障碍的专用菌肥

1. 根皮苷降解菌——促根生肠杆菌

安全性评价检测结果表明，促根生肠杆菌菌株安全（图 8-22），能够在苹果根际稳定定植，能够有效解除根皮苷引起的植株生长抑制作用，该菌已被保藏，保藏号为CGMCC NO.9841。

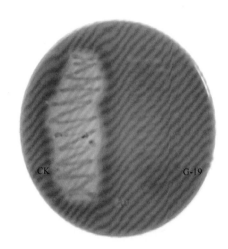

图 8-22　溶血试验结果

CK. 金黄色葡萄球菌阳性对照

2. 根皮苷降解菌——生脂固氮螺菌

通过对分离菌株的生理生化特征测定及 16S rRNA 基因序列分析，采用 MEGA 5.0 构建系统发育树，鉴定结果为生脂固氮螺菌，其除对根皮苷有降解作用外，对邻苯二甲酸、对羟基苯甲酸和焦性没食子酸的降解率也分别达到 66.0%、72.0%和 84.0%。

3. 病原拮抗菌草酸青霉 A1 分离、鉴定与验证

该菌株对腐皮镰孢菌、层出镰孢菌、串珠镰孢菌和尖孢镰孢菌的菌丝生长均有不同程度的抑制作用，在玉米粉培养基上对上述 4 种菌丝生长抑制率分别为 53.4%、68.4%、82.2%、60.5%（图 8-23），拮抗系数达到Ⅱ级或Ⅰ级。草酸青霉 A1 生长速度快，孢子大量繁殖。盆栽试验结果表明，草酸青霉菌肥能有效减轻苹果连作障碍。该

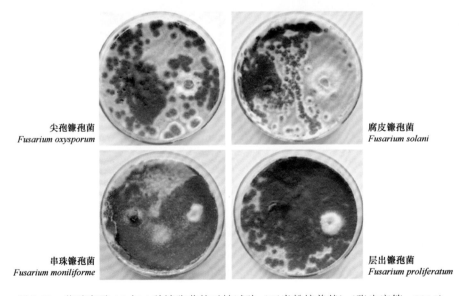

尖孢镰孢菌
Fusarium oxysporum

腐皮镰孢菌
Fusarium solani

串珠镰孢菌
Fusarium moniliforme

层出镰孢菌
Fusarium proliferatum

图 8-23　草酸青霉 A1 与 4 种镰孢菌的对峙试验（玉米粉培养基）（张先富等，2016）

菌株保藏号为 CGMCC No. 11111。另外，还分离、鉴定了圆弧青霉 D12、哈茨木霉、侧孢短芽孢杆菌、地衣芽孢杆菌、死谷芽孢杆菌和枯草芽孢杆菌等病原拮抗菌，它们对 4 种镰孢菌均有拮抗作用。

4. 专用菌肥的研制

根据本研究分离、鉴定的菌株，研制出防控苹果连作障碍专用菌肥，并开展了盆栽试验和大田试验进行验证。

三、苹果连作障碍防控技术体系

本课题组围绕苹果连作障碍的绿色防控进行联合攻关与集成示范，研究发明了降低酚酸类物质含量（ZL200910015530.2、ZL201210251130.3）、减少镰孢菌数量（ZL201510690000.3）等优化连作土壤环境的多项关键技术，研究集成了以"冬前开沟、清除残根、穴施菌肥、葱树混栽"为核心的苹果连作障碍防控技术体系，2017 年将其作为山东省农业主推技术（鲁农科技字〔2017〕16 号）发布实施，该技术简便、有效、易于推广，可与"大学+企业+业务主管部门+新型经营主体"四位一体的技术推广模式结合使用，该技术推广应用快速，已在山东、陕西、山西、甘肃、辽宁等苹果主产区广泛应用，亩增产 355～1150kg，经济、社会和生态效益显著，其技术要点如下。

1. 冬前开挖定植沟

秋季果实采摘后，尽快去除老树，每亩撒施腐熟好的农家肥 5000kg，全园旋耕 30～40cm。之后按设计好的行距开挖定植沟，定植沟深 60～80cm，宽不小于 100cm。开沟时将上层土（熟土，即 0～30cm 的土）与下层土（生土，即 30～60cm 的土）分开放置，开沟过程中注意拣除残根。定植沟于春季回填，回填时上层土、下层土颠倒位置，即生土置于上部，熟土置于沟底。

2. 处理树穴土壤、定植

3 月下旬至 4 月上旬，在定植沟内挖内径、深均 40cm 的树穴，将 1kg 防治苹果连作障碍的专用菌肥（国家现代苹果产业技术体系研制）与树穴土壤充分混匀，选用优质苗木——根系完整、健壮、整齐的大苗定植，培育抗苹果连作障碍的苗木对成功建立连作园有重要作用，定植前应将苗木根系在清水中浸泡 24～48h 并对其进行修剪。定植后，于行内覆盖园艺地布。

3. 树盘范围适时种植葱

定植当年 9 月上旬，去掉园艺地布，在树盘撒播葱种，每个树盘撒播 4～5g 葱种，即让幼树生长在葱里面，第 2 年、第 3 年春季（或夏、秋季）继续在树盘撒播葱种，即树盘连续种 3 年葱。在葱生长季节，适当追施 1～2 次肥，施肥后浇水。同时行间连续 3 年间作一年生矮秆植物，如花生、牧草等，加强连作建园后的土肥水管理、病虫害防控和整形修剪等工作。

四、未来研究方向

纵观苹果连作障碍的研究史，已经从传统单因子拓展到多因子，但是苹果连作障碍影响因素多、形成机理复杂，使得苹果连作障碍综合防控技术尚需进一步研究，未来可在以下几个方面进行重点研究。①抗重茬砧木选育：挖掘生物自身遗传潜力，基于基因组学分析和分子育种方法选育抗重茬、低能耗和高养分利用率的品种。②拮抗菌的分离鉴定和应用：有益微生物和拮抗微生物的最佳组合，复合生防制剂的筛选，有机肥料、微生物菌肥、微量元素配合施用的技术。③绿色熏蒸调控：研发环境友好型土壤消毒技术或与拮抗植物混作的综合防治技术，结合多层次的耕作制度和管理制度，充分发挥植物的多样性。随着科学技术的发展和研究的深入，苹果连作障碍问题必将会得到控制，使农业生产达到经济效益、生态效益和社会效益的和谐统一。

第三节　现代宽行高干省力高效栽培模式创建技术

现代宽行高干省力高效栽培是苹果业现代化的重要特征，是果园机械化、生草化和轻简化的前提，也是提质增效技术的核心。因此，现代宽行高干省力高效栽培是水果转型升级的核心，而选择什么方式或砧穗组合创建果树现代宽行高干省力高效栽培模式是提质增效的关键。

一、中国水果产业提质增效面临的四大共性问题及个性问题

新旧动能转换与转型升级的核心就是提质增效，是产业必须面对的问题。与美国、法国、日本等水果产业强国比较，我国水果产业的提质增效面临如下 4 个共性问题。

一是降水在时间和空间上的不均衡性，南涝北旱，春旱秋涝。

二是果园基础地力差，有机质含量低。近几年国内外大量的调研结果表明，全世界果树生产先进国家的果园都生草，土壤有机质含量为 3%～7%，唯有中国在锄草，土壤有机质含量不足 1%。因此，中国果品产量与效益的提升 80%靠化肥，而世界果树生产先进国家 80%靠果园基础地力。

三是机械化水平低，劳动力成本高。栽培模式落后，果园郁闭，树龄老化，果园基础设施差，机械化程度低，套袋、解袋及清耕锄草等劳动力成本占果园生产成本的 80%。

四是果园规模小及一家一户的分散性和老龄化。目前我国每年可生产 4000 余万吨苹果，其中 80%是规模很小、一家一户的老龄化农民生产的，因此，适度规模的农场化（20～50 亩）、专业化、年轻化是中国苹果产业未来的发展方向。

各水果树种在品种结构等方面的个性问题差异很大。苹果品种单一，特色多样化品种严重不足，主栽品种'红富士'着色等性状需要进一步改良；早中熟梨新品种培育成就突出，优质品种丰富多样，但'砀山酥'等主栽品种"晚熟而不优质"，严重影响了梨产业的高效发展；杏品种琳琅满目，但 98%为资源实生选种，杂交育成的新品种甚少。

二、实施四大工程，推动我国水果产业转型升级

针对我国水果产业提质增效面临的四大共性问题及各水果树种在品种结构等方面的个性问题，应实施特色多样化水果良种培育及品质提升工程、现代宽行高干省力高效栽培模式创建工程、果园地力培肥与基础设施提升工程及新型经营主体培育工程等四大工程。

三、整形修剪方式的变革是栽培模式变革的核心

提质增效，品种是基础，土壤是关键、是根本，根深才能叶茂，土优才能果优，栽培模式、肥水管理、病虫害防控及商品化处理等均是保障，整形修剪就是培养合理的树体结构，调节营养生长与生殖生长的关系及其平衡，实现优质丰产。因此，整形修剪方式的变革是栽培模式变革的核心，也是实现早期丰产的关键。我国苹果树形大体上经历了宽冠型和窄冠型两类树形及 4 种整形修剪方式。

第一种方式是宽冠型的"先整形、后结果"。我国 20 世纪 50～60 年代的苹果栽培模式为乔砧稀植，主要是在冬季采用短截、疏枝及回缩等修剪手法培养主干疏层形、小冠疏层形及开心形等树形，定植后 5～7 年才进入结果期。

第二种方式是宽冠型的"边整形、边结果"。20 世纪 70 年代，针对新建苹果园进入结果期晚的问题，山东研究出了苹果幼树早期丰产技术（山东泰安大石碑经验）：在整形的过程中，有效利用辅养枝、层间枝及裙子枝等临时枝，采用甩放、拉大角度及环剥等修剪手法促发短枝而结果。这一技术取得了显著成效，曾吸引了国内 17 个省市的果业人士观摩学习，对推动全国的苹果产业发展发挥了重要作用，1978 年曾获山东省首届科技大会奖。

第三种方式是窄冠型的"快整形、早结果"。近几年国内正推广的细长纺锤形及其宽行高干集约高效栽培模式是国际上普遍采用的苹果栽培模式，其主要特点是在中心干直接培养 20～30 个结果枝或结果枝组，苗木定植后 3～4 年进入结果期。

第四种方式是窄冠型的"先结果、后整形"。利用近年选育的'龙富'等优质短枝型苹果新品种萌芽率高、早果性强的特点，研究提出了先结果、后整形的"一根棍"栽培模式，实现了良种与良法配套及二年生独干苗"定植当年成花、2 年结果、3～4 年丰产"的理想效果。

四、创建适合我国国情的现代宽行高干省力高效栽培模式

现代宽行高干省力高效栽培模式是果园机械化、生草化和轻简化的基础。针对我国苹果产业在生态条件和生产关系等自然、经济及社会方面存在的问题，按照"因地制宜、因时制宜、资源节约、生态友好及多样化与高效发展"的原则，创建适合我国国情的现代宽行高干省力高效苹果栽培模式，其中在具有良好灌溉条件或配备水肥一体化设施、适宜矮砧栽培的地区，选择 M9T337、M26 等矮化自根砧及"矮化砧+普通型"或"矮化砧+优质短枝型"即双矮或矮短模式；在我国东部渤海湾及西部黄土高原瘠薄干旱区，主要推广抗性实生砧+优质短枝型模式；在我国辽宁沈阳周边的东北地区，主要是以山

荆子为基砧、抗寒矮化砧木 GM256 为中间砧、高接具有短枝特性的'寒富'苹果品种，即双矮模式，已得到了果农和市场的普遍认可。

为确保上述 3 种栽培模式能见到实效，应做好如下 3 项工作。一是要选择接口处不带病菌、根系完整的优质壮苗；二是定植前的苗木确保在干净的水中浸泡 48h 或在流动的河水中浸泡 5d；三是春旱秋涝的东部渤海湾地区，定植后适时浇水、覆膜，以确保苗木定植成活，并能健康生长，实现早期丰产。

五、三位一体的"中国式苹果宽行高干省力高效"栽培法

（一）研发过程

根据农业发明专利的公益性和知识性特点及"良种良法配套"的科研思路，针对我国苹果主产区的自然条件和生态特点及苹果产业转型升级的技术需求，本课题组提出了"三位一体的'中国式苹果宽行高干省力高效'栽培法"（专利号 ZL201510990112.0）。

（二）技术要点

针对我国西部黄土高原和东部渤海湾两大苹果优势产区土壤瘠薄及"干旱少雨"或"春旱秋涝"的特点，选用中国原产的八棱海棠、山荆子和新疆野苹果等抗性实生砧木及本课题组自主选育的'龙富''沂源红''成纪 1 号'等优质短枝型苹果新品种，采用"多枝养干、先结果、后整形、早果压冠"的整形修剪策略，培养高纺锤形树形，实现了良种、良砧与良法配套（三位），创建了无支架的"中国式苹果宽行高干省力高效"现代栽培新模式（一体），即"一根棍"模式。

（三）技术效果

利用良种、良砧与良法集成配套的技术方案，创建了既适用于土壤瘠薄的"春旱秋涝"的东部渤海湾产区和"干旱少雨"的西部黄土高原产区，也适用于适度规模的农场和一家一户分散经营的农民，利用有助于果园生草化和机械化的苹果现代宽行高干栽培模式，实现提质增效和节本增效。目前，该技术已在山东、陕西、甘肃、山西及新疆等我国苹果主产区大面积推广应用，为中国苹果产业新旧动能转换提供了技术支撑。

1. 促进了我国苹果主产区农民节本增效和提质增效

本发明专利技术选用中国原产的八棱海棠、山荆子和新疆野苹果等深根性的抗性实生砧木，不需要支架及非常好的水浇条件或水肥一体化设施，树势健壮，优质丰产，果园经济寿命长；选用的'龙富'等优质短枝型苹果新品种，易成花，早果性强，无须拉枝等复杂的促花措施；宽行高干有利于生草化和机械化，可改善劳动条件，使果园管理用工量减少 80%，实现了节本增效；参评专利选用的'龙富'等优质短枝型苹果新品种易着色，优质果率高，风味品质佳，实现了提质增效。

2. 改善了果园生态环境

果树不仅是促进我国农民持续增收、助力乡村振兴的重要经济作物，也是保障生态

安全的重要屏障。因此，果园生态是我国生态文明建设的重要组成部分。果园生草免耕制是世界水果生产先进国家普遍采用的果园管理模式，取得了显著的生态、经济和社会效益。我国的果园之所以沿用清耕锄草制，重要原因之一是果园郁闭，没有小草生长的空间。因此，本课题组创建的宽行高干栽培模式，促进了果园生草地力培肥技术的推广应用，并且改善了果园生态环境，将为我国生态文明建设做出重要贡献。

六、果树"三芽二度一单轴"快速整形早期丰产栽培法

（一）研发过程

本课题组根据农业发明专利的公益性和知识性特点及"良种良法配套"的科研思路，针对果树产业早果丰产的技术需求及果树花芽形成规律，提出了"果树'三芽二度一单轴'快速整形早期丰产栽培法"发明专利（专利号 ZL201510780001.7）。

（二）技术要点

"三芽"是指定芽、抹芽与刻芽或抽枝宝促枝，从 150～200cm 高的二年生优质壮苗植株顶部开始，保留第 1、4、8、12 节位的芽，抹除第 2、3、5、6、7、9、10、11 节位的芽，从第 13 节位开始每抹除 3 个节位的芽保留 1 个节位的芽并重刻芽或涂抹抽枝宝，直至节位距离地面 80cm；"二度"是指通过调整主枝的角度来控制主枝的粗度，以达到合理的枝干比；"一单轴"是指及时清理和（或）剪除各主枝上的分枝，确保各主枝仅保留结果短枝，单轴延伸。

（三）技术效果

利用该技术，'山农酥'梨半成苗建园，取得了"当年成苗、第二年成形成花、第三年开花结果、第四年丰产"的显著效果（图 8-24）。

图 8-24　果树"三芽二度一单轴"快速整形早期丰产栽培法及'山农酥'梨半成苗建园第三年开花结果

第四节　果园生草地力培肥技术

一、果树种质资源与果园生草的前因后果

2009 年，著者参加了山东省农业厅组织的意大利和法国的果业考察，随后考察了美国、英国、日本及澳大利亚的果树产业，调研结果表明，全世界果品生产先进国家的果

园都生草，唯有中国的果农在锄草。

2010 年，山东省启动实施现代农业产业技术体系建设项目，经过竞争答辩，著者被遴选为水果创新团队首席专家；在团队任务规划时，农业厅的领导明确要求我们选择一些制约产业发展、1 个或几个专家干不成的共性技术；在充分调研的基础上，确定了水果创新团队的三项重点任务：①特色多样化水果新品种培育；②现代栽培模式创建技术；③果园生草地力培肥技术。

前两项任务及考核指标分解到不同的岗位专家，而果园生草地力培肥技术是水果创新团队的任务，由首席专家负责、部分岗位专家及 5 个综合试验站站长共同参与。因此，作为果树种质资源与遗传育种专家，关注果园生草 10 年，主要取得了 9 个方面的成果。

二、9 篇有关果园生草的学术研究论文和科普文章

2011 年，应中国人民解放军济南军区黄河三角洲生产基地（山东东营，以下简称济军基地）李文燕同志的邀请，著者到梨园自然生草试验园进行考察。试验园位于黄河入海口，土壤含盐量为 0.3%~0.4%，属滨海盐化潮土，据了解，在果业产业发展过程中，曾采用"挖大穴栽大苗、清耕除草"等传统方法，出现了建园成活率低等一系列问题；1993年从国外引进白三叶、黑麦草、高羊茅及紫花苜蓿等 10 余种草种进行果园人工种草试验又未获成功，其中白三叶容易引起红蜘蛛大暴发，黑麦草及高羊茅等根系太发达，可引起表层土干燥等从而影响果树根系生长；2003 年李文燕同志开始在 7.3hm² 梨园进行自然生草试验，每年割草 3~4 次，每次撒施尿素 7.5~10kg/亩，取得了省力、优质、高效的初步成效，得到了周边群众的普遍认可。

2012 年，以李文燕同志梨园自然生草试验的成功案例为素材，著者撰写并发表了题为"给果园小草一点阳光，苹果更灿烂——苹果果实品质提升的途径与关键技术"的第一篇果园生草科普论文；当时编辑部主编要把论文题目改为"果园生草技术"，著者没有同意，因为果园生草技术不能在我国有效推广应用，重要原因之一是我国果农的思想观念和认识有一定的局限性，以"给果园小草一点阳光，苹果更灿烂——苹果果实品质提升的途径与关键技术"为题目，主要目的是解决我国果农的思想观念和认识问题。

为进一步解读李文燕同志梨园自然生草试验的成功案例，随后安排吴玉森和王艳廷两位研究生进行采样分析，研究论文先后发表在《中国农业科学》和《生态学报》等学术刊物上（表 8-16）。

三、果园生草不能在我国有效推广应用的原因

意大利、法国、美国及日本等果品生产先进国家的生产实践表明，果园生草是培肥地力、全方位提升果园综合生产能力与效率、实现果树产业可持续发展的现代土壤管理模式，取得了显著的生态及经济效益。我国于 20 世纪 90 年代开始将果园生草制纳入绿色果品生产技术体系，在全国建立了许多示范园，取得了一定成效。但现在我国清耕果园面积占果园总面积的 90% 以上，果园生草技术实际上并未在我国有效推广，主要有如下 3 个原因。

表 8-16　近几年发表的有关果园生草研究论文和科普文章

序号	题目	作者	刊物名称	发表时间（年份）
1	给果园小草一点阳光，苹果更灿烂——苹果果实品质提升的途径与关键技术	陈学森等	落叶果树	2012
2	可持续发展果园的经营与管理——再谈果园生草培肥地力及其配套技术	陈学森等	落叶果树	2013
3	自然生草对黄河三角洲梨园土壤养分、酶活性及果实品质的影响	吴玉森等	中国农业科学	2013
4	力推果园生草，建设生态文明	陈学森等	烟台果树	2014
5	自然生草对黄河三角洲梨园土壤物理性状及微生物多样性影响	王艳廷等	生态学报	2015
6	我国果园生草的研究进展	王艳廷等	应用生态学报	2015
7	苹果园种植长柔毛野豌豆结合自然生草对土壤综合肥力的影响	陈学森等	园艺学报	2016
8	我国苹果产业节本增效关键技术. III：果园生草培肥地力技术	陈学森等	中国果树	2017
9	我国果树产业新旧动能转换之我见. I：果树产业新旧动能转换的卡脖子问题及其解决途径	陈学森等	中国果树	2019

1. 果农坚持传统栽培观念

我国黄河流域"清耕除草、精耕细作"的农耕文化有 3000 余年，"杂草与果树争肥争水"及"锄头下有水"等传统认识深深扎根于果农心中，果农坚持果园清耕除草，不能让果园长草。

2. 苹果园现行的管理技术不利于生草

苹果园现行的管理技术从以下 3 个方面影响果园生草技术的推广。①苹果树干太矮，定干高度多在 60cm 左右，生草影响果园操作。②苹果园郁闭，遮光，草无法生长。过去苹果大都采用乔砧密植的栽培模式，苹果园郁闭现象比较严重。另外，多数苹果园以施用化肥为主，有机肥投入不足，加之春旱秋涝及修剪不当，加剧了果园郁闭。③果园生草配套技术跟不上。一方面，果园自然生草或人工种草大都需要每年刈割 3～4 次，由于缺乏合适的割草机械，多数果农不得不放弃生草而改为清耕除草或喷洒除草剂；另一方面，生草改变了果园的生态系统，病虫害的发生与防治也要做适当的调整。

3. 我国果园生草急需具有"培肥"、"节水"及"省力"效果的生草草种与生草模式

我国的苹果主要分布在春旱秋涝的东部渤海湾和西南冷凉高原丘陵地区及干旱少雨的西部黄土高原地区，果园生草必须考虑"节水"。目前自然生草或人工种植的白三叶、紫花苜蓿及高羊茅等多数草种每年均需要刈割 3～4 次，"培肥"而不"省力"，即使打消了果农"杂草与果树争肥争水"的顾虑，但由于缺乏合适的割草机械，多数果农也不得不放弃生草而改为清耕除草或喷洒除草剂。为此，研究筛选具有"培肥"、"节水"及"省力"效果的果园生草草种与生草模式是未来研究的重点。

四、中国果树产业新旧动能转换的卡脖子问题

提质增效，土壤是根本，根深才能叶茂，土优才能果优，要提高果实品质，首先必须提高土壤品质。近几年国内外大量的调研结果表明，全世界果树生产先进国家的果园

都生草，土壤有机质含量为 3%～7%，唯有中国在锄草，土壤有机质含量不足 1%，果园生草不能在我国有效推广应用的重要原因之一是果农的传统栽培观念根深蒂固。因此，果园基础地力非常重要，要全面提升又非常困难。我们 2019 年撰写并在《中国果树》上发表了 4 篇关于"我国果树产业新旧动能转换之我见"的文章，在第一篇文章中提出了我国果树产业新旧动能转换的卡脖子问题就是"果园基础地力差，土壤健康水平低"；必须统一认识，聚焦两减一提，多措并举，重点是遵循自然规律，借助自然的力量，推广果园生草地力培肥技术（表 8-17）。

表 8-17　2019 年在《中国果树》上发表的 4 篇关于"我国果树产业新旧动能转换之我见"的文章

序号	题目
1	我国果树产业新旧动能转换之我见.Ⅰ：果树产业新旧动能转换的卡脖子问题及其解决途径
2	我国果树产业新旧动能转换之我见.Ⅱ：以优质、晚熟、耐贮品种为主的品种结构助力我国苹果和梨产业高效发展
3	我国果树产业新旧动能转换之我见.Ⅲ：三位一体的中国式苹果宽行高干省力高效栽培法推动我国苹果产业转型升级，助力乡村振兴
4	我国果树产业新旧动能转换之我见.Ⅳ：服务乡村振兴，果树资源育种研究必须坚持理论与技术创新并重及良种良法配套

五、全园自然生草可显著优化黄河三角洲梨园土壤环境

对黄河三角洲梨园自然生草试验进行的研究结果表明，持续多年全园自然生草可显著降低土壤含盐量，优化耕作层土壤物理性状，提高土壤有机质与矿质营养元素含量、表层土壤酶活性、微生物量碳、微生物量氮、土壤微生物呼吸与土壤微生物活性、活跃微生物量及碳源利用能力，显著优化梨园土壤环境，使果实品质得到同步提升（表 8-18～表 8-20）。

六、生草争肥问题及我国苹果园生草的五项原则

已有的研究表明，果园人工种草及自然生草初期的确存在草与果树争肥的问题。因此，本课题组提出了"关键时期"，是指在生草栽培初期的果园，要确保水肥有效供应。并根据我国苹果主产区生态系统的多样性及人多地少的现实，进一步提出了我国苹果园生草必须坚持"因地制宜、经济效益、关键时期、技术配套及多样化"的五项原则。其中"因地制宜"是指在降雨量不足 400mm 的地区不宜生草，山东黄河三角洲地区梨园实行全园自然生草比较成功，但其他地区必须坚持行内清耕或覆盖，行间生草；"经济效益"是指在幼树期可间作花生及蔬菜等矮秆且秸秆木质化程度较低的经济作物，以增加果农的经济收入；"关键时期"是指初次生草果园前 1～3 年应加大肥水投入，以缓解水肥竞争的矛盾；"技术配套"是指生草果园一定要提高干高、瘦身通光，一定要有水浇条件或水肥一体化，一定要配备便于操作的割草机械，一定要注意生草果园的病虫害防控；"多样化"是指人工种草与自然生草有机结合。

表8-18　自然生草不同年限对黄河三角洲梨园不同土层土壤含盐量与养分的影响（吴玉森等，2013）

土层 (cm)	处理	含盐量 (g/kg)	有机质 (g/kg)	硝态氮 (mg/kg)	铵态氮 (mg/kg)	速效磷 (mg/kg)	速效钾 (mg/kg)	交换性钙 (mg/kg)	交换性镁 (mg/kg)	有效铁 (mg/kg)	有效铜 (mg/kg)	有效锌 (mg/kg)
0~20	清耕对照	2.25aA	15.31cC	26.26cC	10.49dC	23.62cC	189.47bB	2725.25aA	727.50aA	32.10aA	3.16aA	1.41cC
	自然生草2年	1.79bA	17.61bBC	6.53dD	15.97cB	19.83dD	139.15cC	1716.25cC	390.00dC	12.47cC	0.44cC	0.86dD
	自然生草4年	1.21cB	18.13bB	31.45bB	19.53bA	49.67aA	179.4bBC	1971.00bBC	502.53cBC	24.73bB	1.97bB	1.83bB
	自然生草7年	1.76bA	23.56aA	42.85aA	22.84aA	36.91bB	340.40aA	2119.38bB	613.75bAB	23.77bB	0.77cC	2.59aA
20~40	清耕对照	2.22aA	8.24cB	48.50aA	15.64bB	14.68aA	169.34aA	3043.75aA	870.00aA	27.20aA	1.53aA	1.03aA
	自然生草2年	1.39bB	10.60abA	26.05cB	17.83aAB	7.96bB	129.53bB	2078.13bB	495.11bB	15.16cC	0.58bB	0.81bB
	自然生草4年	1.51bB	10.43bA	8.40dC	19.56aA	4.69cC	78.78cC	1904.50bB	436.25bB	17.97bcBC	0.43bB	0.57cC
	自然生草7年	1.56bB	11.79aA	31.19bB	19.69aA	3.77cC	108.97bBC	1949.13bB	407.50bB	21.53bAB	0.71bB	0.67cBC

注：同一列不同小写字母表示在0.05水平上差异显著，不同大写字母表示在0.01水平上差异极显著

表 8-19 自然生草不同年限对微生物呼吸、活跃微生物量、微生物活性及微生物磷脂脂肪酸种类、总量的影响（王艳廷等，2015）

处理	土壤微生物呼吸 [mg/（kg·h）]	微生物活性 [mg/（kg·h）]	活跃微生物量 （mg/kg 干土）	磷脂脂肪酸种类（种）	磷脂脂肪酸总量 （μg/g）
清耕对照	2.90bB	1.99bB	50.76bC	15aA	16.65bA
自然生草 4 年	5.72aA	3.56bAB	61.77bBC	17aA	20.95abA
自然生草 6 年	6.38aA	5.32aA	89.83aAB	17aA	25.92aA
自然生草 9 年	6.75aA	5.63aA	99.28aA	17aA	26.47aA

注：同一列不同小写字母表示在 $P<0.05$ 水平上差异显著，不同大写字母表示在 $P<0.01$ 水平上差异极显著

表 8-20 自然生草不同年限对黄河三角洲梨园果实品质的影响（吴玉森等，2013）

处理	脆度 （kg/s）	硬度 （kg/cm²）	可溶性固形物含量（%）	香气总量 （×10²μg/g）	总糖含量 （mg/g）	总酸含量 （mg/g）	糖酸比
自然生草 2 年	0.82bA	9.00aA	9.60cB	32.63bB	53.97Bb	2.87aA	18.80bB
自然生草 4 年	0.94aA	9.96aA	11.50bA	32.77bB	78.54aA	3.13aA	25.09aA
自然生草 7 年	0.95aA	8.81aA	12.37aA	40.22aA	81.26aA	2.90aA	28.02aA

注：清耕对照区因土壤盐碱、贫瘠导致树势衰弱或者死亡未结果

同一列不同小写字母表示在 $P<0.05$ 水平上差异显著，不同大写字母表示在 $P<0.01$ 水平上差异极显著

生草果园一旦顺利度过生草栽培的"关键时期"，随着生草年限的增加和土壤有机质含量的提高，土壤理化性质和通气性的改善，土壤抗蚀力、涵养水源能力、供肥保肥能力和养分有效性等的同步提高，果园生草栽培就会走上良性循环的可持续发展道路。

七、一年生豆科植物长柔毛野豌豆的六大优点

2007 年 4 月，将新疆红肉苹果与'红富士'等苹果品种杂种 F_1 分离群体实生苗定植在泰安横岭育种基地。本课题组的张艳敏同志推荐在选种圃种植一种一年生豆科植物长柔毛野豌豆（Vicia villosa），一方面可以以草治草，减少锄草用工，降低育种成本，另一方面可以培肥地力。最终选种圃引进种植了长柔毛野豌豆，经过多年的试验、观察发现，长柔毛野豌豆的确是果园生草的好草种，具有如下六大优点。

一是长柔毛野豌豆几乎在我国各地均有野生分布，抗旱抗寒，适应能力和抗逆性强，春季容易形成优势草种，以草治草的优势明显。

二是种子无休眠，浸水 24h 后就能萌发生长，具有"落地生根"的特点。

三是秋季播种萌发生长的小苗，经过冬季的冷冻处理后，春季爬蔓生长，长势旺盛，很快盖满地面，不仅让其他杂草无法生长，而且涵养水源的作用明显。

四是与其他豆科植物一样，长柔毛野豌豆具有固氮作用，生长量大，"培肥"效果突出；多年的试验研究结果表明，果园种植长柔毛野豌豆结合自然生草能全面提升土壤综合肥力（表 8-21）。

五是植株根系浅，茎木质化程度极低，耗水量小，"节水"效果明显。

六是秋季种植的长柔毛野豌豆，一般在第二年春季 5 月开花，6 月结豆荚后，植株很容易腐烂，无须刈割，"省力"效果突出。

表 8-21　长柔毛野豌豆结合自然生草对土壤理化性质的影响（陈学森等，2016）

理化性质	生草 2 年		生草 4 年		生草 6 年	
	G2-0	G2	G4-0	G4	G6-0	G6
有机质（g/kg）	5.47bB	7.93aA	6.55bB	11.28aA	9.05bB	13.41aA
全氮（g/kg）	2.36bB	3.33aA	2.62bB	4.41aA	3.55bB	5.38aA
速效磷（mg/kg）	4.12bB	11.39aA	2.39bB	4.26aA	0.91bB	11.98aA
速效钾（mg/kg）	68.15bB	114.44aA	72.44bB	85.41aA	77.82bB	207.78aA

注：G2-0. 清耕 2 年对照；G2. 生草 2 年；G4-0. 清耕 4 年对照；G4. 生草 4 年；G6-0. 清耕 6 年对照；G6. 生草 6 年
同一列不同小写字母表示在 $P<0.05$ 水平上差异显著，不同大写字母表示在 $P<0.01$ 水平上差异极显著

八、单一性与多样性有机结合的果园生草新模式

针对我国多数果园的春旱秋涝问题，以相关试验研究的数据为基础，本课题组发明了"果园种植长柔毛野豌豆的培肥地力法"，单一性与多样性有机结合的"春季长柔毛野豌豆＋秋季自然生草"果园生草模式（专利号 ZL201610005415.7），并签订了技术转让合同，目前已在山东、陕西、甘肃、新疆、贵州及湖北等全国 26 个省区市大面积推广应用，取得了培肥、节水、省力的显著效果，将为我国生态文明建设做出重要贡献（图8-25）。

图 8-25　单一性与多样性有机结合的果园生草新模式

九、现代果园管理新理念

可持续发展是既满足当代人的需求，又不对后代人需求能力的满足构成危害的发展。从空间上看，可持续发展是经济与社会发展要以环境保护为前提，从时间上看，可持续发展是祖祖辈辈的协调发展。目前我国苹果老产区存在的果园老龄化及设施条件差等问题，虽然都比较严重，但对环境构不成威胁，而且适当加大投入就能在短时间内得到解决，不是影响苹果产业可持续发展的瓶颈或关键问题，但苹果园土壤管理制度及栽培模式不合理，即"清耕除草、事倍功半；乔砧密植、果园郁闭、病虫加剧；眼前利益、化肥为主、低效利用、面源污染、土壤酸化、有机不足、肥力下降"与可持续发展的概念不相符，是制约可持续发展的瓶颈问题。

果园生草培肥地力技术与可持续发展的概念相符，是全面提升果园土壤有机质含

量、实现苹果产业可持续发展的必然选择。为此，本课题组提出了"给果园小草一点阳光，苹果更灿烂"的现代果园管理理念，旨在呼吁提高对果园生草培肥地力迫切性及重要性的认识，统一思想，狠抓落实，力促实效。其科学内涵及产业意义体现在如下 8 个方面。

1. 给草施肥，以氮换碳，培肥地力，提质增效

提质增效仍然是今后果业发展的主旋律，也是一项系统工程，涉及苹果的产前、产中及产后各个环节，应包括良种、良砧、良苗、良法、良田、良民及良策 7 个方面，即七位一体。要实现苹果产业的优质高效可持续发展，良田很关键，"养根壮树，根深叶茂，土优果良"，要提高地上的果实品质，必须首先提高地下的土壤品质，土壤品质，即土壤综合肥力，包括土壤有机质含量、土壤酶活性及土壤活力、土壤理化性质、土壤通气性、土壤抗蚀力、土壤微生物群落、土壤涵养水源能力、土壤供肥保肥能力，以及土壤无机肥利用效率 9 个因素，其中土壤有机质含量的高低是评价土壤综合肥力的核心指标，土壤有机质含量提高，其他指标同步提高，果园才能走上良性循环的可持续发展道路。例如，目前我国果园土壤有机质含量平均不足 1%，氮肥利用效率在 23% 左右，如果土壤有机质含量达到 1.5% 左右，则氮肥利用效率可上升至 40% 左右。

提倡多途径培肥地力，但在目前我国农村有机肥源严重不足，市场上有机肥存在价格高、质量差及会产生二次污染等问题的情况下，应顺应自然，利用自然，着力示范推广果园生草培肥地力技术，这也是世界果品生产先进国家成功应用多年、全方位提升果园综合生产能力与效率、实现果树产业可持续发展的现代土壤管理模式，取得了显著的生态及经济效益。近几年著者考察及调研发现，在意大利、法国、美国及日本等国家根本见不到不生草的果园，几乎全部推行行间生草，行内清耕或覆盖。

2. 省力高效、节本增效与"金条"效应

对济军基地自然生草梨园及蓬莱园艺场人工种草苹果园进行的调研结果表明，生草果园的用工量仅相当于清耕除草果园的 10%~20%，每年每亩减少投入 2000 余元；生草果园郁闭度减轻，病虫害发生指数降低，打药量及喷药次数减少，实现了省力高效与节本增效；多年生草使土壤综合肥力大幅度提高，相当于为子孙后代在这片土地上的持续经营与发展提前埋下了"金条"。因此，果园生草地力培肥技术是功在当今，利在千秋。

3. 推动果树栽培模式变革

"果树瘦身通光"是果园生草的基本条件。因此，果园生草地力培肥技术的推广应用，有力推动并加快了我国宽行高干集约高效栽培模式的创建及郁闭果园的改造。

4. 改善果园小气候

果园生草后，活地被物下垫面的存在，导致土壤容积热容量增大，而在夜间长波辐射减少，生草区的夜间能量净支出小于清耕区，缩小果园土壤的年温差和日温差，有利于果树根系生长发育及对水肥的吸收利用。果园空间相对湿度增加，空间水汽压与果树叶片气孔下腔水汽压差值缩小，降低果树蒸腾作用。近地层光、热、水、气等生态因子

发生明显变化，形成了有利于果树生长发育的微域小气候环境。

5. 维护生态安全

果园生草提高了土壤有机质含量及氮肥利用效率，增强了土壤缓冲能力，涵养了水源，减少了水土流失及环境污染，维护了生态安全。

6. 有利于果树虫害的综合治理

果园生草增加了植被多样化，为果树的天敌提供了丰富的食物、良好的栖息场所，解决了天敌与害虫在发生时间上的脱节问题，使昆虫种类的多样性、富集性及自控作用得到了提高，扩大了生态容量，果园生草后优势天敌东亚小花蝽、中华草蛉及肉食性螨类等数量明显增加，天敌发生量大，种群稳定，果园土壤及果园空间富含寄生菌，制约着害虫的蔓延，形成了相对较为持久的果园生态系统。

7. 促进果树生长发育，提高果实品质和产量

在果园生草过程中，树体微系统与地表牧草微系统在物质循环、能量转化方面相互连接，生草直接影响果树生长发育。试验表明，生草栽培果树叶片中全氮、全磷、全钾含量比清耕对照增加，树体营养改善，生草后果树花芽比清耕对照可提高 22.5%，单果重和一级果率增加，可溶性固形物和维生素 C 含量明显提高，贮藏性增强，贮藏过程中病害减轻。

8. 美化果园，利于生态游和果园机械化

行间生草，行内清耕、覆盖，青草绿树，红果蓝天，白云相衬，不仅有利于旅游观光，还有利于实现果园管理的机械化。

通过果园生草，可提高果园有机质含量和基础肥力，降低果园化肥用量，提高化肥利用效率，减轻面源污染，提高果园涵养水源及抗旱防涝能力，提高土壤健康水平，提升果园可持续生产能力，切实为我国水果产业新旧动能转换和乡村振兴提供有力保障。

第九章　落叶果树新品种配套贮藏加工技术

第一节　多效冷凝制冷机组的设计、制冷原理与应用

一、多效冷凝制冷机组研制概述

从易腐食品（如鱼、肉、鲜蛋、水果类、蔬菜等食品）的采收、采购或捕捞到加工、贮藏、运输再到销售的全部流通过程中，都必须保持稳定合适的低温环境，才能减少食品的损耗、延长食品的生理寿命、保证食品的质量和提高食品的经济价值。因此，冻结设备、冷库、冷藏运输车或船、冷藏商品陈列柜和家用电冰箱等制冷设施被大力发展和推广应用。

随着我国国民经济的发展和人民生活水平的提高，冷冻与冷藏行业也发展迅猛。因此，冷冻与冷藏设施必然会大量地得到推广与应用。制冷机组作为冷冻与冷藏设施的核心设备能消耗大量的能源。在能源日趋紧张的局势下，具有低能耗、高效、安全运行等优点的制冷机组成为了研究的重点。因此，研制和开发工艺先进、经济性好、结构紧凑、效率高、新型结构的制冷机组成为当今制冷装置设计和制造中的重要研究课题。同时对制冷机组构件的各种温度场检测分析及节能研究也成为广大制冷研究学者的热门研究课题。在落叶果树的种质冷藏保鲜和加工实践中，制冷装备和工艺也是其主要内容。

（一）制冷机组的类型及特点

制冷机组是将制冷系统中的部分设备或全部设备配套组装在一起的一个整体，它是制冷系统中的原动力，提供整个制冷系统所需的冷量，其运行特性将直接影响制冷系统的运行效率。冷库、空调工程、化工及啤酒、乳品、食品制冷工艺等工况都要有制冷机组这个核心动力作保障。

目前，制冷机组根据冷凝器使用冷却介质和冷却方式的不同主要分为风冷机组、水冷机组、蒸发冷却制冷机组三大类型。现有制冷系统中，大型装置多采用水冷机组和蒸发冷却制冷机组，小型装置采用风冷机组。

1. 风冷机组

风冷机组是以空气作为冷却介质，制冷剂气体在紫铜管内流动，使管内的制冷剂气体冷凝成液体。空气在管外流动，吸收管内制冷剂气体放出的热量。由于空气的表面传热系数较小，管外（空气侧）常常要设置肋片，以强化管外换热。

风冷机组系统简单、便于安装，现在被大量应用于中小型冷藏设施中，尤其是100t以下的冷冻与冷藏设施，80%以上应用风冷机组。但由于空气的传热性能较差且机组的

性能受环境空气的影响大，高温季节运行工况恶劣，因此，常造成制冷压缩机排气压力超高停机、长期高温高压运行损毁机组以及缩短机件使用寿命等诸多问题。同时，高温高压运行大大提高了耗能量，增加了运行成本。

2. 水冷机组

水冷机组用水作为冷却介质，带走制冷剂冷凝时放出的热量。冷却水可以一次性使用，也可以配有冷却塔或冷却池冷却后循环使用，保证水不断得到冷却。根据冷凝器结构的不同，水冷机组有壳管式和套管式两种。

（1）卧式壳管式水冷机组

卧式壳管式水冷机组因水平放置而得名。在卧式壳管式水冷机组中，制冷剂蒸汽在传热管外表面上冷凝，凝结成液体后从壳体的底部流出进入储液器。冷却水从机组冷凝器一端的端盖下部进入机组冷凝器的传热管内，两个端盖的内部有隔板，以便使冷却水在传热管内可以多次往返流动。冷却水从一个端头向另一个端头流一次，称为一个流程。通常机组冷凝器的流程数为双数，冷却水的进出口可设在同一个端盖上，冷却水从下面流进机组冷凝器，从上面流出，保证了冷却水充满整个机组冷凝器的传热管。端盖的上部设有排气旋塞，在充水时用来排出传热管内的空气；下部设有放水旋塞，在机组停止使用时用来排放残留在机组冷凝器传热管内的残留水，以防止传热管被冻裂和腐蚀。

（2）立式壳管式水冷机组

立式壳管式水冷机组以适合立式安装而得名。从传热理论分析，立管的传热性能较水平管差得多。其原因在于立管上冷凝液膜的流动路线较短，而且管内的水平断面难以保证完全为膜层流动，因此在传热系数、平均温差、单位面积热流量方面均低于卧式冷凝器。

（3）套管式水冷机组

套管式水冷机组的冷凝器由不同直径的管子套在一起，并弯制成螺旋形或蛇形。制冷剂蒸汽在套管间冷凝，冷凝后的液体从下面引出，冷却水在直径较小的管道内自下而上流动，与制冷剂形成逆流，因此传热效果好。

综上所述，水冷机组冷却效果好，机组性能受环境空气影响小，但其结构庞大、金属耗量大、辅助设备复杂、制冷剂泄漏不易被发现、用水量大、易产生水垢，轻者降低传热效果，重者堵塞水路造成故障，而且冬季需防水冻结等缺点限制了它在制冷设施中的推广与应用。

3. 蒸发冷却制冷机组

蒸发冷却制冷机组冷凝器相当于在常见的机械通风冷却塔中设置制冷机的蒸汽冷凝列管，把冷凝器和冷却塔合为一体。蒸发冷却制冷机组冷凝器分为吸风式和鼓风式两种型式。制冷剂蒸汽从冷凝器盘管的上部进入蛇形盘管组，冷凝后的液体从蛇形盘管的下部流出。冷凝器的蛇形盘管组装在一个由钢板焊制的箱体内，箱体的底部作为水盘，水盘内用浮球阀保持一定的水位。水经水泵提升再由喷嘴喷淋到传热管的外表面，形成水膜吸热蒸发变成水蒸气，然后被进入冷凝器的空气带走。未被蒸发的水滴则落到下部的水池内。箱体上方设有挡水栅，用于阻挡空气中水滴的散失。

虽然蒸发冷却制冷机组以用水量少、冷凝温度低、蒸汽耗量少等优点为人们所看好，但在实际使用过程中也出现了诸多问题：①体积较大，结构复杂；②制造与安装比较困难；③钢材消耗多；④使用和维护比较麻烦；⑤要求水质好，要使用经过处理的软水；⑥风机在高湿高温的气流中工作，易被腐蚀，容易发生故障。

（二）制冷机组的研究重点

1. 风冷机组

对于风冷机组，目前的研究重点是对风机的风量和风压进行控制等以降低噪声、提高冷却效果。

2. 水冷机组

对于水冷机组，目前的研究重点是根据水介质吸放热机理，研制控制流速、流量和蒸发量及相应的辅助设备，从而提高冷却效果。

3. 蒸发冷却制冷机组

对于蒸发冷却制冷机组，重点是从机组冷凝器的理论模型、填料和介质、传热管管形、管外水膜的传质传热流动特性、多级蒸发冷却技术、蒸发冷却水的水质处理技术等方面进行优化冷却效果研究。

（三）多效冷凝制冷机组的研制

目前在冷藏设施中使用的制冷装置，其冷却方式主要有风冷、水冷、蒸发冷却 3 种。水冷和蒸发冷却的装置，虽然冷却效果较好，但其结构庞大，辅助设备复杂，用水量大，水质要求高，水垢易造成故障，冬季需要防水冻结，影响了其在中小型冷藏设施中的应用。风冷装置虽方便简单，被大量应用于中小型冷藏设施和空调中，但其受外界气温的影响很大，高温季节运行工况十分恶劣，易造成制冷装置超长停机，长期高温高压运行可烧毁机组及缩短使用寿命，同时，在高温下运行大大提高了耗能量，提高了运行成本。如果采用增大风冷凝面积来提高风冷效果，则会增大装置体积、增加金属材料的消耗量、增加成本。

研究人员研究设计了以风冷为主体集风冷、水冷、蒸发冷却于一体的制冷装置（图 9-1），其风冷、水冷和蒸发冷却相互增效，制冷效果好，结构紧凑，辅助设备少，用水量少，既适合在高温季节使用，又能在低温季节方便地关闭水冷和蒸发系统，发挥风冷的节能和最佳冷却效果，可满足各种冷藏设施和空调制冷的需要（鲁墨森等，2009；刘晓辉等，2010a，2010b）。

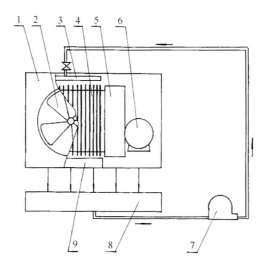

图 9-1　集风冷、水冷、蒸发冷却于一体的制冷装置示意图

1. 机壳；2. 通风机；3. 雨淋器；4. 翅片管簇式换热器；5. 汽液分离器；6. 制冷压缩机；7. 循环水泵；8. 冷却水箱；9. 贮液器

　　该制冷装置在风冷的基础上同时实施水冷和蒸发冷却实现多效冷凝，以提高制冷效果。该制冷装置由机壳、翅片管簇式换热器、雨淋式冷却水循环装置、冷却风机、贮液器、制冷压缩机、汽液分离器等组成。制冷压缩机通过汽液分离器与翅片管簇式换热器连通，翅片管簇式换热器固定在机壳内，冷却风机设置在机壳上，并在翅片管簇式换热器的一侧，雨淋式冷却水循环装置的雨淋器设置在翅片管簇式换热器上侧的机壳上；由雨淋器对翅片管簇式换热器进行雨淋水冷，同时部分水分在换热器表面蒸发而产生蒸发冷却作用。由冷却风机对翅片管簇式换热器进行风冷，同时通风对流增强蒸发效果。贮液器安装在机壳底部、并被淋浸在循环水中，通过水冷使高压制冷液体具有较好的冷却效果。

　　雨淋式冷却水循环装置包含的结构很多，有雨淋器、冷却水箱、循环水泵等。雨淋器固定在翅片管簇式换热器上侧的机壳上，冷却水箱设置在机壳的下侧，在冷却水箱与雨淋器之间设置有循环水泵。循环水泵将冷却水箱中的水送至雨淋器，由雨淋器将水均匀地淋洒在翅片管簇式换热器上，对换热器进行冷却，然后极小部分水蒸发，绝大部分水流入水箱，在进入冷却水箱的过程中通过通风和自然冷却，再由循环水泵送至雨淋器，如此将水循环使用，节约了冷却用水和省略了复杂的凉水设备。

二、多效冷凝制冷机组的设计

　　制冷机组的正确选择与配置，是冷冻与冷藏设施节能、高效、安全运行的基础。集风冷、水冷、蒸发冷却于一体的多效冷凝制冷机组属节能、高效、安全自动化运行的新型制冷机组，可用于各种冷藏冷冻工艺、冷库和空调制冷设施，适于国家节能减排的目标，是我国产地冷库急需的先进装备。

（一）多效冷凝制冷机组的设计原理

保鲜库内的热量通过制冷剂蒸发进入制冷压缩机组，通常情况下，进入制冷压缩机组的制冷剂是含有一定热量的低压气体，经过制冷压缩机压缩成为高温高压气体。高温高压气体通过机组的冷却装置放出制冷剂中的热量，使高温高压气体冷凝成低温高压液体，低温高压液体再进入保鲜库密闭的系统内降压蒸发，吸收库内的热量后再变成低压气体进入制冷机组。如此制冷循环，使保鲜库维持相对低温状态。

制冷机组把高温高压气体制冷剂转换成低温高压液体制冷剂的形式有 3 种。第一种是利用强制通风形式对制冷剂通过的管组通风降温，把制冷剂中的热量排向大气，这种形式称作风冷，其制冷机组称为风冷机组。第二种是利用流水的形式，对制冷剂通过的管组进行降温，把制冷剂中的热量排入水中，这种形式称作水冷，其制冷机组称为水冷机组。第三种是利用水分蒸发吸热，使制冷剂管组降温，把制冷剂中的热量通过水汽排向大气，这种方式称为蒸发冷却。

多效冷凝制冷机组是由细流式布水器对翅片管簇式换热器均匀布水，通过水量控制，使翅片表面和翅片间形成水膜，在水流动时带走换热器的热量，同时部分水分在换热器表面蒸发而产生蒸发冷却作用，从而达到水冷和蒸发冷凝的效果。

通风机对翅片管簇式换热器进行强制通风，通过空气对流把热量排向大气。同时通过控制风量，保证水膜周围的负压状态，加强水膜蒸发效果，既达到风冷的效果，又增强了蒸发冷凝的效果。

贮液器安装在机壳底部并沉浸在流动的循环水中，使高压制冷液体在进入冷库蒸发吸热前具有较低的温度（过冷度），提高了制冷效果。

制冷压缩机的高温结构以水分流的形式进行冷却，可有效防止压缩机过热，提高了制冷效果，可保障设备安全运行。

多效冷凝制冷机组把风冷、水冷和蒸发冷却集为一体，风冷、水冷和蒸发冷却一方面可同时发挥作用，另一方面可根据环境温度变化突出一种冷却形式，达到了节能、安全运行的效果。

（二）多效冷凝制冷机组的基本结构

多效冷凝制冷机组主要由五大部分组成，即制冷压缩机、翅片管簇式换热器、通风风机、水循环系统、机壳，组装形式有多种，最简单实用的形式是长方体和近正方体的箱式结构。

以长方体箱式为例，制冷压缩机安装在机壳底部一侧，以全封闭式制冷压缩机为主。翅片管簇式换热器安装在机壳另一侧后部，是机壳中最大的机件。

通风风机由电动机和风叶组成，安装在翅片管簇式换热器的正前方，一个或两个以上组合，安装在同一个平面上。

水循环系统由集水箱或贮水池、水泵、布水器和连通管道等组成。其中集水箱安装在机壳底部，与机壳一体或分体。分体式的集水箱或贮水池可设置在地面和地面以下，由翅片管簇式换热器落下的水通过机壳下水孔进入贮水池中。布水器有多种形式，结构比较复杂，它的主要作用是向翅片管和压缩机布水，布水的均匀性和水量调控是机组多效冷凝效果好坏的关键之一。

机壳是包被制冷压缩机、翅片管簇式换热器等机组构件的封闭结构，主要由面板和底壳组装而成。底壳有集水和贮水的功能，有水盘式和水箱式两种形式。面板由前面板、侧面板和顶面板等组成，制冷压缩机及所附流通元件封闭在机壳内。翅片管簇式换热器前面安装通风风机，剩余部分用面板密封，后面只加保护网，不用面板密封。翅片管簇式换热器顶面留出布水器条形槽位置后用面板密封，通过面板封闭即可使冷风从翅片管簇式换热器后面进入，从前面排出，同时使机组形成一个紧凑、坚实的整体。

（三）多效冷凝制冷机组的设计思路

多效冷凝制冷机组是在风冷机组的基础上增设水冷和蒸发冷却装置，既保持了风冷机组结构紧凑、制造简单的优点，又结合了水冷机组换热效果好、蒸发冷却高效的传质传热优势，避免了风冷机组受环境影响大及空气传热性能较差的缺陷，排除了水冷及蒸发冷却制冷装置结构复杂、体积较大、故障率高的问题，利用风冷、水冷、蒸发冷却的相互增效来达到更好的冷凝效果。采用增水防锈型翅片管簇式换热器和密封机壳，可使机组整体结构布局紧凑、完整。多种形式布水器的设置方向、水量大小，通风风机风向的选择、风量的大小及其优化配比控制，特定的水路和风道设计可提高冷却换热效果。

（四）多效冷凝制冷机组的特点

机组体积小、结构简单紧凑、成本低，比水冷和蒸发冷凝机组降低成本 30% 以上。

安装使用方便，挂装、架装和地面安置均可，不需要专门的设备基础、机房、泵房和凉水塔等辅助设施。

比风冷机组节能 30% 以上，没有风冷机组高温季节超高压停机和烧毁机组的问题，运行费用降低 1/3，设备使用寿命延长 1.3 倍。通过冷库热工状况监测和分析，发现风冷、水冷和多效冷凝制冷机组的降温运行时间有显著差异，风冷及多效冷凝制冷机组的排气压力有显著差异，如图 9-2、图 9-3 所示。

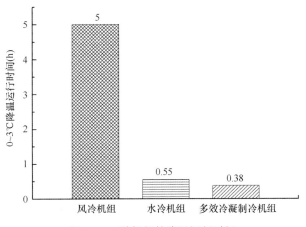

图 9-2 3 种机组的降温运行时间

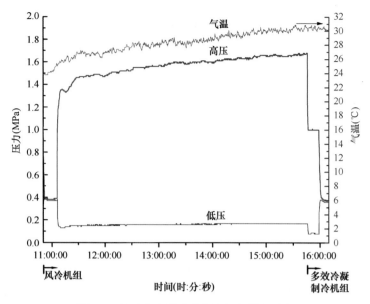

图 9-3　风冷及多效冷凝制冷机组排气压力

三、多效冷凝制冷机组的制冷原理

多效冷凝制冷机组是在风冷的基础上加水冷和蒸发冷却，即在强制空气对流的基础上加循环冷却水，利用空气、水与换热器的金属表面接触及空气与水直接接触换热冷却，因而空气对流时换热器金属表面与水和空气的换热过程及空气与水直接接触时的热质交换过程是研究其冷凝机理的理论依据。

（一）空气、水与换热器金属表面接触的换热过程

传热过程即热量传递过程，是由系统内温度不同而引起的。由热力学第二定律可知，当无外功输入时，热量总是自动地从温度较高的部分传到温度较低的部分。根据传热机理不同，传热有 3 种基本方式：传导、对流和辐射（牛浩，2015）。多效冷凝制冷机组传热管内为热流体（制冷剂高温蒸汽），管外为冷流体（空气与水），热流体向冷流体进行传热时，热量以传导和对流方式为主，以辐射为辅，完成全部传热过程。

（二）空气与水直接接触时的热质交换原理

空气遇到水滴或与水膜直接接触时，就有热质交换的发生。在水温不同的条件下，有时仅发生显热交换，有时显热交换和潜热交换同时发生，即传热传质过程相互增效、同时进行。显热交换是由于空气与水之间存在温差，由传导、对流和辐射作用而引起的换热结果；而潜热交换是空气中的水蒸气凝结（或者蒸发）而放出（或吸收）气化潜热的结果。显热交换量与潜热交换量之和为总热交换量。

由热质交换理论可知，空气和水直接接触时，由于水分子的不规则运动，在水滴周

围或贴近水膜处存在一个温度等于水温的饱和空气边界层，该边界层内的水蒸气分压力由水表面温度决定。空气与水之间的热质交换与远离边界层的空气和边界层内饱和空气的温差及水蒸气分压力差的大小有关。

若边界层内空气温度比周围空气温度高，则由边界层向周围空气传热；反之，则由周围空气向边界层传热。若边界层内水蒸气分压力大于周围空气的水蒸气分压力，则水蒸气分子将由边界层向周围空气迁移，周围空气中的水蒸气分子数增加；反之，则水蒸气分子将由周围空气向边界层迁移，周围空气中的水蒸气分子数减少。"蒸发"与"凝结"就是这种作用的结果，在蒸发过程中，水面跃出的水分子补充边界层中减少了的水蒸气分子；在凝结过程中，水面回收边界层中过多的水蒸气分子。可见，边界层与周围空气之间的温差是热交换的驱动力，而湿空气与边界层中的水蒸气分压力差则是质交换的驱动力。

（三）多效冷凝制冷机组传热传质过程分析

多效冷凝制冷机组的冷凝机理涉及空气与喷淋水表面的热质交换的形式。其传热过程与空气和水膜的流动是同时进行的。从热力学角度来看，传热过程是流动、传热、传质同时发生并相互增效的复杂的不可逆热力过程，受众多因素影响。其换热器传热传质过程可用图 9-4 表示。

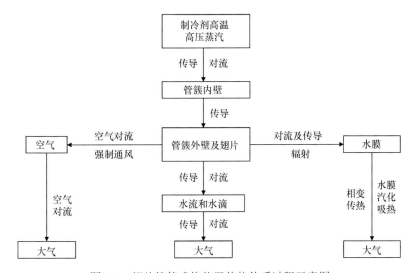

图 9-4　翅片管簇式换热器传热传质过程示意图

制冷压缩机将制冷剂高温高压蒸汽经汽油分离器排入翅片管簇式换热器的管簇内，在管簇内制冷剂蒸汽的高温与管簇外空气和水膜表面温度的温差驱动作用下，制冷剂蒸汽在管道内表面上冷却冷凝放热，热量以传导和对流方式由制冷剂蒸汽传给管簇，管簇又以传导形式将热量传给管簇及翅片。

管簇及翅片外表面通过对流、传导及辐射传递热量给自上而下均匀喷淋的低温水流和水滴，在水流动时带走换热器的热量，达到快速水冷的效果。同时通风风机对翅片管簇式换热器进行强制通风，通过空气对流把热量排向大气，达到了风冷的效果。

引风错流式强制通风结构使管簇及翅片水膜周围换热区内部形成抽吸微负压状态，在水膜表面温度与空气温度的温差以及水膜表面与空气水蒸气分压力差驱动作用下，水膜在减压、增速、加压、减速的特殊条件下扩散蒸发、汽化吸热。这提高了蒸发效率，加剧了管簇及翅片的散热，达到了相变换热的高效蒸发冷却效果。

（四）风向及风量大小对冷却效果的影响分析

多效冷凝制冷机组采用错流风向操作，空气与喷淋水交叉流动，经翅片管簇式换热器与水进行热质交换，在通风风机的作用下，热湿空气流被排出机壳外，带走热量和水蒸气。受剪切力的影响，交叉流风向的错风操作可以使水膜厚度变薄，热阻减小，换热强度增强，从而更好地传质传热，还可使整台装置结构更加紧凑，缩短水泵的扬程，减小水泵的功耗。

风量大小是影响喷淋蒸发翅片管簇式冷凝器热质交换的重要因素之一，风量大小主要是由空气在热质交换面上的传热传质剧烈程度和交换时间共同决定的。增大风量在改善空气本身传热状况的同时，也可加快水膜与空气的热交换，在水膜表面产生分压，提高水的饱和程度和化学势，相当于增加传热传质推动力，还可以增加水膜的波动频率和幅度，从而增大水膜与空气之间热质交换的剧烈程度，促使热湿交换更加充分，增大传热系数。但增大风量减少了空气与管外壁水膜的接触时间，则空气与水膜的热湿交换不充分，因此传热系数增加幅度越来越小，同时风机能耗和噪声迅速增大。正是这两者作用的相互矛盾，理论上风量才存在一个最佳范围，使得翅片管簇式冷凝器的性能最佳，制冷量和能效比达到最大。

（五）水流分布及水量大小对冷却效果的影响分析

多效冷凝制冷机组采用雨淋式冷却水循环装置，由雨淋器将水自上而下均匀地淋洒在翅片管簇式换热器上，水膜平滑地与管表面及翅片接触，迅速包被住传热管表面及翅片，使盘管外表面和翅片间形成一层较薄的水膜（Girschik et al.，2017），利于管簇翅片与水膜和空气与水膜的传热及热质交换。喷淋水量不足时，盘管表面及翅片间不能完全湿润，无法形成均匀的水膜，空气与水膜热湿交换表面积小，传热传质特性不高，而且水膜有可能发生破裂，在盘管表面及翅片表面形成干斑，致使传热恶化，危及设备的安全和缩短机件使用寿命。喷淋水量较高时，喷淋水在盘管和翅片表面由水膜变为水滴，液膜较厚，则不具备高传热传质和动力消耗小等优点，同时由于水对空气通道的阻塞，空气阻力会明显增大。此外，高喷淋水量还会使水泵功耗增大，造成整个制冷系统的能效比下降。因此，选择合理的喷淋水量，维持水膜稳定、使之均匀地包覆传热表面是实现水膜强化传热传质和保证换热器安全、高效运行的重要前提。

四、多效冷凝制冷机组的保鲜冷库应用

多效冷凝制冷机组应用于中小型冷库，成本低、高效、节能减排、安全可靠（刘晓辉等，2010a，2010b），尤其适于在 10～100t 0℃保鲜冷库和 5～20t –18℃左右的低温冷库应用。

1. 10t 0℃保鲜冷库设计和应用

保鲜冷库有效容积 40～60m³，配套 3HP 多效冷凝制冷机组，各种设备满负荷最大功耗 3kW 左右。保温工程投资 3000 元左右，标准配置的设备投资 12 000 元，可用于果品蔬菜等农副产品 0℃左右的恒温保鲜。

多效冷凝制冷机组可立地安装或挂装，不需要机房和凉水塔，使用 R22 制冷剂时高温季节排气压力低于 1.2MPa，维持库温正常开机时间每日累计 10h 左右。按保鲜果品蔬菜 10 个月运转期估算，平均电耗低于 3000kW·h。这种小型保鲜冷库最适于家庭、果园和市场业主建造使用，便于灵活经营。一库一品，一年可多次周转，短中期保鲜效益高于中大型保鲜冷库。

2. 20t 0℃保鲜冷库设计和应用

保鲜冷库有效容积 80～100m³，配套 5HP 多效冷凝制冷机组，各种设备满负荷最大功耗 4.5kW 左右。保温工程投资 5000 元左右，标准配置的设备投资 16 000 元。用于家庭、果园和市场业主的果品蔬菜等农副产品保鲜，既具有灵活性，又提高了经营业绩，保鲜效益随之增加。

与 10t 保鲜冷库一样，多效冷凝制冷机组可立地安装和挂装，不需要机房和凉水塔等，高温季节使用 R22 制冷剂其排气压力不超过 1.2MPa。一库一品，一年可多次周转，保鲜效益高，更显示出低本高效。

3. 100t 0℃保鲜冷库设计和应用

冷库有效容积 450～600m³，配套 15～20HP 多效冷凝制冷机组，各种设备满负荷最大功耗 15kW 左右。保温工程投资 10 000 元左右，标准配置的设备投资 30 000 元左右。多效冷凝制冷机组使用 R22 制冷剂时，夏季高温季节排气压力不超过 1.2MPa，不需要大型的贮水池和相应凉水塔等水冷却设施。多效冷凝制冷机组结构紧凑，安装方便，可挂装在冷库墙壁上，也可在冷库的周围任意空地立地安装，不需要专用基础，不需要机房、泵房等辅助建筑。

100t 0℃保鲜冷库应用于产地保鲜业和市场周转，经营具有一定规模，但灵活性稍差，一库可保鲜多种产品，但各种产品间有一定影响，尤其是出入库时库温波动时间长，影响保鲜效果。用于大量果品蔬菜和农副产品的定向订单性经营优势明显，例如，用于苹果、梨的中长期保鲜，定期整体出库销售，保鲜效果好，经济效益高；农副产品产地用于产品预冷，即向外地销运前俗称的"拉温""打冷"，周转灵活，利用率高，经济效益显著。

4. 5～10t −18℃低温冷库设计和应用

−18℃低温冷库用于冷冻贮藏农副产品，使用多效冷凝制冷机组，周年运转，自动化，无人值守，夏季高温时，排气压力低于 1.2MPa。

5t 库容配置 5～10HP 多效冷凝制冷机组。10t 库容配置 10～15HP 多效冷凝制冷机组。20t 库容配置 25～30HP 多效冷凝制冷机组。

第二节　高类黄酮苹果酒加工设备

一、国内外相关研究进展

苹果酒的生产和消费在欧洲、美洲和大洋洲等传统的葡萄酒生产国家已经非常普及。苹果酒在英国 1996 年的产量高达 52.8 万 t，24%的消费者饮用苹果酒。据有关资料介绍，美国 1997 年干型苹果酒的消费量为 370 万 gal①，到 2000 年底苹果酒的消费量可以达到 1100 万 gal。法国最早开始生产苹果酒，至今已有 800 多年的历史，法国苹果酒的年产量约为 30 万 t，年产万吨以上的苹果酒厂在诺曼底就有 6 个，产品销往世界各地且享有一定的声誉。法国苹果酒生产一般都延续传统的工艺，新技术或先进技术使用并不是很多，但他们在选择原料、酿造技术上有很值得我们借鉴的独到之处，如采用专用品种、混合品种发酵。

我国对苹果酒的研发始于 20 世纪 90 年代，我国先后从瑞士、美国、意大利、日本等国引进浓缩苹果汁生产线。虽然起步较晚，但近年来由于相关企业的高度关注和积极投入，苹果酒研发取得了一定成果。烟台张裕葡萄酿酒股份有限公司联合江南大学研发了苹果酒生产的核心技术，如风味代谢调控技术、抗氧化技术、风味修饰技术、防褐变技术、蒸馏酿造及全程工艺设备，系统分析了影响苹果酒品质的关键设备改进，主要包括破碎机、压榨机、冷冻罐、发酵罐（保压发酵罐和普通发酵罐）、过滤装置、贮罐、澄清系统、CIP 清洗系统等有关生产设备，较好地实现了配套产业化生产，使生产能力大大提高，我国苹果酒生产的技术水平和产品的质量水平大幅度提升（教育部科技发展中心，2003）。目前，山西、河南、陕西、甘肃等省也建有苹果酒生产厂家（教育部科技发展中心，2003）。

与葡萄酒有着成熟的酿造技术、市场定位和文化背景相比，苹果酒市场还不够成熟，想要达到一定规模还需要一个整体的市场引导体系。现在从事苹果酒生产销售的企业大多是一些中小型的民营企业，或者只是某些酒类生产企业为了增加一个产品种类而上马的，被扶持力度很小及资金投入的限制导致很难形成规模。苹果酒生产厂家多是通过区域代理商走现有销售网络，基本是自生自灭、任其发展，不见广告推广和促销活动。市场不认可就决定了企业不会过多投入，因而形成恶性循环。尽管目前苹果酒市场不成熟，但是仍然有很多人看好苹果酒的发展前景，在酒行业寻求产品差异化的今天，苹果酒无疑是个亮点。苹果酒营养丰富、酒度低、含糖量低，越来越多地被人们接受。另外，还可将苹果与其他果品混合生产出不同口味、不同系列的苹果酒。

按照"纯天然、无添加"的设计理念，针对鲜食加工兼用型高类黄酮苹果品种'满红'，本课题组研发了一种行程式功能型苹果破碎打浆器（专利号 ZL201710081043.0）、一种功能型苹果酒的多功能酿酒分馏器（专利号 ZL201710081477.0）、一种功能型苹果酒的多效冷凝烤酒器（专利号 ZL201710081388.6）及一种功能型苹果酒的储存分馏系统（专利号 ZL201710081384.8）等系列高类黄酮苹果酒加工设备。

---

① 1gal (US)=3.785 43L。

二、行程式功能型苹果破碎打浆器

打浆是功能型苹果加工过程中的基础工艺，市售的打浆器种类较多，但破碎结构复杂，浆液分离程度难控制，尤其是打出的浆液需要移出、输送和转移等相关容器，不仅增加了劳动强度，还能使产品氧化加快，影响产品质量。为解决上述问题，本课题组设计了一种能够快速、高效地在指定位置对苹果进行打浆的行程式功能型苹果破碎打浆器。

行程式功能型苹果破碎打浆器包括行程式升降机构和打碎搅拌机构（图 9-5，图 9-6），行程式升降机构的输出端与打碎搅拌机构相连，打碎搅拌机构包括一端封闭一端敞口的筒状壳体（图 9-7，图 9-8），壳体的封闭端紧固连接有电机，电机的输出端穿入壳体的封闭端且与打浆轴的一端紧固连接，在打浆轴上安装有两个以上搅拌叶片。

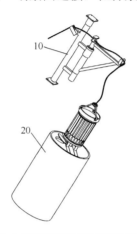

图 9-5　行程式功能型苹果破碎打浆器整体结构示意图
10. 行程式升降机构；20. 打碎搅拌机构

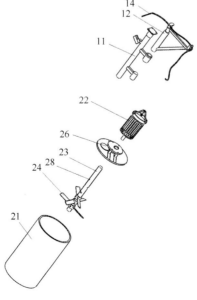

图 9-6　行程式功能型苹果破碎打泵器爆炸结构示意图
11. 支架；12. 转动架；14. 钢丝绳；21. 壳体；22. 电机；23. 打浆轴；24. 搅拌叶片；26. 转盖；28. 通孔

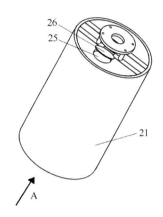

图 9-7 壳体的结构示意图
21. 壳体；25. 窗口；26. 转盖

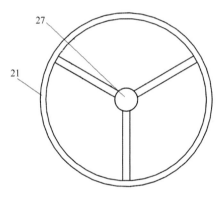

图 9-8 壳体在图 9-7 中的 A 向视图
21. 壳体；27. 支撑架

壳体的封闭端设置有供投入功能型苹果的窗口，壳体上转动连接有用于盖住窗口的转盖。在壳体的敞口端内侧紧固连接有支撑架，打浆轴的另一端通过轴承与支撑架连接。

行程式升降机构包括支架，支架转动设置在车间的墙壁上，支架转动连接有转动架，支架和转动架上分别设置有滑轮，滑轮上支撑有钢丝绳，钢丝绳的一端与升降电机的输出端连接，另一端与打碎搅拌机构的壳体或电机连接（图 9-9）。

打浆轴沿轴向间隔设置有多个径向的用于安装搅拌叶片的通孔，相邻通孔的径向角度不同（图 9-10）。

该设备具有以下优点。

1）设置有行程式升降机构和打碎搅拌机构，其中，打碎搅拌机构与行程式升降机构的输出端连接，并且打碎搅拌机构由壳体、电机和带有搅拌叶片的打浆轴构成，因此，能够方便地在指定地点（通常是加工设备中）对功能型苹果进行打浆处理。

2）行程式升降机构由支架、转动架、升降电机、滑轮和钢丝绳等构成，因此既可以通过旋转的方式调整打碎搅拌机构的位置，也可以对打碎搅拌机构进行升降操作，可在指定容器内反复上下行程或移动，有反复破碎打浆及搅拌的作用。

3）在打浆轴的不同径向角度上可安装搅拌叶片，因此能够适应不同功能型苹果的尺寸特点，有利于提高打浆效率。

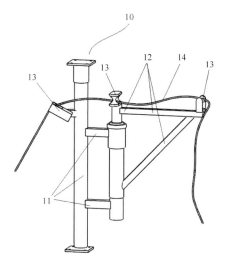

图 9-9　钢丝绳在支架和转动架上的绕设示意图

10. 行程式升降机构；11. 支架；12. 转动架；13. 滑轮；14. 钢丝绳

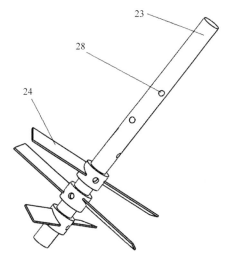

图 9-10　打浆轴与搅拌叶片连接关系示意图

23. 打浆轴；24. 搅拌叶片；28. 通孔

三、功能型苹果酒的多功能酿酒分馏器

果酒都是以生物发酵为基础，利用成套设备，通过工艺控制，产出的高品质产品。红酒生产以葡萄酒生产设备和工艺比较成熟，而苹果酒的生产设备及工艺研究较少，甚至适于实验室产品研制和小型酒厂的生产设备和工艺还达不到科学实验和生产的要求。苹果酒的生产需要可控性好的发酵、灭菌及分馏设备。目前市场尚缺少这些综合性、多功能的装备。针对上述问题，本课题组设计了一种灭菌发酵工艺可控制、出酒品质高、分馏效果好的功能型苹果酒的多功能酿酒分馏器。

功能型苹果酒的多功能酿酒分馏器包括罐体和封盖（图 9-11，图 9-12），罐体的侧壁为由内壁与外壁构成的夹层结构，在罐体内部靠近底部处设置有隔板，隔板将罐体内壁的空间分隔为分离发酵层和位于分离发酵层下方的倒排层；在隔板上设置有连通分离发酵层与倒排层的通孔，分离发酵层中设置有用于盛装打碎的水果的分离筒，分离筒的侧壁和（或）底部布置有通孔。夹层结构的顶部设置有进水口，夹层结构的外壁底部设置有排水管。在罐体的外壁上安装有加热棒，加热棒的加热端伸入夹层结构中。分离筒通过支撑框架支撑在隔板上。罐体的底部设置有与倒排层连接的出酒管（图9-13，图9-14）。

夹层结构的顶部设置有内水封区和外水封区，进水口位于内水封区与外水封区之间；封盖的底部同心设置有内环形封板和外环形封板，当封盖扣置在罐体上时，外环形封板进入外水封区，内环形封板进入内水封区；封盖的顶部设置有蒸汽出口，在蒸汽出口的周围设置水封区，在封盖的蒸汽出口上设置有可拆装的盖体。封盖上设置有加料口。封盖上设置有传感器安装孔，在罐体的内部安装有温度传感器，在罐体的外部设置有多

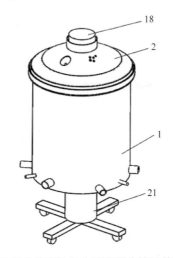

图 9-11　功能型苹果酒的多功能酿酒分馏器整体结构示意图
1. 罐体；2. 封盖；18. 盖体；21. 移动式液压缸

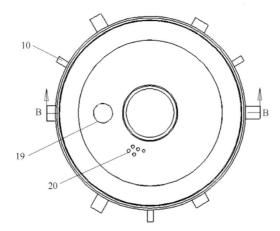

图 9-12　功能型苹果酒的多功能酿酒分馏器整体俯视结构示意图
10. 加热棒；19. 加料口；20. 传感器安装孔

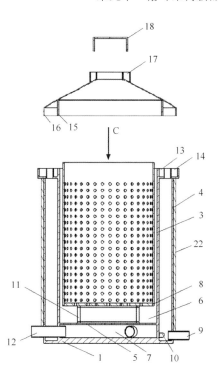

图 9-13 略去移动式液压缸的结构在图 9-12 中沿 B-B 的剖视爆炸示意图

1. 罐体；3. 内壁；4. 外壁；5. 隔板；6. 分离发酵层；7. 倒排层；8. 分离筒；9. 排水管；10. 加热棒；11. 支撑框架；12. 出酒管；13. 内水封区；14. 外水封区；15. 内环形封板；16. 外环形封板；17. 水封区；18. 盖体；22. 保温层

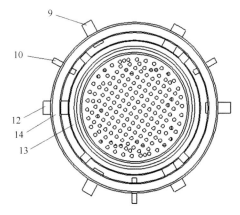

图 9-14 图 9-13 中 C 向的结构示意图

9. 排水管；10. 加热棒；12. 出酒管；13. 内水封区；14. 外水封区

点温度显示记录仪，多点温度显示记录仪与温度传感器电连接，在罐体上设置有控制器，温度传感器和加热棒分别与控制器电连接。罐体上还设置有液位计，罐体底部设置有移动式液压缸。

本设备具有以下优点。

1）在夹层结构中放置水，利用加热棒给水提供热源，分离发酵层设置在夹层结构中，因此夹层结构能够为分离发酵层中的发酵提供所需的温度，避免了传统发酵中的直接对发酵区域加热，发酵区域中由于受热不均而焦煳。

2）设置有加热棒、温度传感器、多点温度显示记录仪和控制器，温度传感器与多点温度显示记录仪和控制器电连接，控制器和加热棒电连接，温度传感器将夹层结构中的温度信息传递给多点温度显示记录仪和控制器，当温度超出控制器预设的温度区间时，控制器发出指令使得加热棒加热或者停止加热使温度回到原先预设的温度区间中，为分离发酵层的果酒发酵提供适宜的温度，温度记录可按时、分、秒计算，保存温度数据，掌握工艺流程的温度动态和工艺过程。

3）既可以用于工艺灭菌和适时取用酿造红酒等低酒精浓度饮品的器具，又可以作为制作白兰地等高酒精浓度白酒设施中的蒸馏器具，因此可以一器多用，充分利用资源，降低了生产成本。

4）可以设置控制器控制的温度区间，因此能调节夹层结构中水的温度，分离不同酒精度的果酒。

5）在罐体底部设置有移动式液压缸，因此该设备既可以自由升降分馏器的高度又可方便地移动分馏器至工作地点。

6）夹层结构的顶部设置的内水封区和外水封区中分别放置有封盖底部的内环形封板和外环形封板，封盖顶部的水封区放置有盖体，因此罐体内的空间得以与外界环境隔离，这样果酒能在一个严格密闭的环境中发酵。

1. 获取低度果酒的过程

将水果放入分离筒中，利用水果打碎工具将水果在分离筒中打碎搅拌，搅拌后的果泥留在分离筒中，而果浆从分离筒中进入分离发酵层和倒排层中，这样可以方便后续分离果泥与发酵完成的低度酒液。在内、外水封区中放入水，在夹层中也放入水。封盖上的蒸汽出口用塞子塞紧，将盖体放入水封区中；将封盖扣置在罐体上使得外环形封板进入外水封区，内环形封板进入内水封区，水封使罐体内空间与外界环境隔离，这样能为果酒发酵提供一个严格密闭的环境。温度传感器通过传感器安装孔放入夹层结构中，未放置传感器的传感器安装孔用塞子堵紧，加料口除了加酿酒菌种期间外均用塞子堵紧。温度传感器与多点温度显示记录仪和控制器电连接，控制器和加热棒电连接，将控制器控制的温度调整至酿酒所需的温度区间。夹层结构底部的加热棒对其中的水进行加热，多点温度显示记录仪通过温度传感器的探测得以将夹层结构中的温度信息传递给控制器和多点温度显示记录仪，当温度传感器探测到的温度超出酿酒预设的温度区间时，控制器将发出指令使得加热棒加热或停止加热。因此，分离发酵层的温度得以处在发酵所要求的温度区间中。发酵完成后，可以得到低度数的果酒。

2. 获取高度数白酒的过程

在得到低度数的果酒之后，还可以对果酒进一步分馏，得到高度数的白酒，具体过程为：将控制器控制的温度调整至分馏所需温度区间，将盖体卸下，装上附有保温结构的分馏管道通至冷凝器，通过冷凝器将酒蒸汽液化得到高度数的白酒。

四、功能型苹果酒的多效冷凝烤酒器

功能型果酒是发酵型果酒，在酿造工艺中部分酒液、渣料需要经过分馏，与分馏器配套的设备称为烤酒器。现市场上的一些冷凝装置存在着分馏效果差、工作效率低及结构复杂等缺点。针对上述问题，本课题组设计了一种分馏效果好、结构简单的功能型苹果酒的多效冷凝烤酒器。

多效冷凝烤酒器包括筒体和储水池，筒体设置在储水池中且侧壁布置有多个通孔，在筒体内部靠近上端口的位置设置有中空的环形冷凝通道，在筒体的外壁上设置有与环形冷凝通道连通的入口，在筒体底端的内侧设置有中空的环形储酒通道，环形储酒通道与环形冷凝通道通过多个翅片管连通，在筒体的外侧壁上设置有与环形储酒通道连通的出酒管，在筒体的上端安装有用于对筒体的内部进行抽风的风机，在储水池中设置有水泵，水泵的输出端与输水管的入口连接，输水管的出口有多个，且每一个出口对准一个翅片管的上端（图 9-15～图 9-18）。

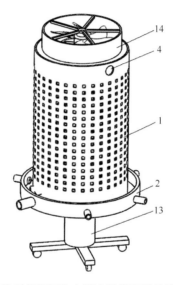

图 9-15 功能型苹果酒的多效冷凝烤酒器整体结构示意图
1. 筒体；2. 储水池；4. 入口；13. 移动式液压缸；14. 风机

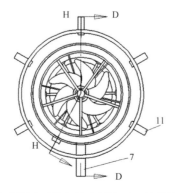

图 9-16 功能型苹果酒的多效冷凝烤酒器整体俯视结构示意图
7. 出酒管；11. 排水管

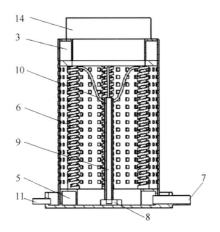

图 9-17　图 9-16 中省略移动式液压缸后的 D-D 剖面的示意图

3. 环形冷凝通道；5. 环形储酒通道；6. 翅片管；7. 出酒管；8. 水泵；9. 输水主管；10. 输水支管；11. 排水管；14. 风机

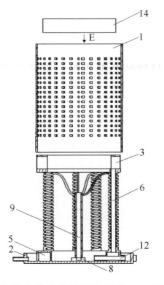

图 9-18　图 9-16 中省略移动式液压缸后的 H-H 剖面的爆炸示意图

1. 筒体；2. 储水池；3. 环形冷凝通道；5. 环形储酒通道；6. 翅片管；8. 水泵；9. 输水主管；12. 连接水管；14. 风机

　　输水管包括输水主管和输水支管（图 9-19），输水主管的下端与水泵的输出端连接；输水支管为多根，每一根输水支管的一端与输水主管的上端连接，另一端对准一个翅片管的上端。在筒体的下端设置有连接水管，连接水管贯穿环形储酒通道且将储水池位于筒体内、外的区域连通。储水池的底部设置有移动式液压缸。环形储酒通道和环形冷凝通道的横截面均为长方形或者圆形。在储水池的外壁上设置有排水管。

　　本设备具有以下优点。

　　1）在筒体的上端设置有用于收集酒蒸汽的环形冷凝通道，在筒体的下端设置有环形储酒通道，且两者之间通过翅片管连接，在筒体内同时设置有水循环冷却系统和风机冷却系统，通过选定程序控制可以通过风冷、水冷、蒸发冷却 3 种形式中的任意一种或多种组合多效冷凝，因此，能够高效地促进酒蒸汽冷凝成液态的酒。

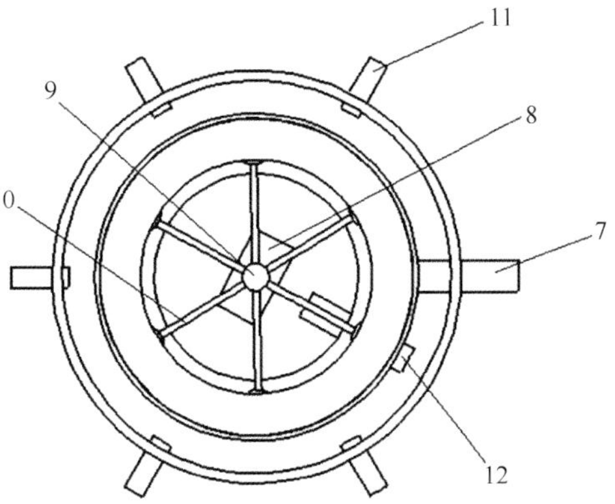

图 9-19 图 9-18 中 E 向的结构示意图
7. 出酒管；8. 水泵；9. 输水主管；10. 输水支管；11. 排水管；12. 连接水管

2）由于水泵设置在储水池中且通过输水管将水输送至翅片管上端，水沿翅片管螺旋式下流后回到储水池中，从而形成了水循环过程，因此储水池中的水可以循环利用，节约了水资源。

3）在储水池的底部设置有移动式液压缸，因此其既可以自由调整冷凝烤酒器的高度又可以方便地移动冷凝烤酒器至工作地点。

工作过程：将输送酒蒸汽的管道与入口密封连接，酒蒸汽源源不断地进入环形冷凝通道中，开启储水池中的水泵，水通过输水主管和输水支管喷射到翅片管上，水沿着翅片管外壁向下呈螺旋式流动，对酒蒸汽进行冷凝，酒蒸汽遇冷液化成液态的酒，液态的酒流经翅片管储存在环形储酒通道中。沿翅片管流动的水回到储水池形成水循环。在开启水泵的同时，开启风机，利用风冷提高酒蒸汽的冷凝效率。最终，环形储酒通道中的酒可以通过出酒管流出。

五、功能型苹果酒的储存分馏系统

现市面上存在的储酒容器有陶瓷容器、玻璃容器和石料容器，但其结构功能单一，只能用于储酒，不方便管理和操作。而现今酒制品的制备流程千差万别，存在着一些通过已储存的低浓度酒精制品（如葡萄酒）制备高浓度酒精制品（如白兰地）的情况，现行的常规做法是将酒从储酒容器转送到分馏器中，将分馏器与冷凝器通过管道连通然后进行分馏操作，这样做浪费了大量的人力、物力，并且市场上现存的冷凝器存在着冷凝效果差、结构复杂等缺点。针对上述问题，本课题组设计了一种用于储存低浓度酒精制品及制备高浓度酒精制品的储存分馏系统。

功能型苹果酒的储存分馏系统包括分离储酒器和冷凝烤酒器（图 9-20，图 9-21），分离储酒器的顶部设置有蒸汽出口，蒸汽出口可拆装地连接冷凝管道的一端，冷凝管道的另一端与冷凝烤酒器的入口连接。分离储酒器包括罐体和封盖，罐体为底部封闭顶部敞口的筒状结构，罐体的内部侧壁上设置有加热棒，罐体外部侧壁上设置有排液管，封盖可拆装地设置在罐体的敞口端，蒸汽出口设置在封盖的顶部（图 9-22～图 9-24）。

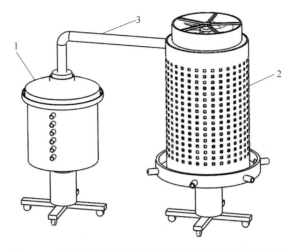

图 9-20　功能型苹果酒的储存分馏系统整体结构示意图

1. 分离储酒器；2. 冷凝烤酒器；3. 冷凝管道

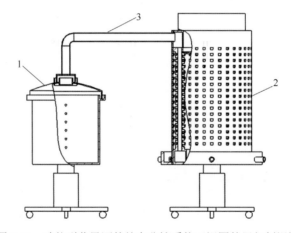

图 9-21　功能型苹果酒的储存分馏系统正视图的局部剖视图

1. 分离储酒器；2. 冷凝烤酒器；3. 冷凝管道

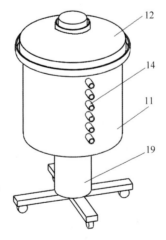

图 9-22　分离储酒器的整体结构示意图

11. 罐体；12. 封盖；14. 排液管；19. 移动式液压缸

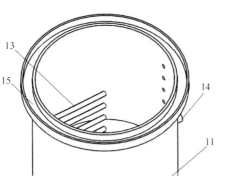

图 9-23　分离储酒器罐体的结构示意图

11. 罐体；13. 加热棒；14. 排液管；15. 水封区

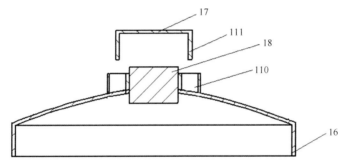

图 9-24　分离储酒器中封盖的半剖爆炸结构示意图

16. 环形封板；17. 盖体；18. 木塞；110. 封盖水封区；111. 盖体环形封板

冷凝烤酒器包括筒体和储水池，筒体设置在储水池中且侧壁布置有多个通孔，在筒体内部靠近上端口的位置设置有中空的环形冷凝通道；入口设置在筒体的外壁上且与环形冷凝管道连通，在筒体底端的内侧设置有中空的环形储酒管道，环形储酒管道与环形冷凝管道通过多个翅片管连通，在筒体的外侧壁上设置有与环形储酒管道连通的出酒管，在筒体的上端安装有用于对筒体的内部进行抽风的风机，在储水池中设置有水泵，水泵的输出端与输水管的入口连接，输水管的出口为多个，且每一个出口对准一个翅片管的上端。罐体的敞口端设置有用于密封的水封区，封盖的底部设置有与水封区相匹配的环形封板。在封盖的蒸汽出口上可拆装地设置有盖体，在蒸汽出口周围设置有封盖水封区，盖体的底部设置有与封盖水封区相匹配的盖体环形封板（图 9-25～图 9-29）。

加热棒为多个且间隔设置在罐体的不同高度；排液管为多个且设置在罐体的不同高度；在罐体上设置有液位计。罐体和封盖都由不锈钢制成。输水管包括输水主管和输水支管，其中，输水主管的下端与水泵的输出端连接；输水支管为多根，每一根输水支管的一端与输水主管的上端连接，另一端对准一个翅片管的上端。在筒体的下端设置有连接水管，连接水管贯穿环形储酒管道且将储水池位于筒体内、外的区域连通。环形储酒管道和环形冷凝管道的横截面均为长方形或者圆形。在罐体和储水池的底部均设置有移动式液压缸。

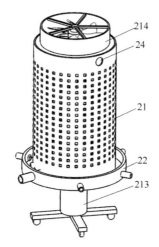

图 9-25　冷凝烤酒器的整体结构示意图

21. 筒体；22. 储水池；24. 入口；213. 移动式液压缸；214. 风机

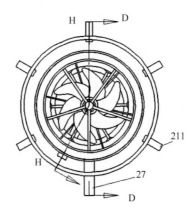

图 9-26　冷凝烤酒器的整体俯视结构示意图

27. 出酒管；211. 排水管

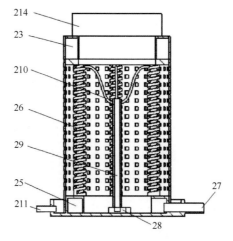

图 9-27　图 9-26 中省略移动式液压缸后的 D-D 剖面的示意图

23. 环形冷凝通道；25. 环形储酒通道；26. 翅片管；27. 出酒管；28. 水泵；29. 输水主管；
210. 输水支管；211. 排水管；214. 风机

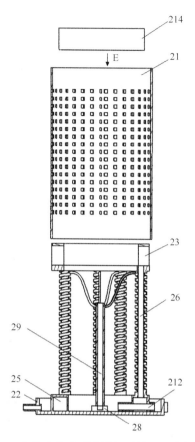

图 9-28 图 9-26 中省略移动式液压缸后的 H-H 剖面的爆炸示意图

21. 筒体；22. 储水池；23. 环形冷凝通道；25. 环形储酒通道；26. 翅片管；28. 水泵；29. 输水主管；
212. 连接水管；214. 风机

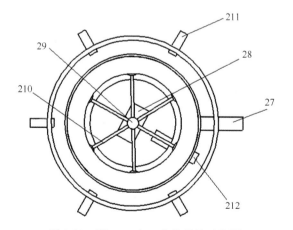

图 9-29 图 9-28 中 E 向的结构示意图

27. 出酒管；28. 水泵；29. 输水主管；210. 输水支管；211. 排水管；212. 连接水管

本设备具有以下优点。

1）分离储酒器中设置有加热棒，其蒸汽出口与冷凝管道的一端密闭连接，冷凝管道的另一端与冷凝烤酒器中的环形冷凝管道连通，环形冷凝管道设置在侧壁布有多个通孔的筒体上端，筒体的下端内侧设置有环形储酒管道，环形冷凝管道与环形储酒管道通过翅片管连通，储水池中的水通过水泵和输水管喷射到翅片管的上端；同时在环形冷凝管道的上方设置有风机，因此在需要将储酒器中低酒精浓度的功能型苹果酒制品制备成高酒精浓度制品时，可直接将分离储酒器与冷凝烤酒器通过冷凝管道连通，而不需要将酒转送至分馏器中进行加热操作。

2）分离储酒器中的多个排液管间隔设置在罐体的不同高度，因此当需要排出酒糟时将底部的排液管开启即可，当需要获得澄清的液体酒时，开启上部的排液管即可。

3）分离储酒器中罐体的敞口端设置有用于密封的水封区，封盖的底部设置有用于放置在水封区的环形封板，同时封盖的顶端设置有封盖水封区，盖体的底部设置有与封盖水封区相匹配的盖体环形封板，因此当环形封板放入预设有水的水封区中且盖体环形封板放入预设有水的封盖水封区中时，罐体内部能与外部隔离，为酒的存储提供一个密闭安全的环境。

4）在罐体的底部设置有移动式液压缸，因此其既可以自由升降储酒器又可方便地移动至工作地点。

5）多个加热棒间隔设置在罐体的不同高度，不同储酒器中的酒糟高度不同，在加热时关闭被酒糟没过的加热棒，可防止加热棒将稠液体糊化。

6）冷凝烤酒器中水泵设置在储水池中且通过输水管将水输送至翅片管上端，水沿翅片管螺旋式下流后回到储水池中，从而形成了水循环过程，因此储水池中的水可以循环利用，节约了水资源。

7）冷凝烤酒器中储水池的底部设置有移动式液压缸，因此其既可以自由升降冷凝烤酒器又可方便地移动冷凝烤酒器至工作地点。

第三节　高类黄酮苹果酒及其制备方法

"药食同源，吃营养，吃健康"已成为人们的共识。低酒精度发酵果酒，如干红、干白葡萄酒，由于在酒中含有类黄酮（如花青苷）、人体必需的氨基酸及矿质元素等营养成分，近几年在中国的消费呈明显的上升态势，但这类低度果酒刺激作用小，习惯喝白酒的人群得不到满足，为满足各类喝酒人群的需求，按照"良种良法配套"及"纯天然、无添加"的研究思路，本课题组针对选育的鲜食加工兼用型高类黄酮苹果品种'满红'，在系列高类黄酮苹果酒加工设备研发的基础上，进一步研制了干低、干柔、干高和干烈型及甜低、甜柔、甜高和甜烈型系列高类黄酮苹果酒，这种酒只有果品一种原料，纯天然，无添加，既具有苹果特有的功能成分、果香浓郁，又具有较强的刺激性和白酒口感，是一种新型果酒，市场前景广阔。

一、干低、干柔、干高和干烈型高类黄酮苹果酒酿制方法

（一）80º苹果发酵蒸馏酒酒基制作方法

选鲜食加工兼用型高类黄酮苹果品种'满红'果实—清洗去杂—行程式打浆入特制

的酿造分馏器—加热灭菌（100℃）—冷却至 50℃ 左右加果胶酶—冷却至 30℃ 加专用酵母—控温发酵（15℃）—酒精度为 9º～12º，达到平衡状态、酒精度不再提高时，通过出酒口过滤取发酵酒。用专用烤酒器进行初步烤酒，选取 20º 左右的果品蒸馏酒，利用精蒸装置把 20º 果品蒸馏酒提高到 40º 以上，最后通过专用精蒸装置经过 4 次精蒸获得 80º 酒基，在容器中陈酿熟化待用。

（二）色酒制作工艺

制作工艺参考 Zuo 等（2019）的方法，选鲜食加工兼用型高类黄酮苹果品种'满红'果实—清洗去杂—行程式打浆入特制的酿造分馏器—加热灭菌（100℃）—冷却至 50℃ 左右加果胶酶—冷却至 30℃ 加专用酵母—控温发酵（15℃）—酒精度为 9º～12º，达到平衡状态、酒精度不再提高时，通过出酒口过滤取发酵酒。将不同发酵阶段的发酵酒转入储酒器，作为色酒保存备用。

（三）干低、干柔、干高和干烈型高类黄酮苹果酒的制备方法

取上述 80º 苹果发酵蒸馏酒酒基与色酒按不同的比例调配（表 9-1），在特制的熟化陈酿储酒器中经高温（30℃）催化 24h，低温（0℃）静置 48h，600 目过滤得初酒，在专用容器内高低温交替熟化陈酿 50d 得成品酒（图 9-30）。

表 9-1　干低、干柔、干高和干烈型高类黄酮苹果酒酒基与色酒的比例及发明专利号

序号	类型	80º苹果发酵蒸馏酒酒基与低酒精度高残糖色酒的比例	发明专利号
1	干低型	1∶6	ZL201710522666.7
2	干柔型	1∶2	ZL201710522686.4
3	干高型	1∶1	ZL201710522647.4
4	干烈型	1∶0.5	ZL201710524303.7

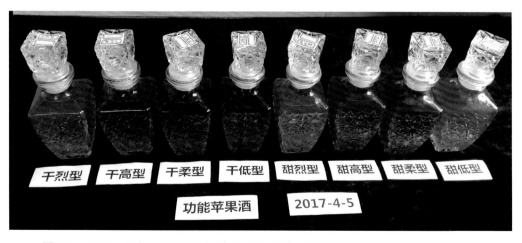

图 9-30　干烈、干高、干柔和干低型及甜烈、甜高、甜柔和甜低型系列高类黄酮苹果酒

二、甜低、甜柔、甜高和甜烈型高类黄酮苹果酒酿制方法

（一）80°苹果发酵蒸馏酒酒基制作方法

选鲜食加工兼用型高类黄酮苹果品种'满红'果实—清洗去杂—行程式打浆入特制的酿造分馏器—加热灭菌（100℃）—冷却至 50℃左右加果胶酶—冷却至 30℃加专用酵母—控温发酵（15℃）—酒度 9°~12°，达到平衡状态、酒精度不再提高时，通过出酒口过滤取发酵酒；用专用烤酒器进行初步烤酒，选取 20°左右的果品蒸馏酒，利用精蒸装置把 20°果品蒸馏酒提高到 40°以上，最后通过专用精蒸装置经过 4 次精蒸获得 80°酒基，在容器中陈酿熟化待用。

（二）低酒精度高残糖色酒制作工艺

选鲜食加工兼用型高类黄酮苹果品种'满红'果实—清洗去杂—行程式打浆入特制的酿造分馏器—加热灭菌（100℃）—冷却至 50℃左右加果胶酶—冷却至 30℃加专用酵母—控温发酵（20℃）24h 左右—酒精度达 1°时，及时取出发酵液，加热灭菌，静置冷却，澄清待用。

取低酒精度高残糖发酵液上清液按 1∶6 的比例加入色酒中即得低酒精度高残糖色酒，转入储酒器保存备用。

（三）甜低、甜柔、甜高和甜烈型高类黄酮苹果酒的制备方法

取上述 80°苹果发酵蒸馏酒酒基与低酒精度高残糖色酒按表 9-2 的比例调配，在特制的熟化陈酿储酒器中经高温（30℃）催化 24h，低温（0℃）静置 48h，600 目过滤得初酒，在专用容器内高低温交替熟化陈酿 50d 得成品酒（图 9-30）。

表 9-2　甜低、甜柔、甜高和甜烈型高类黄酮苹果酒酒基与高残糖色酒的比例及发明专利号

序号	类型	80°苹果发酵蒸馏酒酒基与低酒精度高残糖色酒的比例	发明专利号
1	甜低型	1∶6	ZL201710524304.1
2	甜柔型	1∶2	ZL201710522619.2
3	甜高型	1∶1	ZL201710524265.5
4	甜烈型	1∶0.5	ZL201710524264.0

三、高类黄酮苹果酒质量安全及类黄酮组分含量检测

（一）食品安全国家标准相关指标检测

按照《食品安全国家标准　蒸馏酒及其配制酒》（GB 2757—2012）研制的干烈、干高、干柔和干低型及甜烈、甜高、甜柔和甜低型系列高类黄酮苹果酒样品送到权威机构科普研发（青岛）技术中心进行检测，结果表明，系列高类黄酮苹果酒中的甲醇及铝、锰等重金属含量均符合食品安全国家标准（表 9-3）。

表 9-3　干低型高类黄酮苹果酒样品检测结果

序号	项目	指标
1	甲醇	0.69 g/L＜2.0g/L（国家标准）
2	杂油醇	0.53 g/L＜2.0g/L（国家标准）
3	氰化物	3.3 mg/L＜8.0mg/L（国家标准）
4	铅	0.0061 mg/L＜1mg/L（国家标准）
5	锰	0.0003 mg/L＜2mg/L（国家标准）
6	食品添加剂	符合国家标准
7	致病菌	符合国家标准

（二）类黄酮组分含量检测

以某茅台酒、某特曲及某干红葡萄酒为对照，对干烈、干高、干柔和干低型高类黄酮苹果酒类黄酮组分含量进行检测，结果发现，特曲的所有类黄酮组分均检测不到；茅台酒的山柰酚和儿茶素含量高于高类黄酮苹果酒，但有 5 种成分检测不到，类黄酮总量亦显著低于高类黄酮苹果酒；干红葡萄酒根皮苷含量高于干烈、干高、干柔型高类黄酮苹果酒，类黄酮总量亦显著低于高类黄酮苹果酒（表 9-4）。

表 9-4　干烈、干高、干柔和干低型高类黄酮苹果酒类黄酮组分含量与对照的比较

类黄酮组分含量（µg/mL）	干低型	干柔型	干高型	干烈型	某茅台酒	某特曲	某干红葡萄酒
芦丁	60.040	68.927	68.927	16.627	ND	ND	3.492
金丝桃苷	0.881	0.568	0.568	0.281	ND	ND	ND
异槲皮苷	0.750	0.267	0.267	0.163	ND	ND	ND
番石榴苷	0.421	0.165	0.165	0.085	ND	ND	ND
槲皮素鼠李糖苷	0.030	0.198	0.198	0.055	0.043	ND	ND
山柰酚	0.068	0.039	0.039	0.036	0.230	ND	0.033
儿茶素	0.494	0.301	0.301	0.231	0.677	ND	ND
原花青素 B_2	12.163	6.965	6.965	4.072	0.598	ND	ND
表儿茶素	9.395	2.016	2.016	1.113	0.045	ND	ND
根皮苷	0.624	0.041	0.041	0.037	ND	ND	0.348
总计	84.866	79.487	79.487	22.700	1.593	ND	3.873

上述检测结果表明，干烈、干高、干柔和干低型高类黄酮苹果酒类黄酮组分总含量均显著高于对照，高类黄酮的特性突出。

主要参考文献

安萌萌, 刘畅, 陈学森, 等. 2014a. 黑龙江省野生秋子梨群体遗传结构的荧光 AFLP 分析. 植物遗传资源学报, 15(4): 728-733.

安萌萌, 王艳廷, 陈学森, 等. 2014b. 野生秋子梨(*Pyrus ussuriensis* Maxim)果实性状的遗传多样性. 中国农业科学, 47(15): 3034-3043.

陈宏, 李克顺, 韩学斋, 等. 1991. 短枝型红富士苹果生长结果习性. 落叶果树, (2): 43-44.

陈景新. 1986. 河北省苹果志. 北京: 农业出版社.

陈遂中, 谢慧琴. 2010. 蘼草水提液酚酸物质含量及化感作用. 石河子大学学报(自然科学版), 28: 299-302.

陈晓流, 陈学森, 束怀瑞. 2004. 甜樱桃(*Prunus avium* L.)品种 *S* 基因型鉴定. 遗传学报, 31(10): 1142-1148.

陈学森, 郭文武, 徐娟, 等. 2015. 主要果树果实品质遗传改良与提升实践. 中国农业科学, 48(17): 3524-3540.

陈学森, 韩明玉, 苏桂林, 等. 2010. 当今世界苹果产业发展趋势及我国苹果产业优质高效发展意见. 果树学报, 27(4): 598-604.

陈学森, 毛志泉, 姜远茂, 等. 2017. 我国苹果产业节本增效关键技术. Ⅱ. 现代宽行高干省力高效栽培模式创建技术. 中国果树, (2): 1-4, 102.

陈学森, 毛志泉, 王楠, 等. 2019a. 我国果树产业新旧动能转换之我见. Ⅰ. 果树产业新旧动能转换的卡脖子问题及其解决途径. 中国果树, (2): 1-4.

陈学森, 毛志泉, 王楠, 等. 2019b. 我国果树产业新旧动能转换之我见. Ⅲ. 三位一体的中国式苹果宽行高干省力高效栽培法推动我国苹果产业转型升级, 助力乡村振兴. 中国果树, (4): 1-3.

陈学森, 毛志泉, 王楠, 等. 2019c. 我国果树产业新旧动能转换之我见. Ⅳ. 服务乡村振兴, 果树资源育种研究必须坚持理论与技术创新并重及良种良法配套. 中国果树, (6): 1-4.

陈学森, 王楠, 张宗营, 等. 2019d. 仁果类果树资源育种研究进展. Ⅱ. 我国梨种质资源、品质发育及遗传育种研究进展. 植物遗传资源学报, 20(4): 791-800.

陈学森, 王楠, 张宗营, 等. 2019e. 我国果树产业新旧动能转换之我见. Ⅱ. 以优质、晚熟、耐贮品种为主的品种结构助力我国苹果和梨产业高效发展. 中国果树, (3): 1-4.

陈学森, 王志刚, 周荣永, 等. 1989. 果树杂交去雄方法的研究. 山东农业大学学报, 20(3): 21-26.

陈学森, 吴燕, 陈晓流, 等. 2005. 杏杂种一代群体部分性状遗传趋势研究. 中国农业科学, 38(9): 1863-1868.

陈学森, 张晶, 刘大亮, 等. 2014. 新疆红肉苹果杂种一代的遗传变异及功能型苹果优株评价. 中国农业科学, 47(11): 2193-2204.

陈学森, 张瑞洁, 王艳廷, 等. 2016. 苹果园种植长柔毛野豌豆结合自然生草对土壤综合肥力的影响. 园艺学报, 43(12): 2325-2334.

陈学森, 张艳敏, 张连忠, 等. 1996. 特早熟杏的育种. 园艺学报, 23(1): 27-31.

陈因硕. 1992. 孢粉学的回顾与展望. 植物学通报, 9(2): 16-20.

邓秀新, 章文才. 1993. 柑桔染色体倍性操纵与育种. 果树学报, (s1): 23-28.

范志宏, 郭春绒, 王金胜. 2010. 万寿菊根提取物对西瓜枯萎病菌的抑菌活性成分及作用机理研究. 植物病理学报, 40(2): 195-201.

方从兵. 2002. 我国果树孢粉学研究进展. 安徽农业大学学报, 29(2): 154-157.

冯涛, 陈学森, 张艳敏, 等. 2006a. 新疆野苹果[*Malus sieversii* (Ldb.) Roem.]与栽培苹果香气成分的比较研究. 园艺学报, 33(6): 1295-1298.

冯涛, 陈学森, 张艳敏, 等. 2008. 新疆野苹果叶片抗氧化能力及多酚组分的研究. 中国农业科学, 41(8): 2386-2391.

冯涛, 张红, 陈学森, 等. 2006b. 新疆野苹果果实形态与矿质元素含量多样性以及特异性状单株. 植物遗传资源学报, 7(3): 270-276.

冯涛, 张艳敏, 陈学森. 2007. 新疆野苹果居群年龄结构及郁闭度研究. 果树学报, (5): 571-574.

高利平, 冀晓昊, 张艳敏, 等. 2013. 新疆红肉苹果杂交后代绵/脆肉株系果实质地差异相关酶活性的初步研究. 园艺学报, 40(6): 1153-1161.

高源. 2007. 苹果属种质资源亲缘关系和遗传多样性的 SSR 分析. 兴城: 中国农业科学院果树研究所硕士学位论文.

高源, 刘凤之, 曹玉芬, 等. 2007. 苹果属种质资源亲缘关系的 SSR 分析. 果树学报, 24(2): 129-134.

高源, 王昆, 王大江, 等. 2016. 利用 TP-M13-SSR 标记构建苹果栽培品种的分子身份证. 园艺学报, 43(1): 25-37.

韩蕾, 徐继忠, 李振侠, 等. 2008. 利用 AFLP 分子标记鉴定苹果砧木. 华北农学报, 23(6): 171-175.

郝玉金. 2000. 柑橘和苹果等果树种质资源的立体保存及遗传变异. 武汉: 华中农业大学博士学位论文.

何天明. 2006. 中国普通杏(Prunus armeniaca)种质资源遗传多样性及紫杏(P. dasycarpa)起源研究. 泰安: 山东农业大学博士学位论文.

何天明, 陈学森, 许正, 等. 2005. 利用 SSR 标记对伊犁河谷野杏种群遗传结构的分析//中国园艺学会. 中国园艺学会第十届会员代表大会暨学术讨论会论文集.

贺超兴, 徐炳声. 1991. 苹果属花粉形态特征及其分类学和进化意义. 植物分类学报, 29(5): 445-451.

洪柳, 邓秀新. 2005. 应用 MSAP 技术对脐橙品种进行 DNA 甲基化分析. 中国农业科学, 38(11): 2301-2307.

冀晓昊, 张芮, 毛志泉, 等. 2012. 野生樱桃李实生后代果实性状变异分析及优异种质挖掘. 园艺学报, 39(8): 1551-1558.

贾继增, 高丽锋, 赵光耀, 等. 2015. 作物基因组学与作物科学革命. 中国农业科学, 48(17): 3316-3332.

教育部科技发展中心. 2003. 苹果酒生产工程技术与关键设备研究. http://www.cutech.edu.cn/cn/gxzxjdcgjj/arwlyfl/qtxm/2003/12/1180054675241882.htm.[2011-04-12].

蒋汉林, 李广华, 易图永. 2007. 苹果再植病防治研究进展. 安徽农学通报, 13(16): 68-70.

鞠志国. 1991. 花青苷合成与苹果果皮着色. 果树科学, 8(3): 176-180.

李佳, 石琰璟, 沙广利, 等. 2013. 41 份苹果属植物亲缘关系的 AFLP 分析. 果树学报, 30(5): 725-731.

李明社, 李世东, 缪作清, 等. 2006. 生物熏蒸用于植物土传病害治理的研究. 中国生物防治学报, 22(4): 296-302.

李英慧, 韩振海, 许雪峰. 2002. 分子标记技术在苹果育种中的应用. 生物技术通报, (6): 11-13.

李育农. 1989. 世界苹果和苹果属植物基因中心的研究初报. 园艺学报, 16(2): 101-108.

李育农. 1996. 现代世界苹果属植物分类新体系刍议. 果树科学, 13(S1): 82-92.

李育农. 1999a. 苹果起源演化的考察研究. 园艺学报, 26(4): 213-220.

李育农. 1999b. 世界苹果属植物的起源演化研究新进展. 果树科学, 16(S1): 8-19.

李育农. 2001. 苹果属植物种质资源研究. 北京: 中国农业出版社.

李育农, 李晓林. 1995. 苹果属植物过氧化物酶同工酶酶谱的研究. 西南农业大学学报, 17(5): 371-377.

梁国鲁, 李晓林. 1991. 中国苹果属植物染色体数目新观察. 西南农业学报, 4(4): 25-29.

梁国鲁, 李晓林. 1993. 中国苹果属植物染色体研究. 植物分类学报, 31(3): 236- 251.

林河通, 席玙芳, 陈绍军. 2003. 黄花梨果实采后软化生理基础. 中国农业科学, 36(3): 349-352.

林培钧, 崔乃然. 2000. 伊犁野果林: 天山野果林综合研究. 北京: 中国林业出版社.

蔺姗姗, 周宝利, 陈绍莉, 等. 2009. 香草醛、肉桂酸胁迫下嫁接对茄子根际土壤微生物数量和土壤酶活性的影响. 西北农业学报, 18(3): 222-226, 248.

刘成, 李俊才, 许雪峰, 等. 2007. AFLP 及其在果树中的应用. 北方园艺, (3): 59-62.

刘超超, 魏景利, 徐玉亭, 等. 2011. 苹果 3 个早熟品种果实发育后期硬度及其相关生理指标的初步研究. 园艺学报, 38(1):133-138.

刘崇琪, 陈晓流, 陈学森, 等. 2009. 新疆野生樱桃李 *S-RNase* 基因分离与鉴定的初步研究. 园艺学报, 36(3): 333-340.

刘崇琪, 陈学森, 吴传金, 等. 2008. 新疆野生樱桃李（*Prunus cerasifera* Ehrh.）部分表型性状的遗传多样性. 园艺学报, 35(9): 1261-1268.

刘焕芳, 陈学森, 段成国, 等. 2004. 甜樱桃与中国樱桃杂种的胚抢救及杂种鉴定. 园艺学报, 31(2): 303-308.

刘金, 魏景立, 刘美艳, 等. 2012. 早熟苹果花青苷积累与其相关酶活性及乙烯生成之间的关系. 园艺学报, 39(7): 1235-1242.

刘金波, 许艳丽, 吕国忠, 等. 2009. 黑土区不同轮作系统大豆根际镰孢菌种群结构和数量. 大豆科学, 28(1): 97-102.

刘静轩, 曲常志, 许海峰, 等. 2017. 新疆红肉苹果杂交二代 2 个功能型株系果实风味品质的评价. 果树学报, 34(8): 988-995.

刘美艳, 魏景利, 刘金, 等. 2012. '泰山早霞'苹果采后 1-甲基环丙烯处理对其软化及相关基因表达的影响. 园艺学报, 39(5): 845-852.

刘苹, 赵海军, 仲子文, 等. 2013. 三种根系分泌脂肪酸对花生生长和土壤酶活性的影响. 生态学报, 33(11): 3332-3339.

吕卫光, 余廷园, 诸海涛, 等. 2006. 黄瓜连作对土壤理化性状及生物活性的影响研究. 中国生态农业学报, 14(2): 119-121.

刘文, 陈学森, 刘冠军, 等. 2007. 桃远缘杂种的获得及杂种胚抢救技术的建立. 园艺学报, 34(1): 29-34.

刘晓芬, 李方, 殷学仁, 等. 2013. 花青苷生物合成转录调控研究进展. 园艺学报, 40(11): 2295-2306.

刘晓辉, 鲁墨森, 王淑贞, 等. 2010a. 小型冷库多效冷凝制冷机组的能耗及节能分析. 农业工程学报, 26(6): 103-108.

刘晓辉, 鲁墨森, 辛力, 等. 2010b. 多效冷凝制冷机组的冷凝机理与工况分析. 郑州轻工业学院学报(自然科学版), 25(4): 62-66.

刘晓静, 冯宝春, 冯守千, 等. 2009. '国光'苹果及其红色芽变花青苷合成与相关酶活性的研究. 园艺学报, 36(9): 1249-1254.

刘遵春, 苗卫东, 刘大亮, 等. 2012. 新疆野苹果性状的遗传变异及相关性分析. 果树学报, (4): 530-535.

刘遵春, 张春雨, 张艳敏, 等. 2010. 利用数量性状构建新疆野苹果核心种质的方法. 中国农业科学, 43(2): 358-370.

鲁墨森, 刘晓辉, 鲁荣. 2009. 多效冷凝制冷机组研制及其在中小型冷库上的应用. 落叶果树, 41(6): 36-39.

陆秋农. 1994. 柰的初探. 落叶果树, (1): 9.

罗桂环. 2014. 苹果源流考. 北京林业大学学报(社会科学版), 13(2): 15-25.

马百全. 2016. 苹果资源果实糖酸性状评估及酸度性状的候选基因关联分析. 武汉: 中国科学院研究生院(武汉植物园)博士学位论文.

马衣努尔姑·吐地, 张延辉, 秦伟, 等. 2016. 新疆野苹果的不同种下类型染色体核型分析. 中国农业科学, 49(8): 1540-1549.

牛浩. 2015. 苹果品种及酵母菌种对苹果酒香气及理化性质影响的研究. 烟台: 烟台大学硕士学位论文.

牛健哲, 薛光荣, 丛佩华, 等. 1994. 应用花药培养技术培育苹果新类型. 果树学报, (1): 1-4.

牛自勉, 王贤萍, 李全, 等. 1996. 短枝红富士苹果结果特性的研究. 中国农业科学, 29(2): 45-51.

潘增光, 邓秀新. 1998. 苹果组织培养再生技术研究进展. 果树学报, (3): 261-266.

钱关泽. 2005. 苹果属（*Malus* Mill.）分类学研究. 南京: 南京林业大学博士学位论文.

邱立友, 戚元成, 王明道, 等. 2010. 植物次生代谢物的自毒作用及其与连作障碍的关系. 土壤, 42(1): 1-7.

邵建柱, 马宝焜. 2003. 转基因苹果研究进展. 果树学报, (1): 49-53.

沈德绪. 1997. 果树育种学. 北京: 中国农业出版社: 55-64.

束怀瑞. 1999. 苹果学. 北京: 中国农业出版社.

宋杨, 吴树敬, 张艳敏, 等. 2013a. 短枝型苹果 SSH 文库构建及相关基因表达分析. 中国农业科学, 46(20): 4301-4309.

宋杨, 张艳敏, 刘金, 等. 2012a. GA 含量与其合成酶基因在'长富 2 号'苹果及其短枝型芽变品种之间的比较分析. 中国农业科学, 45(13): 2668-2675.

宋杨, 张艳敏, 刘美艳, 等. 2012b. 短枝型苹果 MdRGL 基因的克隆及原核表达分析. 中国农业科学, 45(7): 1347-1354.

宋杨, 张艳敏, 王传增, 等. 2012c. 苹果光敏色素作用因子基因 PIF 的克隆和分析. 园艺学报, 39(4): 743-748.

宋杨, 张艳敏, 吴树敬, 等. 2013b. 短枝型苹果赤霉素受体基因 MdGID1a 及其启动子克隆和表达分析. 园艺学报, 40(11): 2237-2244.

苏春沧, 王宏伟, 谢星光, 等. 2016. 内生真菌与苍术粉对连作花生根际微生物区系和微量元素的影响. 生态学报, 36(7): 2052-2065.

苏素香, 赵彩平, 曹丽军, 等. 2015. 两种不同耐贮性桃果实采后乙烯合成和果实软化相关基因表达的差异. 农业生物技术学报, 23(4): 450-458.

孙家正, 张大海, 陈学森, 等. 2010. 南疆栽培杏风味物质组成及其遗传多样性. 园艺学报, 37(1): 17-22.

孙家正, 张大海, 张艳敏, 等. 2011. 南疆栽培杏品种杏仁油脂肪酸组成及其遗传多样性. 园艺学报, 38(2): 251-256.

孙云蔚. 1983. 中国果树史与果树资源. 上海: 上海科学技术出版社.

谭秀梅, 王华田, 孔令刚, 等. 2006. 杨树人工林连作土壤中酚酸积累规律及对土壤微生物的影响. 山东大学学报(理学版), 43(1): 14-19.

田长平, 魏景利, 陈学森, 等. 2009. 梨不同品种果实香气成分的 GC-MS 分析. 果树学报, 26(3): 294-299.

田志喜, 张玉星, 于艳军, 等. 2002. 水杨酸对鸭梨果实 PG、PME 和呼吸速率的影响. 果树学报, 19(6): 381-384.

仝月澳, 周厚基. 1982. 果树营养诊断法. 北京: 农业出版社: 149-150.

汪小全, 洪德元. 1997. 植物分子系统学近五年的研究进展概况. 植物分类学报, 35(5): 465-480.

王爱德, 李天忠, 许雪峰, 等. 2005. 苹果品种的 SSR 分析. 园艺学报, 32(5): 875-877.

王方艳, 王秋霞, 颜冬冬, 等. 2011. 二甲基二硫熏蒸对保护地连作土壤微生物群落的影响. 中国生态农业学报, 19(4): 890-896.

王功帅. 2018. 环渤海连作土壤真菌群落结构分析及混作葱减轻苹果连作障碍的研究. 泰安: 山东农业大学博士学位论文.

王海波, 李林光, 陈学森, 等. 2010. 中早熟苹果品种果实的风味物质和风味品质. 中国农业科学, 43(11): 2300-2306.

王惠聪, 黄旭明, 黄辉白. 2002. 妃子笑荔枝果实着色不良原因的研究. 园艺学报, 29(5): 408-412.

王见月, 刘庆花, 李俊良, 等. 2010. 胶东果园土壤酸度特征及酸化原因分析. 中国农学通报, 26(16): 164-169.

王昆. 2004. 我国苹果属野生种质资源收集、保存与研究利用//中国园艺学会. 全国首届野果树资源与开发利用学术研讨会论文汇编: 1-6.

王昆, 刘凤之, 高源, 等. 2013. 我国苹果种质资源基础研究进展. 中国果树, (2): 61-64.

王楠, 张静, 于蕾, 等. 2019. 仁果类果树资源育种研究进展. Ⅰ. 苹果种质资源、品质发育及遗传育种研究进展. 植物遗传资源学报, 20(4): 801-812.

王树起, 韩晓增, 乔云发. 2007. 根系分泌物的化感作用及其对土壤微生物的影响. 土壤通报, 38(6): 1219-1226.

王苏珂, 李秀根, 杨健, 等. 2016. 我国梨品种选育研究近 20 年来的回顾与展望. 果树学报, 33(S1): 10-23.

王晓宝, 王功帅, 刘宇松, 等. 2018. 西北黄土高原地区苹果连作障碍与土壤真菌群落结构的相关性分析. 园艺学报, 45(5): 855-864.

王艳芳, 相立, 徐少卓, 等. 2017. 生物炭与甲壳素配施对连作平邑甜茶幼苗及土壤环境的影响. 中国农业科学, 50(4): 711-719.

王艳廷, 冀晓昊, 张艳敏, 等. 2015. 自然生草对黄河三角洲梨园土壤物理性状及微生物多样性的影响. 生态学报, 35(16): 5374-5384.

王延玲, 张艳敏, 冯守千, 等. 2010. 新疆红肉苹果转录因子 MsMYB10 基因的克隆、序列分析及原核表达. 中国农业科学, 43(13): 2735-2743.

王莹, 赵华斌, 郝家胜. 2005. 分子系统学的理论、方法及展望. 安徽师范大学学报(自然科学版), 28(1): 84-88.

吴凤芝, 赵凤艳, 谷思玉. 2002. 保护地黄瓜连作对土壤生物化学性质的影响. 农业系统科学与综合研究, 18(1): 20-22.

吴凤芝, 赵凤艳, 刘元英. 2000. 设施蔬菜连作障碍原因综合分析与防治措施. 东北农业大学学报, 31(3): 241-247.

吴燕, 陈学森, 冯建荣, 等. 2005. 杏杂种一代群体 S 基因的遗传研究. 园艺学报, 32(3): 397-402.

吴玉森, 张艳敏, 冀晓昊, 等. 2013. 自然生草对黄河三角洲梨园土壤养分、酶活性及果实品质的影响. 中国农业科学, 46(1): 99-108.

夏春森, 王兰英. 1981. 红星苹果在贮藏中果肉发绵生理过程的研究. 园艺学报, (2): 31-38.

肖新, 朱伟, 杜超, 等. 2015. 轮作与施肥对滁菊连作土壤微生物特性的影响. 应用生态学报, 26(6): 1779-1784.

谢让金, 周志钦, 邓烈. 2008. 真正柑橘果树类植物基于 AFLP 分子标记的分类与进化研究. 植物分类学报, 46(5): 682-691.

徐娟. 2002. 几个柑橘产区果实色泽评价及红肉脐橙[Citrus sinensis L. cv. Cara cara]果肉呈色机理初探. 武汉: 华中农业大学博士学位论文.

徐曼, 李厚华, 郭亦博, 等. 2015. 苹果属海棠亲缘关系的 AFLP 分析. 西北农林科技大学学报(自然科学版), 43(8): 159-164, 173.

徐少卓, 王晓芳, 陈学森, 等. 2018. 高锰酸钾消毒后增施木霉菌肥对连作土壤微生物环境及再植平邑甜茶幼苗生长的影响. 植物营养与肥料学报, 24(5): 1285-1293.

许海峰, 曲常志, 刘静轩, 等. 2017. 苹果液泡膜蔗糖转运蛋白基因 MdSUT4 的表达分析与功能鉴定. 园艺学报, 44(7): 1235-1243.

许海峰, 王楠, 姜生辉, 等. 2016. 新疆红肉苹果杂种一代 4 个株系类黄酮含量及其合成相关基因表达分析. 中国农业科学, 49(16): 3174-3187.

薛炳烨, 杨兴洪, 罗新书. 1989. 落叶果树连作障碍的研究进展. 落叶果树, 1: 84-87.

杨红花, 陈学森, 冯宝春, 等. 2004a. 利用远缘杂交创造核果类果树新种质的研究. II. 李、杏远缘杂种胚抢救与杂种鉴定. 中国农业科学, 37(8): 1203-1207.

杨红花, 陈学森, 李玉晖, 等. 2004b. 利用远缘杂交创造核果类果树新种质的研究. I. 不同处理对核果类果树远缘杂交亲和性的效应研究. 中国农业科学, 37(7): 1034-1038.

杨建民, 王中英. 1994. 短枝型与普通型苹果叶片光和特性比较研究. 中国农业科学, 27(4): 31-36.

杨佩芳, 郝燕燕, 田彩芳. 2000. 苹果短枝型品种导管分子的解剖学研究. 园艺学报, 27(1): 52-54.

杨晓红, 李育农. 1995a. 苹果属植物苹果组及山荆子组花粉形态及其演化研究. 西南农业大学学报, 17(4): 279-285.

杨晓红, 李育农. 1995b. 塞威氏苹果花粉形态研究及其演化的探索. 西南农业大学学报, 17(2): 107-114.

杨晓红, 李育农, 林培均, 等. 1992. 新疆野苹果 *Malus sieversii* (Ldb.) Roem 花粉形态及其起源演化研究. 西南农业大学学报, 14(1): 45-50.

杨兴洪, 罗新书, 刘润进, 等. 1992. 利用 VA 菌根真菌解决苹果重茬问题. 落叶果树, 4: 5-7.

伊华林, 邓秀新. 1998. 培养三倍体柑橘植株的研究. 果树科学, 15: 212-216.

于杰, 闫化学, 鲁振华, 等. 2011. 基于柑橘及其近缘属植物 DNA 条形码的叶绿体编码序列筛选. 中国农业科学, 44(2): 341-348.

于忠范, 张振英, 王平, 等. 2010. 胶东果园土壤酸化现状及原因分析. 烟台果树, 2: 31-32.

尹承苗, 胡艳丽, 王功帅, 等. 2016. 苹果连作土壤中主要酚酸类物质对平邑甜茶幼苗根系的影响. 中国农业科学, 49(5): 961-969.

尹承苗, 王玫, 王嘉艳, 等. 2017. 苹果连作障碍研究进展. 园艺学报, 44(11): 2215-2230.

苑兆和, 陈学森, 张春雨, 等. 2008. 普通杏群体遗传结构的荧光 AFLP 分析. 园艺学报, 35(3): 319-328.

曾建敏, 陈学军, 吴兴富, 等. 2016. 基于烟草叶绿体基因组和线粒体基因组 SSR 标记的烟属植物遗传多样性分析. 中国烟草学报, 22(4): 89-97.

翟衡, 赵政阳, 王志强, 等. 2005. 世界苹果产业发展趋势分析. 果树学报, (1): 44-50.

张爱君, 张明普, 张洪源. 2002. 果树苗圃土壤连作障碍的研究初报. 南京农业大学学报, 25(1): 19-22.

张春梅. 2016. 枣糖酸代谢及其驯化的分子机制研究. 杨凌: 西北农林科技大学博士学位论文.

张春雨, 陈学森, 林群, 等. 2009. 新疆野苹果群体遗传结构和遗传多样性的 SRAP 分析. 园艺学报, 36(1): 7-14.

张红, 张艳敏, 陈晓流, 等. 2008. 欧李自交不亲和 *S* 基因的克隆及序列分析. 西北植物学报, 28(5): 876-881.

张江红. 2005. 酚类物质对苹果的化感作用及重茬障碍影响机理的研究. 泰安: 山东农业大学博士学位论文.

张江红, 张殿生, 毛志泉, 等. 2009. 苹果砧木幼苗根系分泌物的分离与鉴定. 河北农业大学学报, 32(4): 29-32.

张今今, 王跃进, 李荣旗. 2000. 苹果短枝型性状的 RAPD 研究. 农业生物技术学报, 8(3): 285-288.

张立杰, 陈学森, 陈晓流, 等. 2007. 不同引物组合对中国杏品种资源 *S* 基因特异扩增效果比较. 园艺学报, 34(5): 1141-1146.

张丽敏, 邓晨光, 齐兴田, 等. 2014. 苹果过氧化物酶活性及同工酶分析. 黑龙江农业科学, (11): 18-20.

张利英, 李贺年, 翟姗姗, 等. 2010. 太阳能土壤消毒在草莓保护地栽培中的应用效果. 北方园艺, 14: 67-68.

张芮, 张宗营, 高利平, 等. 2015. 苹果绵肉与脆肉株系果实质地差异的分子机理. 中国农业科学, 48(18): 3676-3688.

张淑香, 高子勤, 刘海玲. 2000. 连作障碍与根际微生态研究 III. 土壤酚酸物质及其生物学效应. 应用生态学报, 11(5): 741-744.

张素素, 徐少卓, 孙申义, 等. 2017. 土壤中根皮苷和根皮素对桃幼苗的影响. 园艺学报, 44(6): 1167-1173.

张小燕, 陈学森, 彭勇, 等. 2008a. 新疆野苹果酚类物质组分的遗传多样性. 园艺学报, 35(9): 1351-1356.

张小燕, 陈学森, 彭勇, 等. 2008b. 新疆野苹果矿质元素与糖酸组分的遗传多样性. 园艺学报, 35(2): 277-280.

张先富, 相立, 王艳芳, 等. 2016. 草酸青霉 A1 菌株的鉴定及对苹果 4 种镰孢病菌的拮抗作用. 园艺学报, 43(5): 841-852.

张新时. 1973. 伊犁野果林的生态地理特征和群落学问题. 植物学报, 15(2): 239-253.

张新忠, 王忆, 韩振海. 2010. 我国苹果属(*Malus* Mill.)野生资源研究利用的现状分析. 中国农业科技导报, 12(3): 8-15.

张艳敏, 王琦, 陈学森, 等. 2007. 矮生樱组 3 个野生种果实性状的变异. 果树学报, 24(3): 369-372.

张玉萍, 牛自勉, 李全等. 1994. 苹果短枝型品种脱落酸含量与树体生长的研究. 山西农业大学学报, 14(2): 138-140.

张钊. 1962. 新疆的果树资源. 园艺学报, (2): 129-136.

赵小亮, 刘新虎, 贺江舟, 等. 2009. 棉花根系分泌物对土壤速效养分和酶活性及微生物数量的影响. 西北植物学报, 29(7): 1426-1431.

中国科学院新疆综合考察队. 1959. 新疆综合考察报告汇编. 北京: 科学出版社.

朱玉贤, 李毅, 郑晓峰. 2007. 现代分子生物学. 北京: 高等教育出版社: 292-293.

朱元娣, 曹敏格, 许正, 等. 2014. 基于 ITS 和 matK 序列探讨新疆野苹果与中国苹果的系统演化关系. 园艺学报, 41(2): 227-239.

祝军, 李光晨, 王涛, 等. 2000a. 威赛克柱型苹果与旭的 AFLP 多态性研究. 园艺学报, 27(6): 447-448.

祝军, 王涛, 李光晨, 等. 2000b. 苹果 AFLP 分析体系的建立. 中国农业大学学报, 5(3): 63-67.

庄军平, 苏菁, 李雪萍, 等. 2006. 香蕉果实软化相关 β-半乳糖苷酶基因的克隆及其表达分析. 植物生理与分子生物学学报, 32(4): 411-419.

Abenavoli M, De Santis C, Sidari M, et al. 2001. Influence of coumarin on the net nitrate uptake in durum wheat. New Phytologist, 150: 619-627.

Adams-Phillips L, Barry C, Kannan P, et al. 2004. Evidence that CTR1-mediated ethylene signal transduction in tomato is encoded by a multigene family whose members display distinct regulatory features. Plant Molecular Biology, 54(3): 387-404.

Akagi T, Ikegami A, Tsujimoto T, et al. 2009. DkMyb4 is a Myb transcription factor involved inproanthocyanidin biosynthesis in persimmon fruit. Plant Physiology, 151(4): 2028-2045.

Akiyama K, Matsuzaki K I, Hayashi H. 2005. Plant sesquiterpenes induce hyphal branching in arbuscular mycorrhizal fungi. Nature, 435: 824-827.

Ali Z M, Chin L H, Lazan H. 2004. Comparative study on wall degrading enzymes, pectin modifications and softening during ripening of selected tropical fruits. Plant Science, 167(2): 317-327.

Allan A C, Hellens R P, Laing W A. 2008. MYB transcription factors that colour our fruit. Trends in Plant Science, 13(3): 99-102.

Al-Mssallem I S, Hu S, Zhang X, et al. 2013. Genome sequence of the date palm *Phoenix dactylifera* L. Nature Communications, 4: 2274.

Alonso J M, Stepanova A N, Solano R, et al. 2003. Five components of the ethylene-response pathway identified in a screen for weak ethylene-insensitive mutants in *Arabidopsis*. Proceedings of the National Academy of Sciences of the United States of America, 100(5): 2992-2997.

Aluri S, Büttner M. 2007. Identification and functional expression of the *Arabidopsis thaliana* vacuolar glucose transporter 1 and its role in seed germination and flowering. PNAS, 104(7): 2537-2542.

An X H, Tian Y, Chen K Q, et al. 2015. MdMYB9 and MdMYB11 are involved in the regulation of the JA-induced biosynthesis of anthocyanin and proanthocyanidin in apples. Plant & Cell Physiology, 56(4): 650-662.

Argout X, Salse J, Aury J, et al. 2011. The genome of *Theobroma cacao*. Nature Genetics, 43(2): 101-108.

Asao T, Hasegawa K, Sueda Y, et al. 2003. Autotoxicity of root exudates from taro. Scientia Horticulturae, 97: 389-396.

Asíns M J, Monforte A J, Mestre P F. 1999. Citrus and Prunuscopia-like retrotransposons. Theoretical & Applied Genetics, 99(3-4): 503-510.

Atkinson R G, Bolitho K M, Wright M A, et al. 1998. Apple ACC-oxidase and polygalacturonase: ripening-specific gene expression and promoter analysis in transgenic tomato. Plant Molecular Biology, 38(3): 449-460.

Atkinson R G, Johnston S L, Yauk Y, et al. 2009. Analysis of xyloglucan endotransglucosylase / hydrolase (XTH) gene families in kiwifruit and apple. Postharvest Biology and Technology, 51(2): 149-157.

Atkinson R G, Sutherland P W, Johnston S L, et al. 2012. Down-regulation of POLYGALACTURONASE1 alters firmness, tensile strength and water loss in apple (*Malus domestica*) fruit. BMC Plant Biology, 12(1): 129.

Attwood J T, Yung R L, Richardson B C. 2002. DNA methylation and the regulation of gene transcription. Cellular and Molecular Life Sciences, 59(2): 241-257.

Aulchenko Y S, Ripke S, Isaacs A, et al. 2007. GenABEL: an R library for genome-wide association analysis. Bioinformatics, 23(10): 1294-1296.

Bai R, Ma F, Liang D, et al. 2009. Phthalic acid induces oxidative stress and alters the activity of some antioxidant enzymes in roots of *Malus prunifolia*. Journal of Chemical Ecology, 35: 488-494.

Bai Y, Dougherty L, Li M, et al. 2012. A natural mutation-led truncation in one of the two aluminum-activated malate transporter-like genes at the Ma locus is associated with low fruit acidity in apple. Molecular Genetics Genomics, 287(8): 663-678.

Baird N A, Etter P D, Atwood T S, et al. 2008. Rapid SNP discovery and genetic mapping using sequenced RAD markers. PLoS One, 3(10): e3376.

Baker M. 2012. *De novo* denome assembly: what every biologist should know. Nature Methods, 9: 333-339.

Ban Y, Honda C, Hatsuyama Y, et al. 2007. Isolation and functional analysis of a MYB transcription factor gene that is a key regulator for the development of red coloration in apple skin. Plant & Cell Physiology, (48): 958-970.

Barrett J C, Fry B, Maller J, et al. 2005. Haploview: analysis and visualization of LD and haplotype maps. Bioinformatics, 21(2): 263-265.

Barry C S, Llop-Tous M I, Grierson D. 2000. The regulation of 1-aminocyclopropane-1-carboxylic acid synthase gene expression during the transition from system-1 to system-2 ethylene synthesis in tomato. Plant Physiology, 123(3): 979-986.

Becerra J X. 1997. Insects on plants: macroevolutionary chemical trends in host use. Science, 276(5310): 253-256.

Begun D J, Holloway A K, Stevens K, et al. 2007. Population genomics: whole-genome analysis of polymorphism and divergence in *Drosophila simulans*. PLoS Biology, 5(11): e310.

Ben-Arie R, Kislev N. 1979. Ultrastructural changes in the cell walls of ripening apple and pear fruit. Plant Physiology, 64(2): 197-202.

Besnard G, Rubio de Casas R, Vargas P. 2007. Plastid and nuclear DNA polymorphism reveals historical processes of isolation and reticulation in the olive tree complex (*Olea europaea*). Journal Biogeography, 34: 736-752.

Bianco L, Cestaro A, Sargent D J, et al. 2014. Development and validation of a 20K single nucleotide polymorphism (SNP) whole genome genotyping array for apple (*Malus × domestica* Borkh). PLoS One, 9(10): e110377.

Black W C, Baer C F, Antolin M F, et al. 2001. Population genomics: genome-wide sampling of insect populations. Annual Review of Entomology, 46(1): 441-469.

Bolger A M, Lohse M, Usadel B. 2014. Trimmomatic: a flexible trimmer for Illumina sequence data. Bioinformatics, 30(15): 2114-2120.

Bolitho K M, Lay-Yee M, Knighton M L, et al. 1997. Antisense apple ACC-oxidase RNA reduces ethylene production in transgenic tomato fruit. Plant Science, 122(1): 91-99.

Bomer H. 1959. The apple replant problem. I. The excretion of phlorizin from apple root residues. Contributions of Boyce Thompson Institute, 20: 39-56.

Bondonno N P, Dalgaard F, Kyrø C, et al. 2019. Flavonoid intake is associated with lower mortality in the Danish Diet Cancer and Health Cohort. Nature Communications, 10(1): 1-10.

Bonghi C, Ferrarese L, Ruperti B, et al. 1998. Endo-β-1,4-glucanases are involved in peach fruit growth and ripening, and regulated by ethylene. Physiologia Plantarum, 102(3): 346-352.

Boyle E I, Weng S, Gollub J, et al. 2004. Go: TermFinder—open source software for accessing Gene Ontology information and finding significantly enriched Gene Ontology terms associated with a list of genes. Bioinformatics, 20(18): 3710-3715.

Brown A H D. 1989. Core collection: a practical approach to genetic resources management. Genome, 31: 818-824.

Brown G S, Koutoulis L. 2006. Overcoming apple replant disease: treatment effects over the first 7 years of orchard life, XXVII International Horticultural Congress-IHC2006: International Symposium on Enhancing Economic and Environmental, 772: 121-125.

Brown T A, Jones M K, Powell W, et al. 2009. The complex origins of domesticated crops in the fertile crescent. Trends in Ecology & Evolution, 24(2): 103-109.

Brummell D A. 2006. Cell wall disassembly in ripening fruit. Functional Plant Biology, 33(2): 103-119.

Brummell D A, Hall B D, Bennett A B. 1999. Antisense suppression of tomato endo-1,4-β-glucanase *Cel2* mRNA accumulation increases the force required to break fruit abscission zones but does not affect fruit softening. Plant Molecular Biology, 40(4): 615-622.

Brummell D A, Harpster M H. 2001. Cell wall metabolism in fruit softening and quality and its manipulation in transgenic plants. Plant Molecular Biology, 47(1-2): 311-340.

Buerkle C A, Gompert Z, Parchman T L. 2011. The *n*=1 constraint in population genomics. Molecular Ecology, 20(8): 1575-1581.

Busov V B, Meilan R, Pearce D W, et al. 2003. Activation tagging of a dominant gibberellin catabolism gene (GA2-oxidase) from poplar that regulates tree stature. Plant Physiology,132(3): 1283-1291.

Cai Q, Guy C L, Moore G A. 1996. Detection of cytosine methylation and mapping of a gene influencing cytosine methylation in the genome of *Citrus*. Genome, 39(2): 235-242.

Caputo F, Nicoletti F, Picione F D L, et al. 2015. Rhizospheric changes of fungal and bacterial communities in relation to soil health of multi-generation apple orchards. Biological Control, 88: 8-17.

Cao K, Zheng Z, Wang L, et al. 2014. Comparative population genomics reveals the domestication history of the peach, *Prunus persica*, and human influences on perennial fruit crops. Genome Biology, 15(7): 415.

Cesco S, Mimmo T, Tonon G, et al. 2012. Plant-borne flavonoids released into the rhizosphere: impact on soil bio-activities related to plant nutrition. A review. Biology and Fertility of Soils, 48: 123-149.

Cesco S, Neumann G, Tomasi N, et al. 2010. Release of plant-borne flavonoids into the rhizosphere and their role in plant nutrition. Plant and Soil, 329: 1-25.

Chagné D, Crowhurst R N, Pindo M, et al. 2014a. The draft genome sequence of European pear (*Pyrus communis* L.'Bartlett'). PLoS One, 9(4): e92644.

Chagné D, Crowhurst R N, Troggio M, et al. 2012. Genome-wide SNP detection, validation, and development of an 8K SNP array for apple. PLoS One, 7(2): e31745.

Chagné D, Dayatilake D, Diack R, et al. 2014b. Genetic and environmental control of fruit maturation, dry matter and firmness in apple (*Malus* × *domestica* Borkh.). Horticulture Research, 1: 14046.

Chagné D, Lin-Wang K, Espley R, et al. 2013. An ancient duplication of apple MYB transcription factors is responsible for novel red fruit-flesh phenotypes. Plant Physiology, 161(1): 225-239.

Chakravarthy S, Tuori R P, D'Ascenzo M D, et al. 2003. The tomato transcription factor *Pti4* regulates defense-related gene expression via GCC box and non-GCC box *cis* elements. Plant Cell, 15(12): 3033-3050.

Chamorro M, Domínguez P, Medina J, et al. 2014. Chemical and non-chemical soil fumigation treatments for strawberry in Huelva (Spain). VIII International Symposium on Chemical and Non-Chemical Soil and Substrate Disinfestation, 1044: 275-279.

Chao Q, Rothenberg M, Solano R, et al. 1997. Activation of the ethylene gas response pathway in *Arabidopsis* by the nuclear protein ETHYLENE-INSENSITIVE3 and related proteins. Cell, 89(7): 1133-1144.

Chaparro J X, Werner D J, Whetten R W, et al. 1995. Inheritance, genetic interaction, and biochemical-characterization of anthocyanin phenotypes in peach. Journal of Heredity, 86: 32-38.

Chapman N H, Bonnet J, Grivet L, et al. 2012. High-resolution mapping of a fruit firmness-related quantitative trait locus in tomato reveals epistatic interactions associated with a complex combinatorial locus. Plant Physiology, 159(4): 1644-1657.

Chen H, Korban S S. 1987. Genetic variability and the inheritance of resistance to cedar-apple rust in apple.

Plant Pathology, 36(2): 168-174.

Chen H, Patterson N, Reich D. 2010. Population differentiation as a test for selective sweeps. Genome Research, 20(3): 393-402.

Chen X, Wu Y, Chen M, et al. 2006. Inheritance and correction of self-incompatibility and other yield components in the apricot hybrid F_1 populations. Euphytica, 150: 69-74.

Chen X S, Feng T, Zhang Y M, et al. 2007. Genetic diversity of volatile components in Xinjiang wild apple (*Malus sieversii*). Journal of Genetics and Genomics, 34(2): 171-179.

Chin C S, Alexander D H, Marks P, et al. 2013. Nonhybrid, finished microbial genome assemblies from long-read SMRT sequencing data. Nature Methods, 10(6): 563-569.

Christie J M, Arvai A S, Baxter K J, et al. 2012. Plant UVR8 photoreceptor senses UV-B by tryptophan-mediated disruption of cross-dimer salt bridges. Science, 335(6075): 1492-1496.

Christie P J, Alfenito M R, Walbot V. 1994. Impact of low-temperature stress on generalphenylpropanoid and anthocyanin pathways: enhancement of transcript abundance and anthocyanin pigmentation in maize seedlings. Planta, 194: 541-549.

Clark R M, Schweikert G, Toomajian C, et al. 2007. Common sequence polymorphisms shaping genetic diversity in *Arabidopsis thaliana*. Science, 317(5836): 338-342.

Coart E, Van Glabeke S, De Loose M, et al. 2006. Chloroplast diversity in the genus *Malus*: new insights into the relationship between the European wild apple [*Malus sylvestris* (L.) Mill.] and the domesticated apple (*Malus domestica* Borkh.). Molecular Ecology, 15(8): 2171-2182.

Coles J P, Phillips A L, Croker S J, et al. 1999. Modification of gibberellin production and plant development in *Arabidopsis* by sense and antisense expression of gibberellin 20-oxidase gene. Plant Journal, 17(5): 547-556.

Cornille A, Giraud T, Smulders M J, et al. 2014. The domestication and evolutionary ecology of apples. Trends in Genetics, 30(2): 57-65.

Cornille A, Gladieux P, Smulders M J, et al. 2012. New insight into the history of domesticated apple: secondary contribution of the European wild apple to the genome of cultivated varieties. PLoS Genetics, 8(5): e1002703.

Cosgrove D J. 2005. Growth of the plant cell wall. Nature Reviews Molecular Cell Biology, 6(11): 850-861.

Costa F, Peace C P, Stella S, et al. 2010. QTL dynamics for fruit firmness and softening around an ethylene-dependent polygalacturonase gene in apple (*Malus domestica* Borkh.). Journal of Experimental Botany, 61(11): 3029-3039.

Costa F, Stella S, Van de Weg W E, et al. 2005. Role of the genes *Md-ACO1* and *Md-ACS1* in ethylene production and shelf life of apple (*Malus domestica* Borkh). Euphytica, 141(1-2): 181-190.

Craig D W, Pearson J V, Szelinger S, et al. 2008. dentification of genetic variants using bar-coded multiplexed sequencing. Nature Methods, 5(10): 887-893.

Cronn R, Liston A, Parks M, et al. 2008. Multiplex sequencing of plant chloroplast genomes using Solexa sequencing-by-synthesis technology. Nucleic Acids Research, 36(19): e122.

Cuesta-Marcos A, Szűcs P, Close T J, et al. 2010. Genome-wide SNPs and re-sequencing of growth habit and inflorescence genes in barley: implications for association mapping in germplasm arrays varying in size and structure. BMC Genomics, 11(1): 707.

Czemmel S, Heppel S C, Bogs J. 2012. R_2R_3 MYB transcription factors: key regulators of the flavonoid biosynthetic pathway in grapevine. Protoplasma, 249: 109-118.

Czemmel S, Stracke R, Weisshaar B, et al. 2009. The grapevine R_2R_3-MYB transcription factor VvMYBF1 regulates flavonol synthesis in developing grape berries. Plant Physiology, 151(3): 1513-1530.

D'Hont A, Denoeud F, Aury J M, et al. 2012. The banana (*Musa acuminata*) genome and the evolution of monocotyledonous plants. Nature, 488(7410): 213-217.

Daccord N, Celton J M, Linsmith G, et al. 2017. High-quality *de novo* assembly of the apple genome and methylome dynamics of early fruit development. Nature Genetics, 49(7): 1099-1106

Dajas F. 2012. Life or death: neuroprotective and anticancer effects of quercetin. Journal of Ethnopharmacology, 142(2): 383-396.

Dandekari A M, Teo G, Defilippi B G, et al. 2004. Effect of down-regulation of ethylene biosynthesis on fruit flavor complex in apple fruit. Transgenic Research, 13(4): 373-384.

Deluc L, Barrieu F, Marchive C, et al. 2006. Characterization of a grapevine R$_2$R$_3$-MYB transcription factor that regulates the phenylpropanoid pathway. Plant Physiology, 140(2): 499-511.

Devoghalaere F, Doucen T, Guitton B, et al. 2012. A genomics approach to understanding the role of auxin in apple (*Malus* x *domestica*) fruit size control. BMC Plant Biology, 12: 7.

Doebley J F, Gaut B S, Smith B D. 2006. The molecular genetics of crop domestication. Cell, 127(7): 1309-1321.

Doyle J J, Doyle J L, Brown A H. 1999. Origins, colonization, and lineage recombination in a widespread perennial soybean polyploid complex. Proceedings of the National Academy of Sciences, 96(19): 10741-10745.

Duan N B, Bai Y, Sun H H, et al. 2017. Genome re-sequencing reveals the history of apple and supports a two-stage model for fruit enlargement. Nature Communications, 8(1): 249

Dunemann F, Kahnau R, Schmidt H. 1994. Genetic relationships in *Malus* evaluated by RAPD 'fingerprinting' of cultivars and wild species. Plant Breeding, 113(2): 150-159.

Dzhangaliev A D. 2003. The wild apple tree of Kazakhstan. *In*: Janick J. Horticultured Review. Hoboken: John Wiley & Sons Inc: 63-303.

Edwards D J, Holt K E. 2013. Beginner's guide to comparative bacterial genome analysis using next-generation sequence data. Microbial Informatics and Experimentation, 3(1): 2.

Ellegren H. 2014. Genome sequencing and population genomics in non-model organisms. Trends in Ecology & Evolution, 29(1): 51-63.

Elshire R J, Glaubitz J C, Sun Q, et al. 2011. A robust, simple genotyping-by-sequencing (GBS) approach for high diversity species. PLoS One, 6(5): e19379.

Espley R V, Brendolise C, Chagné D, et al. 2009. Multiple repeats of a promoter segment causes transcription factor autoregulation in red apples. The Plant Cell, 21: 168-183.

Espley R V, Hellens R P, Putterill J, et al. 2007. Red colouration in apple fruit is due to the activity of the MYB transcription factor, MdMYB10. Plant Journal, 49(3): 414-427.

Fang H, Dong Y, Yue X, et al. 2019a. The B-box zinc finger protein MdBBX20 integrates anthocyanin accumulation in response to ultraviolet radiation and low temperature. Plant, Cell & Environment, 42(7): 2090-2104.

Fang H, Dong Y, Yue X, et al. 2019b. MdCOL4 interaction mediates crosstalk between UV-B and high temperature to control fruit coloration in apple. Plant and Cell Physiology, 60(5): 1055-1066.

Favory J J, Stec A, Gruber H, et al. 2014. Interaction of COP1 and UVR8 regulates UV-B-induced photomorphogenesis and stress acclimation in *Arabidopsis*. EMBO Journal, 28(5): 591-601.

Fazio G, Aldwinckle H S, Volk G M, et al. 2009. Progress in evaluating *Malus sieversii* for disease resistance and horticultural traits. Acta Horticulturae, 814(1): 59-66.

Fazio G, Wan Y, Kviklys D, et al. 2014. Dw2, a new dwarfing locus in apple rootstocks and its relationship to induction of early bearing in apple scions. Journal of the American Society Horticultural Science, 139(2): 87-98.

Feng J, Chen X, Wu Y, et al. 2006a. Detection and transcript expression of S-RNase gene associated with self-incompatibility in apricot (*Prunus armeniaca* L.). Molecular Biology Reports, 33(3): 215-221.

Feng J, Chen X, Yuan Z, et al. 2006b. Proteome comparison following self- and across-pollination in self-incompatible apricot (*Prunus armeniaca* L.). The Protein Journal, 25(5): 328-335.

Feng S, Martinez C, Gusmaroli G, et al. 2008. Coordinated regulation of *Arabidopsis thaliana* development by light and gibberellins. Nature, 451(7177): 475-479.

Feuillet C, Langridge P, Waugh R. 2008. Cereal breeding takes a walk on the wild side. Trends in Genetics, 24(1): 24-32.

Finnegan E J, Dennis E S. 1993. Isolation and identification by sequence homology of a putative cytosine methyltransferase from *Arabidopsis thaliana*. Nucleic Acids Research, 21(10): 2383-2388.

Finnegan E J, Margis R, Waterhouse P M. 2003. Posttranscriptional gene silencing is not compromised in the

Arabidopsis CARPEL FACTORY (DICER-LIKE1) mutant, a homolog of Dicer-1 from *Drosophila*. Current Biology, 13(3): 236-240.

Fischer M C, Rellstab C, Tedder A, et al. 2013. Population genomic footprints of selection and associations with climate in natural populations of *Arabidopsis halleri* from the Alps. Molecular Ecology, 22: 5594-5607.

Flint-Garcia S A. 2013. Genetics and consequences of crop domestication. Journal of Agriculture and Food Chemistry, 61(35): 8267-8276.

Flint-Garcia S A, Thornsberry J M, Buckler IV E S. 2003. Structure of linkage disequilibrium in plants. Annual Review of Plant Biology, 54: 357-374.

Forsline P L, Aldwinckle H S, Dickson E E, et al. 2003. Collection, maintenance, characterization and utilization of wild apples of central Asia. Horticulture Reviews, 29: 1-61.

Forte A V, Ignatov A N, Ponomarenko V V, et al. 2002. Phylogeny of the *Malus* (apple tree) species, inferred from the morphological traits and molecular DNA analysis. Russian Journal of Genetics, 38(10): 1150-1161.

Foster T M, Celton J M, Chagné D, et al. 2015. Two quantitative trait loci, Dw1 and Dw2, are primarily responsible for rootstock-induced dwarfing in apple. Horticulture Research, 2: 15001.

Franke-Whittle I H, Manici L M, Insam H, et al. 2015. Rhizosphere bacteria and fungi associated with plant growth in soils of three replanted apple orchards. Plant and Soil, 395: 317.

Frankel O H, Brown A H D. 1984. Plant genetic resources today：a critical appraisal. *In*: Holden J H W, Williams J T. Crop Genetic Resources: Conservation and Evaluation. London: George Allen and Unwin: 249-257.

Frary A, Nesbitt1 T C, Frary A, et al. 2000. fw2.2: a quantitative trait locus key to the evolution of tomato fruit size. Science, 289(5476): 85-88.

Gardiner S E, Bus V G M, Rusholme R L, et al. 2007. Apple. *In*: Kole C. Fruits and Nuts, Genome Mapping and Molecular Breeding in Plants. vol 4. New York: Springer-Verlag Berlin Heidelberg: 1-62.

Gibson G, Mackay T F C. 2002. Enabling population and quantitative genomics. Genetics Research, 80(1): 1-6.

Girschik L, Jones J E, Kerslake F L, et al. 2017. Apple variety and maturity profiling of base ciders using UV spectroscopy. Food Chemistry, 228: 323-329.

Goldstein D B, Weale M E. 2001. Population genomics: linkage disequilibrium holds the key. Current Biology, 11(14): R576-R579.

Goodstein D M, Shu S, Howson R, et al. 2012. Phytozome: a comparative platform for green plant genomics. Nucleic Acids Research, 40(D1): D1178-D1186.

Goudet J. 2005. Hierfstat, a package for R to compute and test hierarchical F-statistics. Molecular Ecology Notes, 5(1): 184-186.

Goulao L F, Santos J, de Sousa I, et al. 2007. Patterns of enzymatic activity of cell wall-modifying enzymes during growth and ripening of apples. Postharvest Biology and Technology, 43(3): 307-318.

Graebe J E. 1987. Gibberellin biosynthesis and control. Annual Review of Plant Physiology, (38): 419-465

Griffiths J, Murase K, Rieu I, et al. 2006. Genetic characterization and functional analysis of the GID1 gibberellin receptors in *Arabidopsis*. The Plant Cell, 18(12): 3399-3414.

Guan R, Zhao Y, Zhang H, et al. 2016. Draft genome of the living fossil *Ginkgo biloba*. GigaScience, 5(1): 49.

Guenzi W, McCalla T. 1962. Inhibition of germination and seedling development by crop residues. Soil Science Society of America Journal, 26: 456-458.

Gulcher J, Stefansson K. 1998. Population genomics: laying the groundwork for genetic disease modelling and targeting. Clinical Chemistry and Laboratory Medicine, 36(8): 523-527.

Guo M, Rupe M A, Dieter J A, et al. 2010. Cell number regulator 1 affects plant and organ size in maize: implications for crop yield enhancement and heterosis. The Plant Cell, 22:1057-1073.

Guo S, Zhang J, Sun H, et al. 2013a. The draft genome of watermelon (*Citrullus lanatus*) and resequencing of 20 diverse accessions. Nature Genetics, 45(1): 51-58.

Guo W J, Nagy R, Chen H Y, et al. 2013b. SWEET17, a facilitative transporter, mediates fructose transport across the tonoplast of *Arabidopsis* roots and leaves. Plant Physiology, 113: 232-751.

Gupta P K, Rustgi S, Kulwal P L. 2005. Linkage disequilibrium and association studies in higher plants: present status and future prospects. Plant Molecular Biology, 57(4): 461-485.

Habu Y, Hisatomi Y, Iida S. 1998. Molecular characterization of the mutable flaked allele for flower variegation in the common morning glory. Plant Journal, 16(3): 371-376.

Hamilton A J, Lycett G W, Grierson D. 1990. Antisense gene that inhibits synthesis of the hormone ethylene in transgenic plants. Nature, 346(6281): 284-287.

Han C, Li C, Ye S, et al. 2012. Autotoxic effects of aqueous extracts of ginger on growth of ginger seedings and on antioxidant enzymes, membrane permeability and lipid peroxidation in leaves. Allelopathy Journal, 30: 259-270.

Harada T, Wakasa Y, Soejima J, et al. 2000. An allele of the 1-aminocyclopropane-1-carboxylate synthase gene (*Md-ACS1*) accounts for the low level of ethylene production in climacteric fruits of some apple cultivars. Theoretical & Applied Genetics, 101(5-6): 742-746.

Harb J, Gapper N E, Giovannoni J J, et al. 2012. Molecular analysis of softening and ethylene synthesis and signaling pathways in a non-softening apple cultivar, 'Honeycrisp' and a rapidly softening cultivar, 'McIntosh'. Postharvest Biology & Technology, 64(1): 94-103.

Harborne J B. 1980. Plant phenolics. *In*: Bell E A, Charwood B V. Secondary Plant Products. New York: Springer-Verlag Berlin Heidelberg: 329-402.

Harker F R, Maindonald J, Murray S H, et al. 2002. Sensory interpretation of instrumental measurements 1: texture of apple fruit. Postharvest Biology and Technology, 24(3): 225-239.

Harpster M H, Brummell D A, Dunsmuir P. 1998. Expression analysis of a ripening-specific, auxin-repressed endo-1,4-β-glucanase gene in strawberry. Plant Physiology, 118(4): 1307-1316.

Harris S A, Robinson J P, Juniper B E. 2002. Genetic clues to the origin of the apple. Trends in Genetics, 18(8): 426-430.

Haywood V, Yu T S, Huang N C, et al. 2005. Phloem long-distance trafficking of GIBBERELLIN ACID-INSENSITIVE RNA regulates leaf development. The Plant Journal, 42(1): 49-68.

Hazzouri K M, Flowers J M, Visser H J, et al. 2015. Whole genome re-sequencing of date palms yields insights into diversification of a fruit tree crop. Nature Communications, 6: 8824.

He T M, Chen X S, Xu Z, et al. 2007. Using SSR markers to determine the population genetic structure of wild apricot (*Prunus armeniaca* L.) in the Ily Valley of West China. Genetic Resources and Crop Evolution, 54(3): 563-572.

Heijde M, Ulm R. 2012. UV-B photoreceptor-mediated signalling in plants. Trends in Plant Science, 17(4): 230-237.

Henriette G, Marc H, Werner H, et al. 2010. Negative feedback regulation of UV-B-induced photomorphogenesis and stress acclimation in *Arabidopsis*. PNAS, 107(46): 20132-20137.

Hernandez P, De la Rosa R, Rallo LM, et al. 2001. First evidence of a retrotransposon-like element in olive (*Olea europaea*): implications in plant variety identification by SCAR-marker development. Theoretical and Applied Genetics, 102(6-7): 1082-1087.

Hirschhorn J N, Daly M J. 2005. Genome-wide association studies for common diseases and complex traits. Nature Reviews Genetics, 6(2): 95-108.

Hisatomi Y, Hanada K, Iida S. 1997. The retrotransposon RTip1 is integrated into a novel type of minisatellite, MiniSip1, in the genome of the common morning glory and carries another new type of minisatellite, MiniSip2. Theoretical and Applied Genetics, 95(7): 1049-1056.

Hiwasa K, Nakano R, Hashimoto A, et al. 2004. European, Chinese and Japanese pear fruits exhibit differential softening characteristics during ripening. Journal of Experimental Botany, 55(406): 2281-2290.

Hokanson S C, Lamboy W F, Szewc-Mcfadden A K, et al. 2001. Microsatellite (SSR) variation in a collection of *Malus* (apple) species and hybrids. Euphytica, 118 (3): 281-294.

Hokanson S C, McFerson J R, Forsline P L, et al. 1997. Collecting and managing wild *Malus* germplasm in its center of diversity. HortScience, 32(2): 173-176.

Honda C, Kotoda N, Wada M, et al. 2002. Anthocyanin biosynthetic genes are coordinately expressed during red coloration in apple skin. Plant Physiology and Biochemistry, 40: 955-962.

Hu Z, Deng L, Chen X, et al. 2010. Co-suppression of the *EIN2*-homology gene *LeEIN2* inhibits fruit ripening and reduces ethylene sensitivity in tomato. Russian Journal of Plant Physiology, 57(4): 554-559.

Hua J, Chang C, Sun Q, et al. 1995. Ethylene insensitivity conferred by *Arabidopsis ERS* gene. Science, 269(5231): 1712-1714.

Huang J, Zhang C, Zhao X, et al. 2016. The jujube genome provides insights into genome evolution and the domestication of sweetness/acidity taste in fruit trees. PLoS Genetics, 12(12): e1006433.

Huang S, Ding J, Deng D, et al. 2013. Draft genome of the kiwifruit *Actinidia chinensis*. Nature Communications, 4: 2640.

Huang X, Feng Q, Qian Q, et al. 2009. High-throughput genotyping by whole-genome resequencing. Genome Research, 19(6): 1068-1076.

Hubisz M J, Falush D, Stephens M, et al. 2009. Inferring weak population structure with the assistance of sample group information. Molecular Ecology Resource, 9(5): 1322-1332.

Hufford M B, Xu X, van Heerwaarden J, et al. 2012. Comparative population genomics of maize domestication and improvement. Nature Genetics, 44(7): 808-811.

Imelfort M, Edwards D. 2009. *De novo* sequencing of plant genomes using second-generation technologies. Briefings in Bioinformatics, 10(6): 609-618.

Inagaki Y, Hisatomi Y, Suzuki T, et al. 1994. Isolation of a suppressor-mutator/enhancer-like transposable element, Tpn1, from Japanese morning glory bearing variegated flowers. The Plant Cell, 6(3): 375-383.

International Wheat Genome Sequencing Consortium. 2014. A chromosome-based draft sequence of the hexaploid bread wheat (*Triticum aestivum*) genome. Science, 345(6194): 1251788.

Ishikawa S, Kato S, Imakawa S, et al. 1992. Organelle DNA polymorphism in apple cultivars and rootstocks. Theoretical and Applied Genetics, 83(8): 963-967.

Islam E S, Liang D, Xu K. 2015. Transcriptome analysis of an apple (*Malus* × *domestica*) yellow fruit somatic mutation identifies a gene network module highly associated with anthocyanin and epigenetic regulation. Journal of Experimental Botany, 66 (22): 7359-7376.

Itai A, Kawata T, Tanabe K, et al. 1999. Identification of 1-aminocyclopropane-1-carboxylic acid synthase genes controlling the ethylene level of ripening fruit in Japanese pear (*Pyrus pyrifolia* Nakai). Molecular and General Genetics, 261(1): 42-49.

Jaffee B, Abawi G, Mai W. 1982a. Fungi associated with roots of apple seedlings grown in soil from an apple replant site. Plant Disease, 66: 942-944.

Jaffee B, Abawi G, Mai W. 1982b. Role of soil microflora and *Pratylenchus penetrans* in an apple replant disease. Phytopathology, 72: 247-251.

Jaillon O, Aury J M, Noel B, et al. 2007. The grapevine genome sequence suggests ancestral hexaploidization in major angiosperm phyla. Nature, 449(7161): 463-467.

Jeong S T, Goto-Yamamoto N, Kobayashi S, et al. 2004. Effects of plant hormones and shading on the accumulation of anthocyanins and the expression of anthocyanin biosynthetic genes in grape berry skins. Plant Science, 167(2): 247-252.

Ji X H, Wang Y T, Zhang R, et al. 2015. Effect of auxin, cytokinin and nitrogen on anthocyanin biosynthesis in callus cultures of red-fleshed apple (*Malus sieversii* f. *niedzwetzkyana*). Plant Cell Tissue & Organ Culture, 120(1): 325-337.

Jiang F, Zhang J, Wang S, et al. 2019. The apricot (*Prunus armeniaca* L.) genome elucidates Rosaceae evolution and beta-carotenoid synthesis. Horticulture Research, 6(1): 128.

Jiang S H, Wang N, Chen M, et al. 2020. Methylation of *MdMYB1* locus mediated by RdDM pathway regulates anthocyanin biosynthesis in apple. Plant Biotechnology Journal, 18(8): 1736-1748.

Jiao Y, Leebens-Mack J, Ayyampalayam S, et al. 2012a. A genome triplication associated with early diversification of the core eudicots. Genome Biology, 13(1): R3.

Jiao Y, Zhao H, Ren L, et al. 2012b. Genome-wide genetic changes during modern breeding of maize. Nature

Genetics, 44(7): 812-815.

Jorde L B, Watkins W S, Bamshad M J. 2001. Population genomics: abridge from evolutionary history to genetic medicine. Human Molecular Genetics, 10(20): 2199-2207.

Jovyn K N, Schroder R, Sutherland P W, et al. 2013. Cell wall structures leading to cultivar differences in softening rates develop early during apple (*Malus domestica*) fruit growth. BMC Plant Biology, 13: 183.

Julie L, Adams-Phillips L C, Hicham Z, et al. 2002. *LeCTR1*, a tomato *CTR1*-like gene, demonstrates ethylene signaling ability in *Arabidopsis* and novel expression patterns in tomato. Plant Physiology, 130(3): 1132-1142.

Jung S, Ficklin S P, Lee T, et al. 2014. The Genome Database for Rosaceae (GDR): year 10 update. Nucleic Acids Research, 42(D1): D1237-D1244.

Juniper B E, Watkins R, Harris S A. 1998. The origin of the apple. Acta Horticulturae, 484(1): 27-33.

Karlova R, Rosin F M, Busscher-Lange J, et al. 2011. Transcriptome and metabolite profiling show that APETALA2a is a major regulator of tomato fruit ripening. The Plant Cell, 23(3): 923-941.

Katayama H, Adachi S, Yamamoto T, et al. 2007. A wide range of genetic diversity in pear (*Pyrus ussuriensis* var. *aromatica*) genetic resources from Iwate, Japan revealed by SSR and chloroplast DNA markers. Genetic Resources and Crop Evolution, 54(7):1573-1585.

Katlsen A, Aaby K, Sivertsen H, et al. 1999. Instrumental and sensory analysis of fresh Norwegian and imported apples. Food Quality and Preference, 10(4-5): 305-314.

Kato S, Ishikawa S, Imakawa S, et al. 1993. Mitochondrial DNA restriction fragment length polymorphisms in *Malus* species. Plant Breeding, 111(2): 162-165.

Katz E, Fon M, Lee Y J, et al. 2007. The citrus fruit proteome: insights into citrus fruit metabolism. Planta, 226(4): 989-1005.

Kawuki R S, Ferguson M, Labuschagne M, et al. 2009. Identification, characterisation and application of single nucleotide polymorphisms for diversity assessment in cassava (*Manihot esculenta* Crantz). Molecular Breeding, 23(4): 669-684.

Kayesh E, Shangguan L F, Korir N K, et al. 2013. Fruit skin color and the role of anthocyanin. Acta Physiol Plant, 35(10): 2879-2890.

Kelderer M, Manici L M, Caputo F, et al. 2012. Planting in the 'inter-row' to overcome replant disease in apple orchards: a study on the effectiveness of the practice based on microbial indicators. Plant and Soil, 357: 381-393.

Kilian B, Graner A. 2012. NGS technologies for analyzing germplasm diversity in genebanks. Briefings in Functional Genomics, 11(1): 38-50.

Kim D, Langmead B, Salzberg S L. 2015. Hisat: a fast spliced aligner with low memory requirements. Nature Methods, 12(4): 357-360.

Kim S, Jones R, Yoo K S, et al. 2004. Gold color in onions (*Allium cepa*): a natural mutation of the chalcone isomerase gene resulting in a premature stop codon. Molecular Genetics and Genomics, 272(4): 411-419.

Klemens P A, Patzke K, Deitmer J W, et al. 2013. Overexpression of the vacuolar sugar carrier *AtSWEET16* modifies germination, growth and stress tolerance in *Arabidopsis*. Plant Physiology, 16(3): 1338-1352.

Klemens P A, Patzke K, Trentmann O, et al. 2014. Overexpression of a proton-coupled vacuolar glucose exporter impairs freezing tolerance and seed germination. New Phytology, 202(1): 188-197.

Knekt P, Järvinen R, Seppänen R, et al. 1997. Dietary flavonoids and the risk of lung cancer and other malignant neoplasms. American Journal of Epidemiology, 146(3): 223-230.

Kobayashi S, Goto-Yamamoto N, Hirochika H. 2004. Retrotransposon-induced mutations in grape skin color. Science, 304(5673): 982.

Koes R E, Quattrocchio F, Mol J N M. 1994. The flavonoid biosynthetic pathway in plants: function and evolution. Bioessays, 16(2): 123-132.

Koes R E, Spelt C E, Mol J N M. 1989. The chalcone synthase multigene family of *Petunia hybrida* (V30) differential, light regulated expression during flower development and UV light induction. Plant

Molecular Biology, 12(2): 213-225.

Konishi M, Yanagisawa S. 2008. Ethylene signaling in *Arabidopsis* involves feedback regulation via the elaborate control of EBF2 expression by EIN3. The Plant Journal, 55(5): 821-831.

Koornneef M, Van der Veen J H. 1980. Induction and analysis of gibberellin-sensitive mutants in *Arabidopsis thaliana* (L.) Heynh. Theoretical and Applied Genetics, 58(6): 257-263.

Kumar S, Chagné D, Bink M C, et al. 2012. Genomic selection for fruit quality traits in apple (*Malus × domestica* Borkh.). PLoS One, 7(5): e36674.

Kunihisa M, Moriya S, Abe K, et al. 2014. Identification of QTLs for fruit quality traits in Japanese apples: QTLs for early ripening are tightly related to preharvest fruit drop. Breed Science, 64(3): 240-251.

Lahmy S, Pontier D, Bies-Etheve N, et al. 2016. Evidence for ARGONAUTE4–DNA interactions in RNA-directed DNA methylation in plants. Genes and Development, 30(23): 2565-2570.

Lam H M, Xu X, Liu X, et al. 2010. Resequencing of 31 wild and cultivated soybean genomes identifies patterns of genetic diversity and selection. Nature Genetics, 42(12): 1053-1059.

Lamboy W F, Yu J, Forsline P L, et al. 1996. Partitioning of allozyme diversity in wild populations of *Malus sieversii* L. and implications for germplasm collection. Journal of the American Society for Horticultural Science, 121(6): 982-987.

Lancaster J E. 1992. Regulation of skin color in apples. Critical Reviews in Plant Sciences, 10: 487-502.

Landi L, Valori F, Ascher J, et al. 2006. Root exudate effects on the bacterial communities, CO_2 evolution, nitrogen transformations and ATP content of rhizosphere and bulk soils. Soil Biology and Biochemistry, 38: 509-516.

Langenfeld V T. 1991. Apple tree: morphological evolution, phylogeny, geography, and systematics of the genus. Riga: Ziname Publishing House.

Langmead B, Trapnell C, Pop M, et al. 2009. Ultrafast and memory-efficient alignment of short DNA sequences to the human genome. Genome Biology, 10(3): R25.

Lashbrook C C, Tieman D M, Klee H J. 1998. Differential regulation of the tomato *ETR* gene family throughout plant development. The Plant Journal, 15(2): 243-252.

Lau O S, Deng X W. 2012. The photomorphogenic repressors COP1 and DET1: 20 years later. Trends in Plant Science, 17(10): 584-593.

Lee D J, Zeevaart J A D. 2007. Regulation of gibberellin 20-oxidase1 expression in spinach by photoperiod. Planta, (10): 425-436.

Leinfelder M M, Merwin I A. 2006. Rootstock selection, preplant soil treatments, and tree planting positions as factors in managing apple replant disease. HortScience, 41(2): 394-401.

Li H, Durbin R. 2009. Fast and accurate short read alignment with Burrows-Wheeler transform. Bioinformatics, 25(14): 1754-1760.

Li H, Handsaker B, Wysoker A, et al. 2009. The sequence alignment/map format and SAMtools. Bioinformatics, 25(16): 2078-2079.

Li M, Zhang Y, Zhang Z, et al. 2013. Hypersensitive ethylene signaling and ZMdPG1 expression lead to fruit softening and dehiscence. PLoS One, 8(3): e58745.

Li R, Li Y, Fang X, et al. 2010a. SNP detection for massively parallel whole-genome resequencing. Genome Research, 19(6): 1124-1132.

Li R, Zhu H, Ruan J, et al. 2010b. *De novo* assembly of human genomes with massively parallel short read sequencing. Genome Research, 20(2): 265-272.

Li T, Xu Y, Zhang L, et al. 2017. The jasmonate-activated transcription factor MdMYC2 regulates *ETHYLENE RESPONSE FACTOR* and ethylene biosynthetic genes to promote ethylene biosynthesis during apple fruit ripening. The Plant Cell, 29(6): 1316-1334.

Li X, Kui L, Zhang J, et al. 2016. Improved hybrid *de novo* genome assembly of domesticated apple (*Malus × domestica*). GigaScience, 5(1): 35.

Li X Q, Xu M L, Korban S. 2002. DNA methylation profiles differ between field-and *in vitro*-grown leaves of apple. Journal of Plant Physiology, 159(11): 1229-1234.

Li Y Y, Mao K, Zhao C, et al. 2012. MdCOP1 ubiquitin e3 ligases interact with MdMYB1 to regulate light-induced anthocyanin biosynthesis and red fruit coloration in apple. Plant Physiology, 160(2): 1011-1022.

Lin T, Zhu G, Zhang J, et al. 2014. Genomic analyses provide insights into the history of tomato breeding. Nature Genetics, 46(11): 1220-1226.

Linares C, Loarce Y, Serna A, et al. 2001. Isolation and characterization of two novel retrotransposons of the Ty1-copia group in oat genome. Chromosoma, 110(2): 115-123.

Lin-Wang K, Micheletti D, Palmer J, et al. 2011. High temperature reduces apple fruit colour via modulation of the anthocyanin regulatory complex. Plant Cell and Environment, 34(7): 1176-1190.

Liu M J, Zhao J, Cai Q L, et al. 2014. The complex jujube genome provides insights into fruit tree biology. Nature Communications, 5: 5315.

Liu W, Chen X S, Liu G J, et al. 2007. Interspecific hybridization of *Prunus persica* with *P. armeniaca* and *P. salicina* using embryo rescue. Plant Cell Tissue and Organ Culture, 88: 289-299.

Liu X, Cheng X, Wang H, et al. 2015. Effect of fumigation with 1,3-dichloropropene on soil bacterial communities. Chemosphere, 139: 379-385.

Liu X, Herbert S J. 2002. Fifteen years of research examining cultivation of continuous soybean in northeast China: a review. Field Crops Research, 79: 1-7.

Liu Z H, Liu Y X, Pu Z E, et al. 2013. Regulation, evolution, and functionality of flavonoids in cereal crops. Biotechnology Letters, 35(11): 1765-1780.

Lohani S, Trivedi P K, Nath P. 2004. Changes in activities of cell wall hydrolases during ethylene-induced ripening in banana: effect of 1-MCP, ABA and IAA. Postharvest Biology and Technology, 31(2): 119-126.

Looney N E, Lane W D. 1984. Spur-type growth mutants of McIntosh apple: a review of their genetics, physiology and field performance. Acta Horticulturae, (146): 31-46.

Lu Y, Zhang M, Meng X, et al. 2015. Photoperiod and shading regulate coloration and anthocyanin accumulation in the leaves of malus crabapples. Plant Cell Tissue Organ Culture, 121(3): 619-632.

Luby J J. 2003. Taxonomic classification and brief history. *In*: Ferree D C, Warrington I J. Apples: Botany, Production and Uses. Wallingford: CABI Publishing: 1-14.

Luikart G, England P R, Tallmon D, et al. 2003. The power and promise of population genomics: from genotyping to genome typing. Nature Reviews Genetics, 4(12): 981-994.

Ma B, Chen J, Zheng H, et al. 2015. Comparative assessment of sugar and malic acid composition in cultivated and wild apples. Food Chemistry, 172: 86-91.

Ma B, Liao L, Peng Q, et al. 2017. Reduced representation genome sequencing reveals patterns of genetic diversity and selection in apple. Journal of Integrative Plant Biology, 59(3): 190-204.

Ma B, Zhao S, Wu B, et al. 2016. Construction of a high density linkage map and its application in the identification of QTLs for soluble sugar and organic acid components in apple. Tree Genetics & Genomes, 12: 1.

Ma D, Sun D, Wang C, et al. 2014. Expression of flavonoid biosynthesis genes and accumulation of flavonoid in wheat leaves in response to drought stress. Plant Physiology and Biochemistry, 80: 60.

Manici L, Ciavatta C, Kelderer M, et al. 2003. Replant problems in South Tyrol: role of fungal pathogens and microbial population in conventional and organic apple orchards. Plant and Soil, 256: 315-324.

Manici L, Kelderer M, Caputo F, et al. 2015. Impact of cover crop in preplant of apple orchards: relationship between crop health, root inhabiting fungi and rhizospheric bacteria. Canadian Journal of Plant Science, 95: 947-958.

Manici L, Kelderer M, Franke-Whittle I, et al. 2013. Relationship between root-endophytic microbial communities and replant disease in specialized apple growing areas in Europe. Applied Soil Ecology, 72: 207-214.

Mann H S, Alton J J, Kim S H, et al. 2008. Differential expression of cell-wall-modifying genes and novel cDNAs in apple fruit during storage. Journal of the American Society for Horticultural Science, 133(1): 152-157.

Mao L G, Wang Q X, Yan D D, et al. 2012. Evaluation of the combination of 1,3-dichloropropene and dazomet as an efficient alternative to methyl bromide for cucumber production in China. Pest Management Science, 68: 602-609.

Mardis E R. 2007. The impact of next-generation sequencing technology on genetics. Trends in Genetics, 24(3): 133-141.

Marti C, Orzaez O, Ellul P, et al. 2007. Silencing of *DELLA* induces facultative parthenocarpy in tomato fruits. The Plant Journal, 52(5): 865-876.

Mazzola M, Brown J. 2010. Efficacy of brassicaceous seed meal formulations for the control of apple replant disease in conventional and organic production systems. Plant Disease, 94: 835-842.

Mazzola M, Brown J, Zhao X, et al. 2009. Interaction of brassicaceous seed meal and apple rootstock on recovery of *Pythium* spp. and *Pratylenchus penetrans* from roots grown in replant soils. Plant Disease, 93: 51-57.

Mazzola M, Gu Y H. 2000. Impact of wheat cultivation on microbial communities from replant soils and apple growth in greenhouse trials. Phytopathology, 90: 114-119.

Mazzola M, Hewavitharana S S, Strauss S L. 2015. *Brassica* seed meal soil amendments transform the rhizosphere microbiome and improve apple production through resistance to pathogen reinfestation. Phytopathology, 105: 460-469.

Mazzola M, Manici L M. 2012. Apple replant disease: role of microbial ecology in cause and control. Annual Review of Phytopathology, 50: 45-65.

Mazzola M, Zhao X. 2010. *Brassica juncea* seed meal particle size influences chemistry but not soil biology-based suppression of individual agents inciting apple replant disease. Plant and Soil, 337: 313-324.

McCouch S, Baute G J, Bradeen J, et al. 2013. Agriculture: feeding the future. Nature , 499(7456): 23-24.

Mehcriuk M. 1989. Maturity of spur and standard strains of 'Mclntosh' apples. HortScience, 24(6): 978-979.

Mehrtens F, Kranz H, Bednarek P, et al. 2005. The *Arabidopsis* transcription factor MYB12 is a flavonol-specific regulator of phenylpropanoid biosynthesis. Plant Physiology, 138: 1083-1096.

Migicovsky Z, Gardner K M, Money D, et al. 2016. Genome to phenome mapping in apple using historical data. Plant Genome, 9(2). doi: 10.3835/plantgenome2015.11.0113.

Mikami T, Kitazaki K, Kishima Y. 2015. Cytoplasmic genome diversity in the cultivated apple – Short Communication. Horticultural Science (Prague), 42(1): 47-51.

Miller A, Schaal B. 2005. Domestication of a Mesoamerican cultivated fruit tree, *Spondias purpurea*. PNAS, 102(36): 12801-12806.

Miller A J, Schaal B A. 2006. Domestication and the distribution of genetic variation in wild and cultivated populations of the Mesoamerican fruit tree *Spondias purpurea* L. (Anacardiaceae). Molecular Ecology, 15(6): 1467-1480.

Miller M R, Dunham J P, Amores A, et al. 2007. Rapid and cost-effective polymorphism identification and genotyping using restriction site associated DNA (RAD) markers. Genome Research, 17(2): 240-248.

Min T, Fang F, Ge H, et al. 2014. Two novel anoxia-induced ethylene response factors that interact with promoters of deastringency-related genes from persimmon. PLoS One, 9(5): e97043.

Ming R, Van Buren R, Wai C M, et al. 2015. The pineapple genome and the evolution of CAM photosynthesis. Nature Genetics, 47(12): 1435-1442.

Mol J, Jenkins G, Schäfer E, et al. 1996. Signal perception, transduction, and gene expression involved in anthocyanin biosynthesis. Critical Reviews in Plant Sciences, 15(5-6): 525-557.

Mori K, Sugayab S, Gemmas H. 2005. Decreased anthocyanin biosynthesis in grape berries grown under elevated night temperature condition. Scientia Horticulturae, 105(3): 319-320.

Morris G P, Ramu P, Deshpande S P, et al. 2013. Population genomic and genome-wide association studies of agroclimatic traits in sorghum. PNAS, 110(2): 453-458.

Muñoz-Bertomeu J, Miedes E, Lorences E P. 2013. Expression of xyloglucan endotransglucosylase/hydrolase (XTH) genes and XET activity in ethylene treated apple and tomato fruits. Journal of Plant Physiology, 170(13): 1194-1201.

Mwaniki M W, Mathooko F M, Matsuzaki M, et al. 2005. Expression characteristics of seven members of the β-galactosidase gene family in 'La France' pear (*Pyrus communis* L.) fruit during growth and their regulation by 1-methylcyclopropene during postharvest ripening. Postharvest Biology and Technology, 36(3): 253-263.

Myles S, Boyko A R, Owens C L, et al. 2011. Genetic structure and domestication history of the grape. PNAS, 108: 3530-3535.

Nakabayashi R, Yonekura-Sakakibara K, Urano K, et al. 2014. Enhancement of oxidative and drought tolerance in *Arabidopsis* by overaccumulation of antioxidant flavonoids. The Plant Journal, 77(3): 367-379.

Nakajima M, Shimada A, Takashi Y, et al. 2006. Identification and characterization of *Arabidopsis* gibberellin receptors. The Plant Journal, 46(5): 880-889.

Narum S R, Buerkle C A, Davey J W, et al. 2013. Genotyping-by-sequencing in ecological and conservation genomics. Molecular Ecology, 22(11): 2841-2847.

Nei M. 1973. Analysis of gene diversity in subdivided populations. Proceedings of the National Academy of Sciences of the United States of America, 70(12): 3321-3323.

Nesi N, Jond C, Debeaujon I, et al. 2001. The *Arabidopsis TT2* gene encodes an R_2R_3 MYB domain protein that acts asa key determinant for proanthocyanidin accumulation in developing seed. The Plant Cell, 13(9): 2099-2114.

Nguyen N H, Jeong C Y, Kang G H, et al. 2015. MYBD employed by HY5 increases anthocyanin accumulation via repression of MYBL2 in *Arabidopsis*. Plant Journal for Cell & Molecular Biology, 84(6): 1192-1205.

Nguyen-Quoc B, Foyer C H. 2001. A role for 'futile cycles' involving invertase and sucrose synthase in sucrose metabolism of tomato fruit. Journal of Experimental Botany, 52: 881-889.

Nicolosi E, Deng Z N, Gentile A, et al. 2000. Citrus phylogeny and genetic origin of important species as investigated by molecular markers. Theoretical and Applied Genetics, 100(8): 1155-1166.

Nielsen R, Paul J S, Albrechtsen A, et al. 2011. Genotype and SNP calling from next-generation sequencing data. Nature Reviews Genetics, 12(6): 443-451.

Ohmetakagi M, Shinshi H. 1995. Ethylene-inducible DNA binding proteins that interact with an ethylene-responsive element. Plant Cell, 7(2): 173-182.

Olszewski N, Sun T P, Gubler F. 2002. Gibberellin signaling: biosynthesis, catabolism, and response pathways. The Plant Cell, 14: S61-S80.

Oraguzie N C, Iwanami H, Soejima J, et al. 2004. Inheritance of the *Md-ACS1* gene and its relationship to fruit softening in apple (*Malus domestica* Borkh.). Theoretical and Applied Genetics, 108(8): 1526-1533.

Oraguzie N C, Whitworth C J, Brewer L, et al. 2010. Relationships of PpACS1 and PpACS2 genotypes, internal ethylene concentration and fruit softening in European (*Pyrus communis*) and Japanese (*Pyrus pyrifolia*) pears during cold air storage. Plant Breeding, 129(2): 219-226.

Oravecz A, Baumann A, Máté Z, et al. 2006. CONSTITUTIVELY PHOTOMORPHOGENIC$_1$ is required for the UV-B response in *Arabidopsis*. The Plant Cell, 18(8): 1975-1990.

Ozeki Y, Komamine A. 1986. Effects of growth regulators on the induction of anthocyanin synthesis in carrot suspension cultures. Plant Cell Physiology, 27: 1361-1368.

Park Y D, Papp I, Moscone E A, et al. 1996. Gene silencing mediated by promoter homology occurs at the level of transcription and results in meiotically heritable alterations in methylation and gene activity. The Plant Journal, 9(2): 183-194.

Patra B, Schluttenhofer C, Wu Y M, et al. 2013. Transcriptional regulation of secondary metabolite biosynthesis in plants. Biochimica et Biophysica Acta, 1829(11): 1236-1247.

Patterson N, Price A L, Reich D. 2006. Population structure and eigenanalysis. PLoS Genetics, 2(12): e190.

Peng J, Haberd N P. 1993. Derivative alleles of the *Arabidopsis* gibberellin-insensitive (gai) mutation confer a wild-type phenotype. The Plant Cell, (5): 351-360.

Peng J, Richards D E, Hartley N M, et al. 1999. 'Green revolution' genes encode mutant gibberellin response modulators. Nature, 400(6741): 256-261.

Perez-Vizcaino F, Duarte J. 2010. Flavonols and cardiovascular disease. Molecular Aspects of Medicine, 31(6): 478-494.

Peterson B K, Weber J N, Kay E H, et al. 2012. Double digest RADseq: an inexpensive method for *de novo* SNP discovery and genotyping in model and non-model species. PLoS One, 7(5): e37135.

Petit R J, Hampe A. 2006. Some evolutionary consequences of being a tree. Annual Review of Ecology, Evolution, and Systematics, 37: 187-214.

Pickersgill B. 2007. Domestication of plants in the Americas: insights from mendelian and molecular genetics. Annals of Botany, 100(5): 925-940.

Piero A R L, Puglisi I, Rapisarda P, et al. 2005. Anthocyanins accumulation and related gene expression in red orange fruit induced by low temperature storage. Journal of Agricultural and Food Chemistry, 53(23): 9083-9088.

Poland J A, Rife T W. 2012. Genotyping-by-sequencing for plant breeding and genetics. The Plant Genome, 5(3): 92-102.

Ponomarenko V. 1991. On a little known species *Malus asiatica* (Rosaceae). Bot Zhurn, 76: 715-720.

Prasanna V, Prabha T N, Tharanathan R N. 2007. Fruit ripening phenomena-an overview. Critical Reviews in Food Science & Nutrition, 47(1): 1-19.

Price Z, Dumortier F, Macdonald D W, et al. 2002. Characterisation of copia-like retrotransposons in oil palm (*Elaeis guineensis* Jacq.). Theoretical and Applied Genetics, 104(5): 860-867.

Pryszcz L P, Gabaldón T. 2016. Redundans: an assembly pipeline for highly heterozygous genomes. Nucleic Acids Research, 44(12): e113.

Qi J, Liu X, Shen D, et al. 2013. A genomic variation map provides insights into the genetic basis of cucumber domestication and diversity. Nature Genetics, 45(12): 1510-1515.

Qiao H, Chang K N, Yazaki J, et al. 2009. Interplay between ethylene, ETP1/ETP2 F-box proteins, and degradation of EIN2 triggers ethylene responses in *Arabidopsis*. Genes & Development, 23(4): 512-521.

Qiao K, Jiang L, Wang H, et al. 2010. Evaluation of 1, 3-dichloropropene as a methyl bromide alternative in tomato crops in China. Journal of Agricultural and Food Chemistry, 58: 11395-11399.

Qiu Q, Wang L, Wang K, et al. 2015. Yak whole-genome resequencing reveals domestication signatures and prehistoric population expansions. Nature Communications, 6: 10283.

Quast C, Pruesse E, Yilmaz P, et al. 2013. The SILVA ribosomal RNA gene database project: improved data pro-cessing and web-based tools. Nucleic Acids Research, 41: 590-596.

Rehder A. 1949. Manual of cultivated trees and shrubs. New York: Macmillan.

Rengel Z. 2003. Handbook of soil acidity. Boca Raton: CRC Press.

Rhoads A, Au K F. 2015. PacBio sequencing and its applications. Genomics, Proteomics & Bioinformatics, 13(5): 278-289.

Richards D E, King K E, Ait-ali T, et al. 2001. How gibberellin signaling regulates plant growth and development: a molecular genetic analysis of gibberellin signaling. Annual Review of Plant Physiology and Plant Molecular Biology, 52: 67-88.

Richards E J. 1997. DNA methylation and plant development. Trends in Genetics, 13(8): 293-295.

Rico-Cabanas L, Martinez-Izquierdo J A. 2007. CIRE1, a novel transcriptionally active Tyl-copia retrotransposon from *Citrus sinensis*. Molecular Genetics and Genetics, 277(4): 365-377.

Ricroch A, Yockteng R, Brown S C, et al. 2005. Evolution of genome size across some cultivated *Allium* species. Genome, 48(3): 511-520.

Risch N, Merikangas K. 1996. The future of genetic studies of complex human diseases. Science, 273(5281): 1516-1517.

Rizzini L, Favory J J, Cloix C, et al. 2011. Perception of UV-B by the *Arabidopsis* UVR8 protein. Science, 332(6): 103-106.

Roach J C, Glusman G, Smit A F, et al. 2010. Analysis of genetic inheritance in a family quartet by whole-genome sequencing. Science, 328(5978): 636-639.

Robinson J P, Harris S A, Juniper B E. 2001. Taxonomy of the genus *Malus* Mill. (Rosaceae) with emphasis on the cultivated apple, *Malus domestica* Borkh. Plant Systematics and Evolution, 226(1-2): 35-58.

Robinson M D, McCarthy D J, Smyth G K. 2010. edgeR: a Bioconductor package for dif-ferential expression analysis of digital gene expression data. Bioinformatics, 26(1): 139-140.

Rohrer J R, Robertson K R, Phipps J B. 1994. Floral morphology of Maloideae (Rosaceae) and its systematic relevance. American Journal of Botany, 81(5): 574-581.

Rose J K, Bennett A B. 1999. Cooperative disassembly of the cellulose-xyloglucan network of plant cell walls: parallels between cell expansion and fruit ripening. Trends Plant Science, 4(5): 176-183.

Rumberger A, Yao S, Merwin I A, et al. 2004. Rootstock genotype and orchard replant position rather than soil fumigation or compost amendment determine tree growth and rhizosphere bacterial community composition in an apple replant soil. Plant and Soil, 264: 247-260.

Saito K, Yonekura-Sakakibara K, Nakabayashi R, et al. 2013. The flavonoid biosynthetic pathway in *Arabidopsis*: structural and genetic diversity. Plant Physiology and Biochemistry, 72: 21-34.

Sakamoto T, Morinaka Y, Ishiyama K, et al. 2003. Genetic manipulation of gibberellin metabolism in transgenic rice. Nature Biotechnology, 21(8): 909-913.

Santiago T R, Grabowski C, Rossato M, et al. 2015. Biological control of eucalyptus bacterial wilt with rhizobacteria. Biological Control, 80: 14-22.

Satonara K, Yuhashi K I, Higashi K, et al. 1999. Stage- and tissue-specific expression of ethylene receptor homolog genes during fruit development in muskmelon. Plant Physiology, 120(1): 321-330.

Savolainen O, Pyhäjärvi T. 2007. Genomic diversity in forest trees. Current Opinion in Plant Biology, 10(2): 162-167.

Schaefer H, Heibl C, Renner S S. 2009. Gourds afloat: a dated phylogeny reveals an Asian origin of the gourd family (Cucurbitaceae) and numerous oversea dispersal events. Proceedings Biological Sciences, 276(1658): 843-851.

Schaffer R J, Ireland H S, Ross J J, et al. 2013. SEPALLATA1/2-suppressed mature apples have low ethylene, high auxin and reduced transcription of ripening-related genes. AoB Plants, 5: pls047.

Schmutz J, McClean P E, Mamidi S, et al. 2014. A reference genome for common bean and genome-wide analysis of dual domestications. Nature Genetics, 46(7): 707-713.

Schnable P S, Ware D, Fulton R S, et al. 2009. The B73 maize genome: complexity, diversity, and dynamics. Science, 326(5956):1112-1115.

Schneider S, Hulpke S, Schulz A, et al. 2012. Vacuoles release sucrose via tonoplast-localised SUC4-type transporters. Plant Biology, 14(2): 325-336.

Schomburg F M, Bizzell C N, Lee D J, et al. 2003. Overexpression of a novel class of gibberellin 2-oxidase decreases gibberellin levels and creates dwarf plants. The Plant Cell, 15(1): 151-163.

Schulz A, Beyhl D, Marten I, et al. 2011. Proton-driven sucrose symport and antiport are provided by the vacuolar transporters SUC4 and TMT1/2. The Plant Journal, 68(1): 129-136.

Seal A N, Pratley J E, Haig T, et al. 2004. Identification and quantitation of compounds in a series of allelopathic and non-allelopathic rice root exudates. Journal of Chemical Ecology, 30: 1647-1662

Shen R, Fan J B, Campbell D, et al. 2005. High-throughput SNP genotyping on universal bead arrays. Mutation Research, 573(1): 70-82.

Shepherd N S, Schwarz-Sommer Z, Blumberg vel Spalve J, et al. 1984. Similarity of the *Cin1* repetitive family of *Zea mars* to eukaryotic transposable elements. Nature, 307(5947): 185-187.

Shi Y Z, Yamamoto T, Hayashi T. 2002. Characterization of copia-like retrotransposons in pear. Journal of the Japanese Society for Horticultural Scienee, 71(6): 723-729.

Shirasawa K, Isuzugawa K, Ikenaga M, et al. 2017. The genome sequence of sweet cherry (*Prunus avium*) for use in genomics-assisted breeding. DNA Research, 24(5): 499-508.

Shulaev V, Sargent D J, Crowhurst R N, et al. 2011. The genome of woodland strawberry (*Fragaria vesca*). Nature Genetics, 43(2): 109-116.

Silverstone A L, Ciampaglio C N, Sun T P. 1998. The *Arabidopsis* RGA gene encodes a transcriptional regulator repressing the gibberellin signal transduction pathway. The Plant Cell, 10(2): 155-169.

Silverstone A L, Mark P Y A, Martinez E C, et al. 1997. The new RGA locus encodes a negative regulator of gibberellin response in *Arabidopsis thaliana*. Genetics, 146(3): 1087-1099.

Singh H, Batish D R, Kohli R. 1999. Autotoxicity: concept, organisms, and ecological significance. Critical Reviews in Plant Sciences, 18: 757-772.

Sivitz A B, Reinders A, Ward J M. 2008. *Arabidopsis* sucrose transporter *AtSUC1* is important for pollen germination and sucrose-induced anthocyanin accumulation. Plant Physiology, 147(1): 92-100.

Smeekens S. 2000. Sugar-induced signal transduction in plants. Annu Rev Plant Physiol Plant Molecular Biology, 51: 49-81.

Smith D L, Abbott J A, Gross K C. 2002. Down-regulation of tomato β-galactosidase 4 results in decreased fruit softening. Plant Physiology, 129(4): 1755-1762.

Solano R, Stepanova A, Chao Q, et al. 1998. Nuclear events in ethylene signaling: a transcriptional cascade mediated by ETHYLENE-INSENSITIVE3 and ETHYLENE-RESPONSE-FACTOR1. Genes & Development, 12(23): 3703-3714.

Solfanelli C, Poggi A, Loreti E, et al. 2006. Sucrose-specific induction of the anthocyanin biosynthetic pathway in *Arabidopsis*. Plant Physiology, 140(2): 637-646.

Song Z, Li T Z, Xu G X, et al. 2009. Effect of different light spectra on the surface coloration of 'Red Fuji' apple. Acta Ecologica Sinica, 11(8): 234-241.

Spath M, Insam H, Peintner U, et al. 2015. Linking soil biotic and abiotic factors to apple replant disease: a greenhouse approach. Journal of Phytopathology, 163: 287-299.

Soppe W J J, Jasencakova Z, Houben A, et al. 2003. DNA methylation controls histone H3 lysine 9 methylation and heterochromatin assembly in *Arabidopsis*. EMBO Journal, 21(23): 6549-6559.

Spooner D M, Nunez J, Rodriguez F, et al. 2005. Nuclear and chloroplast DNA reassessment of the origin of Indian potato varieties and its implications for the origin of the early European potato. Theoretical and Applied Genetics, 110(6): 1020-1026.

St. Laurent A, Merwin I A, Fazio G, et al. 2010. Rootstock genotype succession influences apple replant disease and root-zone microbial community composition in an orchard soil. Plant and Soil, 337: 259-272.

Stajich J E, Hahn M W, 2005. Disentangling the effects of demography and selection in human history. Molecular Biology and Evolution, 22(1): 63-73.

Stratton M. 2008. Genome resequencing and genetic variation. Nature Biotechnology, 26(1): 65-66.

Strauss S, Kluepfel D. 2015. Anaerobic soil disinfestation: A chemical-independent approach to preplant control of plant pathogens. Journal of Integrative Agriculture, 14: 2309-2318.

Su S C. 1994. Progress in grape coloring research. Chinese and Foreign Grape and Wine, 2: 1-4.

Sun Y, Hou Z, X, Su S C, et al. 2013. Effects of ABA, GA3 and NAA on fruit development and anthocyanin accumulation in blueberry. Journal of South China Agricultural University, 34: 6-11.

Sunako T, Sakuraba W, Senda M, et al. 1999. An allele of the ripening-specific 1-aminocyclopropane-1-carboxylic acid synthase gene (ACS1) in apple fruit with a long storage life. Plant Physiology, 119(4): 1297-1304.

Sweeney M, Thomson M, Cho Y, et al. 2007. Global dissemination of a single mutation conferring white pericarp in rice. PLoS Genetics, 3(8): e133.

Tacken E J, Ireland H S, Wang Y Y, et al. 2012. Apple EIN3 BINDING F-box 1 inhibits the activity of three apple EIN3-like transcription factors. AoB Plants, (126): 1554-1562.

Tajima F. 1983. Evolutionary relationship of DNA sequences in finite populations. Genetics, 105(2): 437-460.

Takano-Kai N, Jiang H, Kubo T, et al. 2009. Evolutionary history of GS3, a gene conferring grain length in rice. Genetics, 182(4): 1323-1334.

Takos A M, Jaffé F W, Jacob S R, et al. 2006a. Light-induced expression of a MYB gene regulates anthocyanin biosynthesis in red apples. Plant Physiology, 142(3): 1216-1232

Takos A M, Ubi B E, Robinson S P, et al. 2006b. Condensed tannin biosynthesis genes are regulated separately from other flavonoid biosynthesis genes in apple fruit skin. Plant Science, 170(3): 487-499.

Tamura K, Stecher G, Peterson D, et al. 2013. MEGA6: molecular evolutionary genetics analysis version 6.0. Molecular Biology and Evolution, 30(12): 2725-2729.

Tang H, Bowers J E, Wang X, et al. 2008. Synteny and collinearity in plant genomes. Science, 320(5875): 486-488.

Tao N G, Xu J, Cheng Y J, et al. 2005. Isolation and characterization of *copia*-like retrotransposons from 12 sweet orange (*Citrus sinensis* Osbeck) cultivars. Journal of Integrative Plant Biology, 47(12): 1507-1515.

Tatsuki M, Endo A, Ohkawa H. 2007. Influence of time from harvest to 1-MCP treatment on apple fruit quality and expression of genes for ethylene biosynthesis enzymes and ethylene receptors. Postharvest Biology and Technology, 43(1): 28-35.

Tewoldemedhin Y T, Mazzola M, Botha W J, et al. 2011a. Characterization of fungi (*Fusarium* and *Rhizoctonia*) and oomycetes (*Phytophthora* and *Pythium*) associated with apple orchards in South Africa. European Journal of Plant Pathology, 130: 215-229.

Tian J, Han Z Y, Zhang L R, et al. 2015. Induction of anthocyanin accumulation in crabapple (*Malus* cv.) leaves by low temperatures. HortScience, 50(5): 640-649.

Tieman D M, Ciardi J A, Taylor M G, et al. 2001. Members of the tomato *LeEIL* (*EIN3-like*) gene family are functionally redundant and regulate ethylene responses throughout plant development. The Plant Journal, 26(1): 47-58.

Tieman D M, Harriman R W, Ramamohan G, et al. 1992. An antisense pectin methylesterase gene alters pectin chemistry and soluble solids in tomato fruit. The Plant Cell, 4(6): 667-679.

Turner T L, Bourne E C, Von Wettberg E J, et al. 2010. Population resequencing reveals local adaptation of *Arabidopsis lyrata* to serpentine soils. Nature Genetics, 42(3): 260-263.

Tustin D. 2006. Growth responses of young apple plants induced by soil remediation treatments for specific apple replant diseas. XXVII International Horticultural Congress-IHC2006: International Symposium on Enhancing Economic and Environmental, 772: 407-411.

Ueguchi-Tanaka M, Ashikari M, Nakajima M, et al. 2005. GIBBERELLIN INSENSITIVE DWARF1 encodes a soluble receptor for gibberellin. Nature, 437(7059): 693-698.

Urashima Y, Sonoda T, Fujita Y, et al. 2012. Application of PCR-denaturing-gradient gel electrophoresis (DGGE) method to examine microbial community structure in asparagus fields with growth inhibition due to continuous cropping. Microbes and Environments, 27: 43-48.

van de Peer Y, Maere S, Meyer A. 2009. The evolutionary significance of ancient genome duplications. Nature Reviews Genetics, 10(10): 725-732.

van Heerwaarden J, Doebley J, Briggs W H, et al. 2011. Genetic signals of origin, spread, and introgression in a large sample of maize landraces. Proceedings of the National Academy of Sciences of the United States of America, 108(3): 1088-1092.

van Schoor L, Denman S, Cook N. 2009. Characterisation of apple replant disease under South African conditions and potential biological management strategies. Scientia Horticulturae, 119: 153-162.

Varshney R K, Nayak S N, May G D, et al. 2009. Next-generation sequencing technologies and their implications for crop genetics and breeding. Trends in Biotechnology, 27(9): 522-530.

Vavilov N I, Freier F. 1926. Studies on the origin of cultivated plants. Trudy Byuro Prikl Bot, 16: 139-245.

Velasco R, Zharkikh A, Affourtit J, et al. 2010. The genome of the domesticated apple (*Malus* × *domestica* Borkh.). Nature Genetics, 42(10): 833-839.

Verde I, Abbott A G, Scalabrin S, et al. 2013. The high-quality draft genome of peach (*Prunus persica*) identifies unique patterns of genetic diversity, domestication and genome evolution. Nature Genetics, 45(5): 487-494.

Verde I, Bassil N, Scalabrin S, et al. 2012. Development and evaluation of a 9K SNP array for peach by internationally coordinated SNP detection and validation in breeding germplasm. PLoS One, 7(4): e35668.

Verde I, Shu S, Jenkins J, et al. 2015. The peach v2.0 release: an improved genome sequence for bridging the gap between genomics and breeding in *Prunus*. San Diego: International Plant and Animal Genome Conference XXIII.

Verriès C, Bès C, This P, et al. 2000. Cloning and characterization of vine-1, a LTR-retrotransposon-like element in *Vitis vinifera* L. and other *Vitis* species. Genome, 43(2): 366-376.

Villarreal N M, Rosli H G, Martínez G A, et al. 2008. Polygalacturonase activity and expression of related genes during ripening of strawberry cultivars with contrasting fruit firmness. Postharvest Biology and Technology, 47(2): 141-150.

Vogt T, Jones P. 2000. Glycosyltransferases in plant natural product synthesis: characterization of a supergene family. Trends in Plant Science, 5(9): 380-386.

Vos P, Hogers R, Bleeker M, et al. 1995. AFLP: a new technique for DNA fingerprinting. Nucleic Acids Research, 23(21): 4407-4414.

Wagner I, Schmitt H P, Maurer W. et al. 2004. Isozyme polymorphism and genetic structure of *Malus sylvestris* (L.) Mill. native in western areas of Germany with respect to *Malus × domestica* Borkh. Acta Horticulturae, 663: 545-550.

Wagner I, Weeden N F. 2000. Isozyme in *Malus sylvestris*, *Malus domestica* and in related *Malus* species. Acta Horticulturae, 538: 51-56.

Wakasa Y, Kudo H, Ishikawa R, et al. 2006. Low expression of an endopolygalacturonase gene in apple fruit with long-term storage potential. Postharvest Biology and Technology, 39(2): 193-198.

Wang A, Yamakake J, Kudo H, et al. 2009. Null mutation of the *MdACS3* gene, coding for a ripening-specific 1-aminocyclopropane-1-carboxylate synthase, leads to long shelf life in apple fruit. Plant Physiology, 151(1): 391-399.

Wang J, Chen G, Hu Z, et al. 2007. Cloning and characterization of the *EIN2*-homology gene *LeEIN2* from tomato. DNA Sequence, 18(1): 33-38.

Wang N, Liu W, Yu L, et al. 2020. Heat shock factor A8a modulates flavonoid synthesis and drought tolerance. Plant Physiology, 184(3): 1273-1290.

Wang N, Qu C, Jiang S, et al. 2018. The proanthocyanidin-specific transcription factor MdMYBPA1 initiates anthocyanin synthesis under low-temperature conditions in red-fleshed apples. The Plant Journal, 96(1): 39-55.

Wang N, Xu H F, Jiang S H, et al. 2017. MYB12 and MYB22 play essential roles in proanthocyanidin and flavonol synthesis in red-fleshed apple (*Malus sieversii* f. *niedzwetzkyana*). The Plant Journal, (90): 276-292.

Wang N, Zhang Z, Jiang S, et al. 2016a. Synergistic effects of light and temperature on anthocyanin biosynthesis in callus cultures of red-fleshed apple (*Malus sieversii* f. *niedzwetzkyana*). Plant Cell Tissue and Organ Culture, 127(1): 217-227.

Wang N, Zheng Y, Duan N, et al. 2015. Comparative transcriptomes analysis of red-and white-fleshed apples in an F₁ population of *Malus sieversii* f. *niedzwetzkyana* crossed with *M. domestica* 'Fuji'. PLoS One, 10(7): e0133468.

Wang S, Jeyaseelan J, Liu Y, et al. 2016b. Characterization and optimization of amylase production in WangLB, a high amylase-producing strain of *Bacillus*. Applied Biochemistry and Biotechnology, 180: 136-151.

Wang Y, Liu W, Jiang H, et al. 2019. The R2R3-MYB transcription factor MdMYB24-like is involved in methyl jasmonate-induced anthocyanin biosynthesis in apple. Plant Physiology and Biochemistry, 139: 273-282.

Way R D, Aldwinckle H S, Lamb R C, et al. 1990. Apples (*Malus*). ISHS Acta Horticulturae, 290: 3-62.

Weerakoon D M N, Reardon C L, Paulitz T C, et al. 2012. Long-term suppression of *Pythium abappressorium* induced by *Brassica juncea* seed meal amendment is biologically mediated. Soil Biology and Biochemistry, 51: 44-52.

Wei J, Ma F, Shi S, et al. 2010. Changes and postharvest regulation of activity and gene expression of enzymes related to cell wall degradation in ripening apple fruit. Postharvest Biology and Technology, 56(2): 147-154.

Wiersma P A, Zhang H, Lu C, et al. 2007. Survey of the expression of genes for ethylene synthesis and perception during maturation and ripening of 'Sunrise' and 'Golden Delicious' apple fruit. Postharvest Biology and Technology, 44(3): 204-211.

Wierzbicki A T, Ream T S, Haag J R, et al. 2009. RNA polymerase V transcription guides ARGONAUTE4 to chromatin. Nature Genetics, 41: 630-634.

Willats W G, Mccartney L, Mackie W, et al. 2001. Pectin: cell biology and prospects for functional analysis. Plant Molecular Biology, 47(1-2): 9-27.

Willige B C, Ghosh S, Nill C, et al. 2007. The DELLA domain of GA INSENSITIVE mediates the interaction with the GA INSENSITIVE DWARF1A gibberellin receptor of *Arabidopsis*. The Plant Cell, 19(4): 1209-1220.

Wilson S, Andrews P, Nair T. 2004. Non-fumigant management of apple replant disease. Scientia Horticulturae, 102: 221-231.

Wingenter K, Schulz A, Wormit A, et al. 2010. Increased activity of the vacuolar monosaccharide transporter TMT1 alters cellular sugar partitioning, sugar signaling, and seed yield in *Arabidopsis*. Plant Physiology, 154(2): 665-677.

Wolfgang S, Marc H E, Peter M C. 2002. Semidwarf (sd-1), "green revolution" rice, contains a defective gibberellin 20-oxidase from the long-day plant spinach. Proceedings of the National Academy of Sciences of the United States of America, 99(13): 9043-9048.

Wormit A, Trentmann O, Feifer I, et al. 2006. Molecular identification and physiological characterization of a novel monosaccharide transporter from *Arabidopsis* involved in vacuolar sugar transport. The Plant Cell, 18(12): 3476-3490.

Wu G A, Prochnik S, Jenkins J, et al. 2014. Sequencing of diverse mandarin, pummelo and orange genomes reveals complex history of admixture during citrus domestication. Nature Biotechnology, 32(7): 656-662.

Wu J, Wang Z, Shi Z, et al. 2013. The genome of the pear (*Pyrus bretschneideri* Rehd.). Genome Research, 23(2): 396-408.

Wu Q, Szakacs-Dobozi M, Hemmat M, et al. 1993. Endopolygalacturonase in apples (*Malus domestica*) and its expression during fruit ripening. Plant Physiology, 102(1): 219-225.

Wuyun T, Ma T, Uematsu C, et al. 2013. A phylogenetic network of wild Ussurian pears (*Pyrus ussuriensis* Maxim.) in China revealed by hypervariable regions of chloroplast DNA. Tree Genetics & Genomes, 9(1): 167-177.

Xia R, Zhu H, An Y Q, et al. 2012. Apple miRNAs and tasiRNAs with novel regulatory networks. Genome Biology, 13(6): R47.

Xiao Y Y, Chen J Y, Kuang J F, et al. 2013. Banana ethylene response factors are involved in fruit ripening through their interactions with ethylene biosynthesis genes. Journal of Experimental Botany, 64(8): 2499-2510.

Xie W, Wang G, Yuan M, et al. 2015. Breeding signatures of rice improvement revealed by a genomic variation map from a large germplasm collection. Proceedings of the National Academy of Sciences of the United States of America, 112(39): E5411-E5419.

Xie X B, Li S, Zhang R F, et al. 2012. The bHLH transcription factor MdbHLH3 promotes anthocyanin accumulation and fruit colouration in response to low temperature in apple. Plant Cell and Environment, 35(11): 1884-1897.

Xing Y, Liu Y, Zhang Q, et al. 2019. Hybrid *de novo* genome assembly of Chinese chestnut (*Castanea mollissima*). GigaScience, 8(9): giz112.

Xu H F, Wang N, Liu J X, et al. 2017. The molecular mechanism underlying anthocyanin metabolism in apple using the MdMYB16 and MdbHLH33 genes. Plant Molecular Biology, 94(1-2): 149-165.

Xu Q, Chen L L, Ruan X A, et al. 2013. The draft genome of sweet orange (*Citrus sinensis*). Nature Genetics, 45(1): 59-66.

Xu X Y, Bai G H. 2015. Whole-genome resequencing: changing the paradigms of SNP detection, molecular mapping and gene discovery. Molecular Breeding, 35(1): 33.

Xu Y T, Feng S Q, Jiao Q Q, et al. 2012. Comparison of MdMYB1 sequences and expression of anthocyanin biosynthetic and regulatory genes between *Malus domestica* Borkh. cultivar 'Ralls' and its blushed sport. Euphytica, 185(2): 157-170.

Yamada K, Osakabe Y, Mizoi J, et al. 2010. Functional analysis of an *Arabidopsis thaliana* abiotic stress—inducible facilitated diffusion transporter for monosaccharides. Journal of Biological Chemistry, 285(2): 1138-1146.

Yang J I, Ruegger P M, McKenry M V, et al. 2012. Correlations between root-associated microorganisms and peach replant disease symptoms in a California soil. PLoS One, 7: e46420.

Yang S F, Hoffman N E. 1984. Ethylene biosynthesis and its regulation in higher plants. Annual Review of Plant Physiology, 35(1): 155-189.

Yang X, Song J, Campbell-Palmer L, et al. 2013. Effect of ethylene and 1-MCP on expression of genes involved in ethylene biosynthesis and perception during ripening of apple fruit. Postharvest Biology and Technology, 78: 55-66.

Yang Y, Wu Y, Pirrello J, et al. 2010. Silencing *Sl-EBF1* and *Sl-EBF2* expression causes constitutive ethylene response phenotype, accelerated plant senescence, and fruit ripening in tomato. Journal of Experimental Botany, 61(3): 697-708.

Yao J L, Dong Y H, Moris B A M. 2001. Parthenocarpic apple fruit production conferred by transposon insertion mutations in a MADS-box transcription factor. Proceedings of the National Academy of Sciences of the Unite States of America, 98(3): 1306-1311.

Yao J L, Xu J, Cornille A, et al. 2015. A microRNA allele that emerged prior to apple domestication may underlie fruit size evolution. The Plant Journal, 84: 417-427.

Yim B, Hanschen F S, Wrede A, et al. 2016. Effects of biofumigation using *Brassica juncea* and *Raphanus sativus* in comparison to disinfection using Basamid on apple plant growth and soil microbial communities at three field sites with replant disease. Plant and Soil, 406: 389-408.

Yim B, Smalla K, Winkelmann T. 2013. Evaluation of apple replant problems based on different soil disinfection treatments—links to soil microbial community structure? Plant and Soil, 366: 617-631.

Yin C M, Duan Y N, Xiang L, et al. 2018. Effects of phloridzin, phloretin and benzoic acid at the concentrations measured in soil on the root proteome of *Malus hupehensis* Rehd seedlings. Scientia Horticulturae, 228: 10-17.

Yin C M, Xiang L, Wang G S, et al. 2017. Phloridzin promotes the growth of *Fusarium moniliforme* (*Fusarium verticillioides*). Scientia Horticulturae, 214: 187-194.

Yin X R, Allan A C, Chen K S, et al. 2010. Kiwifruit EIL and ERF genes involved in regulating fruit ripening. Plant Physiology, 153(3): 1280-1292.

Yin X R, Chen K S, Allan A C, et al. 2008. Ethylene-induced modulation of genes associated with the ethylene signalling pathway in ripening kiwifruit. Journal of Experimental Botany, 59(8): 2097-2108.

Yonezawa K. 1995. Sampling strategies for use in stratified germplasm collections. *In*: van Hintum T J L, Broun A HD, Spillane C, et al. Core Collections of Plant Genetic Resources. Chichester: Wiley-Sayce Publication: 35-54.

Yu P, Chen X, Meng Q, et al.. 2010. Three nonfunctional *S*-haplotypes in self-compatible tetraploid Chinese cherry (*Prunus pseudocerasus* L.cv. Taixiaohongying). Euphytica, 174(1): 143-151.

Yu Y B, Adams D O, Yang S F. 1979. 1-Aminocyclopropanecarboxylate synthase, a key enzyme in ethylene biosynthesis. Archives of Biochemistry & Biophysics, 198(1): 280-286.

Yuan L B, Peng Z H, Zhi T T, et al. 2015. Brassinosteroid enhances cytokinin-induced anthocyaninbiosynthesis in *Arabidopsis* seedlings. Biologia Plantarum, 59(1): 99-105.

Yuan S, Li M, Fang Z, et al. 2016. Biological control of tobacco bacterial wilt using *Trichoderma harzianum* amended bioorganic fertilizer and the arbuscular mycorrhizal fungi *Glomus mosseae*. Biological Control, 92: 164-171.

Yuan Z, Fang Y, Zhang T, et al. 2018. The pomegranate (*Punica granatum* L.) genome provides insights into fruit quality and ovule developmental biology. Plant Biotechnology Journal, 16(7): 1363-1374.

Yuan Z H, Chen X S, He T M, et al. 2007. Population genetic structure in apricot (*Prunus armeniaca* L.) cultivars revealed by fluorescent-AFLP markers in southern Xinjiang, China. Journal of Genetics and Genomics, 34(11): 1037-1047.

Yue J Y, Liu J C, Tang W, et al. 2020. Kiwifruit Genome Database (KGD): a comprehensive resource for kiwifruit genomics. Horticulture Research, 7: 117.

Zhang C Y, Chen X S, He T M, et al. 2007. Genetic structure of *Malus sieversii* population from Xinjiang, China, revealed by SSR markers. Journal of Genetics and Genomics, 34(10): 947-955.

Zhang J, Xu H, Wang N, et al. 2018. The ethylene response factor MdERF1B regulates anthocyanin and proanthocyanidin biosynthesis in apple. Plant Molecular Biology, 98(3): 205-218.

Zhang L, Chen X, Chen X, et al. 2008. Identification of self-incompatibility (*S-*) genotypes of Chinese apricot cultivars. Euphytica, 60: 241-248.

Zhang Q, Chen W, Sun L, et al. 2012. The genome of *Prunus mum*e. Nature Communications, 3: 1318.

Zhang X Y, Chen X S, Meng Q W, et al. 2010. Transcription and sequence analysis of *S-RNases* in self-compatible tetraploid Chinese cherry (*Prunus pseudocerasus* L.). Agricultural Sciences in China, 9(6): 792-798.

Zhang Y, Fan T, Jia W, et al. 2012a. Identification and characterization of a *Bacillus subtilis* strain TS06 as bio-control agent of strawberry replant disease (*Fusarium* and *Verticilium wilts*). African Journal of Biotechnology, 11: 570-580.

Zhang Z, Zhang H, Quan R, et al. 2009. Transcriptional regulation of the ethylene response factor LeERF2 in the expression of ethylene biosynthesis genes controls ethylene production in tomato and tobacco. Plant Physiology, 150(1): 365-377.

Zhang Z H, Mao L Y, Chen H M, et al. 2015. Genome-wide mapping of structural variations reveals a copy number variant that determines reproductive morphology in cucumber. Plant Cell, 27(6): 1595-1604.

Zhang Z Y, Wang N, Jiang S H, et al. 2017. Analysis of the xyloglucan endotransglucosylase / hydrolase gene family during apple fruit ripening and softening. Journal of Agricultural and Food Chemistry, 65(2): 429-434.

Zhong S, Joung J G, Zheng Y, et al. 2011. High-throughput Illumina strand-specific RNA sequencing library prepa-ration. Cold Spring Harb Protoc, (8): 940-949.

Zhou L L, Zeng H N, Shi M Z, et al. 2008. Development of tobacco callus cultures over expressing *Arabidopsis* PAP1/MYB75 transcription factor and characterization of anthocyanin biosynthesis. Planta, 229(1): 37-51.

Zhou Z K, Jiang Y, Wang Z, et al. 2015. Resequencing 302 wild and cultivated accessions identifies genes related to domestication and improvement in soybean. Nature Biotechnology, 33(4): 408-414.

Zhou Z Q. 1999. The apple genetic resources in China: the wild species and their distributions, informative characteristics and utilisation. Genetic Resources and Crop Evolution, 46(6): 599-609.

Zhou Z Q, Li Y N. 1999. Evidence for the origin of Chinese soft apple. Asian Agri-History, 3(1): 35-37.

Zhu L H, Li X Y, Welander M. 2008. Overexpression of the *Arabidopsis gai* gene in apple significantly reduces plant size. Plant Cell Report, 27(2): 289-296.

Zohary D, Hopf M, Weiss E. 2000. Domestication of Plants in the Old World. 3rd. New York: Oxford University Press.

Zuo J, Zhu B, Fu D, et al. 2012. Sculpting the maturation, softening and ethylene pathway: the influences of microRNAs on tomato fruits. BMC Genomics, 13(1): 7.

Zuo W, Zhang T, Xu H, et al. 2019. Effect of fermentation time on nutritional components of red-fleshed apple cider. Food and Bioproducts Processing, 114: 276-285.